기초 건축이론

Construction Theory

| 이찬서 지음 |

BM (주)도서출판 성안당

■ 도서 A/S 안내

머리말

▣ 교재에 앞서,

시중의 이론 교재들을 보면 자격증 시험을 위한 기능사나 산업기사 등에 문제 위주로 초점이 맞춰져 있어 필기를 합격한 이후부터는 책을 다시 보지 않고 그냥 버리는 것을 많이 보았습니다. 우리가 자격증 시험을 보는 이유는 해당 자격증 수준의 이론적 지식이 뒷받침되어야 현장에서 실무적으로 활용할 수 있는 부분이 분명한데도, 그저 시험을 위한 이론뿐인 것이 참 안타까웠습니다.

최근 현장은 매우 빠르게 변화하고 있습니다. 오늘 또 새로운 건축공법이 개발되어 현장에서 사용되고 있을지도 모릅니다. 이러한 상황 속에서 이론적 지식을 자격증만을 위한 암기 위주로 익히고 기출문제 유형으로 필기를 통과하는 학생들을 보면서 깨달은 것이 있었습니다. 어쩌면 우린 한글을 모른 채 도면에 들어가는 글자를 그저 똑같이 따라서 그리듯이 쳐서 넣는 것과 같은 상태일지 모른다는 것입니다. 알맹이 없이 껍질만을 공부하는 모습이 매우 안타까운 마음에 시험을 보고 난 후 나중에 현장 실무에서 건축학적 지식이 필요한 순간이 찾아올 때 다시 열어볼 수 있는 책이 있어야겠다는 생각입니다. 그런 자료와 교보재를 주고 싶은 것이 이 책의 기획의도입니다.

그렇다고 검정형 시험을 버리고 이론지식만으로 책을 쓸 수도 없는 상황에서 낸 아이디어가 실내건축기능사와 전산응용건축제도기능사의 자격증에서 뽑아낸 공통과목과 각각의 특징이 뚜렷한 내용을 서로 상호 보완하는 이론의 체계로 책을 엮는 것이었습니다. 자격증 시험을 볼 때도 실내건축기능사와 전산응용건축제도기능사 두 가지의 자격증을 한 번에 볼 수 있도록 자격증을 위한 건축 이론을, 그리고 실무에서 다시 열어볼 수 있는 교보재를 위한 교재가 이 교재의 장점입니다.

부디 많은 도움이 되시기를 바랍니다.

▣ 도움을 주신 분들

- 실내디자인학과 및 제 과정을 들으며 저를 일깨워준 저의 제자들
- 수업자료 지원을 위해 자료를 아끼지 않은 선생님들, 그리고 교육 친구들
- 그리고 항상 저를 응원해 주시는 저의 어머니, 소중한 아내와 딸, 마지막으로 길에 버려졌지만 이제는 안락한 삶을 누리고 있는 사랑스럽고 귀여운 새끼 고양이들에게 모두 감사드립니다.

저자 이찬서

차 례

| CONTENTS |

PART
04   기출문제(과목별 기출유형 분석)

1. 기존에 전산응용건축제도기능사만으로 구성된 교재를 학습한 후 유사한 관련 직종과 수험생들이 통상적으로 오전에 실내건축기능사, 오후에 전산응용건축제도기능사 필기시험을 보는 것을 착안하여 실내건축기능사와 전산응용건축제도기능사 두 가지 유형으로 분류하고, 두 과목의 공통 분야는 좀 더 세분화하여 편집 및 추가 보완을 진행하였으며, 시험을 보는 학생들이 쉽게 이해하기 위해 세세한 설명을 추가하는 내용으로 구성하였다.

2. 자격증을 중점으로 구성하였지만 부분적으로는 실무에서 필요시 다시 찾아볼 수 있도록 실무용 교보재를 위한 사진 자료의 대거 투입 및 전반적 내용을 재구축하여, 실제 자격증 시험에 대비하고 실무 교보재로 사용할 수 있도록 편성하였다.

3. 자격증 검정에 있어 혼자서 하는 공부가 가능하도록 기출문제 유형을 좀 더 넓게 포함 시키고, 그에 대한 세세한 설명을 모두 첨가하여 기출문제의 유형만 익혀도 충분히 합격 가능하도록 기출문제의 유형을 분석하였다.

4. 각 설명마다 그림을 추가하여 글자만으로 이해되지 않는 부분을 좀 더 이해가 쉽도록 유도하였고, 그림과 더불어 설명을 읽어보면 이해되도록 각주를 포함하였다.

5. 유사한 과목을 적절히 배합하기 위해 실내건축기능사와 전산응용 부분을 두 파트로 나누어 배치하였고, 두 과목의 공통과목(재료, 구조 등)은 기출문제에서도 공통적으로 출제되는 부분이므로 설명 또한 기출 유형으로 추가 정리하여 간추렸다.

6. 좀 더 쉽게 이해하기 위해 기출문제 문항마다 설명을 넣어 이해를 높였고, 추후 저자의 유튜브 채널을 통해 동영상 강좌에 접근하도록 진행할 예정이다.

PART

01

전산응용건축제도기능사

전산응용건축제도기능사의 계획 및 기획에 필요한 부분을 익히고 건축디자인과 법규,
설비 및 시설 분야의 내용을 이해한다.

Chapter 01 건축 일반

어떤 일을 하기 위해서는 그에 걸맞은 계획과정이 있는데, 건축에서도 계획은 필요하다. 건축에서는 대지, 법규, 지역 및 기후, 환경 및 영향까지 모두 아우러지는 종합계획이 필요하다 할 수 있다. 기초 이론에서는 각 조건별로 계획에 미치는 작은 영향까지 구분하기는 어려우나 큰 틀 안에서 이루어지는 부분의 계획을 건축관련 기능사의 기출문제를 기준으로 설명하였다.

Section 01 건축계획 일반

■1 건축계획 과정

건축계획 과정은 크게 기획단계, 계획단계, 설계단계로 나눌 수 있다. 계획과 설계는 같은 계획단계이 지만, 계획은 주변의 자료 및 조사단계와 서류 및 검토, 측정 등과 같은 이론적 내용이 주를 이루는 반면에, 설계과정은 설계도서 작성 등과 같은 시행단계가 주를 이루기 때문에 같은 계획안에서 분류된다고 볼 수 있다.

다음은 그 계획과정과 진행, 설계의 진행을 알아보고자 한다.

가) 건축계획 결정과정[1)]

건축계획의 결정은 다음의 순서도표와 같이 목표를 설정하게 되면 자료를 수집하고 그 수집된 자료를 토대로 각각의 조건들을 분석·정리해서 체계화시키고 내·외부의 자료 평가를 마친 후 계획 시공을 결정하게 된다.

| 목표설정 | 자료수집 | 조건분석 | 설계화 | 계획평가 | 계획결정 |

나) 건축계획 진행 3단계

　　① **기획단계** : 건축주(클라이언트) 또는 관공서 및 공공기관 등으로부터 의뢰받게 된 건축물을

---

1) 건축계획 결정과정 : 말 그대로 건축을 설계하기 전 계획이지 시공을 하는 계획이 아님을 명심해야 한다.

대지 선정 및 각종 조건에 대한 자료와 정보를 수집·분석하여, 최상의 조건으로 구성하는 단계를 말한다.

② **설계단계** : 기획단계에서 수집된 자료를 토대로 건축설계 법규에 맞도록 설계도서를 작성하고 현장시공에 결함이 없도록 한다.

③ **시공단계** : 설계도서를 토대로 현장 시공법규와 현장 여건을 고려하여 최적의 시공을 해야 한다.

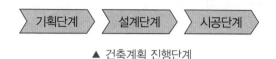

▲ 건축계획 진행단계

다) 건축설계도서 진행 4단계 법칙

건축계획의 결정과정 중 설계화 단계를 의미하며, 기본설계부터 실시설계 및 설계에 맞는 시방서 등의 설계도서까지 모두 포함되는 과정을 4단계로 나눈 것을 말한다.

① **조건파악** : 이번 단계에서 말하는 조건파악은 현장의 여건 파악이며, 대지의 조사가 완료된 후 분석된 자료를 토대로 설계의 기본 여건을 파악하는 단계를 말한다.

② **기본설계** : 기본설계의 도면은 건물을 형성하기 위한 배치도 및 평면, 입면, 단면 및 창호도 등으로, 건물의 기본적 도면을 말하며, 세부적 내용은 건축설계 파트에서 설명하고자 한다.

③ **실시설계** : 각 구조부분의 도면 및 역학적 도면 등의 모두를 말하며, 건물의 세부적 특징을 묘사한 도면들을 통틀어 일컫는다.

④ **현장시공** : 설계도면을 토대로 현장의 시공을 말하며, 설계자의 감리가 동시에 필요한 부분이다.

▲ 건축설계 진행단계

※ 설계자는 현장의 여건을 파악하고 기본설계, 즉 프리핸드 스케치와 설계프로그램 등을 이용한 현장 평면 구성 및 기초 설계작업을 실시해 보고, 건축물을 시공하기 적합한지를 파악한 후 본 설계의 방향을 잡고 진행한다.

❷ 건축계획 진행

건축계획을 진행하기 위해 여러 가지 구획 조건을 갖추어야 하는데, 건축계획의 진행에 있어 그에 맞는 조건 설정 및 범위에 대해서 공부해 보도록 하겠다.

가) 건축계획의 조건 설정

① **대지조건** : 대지의 조건 분석(주거지역, 상업지역 등)
② **건축물의 용도** : 건축물의 사용 용도에 대한 분석(분석 그래프 및 다이어그램 사용 등)
③ **건축주의 요구** : 건축주의 건물을 사용하고자 하는 방향(건축주의 구상 방향 파악)
④ **건축물 이용자의 요구** : 해당 건물을 실제 사용할 인원의 요구사항(건축물 소비자의 요구 조건)
⑤ **건축규모 및 예산** : 건축주가 보유하고 있는 예산 및 건축이 실제 설치 가능한지의 여부(예산 분배)
⑥ **건설시기 및 공사기간 설정** : 정확한 시기 분석(실내·외 기준과 연관된 계절성 작업)
　　※ NCS 학습모듈 근거

나) 대지의 조건

대지의 모양은 가급적 정사각형(정방형)이나 직사각형(장방형)에 가까울수록 좋고, 주택이 놓여질 대지의 방향은 나라별로 차이가 있다. 우리나라는 남쪽 방향으로 대지를 선정하는 것이 주택의 환기 및 채광 통풍에 매우 좋은 이점을 가지고 있다. 또한, 대지가 경사진 부분 또는 슬럼프가 있는 경우에는 기울기가 $\frac{1}{10}$ [2] 정도가 적당하다.

다) 건축의 공간 구분

건축을 구성하는 공간은 물리적 공간, 심리적 공간, 내부 공간, 외부 공간 및 파사드[3]를 포함한다(건물의 외부 공간은 외부환경의 조형물 – 동상 및 주변 조경 등을 포함하는 포괄적인 의미).

---

2) 직각삼각형의 분모가 10일 때 높이가 1인 직각삼각형의 경사각을 기준으로 기울기의 각도를 말한다.

3) 건물의 정면, 측면 등 건물이 보여 지는 부분을 말하며, 현대에서는 디자인적 외부 표현기법을 두루 포함한다고 할 수 있다.

❸ 평면계획

가) 대지의 선정 조건

구분	자연적 조건	사회적 조건
내용	• 건축 부지가 모나지 않고, 정사각 또는 직사각인 곳 • 통풍 및 햇빛이 잘 드는 좋은 위치인 곳 • 습지가 매립한 땅이 아닌 위치이거나 대지의 경사가 $\frac{1}{10}$ 이하인 곳	• 교육, 의료, 편의시설이 인근인 위치 • 교통이 편리하고 출·퇴근이 용이한 곳 • 소음 및 분진, 공해가 없는 곳 • 수도시설 및 제반 설비시설이 좋은 위치

나) 건물의 대지 내 배치

대지 설정 후 대지에 안착되는 건축물의 배치는 건축법에 규정된 건물의 적정비율에 적합한 조건을 갖춘 배치를 해야 하는데, 다음과 같은 고려사항을 지켜야 한다.

① 통풍 및 햇빛이 잘 들고, 각 실의 프라이버시 및 안전을 고려해야 한다.

② 건물 간 인동간격을 충분히 고려한 배치를 해야 한다.

③ 인접도로에서 본 건물과의 접근관계를 고려해야 한다.

④ 추후에 건물 사용 시 증축 문제에 지장이 없도록 가급적 중앙부에 위치시키도록 한다.

⑤ 적정한 조경시설과 건물의 배치비율을 고려해야 한다.

Point

■ **건축 공간의 설명(건축법 시행령 제82조, 제86조 기준)**
- 건축물 남, 북 방향의 인동간격[4]이 일조를 위해 동지[5]기준 9시부터 15시 사이에 최소 2시간, 적정치 4시간 이상이 필요하다. 앞 건물과의 거리는 앞 건물 높이의 2배를 적정치로 보고, 앞 건물 높이의 1배를 최소치로 본다.(근린상업지역 또는 준주거지역의 건축물은 4배)
- 동서 측면 간의 인동간격은 방화 통풍을 위해 최소 6m 이상 떨어져야 한다.
- 주택부지 조건에서 중요한 것은 일조통풍이 양호해야 한다. 같은 부지라도 동서로 긴 것이 남북으로 긴 것보다 일조 혜택을 더 받을 수 있기 때문이다.
- 대지에서 도로가 차지하는 면적 : 13~17%
- 도로의 일조시간 : 남북도로(동지 : 1시간, 하지 : 3시간), 동서도로(동지 : 無, 하지 : 5시간)

---

4) 집단 주택지의 계획에서, 건축물 상호의 내면 간격과 필요한 일조 및 채광을 확보하고, 재해 특히 화재에 대한 안전성, 개인의 사생활과 건강 생활을 즐기기 위한 정원 따위의 공간을 확보하기 위하여 두는 간격.

5) 겨울철

다) 건축물 내부의 공간 구성에 의한 분류 기준

① 개인적인 생활 공간 : 침실, 서재, 아동실, 노인실 등

② 환경보건 및 위생 공간 : 주방, 부엌, 욕실, 샤워실, 다용도실 등

③ 사회적 공동생활 공간 : 거실, 식당, 놀이 공간 등 가족공동체 공간

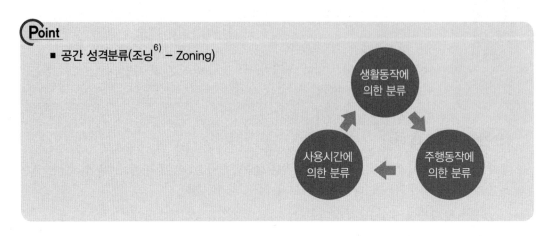

Point
- 공간 성격분류(조닝[6] – Zoning)

라) 유사관련 실 연계 공간계획[7]

건물은 각 실의 유사 및 연계성이 있는 실은 서로 연결되어지거나, 그 역할이 원활히 이루어질 수 있도록 기획해야 한다. 본 내용은 주택의 각 실의 구획을 기능사 출제기준에 준하여 주택의 연계성으로 설명되지만, 상업 공간 및 사무 공간의 배치 역시 설계자가 각 실의 유사성 및 연계성을 고려하여 배치하는 것이 좋다. 예를 들면, 인사과와 총무과 그리고 경리과를 연계하여 배치하고 기술팀과 작업공간을 연계하여 배치하는 등과 같은 내용을 말한다.

① 실의 사용 용도가 유사한 것은 서로 근접시킨다.(주방, 가사실 및 다용도실 등)

② 사용의 시간적 요소가 비슷한 것끼리 근접시킨다.(화장실, 샤워실 등)

③ 실의 사용 용도가 유사한 요소끼리는 서로 연계하거나 공용시킨다.(주방, 식당 등)

④ 사용 용도가 전혀 다른 요소는 분리 및 단절시킨다.(침실, 화장실 등)

마) 동선계획(기출문제 2015년 7월)

동선은 일상생활의 움직임을 표시하는 선을 의미한다. 동선이 가지는 3개의 필수 요소는 길이(속도), 빈도, 하중이다. 그만큼 동선은 연계성과 속도성, 이동 간의 구조적 안정성이 충분히 고려되어야 하는 계획으로 동선이 각 실의 연계를 책임지고 있는 만큼 최적의 계획적 조건이 성립되어야 한다.

---

6) 도시계획이나 건축 설계 등에서 공간을 용도나 기능별로 나누어 배치하는 일

7) 지대별 계획 : 목적, 요소, 성분이 모두 일치해야 서로 근접·공용시킬 수 있다. 만약, 목적이 다르고 요소성분이 유사하다면 목적이 다르기 때문에 분리·격리시켜야 한다.

① 이동하는 동선은 가급적 단순하고 명쾌하게 계획한다.

② 화장실, 현관, 계단 등과 같이 사용빈도가 높은 동선은 가능한 짧게 처리한다.

③ 생활권의 독립을 위해 서로 다른 종류의 동선이나 차량, 사람의 동선은 가능한 분리시킨다.

④ 통행량이 많은 공간은 상호 간 인접(근접) 배치하는 것이 좋다.

⑤ 가사노동의 동선은 가능한 남측에 위치하는 것이 좋다.

⑥ 개인권, 사회권, 가사노동권은 서로 분리되어 상호 간 간섭이 없도록 해야 한다.

Point

■ **동선의 3요소**

- 속도(길이), 빈도, 하중

■ **동선은 건축계획요소 중 중요한 부분**

- 동선은 건축계획에 있어 매우 중요한 부분이며, 동선도를 작성하여 실과 실 간의 움직임을 구분해 보기도 한다.

바) 주택 각 실의 특징에 맞춘 방위계획

주택의 방위계획은 각 실이 가지고 있는 특징이 가장 잘 반영된다. 주택이 가진 방향성은 그 실의 기능을 충분히 유지할 수 있도록 가장 큰 역할을 하는 요소이기도 하므로 계획 시 고려해야 할 중요한 사항 중에 하나라고 볼 수 있다.

① **동쪽배치** : 침실, 식당

② **서쪽배치** : 욕실, 건조실, 탈의실(주방은 절대 서쪽으로 배치해서는 안 된다. : 음식부패)[8]

③ **남쪽배치** : 거실, 아동실, 노인실(노인실은 계단 및 단차(높낮이)를 두어서는 안 된다.)

④ **북쪽배치** : 화장실, 보일러실

Point

■ **주택방위 계획의 주요 요소**

- 우리나라는 남쪽에서 따뜻한 바람, 북쪽에서는 차가운 바람이 부는 지형적 특성으로 인하여 남쪽으로 배치되는 부분에 주 생활 공간을 넣고, 북쪽으로는 부수적인 시설을 배치하는 것이 좋다.

■ **현관의 위치**

- 현관의 위치는 대지의 형태, 주택의 평면, 도로와의 관계, 북쪽이나 북서쪽의 건물 중앙부(건물 전체 中)에 위치하는 것이 좋다.

---

8) 주택 방위 중 서쪽은 오후에 태양광선이 깊이 입사하여 무더워지므로 부엌을 배치하는 것은 음식물 부패방지를 위해 피해야 한다.

사) 주택의 실별 단위 공간계획

(1) 각 실의 면적구성비

각 실의 면적구성비는 나라별로 조금씩 다르나 산악지역이 많고, 땅이 크지 않은 편인 우리나라에서는 통상적으로 현관 7%, 복도 10%, 거실 21~25%(최근 각 실의 독립성이 더욱 상승하고 사회성이 중요한 거실의 면적을 크게 사용하려는 취지가 많다 보니 거실이 차지하는 면적이 점점 증가되는 추세로 30~35%까지도 계획되는 경우도 있다.), 부엌 10% 정도로 계획되는 것이 일반적이다.

① 거실

- 가족의 단란, 휴식, 대화 및 오락 등 가족 간의 단합이 되는 공간 또는 중심적인 공간이다.
- 주택의 내부에서 중심부에 위치시키고 현관, 복도, 계단과 가까이 배치시키나 직접적 연결은 피해, 교차되거나 외부에서 거실이 직접적으로 보여 지는 부분은 피한다.
- 소규모 주택(원룸 등)에서는 서재, 응접실, 리빙키친 등의 다기능적 목적으로 이용된다.
- 거실의 사회적 구성 공간으로서 개인적 독립 공간의 기능은 아니다.

Point

- **거실의 기본 요소**
  - 1인당 대화를 위해 700mm×700mm가 필요하며, 편안함을 주기 위해 1인당 약 4~6㎡가 적합하다.
  - 시각적 안정 등을 위해 정원, 테라스와 연결하는 것이 좋다.
  - 주택의 중심에 위치하여 가족구성원이 모두 사용하기 좋은 동선배치를 유도한다.
  - 현관, 식당, 화장실, 부엌에 가까울수록 좋다.

② 침실

- 주택은 방위상 햇빛이 잘 들고, 환기가 좋은 남향이 좋으며, 지극히 사적인 공간임을 고려하여 실의 독립성이 있고, 프라이버시가 매우 중요하다.
- 침실은 출입문을 통해 직접적으로 침대가 보이지 않도록 독립성을 확보해야 한다.
- 소음이 있는 쪽은 피하고 정원 등의 공지가 있는 쪽을 피하여 배치한다.
- 아동침실은 부모침실과 인접한 곳으로 배치한다.
- 노인침실은 1층에 배치한다. 2층이나 계단의 턱이 있는 곳에 배치하지 않는 점을 반드시 기억해야 한다.

Point

- **침대 배치**
  - 현관에서 떨어진 곳, 도로 쪽은 피할 것
  - 안전하고 독립성 있는 곳이나 직사광선이 직접 드는 곳에는 배치하지 말 것
  - 출입문을 열면 직접 보이지 않도록 할 것

③ 주방

주방은 주택에서 조리를 하는 기능을 가진 주택 내 업무적 공간이자, 주부가 사용하는 가장 이동량이 많은 공간이기도 하므로 주부의 입장을 최대한 고려해서 배치를 계획해야 한다.

- 주방의 주요 기능
  - 음식의 조리와 가족 전체의 공간으로 식사 공간으로 사용된다.
  - 앞서 설명한 유사관련 실의 연계계획에 관련되어 공간의 유사성을 고려한 식당-부엌-가사실과 연계해서 사용하는 것이 일반적이다.

- 주방의 배치 유형

  주방의 배치 유형으로는 위에서 말한 것과 같이 식당과 부엌 가사실 및 거실의 연계로 인한 동선 확보 및 작업 공간의 원활을 위해 배치하는 데, 통상적인 배치 방법은 다음과 같다.

  - 다이닝 키친(D.K- Dining Kitchen) : 부엌의 일부에 식사실을 꾸민 공간을 말한다.(부엌 +식당)
  - 리빙 다이닝(L.D-Living Dining) 또는 다이닝 엘코브(dining alcove) : 식사실을 거실에 둔 것을 말하며, 주방의 작업실과는 별개로 구성되는 것을 말한다.(거실+식당)
  - 리빙 다이닝 키친(L.D.K-Living Dining Kitchen) : 거실 내에 부엌과 식사실이 설치되는 구조로서, 주로 원룸을 생각하면 이해하기 쉽다.(거실+식당+부엌)
  - D형(독립형) : 식사실, 주방, 조리실 모두 각각의 실로 구분되는 독립된 주방공간을 말한다.

> **Point**
> - **3LDK** : 방 3개, 거실, 식당, 부엌을 약칭하며, 원룸에서 사용되는 약어로 주로 사용된다.
> - **주택 식당의 일반적 크기** : 주택의 일반적 면적은 주택 전체에서 8~10%의 비율 정도가 적당하다.

- 부엌의 작업대(싱크대) 배치 순서는 작업하는 공간의 편리성을 위해서 다음과 같은 순서로 배치한다.

| 준비대 | 개수대 | 조리대 | 가열대 | 배선대 |

준비대 ⇨ 개수대 ⇨ 조리대 ⇨ 가열대 ⇨ 배선대

■ **부엌 작업대의 간략 이해 돕기**

예를 들어, 주부가 시장에서 음식을 조리하기 위해 야채를 샀다고 가정하자. 야채를 준비대 위에 올려놓고, 하나씩 꺼내어 개수대에서 야채를 씻고, 조리대에서 야채를 썰어서 가열대에 있는 냄비에 넣고 끓이고, 배선대 위로 올려 놓는다는 과정으로 이해하면 작업대의 배치에 대한 이해가 쉽다.

■ 작업대의 높이

– 부엌 작업대의 높이는 800~850mm로 설계되며, 그보다 높거나 낮으면 주부가 작업함에 있어 매우 불편함을 느낀다.

– 집은 가족 공간 공용의 공간이므로 화장실에서 놓이는 세면기 설치 높이인 700~750mm[9] 와는 차이가 있다.

■ 주방작업대의 배치 형식

주방작업대, 즉 싱크대의 배치 모양에 따라 달라지는 데, 방법은 아래의 방법과 같이 나누어진다.

– **일자형** : 모든 작업대를 일렬로 배열하는 방법이다. 이 배치 방법은 작업동선이 길어지는 단점이 생기므로 가급적 3,000mm를 넘지 않도록 해야 한다. L.D.K(Living, Dining, Kitchen) 방식에 적합한 배치 방법이다.

– **병렬형** : 마주 보고 있는 양쪽 벽면을 이용하여 작업대를 배치하는 방법이다. 작업자가 방향을 바꿔서 작업이 가능하므로 동선거리를 단축시키는 장점이 있다. 보통 한쪽에 싱크대, 조리대, 레인지를 놓고 다른 한쪽에 냉장고, 준비대를 배치하는 것이 능률적이며, 두 작업대 사이의 통로 넓이는 최소가 700mm, 평균적으로 900~1,200mm가 적당하다.

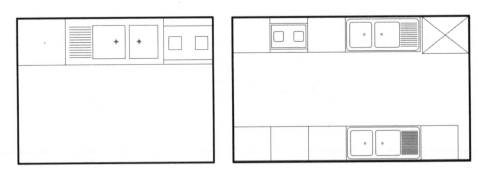

▲ 일자형과 병렬형 배치 방법

---

9) 세면대의 높이가 100~150mm 낮은 이유는 가정 내 아이들과 함께 사용하기 때문이다.

- **ㄱ자형** : 직각으로 맞닿은 두 벽면에 작업대를 ㄱ자 모양으로 설치하는 방법이다. 한쪽 벽면에 싱크대, 다른 한 벽면에 레인지를 배치하는 것이 능률적이며, ㄱ자로 꺾인 부분의 중심에 서서 작업을 하면 작업동선이 짧고 식사 및 공간적 활용의 효율적인 배치형태이다.
- **ㄷ자형** : ㄱ자형과 마찬가지로 직각으로 맞닿은 세 벽면에 작업대를 배치함으로써 효과적이고 짜임새 있는 배열형태이다. 일반적으로 중앙에 개수대를 두고 양쪽 부분으로 냉장고, 싱크대, 가열대나 준비대를 두고 다른 쪽 벽면에 조리대 레인지를 배치하면 작업범위가 좁아지기 때문에 작업공간의 활용도가 높다.

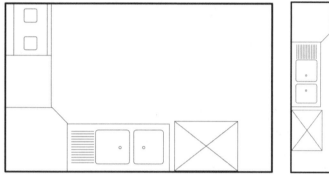 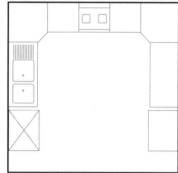

▲ ㄱ자형과 ㄷ자형 배치 방법

- **아일랜드형(island)** : 주로 주방의 면적이 크거나, 주방만이 따로 실로 구분된 독립형 주방에서 많이 사용되는 방식으로 병렬형 작업대의 가운데 섬과 같이 하나의 작업대를 따로 배치한 형태이다. 식당 및 상업공간의 주방에서 많이 사용한다.

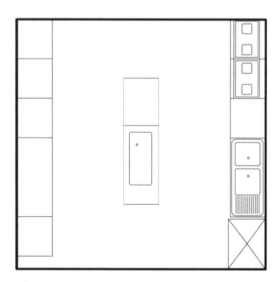

– **시스템 키친(system kitchen)** : 시스템 키친은 현대화 시대가 되면서 기능적 디자인과 미적 감각까지 갖춘 방식으로 냉장고, 가스대, 식기세척기 등의 통일된 디자인을 갖도록 만든 기존의 우리가 생각하는 주방과는 전혀 다른 양상을 띠고 있는 주방형식을 말한다. 시스템 키친은 활용할 수 있는 공간을 전부 활용하여 벽 속으로 매입시키거나 벽면 한 면을 전체적인 공간 구성을 갖춘 빌트인형 시스템[10]으로 공간기능을 최대한 활용한 주방이다.

아) 그 밖의 공간

① **현관**

■ 현관은 한 가정에 대한 첫인상이 형성되는 공간으로 구성된다.

■ 현관의 위치는 도로와의 관계, 대지의 형태, 주택의 평면상태, 건물의 배치를 고려해서 주택 진입이 가장 수월하며, 외부와 연계되는 부분으로 설치된다.(방위와는 무관하게 배치한다.)

■ 조명은 부드러운 확산광으로 구석까지 밝혀주며, 신발에 묻어 들어오는 먼지와 외기에 의한 모래먼지가 집 안으로 유입되는 것을 방지하기 위해 현관의 바닥 차는 10~20cm가 적당하다.

Point

현관의 바닥 차를 두는 이유? 우리나라는 동양식 문화권으로서 신발을 벗고 집 안으로 들어가는 구조로 설계되기 때문에 신발의 먼지가 거실로 유입되는 것을 방지하기 위하여 현관과 진입로에 한 계단 정도의 턱을 둔다.

② **가사실(utility space, 다용도실)** : 다림질, 정리, 수납을 위한 주부들이 주로 집안일을 위해 사용되는 공간을 말한다.

③ **복도** : 각 실을 연결해주는 통로를 말하며, 1인이 지나가는 최소 폭인 900mm 이상의 공간으로 이루어진다.(놀이 공간 및 선룸(sunroom)의 역할도 병행)

④ **계단(건축법 시행령 제48조 비상계단설치 기준에 준함)**

■ 직선계단과 나선계단의 형식 및 실의 크기에 따라 다르나 통상적으로 단 높이가 150mm 이하, 폭이 250~300mm 이상으로 해야 계단을 오르내리는 데 큰 지장이 없고 난간 높이는 900~1,100mm 이상으로 한다.

■ 계단의 법적 높이는 600mm 이상이나 900~1,200mm가 적당하고, 3,000mm가 넘을 때는 폭 1,200mm 이상의 계단참[11]을 두어야 한다.

---

10) 빌트인형 주방 : 빌트인형 주방은 마치 빌딩 모양과 같은 구성형식으로 주방가구가 아파트처럼 각 층별로 수납되어져 벽속에 매립되거나 노출된 일체형 주방가구를 말한다.

11) 계단을 일정 높이 오르고 나서 잠깐 쉬어가는 넓은 공간을 계단참(일본식 표현 오도리바–현장작업자는 계단참의 용어를 오도리바라고 해야 이해한다.)이라 한다.

■ **주거 건축계획 주요 포인트**

• 주택설계 방향으로 계획할 때 주부의 활동시간 및 범위가 가장 크다는 것을 고려하여 주부의 가사노동 경감 및 주부의 편의에 주력하고 쾌적성을 동반해야 한다.

• 1인당 주거 소요면적

① 최소 10㎡(일반적 기준)

② 1인 가구 : 14㎡ (국토해양부 기준)

③ 2인 가구 : 26㎡ (국토해양부 기준)

④ 3인 가구 : 36㎡ (국토해양부 기준)

⑤ 표준(평균)기준 : 16㎡(숑바르 드로브)

■ 건물별 단위 공간계획

1) 연립주택 단위 공간계획

연립주택이라 함은 1~3층으로 된 독립주택으로 수평방향으로 연결시킨 구조를 연립주택이라 말한다. 주로 맨션(mansion), 빌라(villa)로 불리며, 단독 주택보다 높은 밀도를 지니고, 각 호마다 자동차의 주차가 용이하다는 특징을 가지고 있다.

가) 연립주택의 종류 및 특징

종류	특징	그림
타운하우스 (town house)	• 아파트와 단독주택의 장점을 취한 구조 • 2~3층 단독주택을 연속으로 붙인 형태	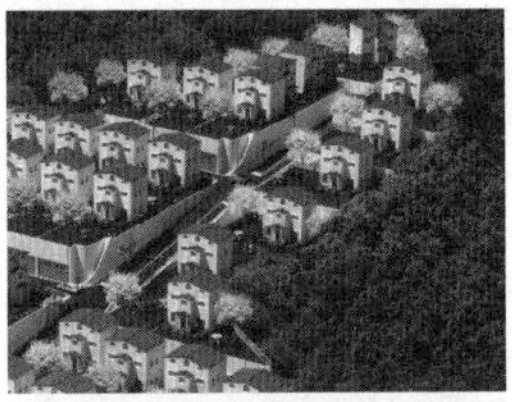
로하우스 (row house)	• 토지의 효율적인 이용, 건설비의 절약, 유지관리비의 절감, 단독주택보다 높은 밀도를 가진다. • 공동시설의 배치가 용이하다. • 도시형주택으로 적합하다.	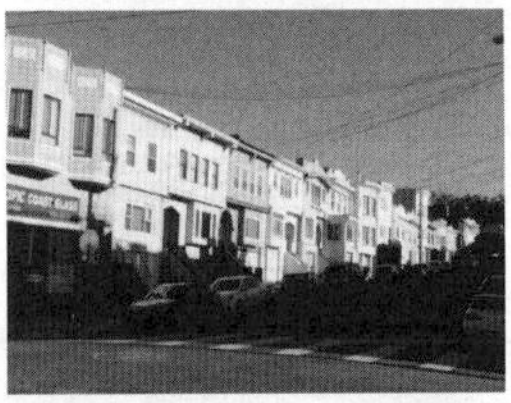
중정형 주택 (patio house)	• 한 세대가 한 층을 점유하는 주거형식 • 중정을 향하여 L자형으로 둘러싼다. • 여러 세대가 중정을 공유한다.	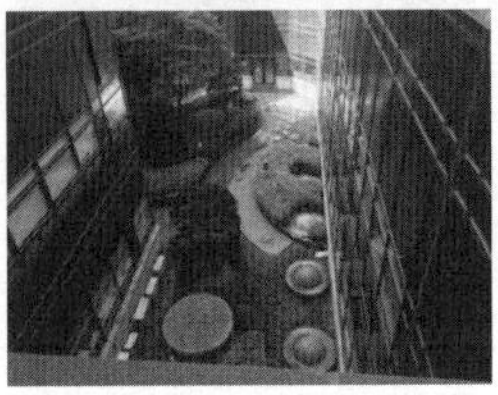

테라스하우스 (terrace house)	경사지를 이용하여 지형에 따라 건물을 계단형으로 축조하여 테라스가 외부로 돌출된 형태	

2) 다세대 주택 단위 공간계획(apartment unit in a private house, 多世帶住宅)

다세대 주택은 80년대부터 2000년대 초반까지 크게 유행하였으며 소가족, 중·저소득층을 위한 지하 1층 또는 반지하, 지상 2~3층의 단일 건물에 출입구를 달리한 주택을 말한다. 공사비와 유지비가 절감되는 특징을 가지고 있고, 각각 분리되어 개별 공간의 프라이버시 확보가 가능하고, 매매 또는 소유가 건물 전체를 한 단위로 할 수 있다는 점에서 다가구 주택과 그 차이점이 있다.

Point

■ 주택의 법적 기준에 의한 분류(건축법 시행령 별표1)

• 주택

단독주택	가정 보육시설 포함
다중주택	장기 거주 구조로서 연면적 330㎡ 이하, 3층 이하 건물 (실별로 욕실은 설치 가능하나 취사시설은 설치할 수 없다.)
다가구 주택	주택으로 쓰이는 바닥면적 합계 660㎡ 이하, 3개 층 이하, 19세대 이하가 거주할 수 있는 공간
공관	공공시설 건물(대사관, 군인관사 등)

• 공동주택

아파트	주택으로 사용하는 지하층을 제외한 연면적과 상관없이 층수가 5개 층 이상인 것
연립주택	주택으로 사용하는 1개 동의 연면적이 660㎡를 초과하고 4개 층 이하의 것
다세대 주택	주택으로 사용하는 1개 동의 연면적이 660㎡ 이하이고, 4개 층 이하인 것
기숙사	독립된 주거형태가 아닌 학교나 공장의 학생, 종업원을 위한 시설

※ 다세대와 다가구 주택의 차이점

　다가구 주택은 소유주가 1명이라는 점에서 매매와 양도가 가능하므로, 세입자 보호법에 의거해서 만이 법적 보호를 받을 수 있는 반면에, 다세대 주택은 각자의 소유주가 각각 다르므로 인해서 세액 공제부터 수도 분할까지 각종 혜택이 많다. 이런 이유로 주택 구입 시 다세대냐 다가구냐의 차이점을 악용하는 사례도 매우 많다.

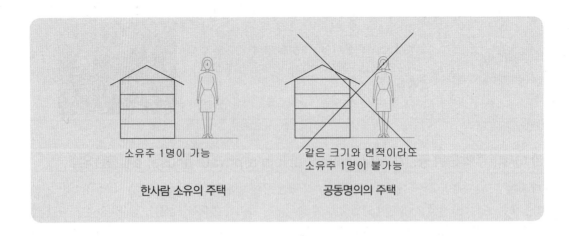

소유주 1명이 가능 　　　　　　같은 크기와 면적이라도
　　　　　　　　　　　　　　　소유주 1명이 불가능

한사람 소유의 주택 　　　　　　공동명의의 주택

3) 아파트 단위 공간계획

도시 인구밀도의 증가 및 직장을 따라 도시생활자의 이동 및 인구집중화로 주택이 급수적으로 모자라는 현상이 발생되었고, 80년대 이후 소규모 가족단위의 핵가족화로 대지비, 유지비 및 건축의 시설비용 전반에 관한 분담을 이루고자 급속히 발전하게 되었다. 이런 아파트에 대해 각각의 형태 및 구성별로 분류하고 그에 맞는 부분을 공부하여 아파트 설계 및 시공에 있어서 기초적인 지식을 충분히 보유하고 나가는 데 주력해야겠다.

가) 아파트 형태상 단위별 분류

아파트는 생겨진 모양과 형태로 분류될 수 있는데, 하늘에서 아래로 내려다본 평면상으로 분류, 서 있는 모양 그대로를 본 입면상 분류, 아파트를 수직으로 잘라 내어 그 내부를 보는 단면상의 분류로 구분되어 질 수 있다.

그럼, 아래와 같이 각각의 분류 방식을 기준으로 아파트의 특징에 대해 공부해 보자.

(1) 평면상의 분류

종류	특징	그림
계단실형 (홀형)	• 거주의 프라이버시가 매우 높다. • 채광 및 통풍이 유리하다. • 계단실에서 직접 각 세대로 접근할 수 있다. • 각 홀에 엘리베이터를 설치하므로 이용도가 낮고 시설비가 많이 든다.	
편복도형	• 복도 개방 시 각 주호의 거주성이 좋다. • 고층 아파트에 적합하다. • 프라이버시가 침해되기 쉽다.	
중복도형	• 대지에 대한 부지의 이용율이 높다. • 프라이버시가 나쁘다. • 통풍, 채광상 불리하다.	

집중형	• 부지의 이용율이 매우 높다. • 중앙에 엘리베이터나 계단실을 두고 많은 주호를 집중 배치하는 형식이다. • 프라이버시가 극히 나쁘며, 통풍·채광도 4가지 유형 중 가장 안 좋다. • 고도의 설비비가 요구된다.	

Point

■ 아파트 평면형식의 비교

평면형식	프라이버시	비고
계단실형(홀형)	가장 좋다.	각 층 아파트
편복도형	별로 좋지 않다.	복도식 아파트
중복도형	나쁘다.	양측 복도형
집중형	가장 나쁘다.	원룸이나 오피스텔

(2) 외관형식상의 분류(立面, 입면상 분류)

구분	구조형식	그림
판상형	• 단위주거가 각각 동일한 조건을 주며 건물시공이 간단하고 쉬운 편이다. • 건물이 수평적으로 되어 있어 건물 자신의 음영이 커져 자칫 주변건물의 일조권을 방해할 수 있다. • 건물 중심부 쪽에 위치한 단위세대는 시야 확보가 어렵다.	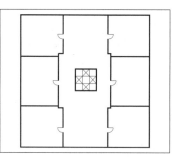
탑상형	• 가늘고 긴 특성이 있어 주변 경관을 막지 않으며, 판상형에 비해 그림자가 적다. • 초고층 시공이 가능하다. • 실내 내부 공간이 불규칙해질 수 있다.	
복합형	• 판상형과 탑상형을 복합한 형태이다. • 여러 가지 형태의 복합이 가능하며, 대지가 불규칙하거나 법규제한의 제약이 있을 때 사용된다.	

(3) 단위주거 단면구성(斷面, 단면상 분류)

구분	구조형식	그림
플랫형	• 통상적인 판상형 아파트의 형식이라 생각하면 이해하기 쉽다. • 단위주거가 1층만으로 구성되어져 있다. • 비교적 평면 구조가 단순한 편이다.	6F 5F 4F 3F 2F 1F EV
스킵형 (스킵플로어형)	• 주거단위의 단면을 단층형과 복층형에서 동일층으로 하지 않고 반 개 층씩 어긋난 형태를 말한다. • 액세스(access) 동선이 복잡하다. • 엘리베이터의 정지 층수를 줄일 수 있다. • 동일한 주거 동에 각기 다른 모양의 세대 배치계획이 가능하다.	6F 5F 4F 3F 2F 1F EV
메조넷형	• 준 2층 또는 미듐(medium) 층의 형태로 불리기도 하는 구조로서, 한 개의 층을 상·하로 나누어 복층 구조를 취하는 형태를 말한다. • 원룸과 같은 소규모 주택에서 많이 사용되며, 실내 공간의 구획변화가 크다. • 통로가 설치되므로 인해서 불필요 면적이 증가한다. • 프라이버시와 채광, 통풍이 좋다.	6F 5F 4F 3F 2F 1F EV

구분	구조형식	그림
플렉스형	• 주거 공간이 각 층으로 나누어지지 않고, 한 개의 층으로(예를 들면 2, 3층) 나누어 주택의 2층 주택처럼 사용하는 구조 이다. • 엘리베이터의 격층 운행이 가능해 유지 비가 비교적 적다. • 불필요한 공간의 소모가 크다. • 2개 층 : 듀플렉스(plex)형 • 3개 층 : 트리플렉스형이라 한다.	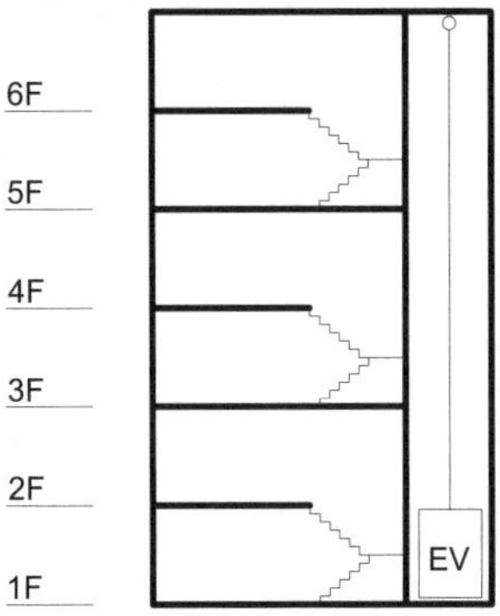
필로티형	• 르꼬르뷔제가 많이 애용한 방식으로, 필로티형 1층은 기둥만으로 개방 공간을 두어 주차 및 동선 등으로 이용하게 하는 형식을 말한다. • 최근 도심지역의 주차난 해소를 위해 1주택 1주차로 법규가 개정된 후 급격히 증가하는 추세이다.	
취발형	• 백화점이나 상가 같은 큰 건물에서 2층 바닥을 설치하지 않고 구멍을 뚫어 중층처럼 보이게 만든 형식이다. • 주로 꾸미기 위해서 많이 사용하는 기법이다. • void형이라고도 한다.	

Point

■ 아파트 단면(斷面) 형식의 비교

단면이라 함은 아파트가 서 있는 상태에서 수직으로 잘라 잘린 한쪽 부분을 보는 면, 즉 시각적으로 보여지지는 않지만 잘린 부분을 상상하여 그리는 사실적 모습을 말한다.

② 도시계획 및 대단위 건물단지 계획

건축에서 도시계획을 왜 배우는가 하는 질문을 할지도 모르겠다. 건축과 도시계획은 같은가? 아니면 다른가의 개념조차도 아직은 생소하지 않을까 싶기도 하다. 건축과 도시계획을 구분할 수 있다면 다음 그림을 이해하기 쉬울 것이다.

국토개발　　　　도시개발　　　개별건축 (건설)

건축은 개별적 또는 단체의 수도로 이루어지는 건축물로 이루어시시만, 도시계획은 도시의 주거환경 악화 및 도시 주변부의 무질서한 팽창을 막고, 주거지의 부족 및 노후와 재건축 및 환경개선에 대한 전반적 문제를 해결하고자 시작되었다. 그렇다면 우리가 도시계획의 기초과정을 이해하는 이유는 다음의 법규와 그 연관성이 매우 깊다고 볼 수 있다. 우리나라의 도시계획은 「국토의 계획 및 이용에 관한 법률」(이하 '국토계획법')에 근거하여 시행된다. 국토계획법 제1조에서는 '공공복리의 증진과 국민의 삶의 질 향상'을 도시계획의 목적으로 삼고 있다.

즉, 도시계획은 우리나라의 국토이용관리법의 국토 및 지역계획, 도시계획, 개별건축계획 등으로 나누어지며, 상위법인 국토이용관리법과 하위법인 건축법의 중간에 있다고 할 수 있다. 다시 말해 도시계획은 상위법인 국토이용관리법을 두고 하위법인 건축법 사이에서 각각의 지침과 필요 내용을 상호 교류 하고 있다고 하는 것이다. 또한, 국토이용관리법에서 정하는 방침보다는 하위개념이 도시계획법[12]이지만, 건축법보다는 상위법의 적용[13]을 받게 됨을 인지해야 한다.

그로 인해 우리가 도시계획의 기초적 지식을 가지고 있어야만 건축을 계획하는 데 있어서 큰 문제가 되는 부분이 어떤 것인지, 자료 분석 시 고려되어야 하는 사항 등에 대해 명확히 인지할 수 있다는 것이다. 우리는 건축을 전공하는 관계로 심도 깊은 도시계획보다는 도시계획과 건축의 상호 유대관계 속에서 소속되어져 있는 기초적인 내용을 숙지하면 된다.

도시계획이라 함은 도시의 장래 발전 수준을 사전에 예측하여 이에 필요한 규제나 유도정책, 혹은 정비수단 및 관련법규의 제한 또는 해지 등을 통하여 도시환경을 정비해 나가는 법규이자 규율이다.

ⓟoint

■ **도시주택의 배치 방법 3가지**

- 중심부 – 고층 아파트 규모로서 500인/ha
- 중심부의 외주부 – 중층 규모의 아파트로서 300~400인/ha
- 외주부 – 단독주택의 저층 규모로서 200/ha

---

12) 건축법이 도시계획법보다 하위개념이라 하여 법적 제재가 도시계획법이 상위에 있다는 의미는 아니다. 서로 관계적 지속이지 각 법에 대해 제재할 수 있는 권리는 없다.

13) 하위법은 상위법에 적용을 받는 원칙

가) 도시계획법에 의한 건축 주거지 필수 분류

구분	인보구	근린분구	근린주구
반경	100m 전·후	150~200m 전·후	300~400m 전·후
주거 호수	20~40호	400~500호	1,600~2,000호
인구	200~800명 정도	3,000~5,000명 정도	10,000~20,000명 정도
중심기본시설	유아놀이터, 구멍가게, 공동 세탁장	유치원, 아동공원, 파출소, 소비시설, 후생시설, 공공시설, 보육시설	초등학교, 병원, 어린이공원(면적 16,000㎡), 소방서, 동사무소
상호관계	근린생활권의 최소 단위	• 4~6개의 인보구 • 주민 간에 면식이 가능한 최소 단위	• 4~5개의 근린분구 • 보행으로 중심부와 연결 가능범위 • 도시계획, 종합계획에 따른 최소 단위
특징	가까운 친분관계를 유지하는 공간적 범위	소위 동네라 하는 정도의 공간적 범위	간선도로, 녹지 등에 의해 다른 지역과 구별

▲ 건축주거지 분류표

Point

■ 주택계획은 인보구 → 근린분구 → 근린주구의 순으로 구성된다.

■ 근린지구라는 말은 원칙적으로 없으며, 근린상업지구 또는 근린주거지구라는 등의 커다란 국토
이용관리법 범주의 하나로 속해 있는 요소이며, 도시계획과 건축물과는 관련이 없는 용어이다.

Section 02 건축 환경적 요소 계획

1 기상과 기후

기상과 기후는 건물의 외적환경과 밀접한 영향을 이루고 있고, 건물의 자재 및 구조적·시공적 문제점
외의 모든 분야와 밀접한 관계를 이루고 있으므로 건축을 하는 사람으로서 기상과 기후조건의 기초지
식을 가져야 하는 것은 어떻게 보면 당연한 부분이라고 생각한다. 건축디자이너가 건축을 함에 있어
주변의 시설여건 및 기후 변화에 민감하지 않으면 건축물의 사용자가 지속적인 불편함을 호소하는 것
을 염두에 두고, 기후 및 기상에도 지식을 갖춰야 하겠다.

1) 기상용어 정리

우리가 평소 많이 듣거나 일기예보 등으로부터 들었던 용어들이지만, 정확한 의미와 단어를 모르는 것이 사실이다. 따라서 아래의 기상학에 대한 기초 용어를 이해하여 건축물의 자료분석에 사용할 때, 좀 더 사실적이고 명확한 의미 전달이 이루어 질 수 있도록 해야 한다.

① **일교차(daily range)** : 하루(24시간) 동안에 관측된 기상요소(기온, 기압, 습도 등)의 최대값과 최소값의 차를 의미한다. 기온의 일교차는 기후의 지표가 되기 때문에 매우 중요하다고 볼 수 있다.

(Point)

■ **일교차 변화(우리나라 기준)**
- 분지는 평지보다 일교차가 크다.
- 겨울에 일교차가 작고, 봄·가을에는 크다.
- 녹지대 일교차는 토사지대보다 작고, 교외보다 도심지가 크다.
- 해안에서 내륙으로 갈수록 일교차가 크다.

② **연교차(annual range)** : 1년간(365일)을 통한 기온의 변동 폭, 즉 연중 최고(최대)값과 연중 최저(최소)값의 차를 의미한다. 단, 기온의 연교차는 연중 가장 무더운 날의 평균기온과 연중 가장 추운 날의 평균기온의 차라는 뜻으로 사용되고 있으며, 연 최고 극기온과 연 최저 극기온의 차를 기온의 절대연교차라고 한다.

③ **최고 기온(maximum air temperature)** : 우리가 보통 일기예보를 볼 때 10년 만의 더위라는 말을 들으면 작년에도 더웠는데 왜 올해가 10년 만의 더위라고 하나라는 의문을 가졌을지도 모르겠다. 최고 기온이라 함은 연도별 최고 기온의 통계도 있지만, 통상적으로 무더위로 봤을 때 여름철 기간 중 가장 높은 기온을 말하는 것이다. 즉, 여름철 기간에 기온이 급상승을 했다고 가정하면 10년 전에 같은 기온을 보인 기록을 토대로 10년 만에 찾아온 가을철 무더위 등(어느 한 기간)으로 불리는 것이다. 그래서 월 최고 기온, 일 최고 기온 등으로 불린다. 월 최고 기온은 월중 가장 높았던 일 최고 기온이나 이상고온 등으로 통계를 기록하는 데 사용된다.

④ **최저 기온(minimum air temperature)** : 특정 기간 동안의 가장 낮은 기온으로서 월 최저 기온, 일 최저 기온 등 기간을 붙여서 부른다. 최고 기온과 더불어 월 최저 기온은 월중 가장 낮았던 일 최저 기온으로서 이상저온 등으로 통계를 기록하는 데 사용된다. 또한, 전체 기간 내의 관측시점으로부터 누적되는 최저 기온을 기준으로 그 지역에서 나타나는 최저 한계를 가늠하는 척도로 사용되기도 한다.

⑤ **평지** : 평야(平野) 또는 평지(平地)는 낮고 평평한 넓은 지형을 가리키는 지리 용어이다. 굉장히 넓은 지역은 가는 선이 바다에서 보여 지는 수평선과 같이 보인다고 해서 지평선이라고 하기도 한다.

⑥ **분지(basin)** : 평지 또는 평야가 주변에 산악지형으로 둘러싸인 지형을 말한다. 분지는 나타나는 위치에 따라 대륙의 내부에 나타나는 것을 내륙분지, 산지에서 발달하는 분지를 산간분지로 구분된다. 우리나라에서는 대구지역이 분지의 특징을 설명하기에는 가장 좋다.

⑦ **토사지대(土砂地帶)** : 어느 특정 구역 내의 거의 모든 땅이 바위나 단단한 상태가 아닌 모래와 흙으로 이루어진 지대를 일컫는다.

⑧ **녹지대(그린벨트, green belt)** : 그린벨트는 도시계획으로 무분별하게 파헤쳐지는 부분을 제한하고자 만든 용어이며, 자연환경을 보전하거나 개선하고, 동·식물의 보호와 공해나 안전사고를 방지하는 기능도 한다. 도시계획법 제12조(도시계획의 결정)의 규정에 의하여 결정된다.

⑨ **해안** : 바다와 육지가 맞닿은 부분을 해안이라고 한다. 해안은 형성 과정에 따라 해수면이 하강하거나 지반이 융기하여 형성된 해안선이 단조로운 해안을 이수해안(離水海岸)이라 하고, 해수면이 상승하거나 지반이 침강하여 형성된 해안을 침수해안(沈愁海岸)이라 한다.

⑩ **내륙** : 내륙주(內陸州) 또는 내륙지역(內陸地域)이란, 한 나라 안에서 바다가 없는 지역을 뜻한다.

2) 기상과 건축

가) 기후대를 이용한 건축기법

① **열대습윤 기후대(정글)** : 열대습윤이란, 공기 내 습도가 매우 높고, 더운 날씨로 인해 불쾌함과 열대야 증상이 나타나는 환경상태를 의미하며, 이런 기후대의 주택시공은 공기의 흐름, 즉 바람의 환기를 유도하여 쾌적한 실내환경을 구성하고 변질되기 쉬운 식품 및 생활용품 등을 보호하는 데 그 의미가 있다.

다음의 그림과 같이 열대습윤 지역의 건축물은 통풍 및 바닥에서 올라오는 습도까지 차단하기 위해 주로 바닥면에서부터 띄어서 건축물을 만든다. 지붕을 높게 하여 통풍을 원활히 하고, 해충 및 야생동물의 침입을 방지하기도 한다.

▲ 열대기후의 건축물

② **고온건조 기후대(사막)** : 낮 시간대에는 태양광이 직사를 하여 자외선 수치가 매우 높고, 밤시간에는 낮은 기후대를 보인다. 이런 기후대의 건축물은 직사광과 높은 기온으로 인한 부담을 최소화해야 하고 지속적인 통풍의 유도 및 심야 시간대의 보온을 겸비하는 구조로, 주로 진흙이나 벽돌 등을 이용해서 난방 및 통풍을 함께 유도한다. 이 기후대의 건축물은 열 흡수를 차단하는 것이 가장 중요한 과제이다.

③ 온난 기후대(우리나라와 같은 봄, 여름, 가을, 겨울의 4계절 기후)

온난 기후대의 건축물은 우리나라의 건축물과 같이 비교적 표현이 자유로워지나, 계절이 변화하는 부분에 민감하므로 해빙기[14] 등의 기후적 변화에 대비하여 구조적으로 튼튼한 구조물을 지어야 한다. 그런 이유로 건축물의 무게, 크기, 형태 및 지붕의 경사각 등이 중요한 부분이며, 일조, 통풍, 방위 또한 중요한 요소이다.

④ 냉대 기후대(추운지역)

러시아 지역 등과 같이 일 년 내내 추운 지방의 기후대를 말하며, 장기간 지속되는 겨울철에 추위로부터 보호가 가장 중요한 부분으로 작용하며, 낮시간대나 짧은 여름 기간 동안의 열을 최대한 흡수, 활용하는 것이 가장 중요한 요소이다.

다음의 사진과 같이 햇빛을 받는 부분은 전면을 태양을 흡수할 수 있도록 평평한 면으로 하고, 추운바람이 오는 북쪽은 바람의 영양을 최소화하도록 좁게 만든다. 또한 적설로 인한 지붕의 경사각도 매우 중요한 요소로 작용한다.

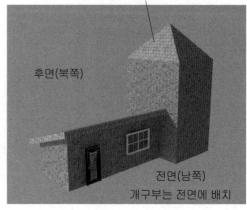
▲ 냉대기후의 건축물

(지붕은 재설로 인한 뽀족지붕을 설치 / 후면(북쪽) / 전면(남쪽) / 개구부는 전면에 배치)

Point

냉대기후 지역의 찬 외부기온에 대처하기 위한 또 하나의 계획개념은 실내기온이 전이될 수 있도록 하는 것이다. 즉, 실내기온의 회전 및 공기의 압력을 이용한 따뜻한 열온의 회전을 적극 활용하는 방법을 사용해야 한다.

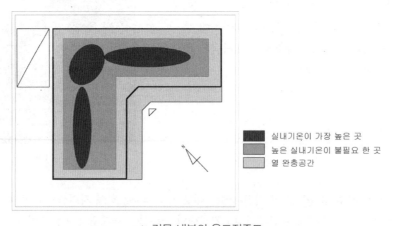

실내기온이 가장 높은 곳
높은 실내기온이 불필요 한 곳
열 완충공간

▲ 건물 내부의 온도집중도

---

14) 해빙기 : 영하로 내려간 기온이 영상으로 변하면서 겨울에서 봄으로 계절이 변화하는 시기에 언 땅이 녹으며 땅 자체가 진흙과 같이 물렁해지는 시기를 말한다.

나) 우리나라의 기후적 특성

우리나라는 지리적으로 중위도 온대성 기후대에 위치하여 봄, 여름, 가을, 겨울의 사계절이 뚜렷하게 나타난다. 겨울에는 한랭 건조한 대륙성 고기압의 영향을 받아 춥고 건조하며, 여름에는 고온 다습한 북태평양 고기압의 영향으로 무더운 날씨를 보이고, 봄과 가을에는 이동성 고기압의 영향으로 맑고 건조한 날이 많다. 우리나라의 기온은 중부산간, 도서지방을 제외하고, 연평균기온은 10~15℃이며, 가장 무더운 달인 8월은 23~26℃, 가장 추운 달인 1월은 −6~3℃이다.(도서지역을 제외한 육지의 대표적인 45개 지점의 1981~2010년 평년값 기준, 이하 같음)[15]

또한, 연중강수량은 중부지방이 1,200~1,500mm, 남부지방이 1,000~1,800mm이다. 경북지역은 1,000~1,300mm이며, 경남해안 지역은 1,800mm 정도, 제주도 지방은 1,500~1,900mm이다. 계절적으로는 연 강수량의 50~60%가 여름에 내린다. 바람은 겨울에는 북서풍, 여름에는 남서풍이 불며, 계절에 따른 풍계가 뚜렷이 나타난다. 9월과 10월은 바람이 비교적 약하고 선선한 바람이 분다. 해안지방은 해륙풍의 영향이 뚜렷하다.

장마는 6월 중순 후반에 제주도 지방으로부터 시작하여 6월 하순 초반에 점차 중부지방에 이르게 되며, 장마기간은 30일 내외이다. 태풍은 북태평양 서부에서 연중 26개 정도가 발생하며, 이 중 3개 내외가 우리나라에 직·간접적 영향을 준다.

> **Ⓟoint**
>
> ■ **계절적 영향을 받을 건물 계획 시 고려사항**
>
> **(여름철)**
> - 장마기간 집중호우처럼 갑자기 쏟아지는 많은 강수량에 대한 건축적 대처방안이 필요하다.
> - 여름장마철의 높은 상대습도에 대한 대처방안이 필요하다.(벽지 및 내장재 부식 및 곰팡이)
> - 강한 직사와 일조량에 대한 대처방안이 필요하다.
>
> **(겨울철)**
> - 북서풍으로 부는 바람과 추위로부터의 보호가 필요하다.
> - 동파 및 수도, 온열의 장치에 대한 효율적 이용방안이 필요하다.
>
> **(환절기)**
> - 계절의 변화에 오는 만감한 부분(해빙기, 극명한 온도 차 등)에 대해 적극적인 보호가 필요하다.

다) 건축의 기후 및 환경조사에 맞는 자료 분석

우리가 건축을 계획하며, 자료조사 분석을 하기 위해 건축물 주변의 기후 조건을 정확히 판단하고 자연적 요건을 맞추어 분석을 도출해야 한다. 그것이 올바른 건축 설계 방향이다. 건물은 인위적으로 만들어지는 형태물이 아닌 자연과 하나의 공간으로 공유하며 영구히 지속된다는 점을 인지하고 계획 시작부터 자연적 조건과 물리직 조건 및 요소를 면밀히 검토하여 조사, 분석을 해야 한다.

---

15) 기상청 통계자료 1981~2010년 참고

위에서 기후적 특성에 대해 공부를 한 바와 같이 기후적 특성 및 계절적 영향을 받을 건축물 계획 시 고려사항을 모두 기억해 두고 계획을 시작해야 함을 명심 또 명심하며, 이젠 건축계획을 실시하기 전 기본적 지식으로 알아야 할 지형지물과 자연적 요건에 대해 알아보기로 한다.

(1) 기후에 맞는 건축적 고려사항

기후에 맞는 건축적 고려사항 중 주택 실내의 쾌적온도는 법적 기준이 없다. 통상적으로 우리가 유지하는 우리나라의 주택 실내가 쾌적하다는 것은 연구 결과물로만 알 수 있는데, 보통 실내기온이 18℃, 습도가 60% 정도가 '쾌적하다'라고 할 수 있는 온도라 할 수 있다.

위의 쾌적기온이 너무 높거나 낮을 때는 불쾌한 느낌을 주거나, 사람이 신체적으로 늘어지는 듯한 느낌을 주기도 한다. 또한, 절대습도[16]가 아주 높을 때는 주택의 결로현상[17]이 발생하고, 너무 낮을 때는 건조하여 호흡기 질환까지 발생하기 때문에 주택에서는 적정 온도 유지가 매우 중요하다.

통상적으로 겨울철 실내 적정습도는 40~60%를 유지시키는 것으로 보고 있으나, 너무 습도량을 올리게 되면 결로현상 및 벽지의 부식을 초래할 수 있다는 점을 고려해야 한다.

Point

■ **결로방지 방법**

- 실내를 자주 환기한다.
- 벽체의 단열성을 높인다.
- 공간 벽체를 조성한다.(자세한 내용은 건축 구조의 조적식 벽체 참고)
- 실내의 수증기 발생을 억제한다.(절대습도를 낮춘다.)
- 난방을 하여 실내 기온을 노점 이상으로 유지시킨다.
- 가급적 남향으로, 주거전용 부분의 Room으로 조성한다.(결로현상이 가장 적은 곳이 남향벽이기 때문이다. 남향은 바람이 많이 불고, 태양에 직접 노출되지 않기 때문이다.)

■ **온도 지표 용어**

- 유효온도 : 기온·습도·기류의 3요소의 조합에 의한 실내 온열감각을 기온의 척도로 나타낸 온열지표
- 등가온도 : 실내온도와 기류, 평균 복사온도를 조합하여 체감을 나타내는 온도 지표로써 흔히 체감온도라 한다.
- 작용온도 : 인간의 몸에 영향을 주는 공기의 냉각효과를 측정하는 온도지표
- 합성온도 : 합성온도계에 의한 인위적 온도계의 온도계측 지표

---

16) 절대습도 : 건조공기 1kg 중에 함유되어 있는 수증기의 중량
17) 결로현상 : 물체 표면에 작은 물방울이 서려 붙음. 공기가 찬 물체 표면에 닿으면 공기의 수분이 응축되어 이슬이 맺히는 현상

라) 건축물의 전열(열의 이동) - 열전도, 열대류, 열복사

① **전도** : 물질이 직접 이동하지 않고 열원의 열을 받은 분자가 다른 분자들과 연쇄 충돌을 일으켜 열이 전달되는 현상을 말하며, 냄비에 죽을 넣어 데울 때 뜨거워지는 부위가 어떻게 진행되는지 생각하면 이해하기 쉽다.

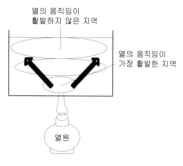

열의 움직임이 활발하지 않은 지역

열의 움직임이 가장 활발한 지역

열원

▲ 열전도 현상

Point

■ **전도현상의 예**

플래시를 켜고 오래 들고 있으면 손이 점점 따뜻해지는데, 이것은 건전지의 발열이 분자의 전도로 인해 점점 플래시 손잡이 부분으로 전도되는 것이다.

② **대류** : 냄비에 물을 끓일 때 일어나는 열의 전도체계로 액체나 기체 상태의 분자가 자기 자신이 직접 이동하면서 열을 전달하는 현상을 말한다.

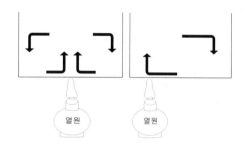

열원   열원

▲ 열의 대류현상

Point

■ **대류 현상의 예**

냄비를 끓이면 냄비 속의 물이 뜨거워지거나, 난로를 켜면 난로 주변부터 먼 곳까지 순차적으로 따뜻해지는데, 이는 따뜻한 열원에서 열을 받은 분자가 점차 이동을 시작하여 찬공기 방향으로 이동되어 회류되는 현상 때문이다.

③ **복사** : 난로처럼 자기 자신이 직접 열을 발생시켜, 중간에 어떤 가림이나 전달 없이 열이 직접적으로 전달되는 현상을 말한다. 흔히 복사를 Copy의 개념으로 이해하는 경향이 있어 전도와 혼동이 있으므로 주의한다.

▲ 열 복사현상

④ 전도, 대류, 복사의 비유

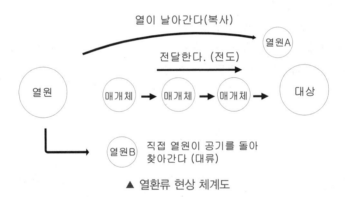

▲ 열환류 현상 체계도

- 사람은 분자이고 서류는 열이다.
- 서류를 전달한다. → 이웃한 분자들이 충돌하여 열을 전달한다.
- 서류를 던진다. → 일정 거리를 둔 물체 사이에서 열만 이동한다.
- 서류를 직접 들고 간다. → 분자가 직접 열을 전달한다.

마) 실내 열의 전단 공식

- 열관류량 : $Q = A \cdot K(t1 - t0)$

  A : 표면적, K : 열관류율, $t1-t0$: 실내·외의 온도 차

바) 열전도율의 단위 : W/m·K

- 열전도율 단위는 온도가 다른 두 물체에서 전해지는 열량의 수치로 과거는 Kcal/m·h·C를 사용하였으나 국제단위계(SI System of International units)를 사용함에 따라 현재는 W/m·K를 사용하고 있다.

사) 일조율

가조시간[18]대비 일조지수의 비율을 나타낸 것으로 해가 떠서 내리쬔 시간의 비율을 말한다. 건축적 입장에서 보면 하루 중에 받을 수 있는 햇빛의 양을 계산하여 주택에서 충분히 전달되도록 하는 비율의 공식이라고 생각할 수 있다.

- 일조율 계산공식 : $\dfrac{일조지수}{가조시수} \times 100$

  예 일조시간 6시간, 가조시수 12시간의 일조량은? $\dfrac{6}{12} \times 100 = 50\%$

◯Point

- **건물 벽체의 열 흐름도**

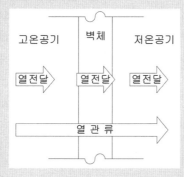

건축 벽체의 열관류 흐름도는 왼쪽의 그림과 같이 고온공기와 저온공기가 벽체를 두고 열이 전달되는 것을 열전달, 열이 통해서 지나가는 것을 열관류라 한다.

Section 03 건축법규

1 건축법규

건축을 하는 사람이 되기 위해서는 기본적으로 당연히 알아야 할 사항 중에 하나가 법규이다. 법이라 생각하면 어렵다고 생각되고 반드시 외워야 한다고 생각하는데, 어렵고 반드시 외워야 하는 법이라고 생각하기보다는 공동생활을 하면서 우리가 당연히 지켜야 할 도리라고 생각한다면, 법규의 중요성은

---

18) 가조시간 : 해가 뜬 다음부터 질때까지의 태양에서 오는 직사광선을 맞을 수 있는 시간을 말한다. 직사광을 받는 시간이기 때문에 산, 구름, 안개 및 건축물 등에 의해 가조시간이 바뀔 수도 있다.

단순히 외우는 차원을 떠나서 지켜야 할 도리로서의 예의이다.

이번 장에서는 건축법을 지켜야 하는 규칙이고 외워야 하는 것인지, 아니면 우리가 함께 살아가기 위한 공동체 생활의 기초지식인지에 대해서 알아보기로 한다.

1) 법률 일반상식

가) 법의 체계

① 헌법

우리나라에서 최상위의 법이며, 다른 모든 법령의 근본이 되며, 다른 법률이나 명령으로는 변경할 수 없는 국가의 최상위 규범이다.

② 법률

헌법이 정하는 절차에 따라 입법부(국회)에서 제정하며 심의와 의결을 거치고, 대통령이 서명하여 그 효력을 발생하는 법의 모든 형태이다.(도시미관법, 조경법, 건축법 등의 법률)

③ 명령

- **대통령령 :** 법에는 본법이 있고 시행령과 시행규칙이 있는데, 본법은 입법부(국회)에서 개정이 되는 것이지만, 시행령으로 위임을 하는 사항은 대통령령으로 정한다는 것을 말하며, 이 말은 시행령에서 규정을 하겠다는 취지로 이해하면 된다.(건축법 이하 건축법시행령 등과 같은 법령)
- **총리령·부령 :** 국무총리 또는 행정 각 부의 장관이 그의 소관 사무에 관하여 법률이나 대통령의 위임에 의거하여 발하는 명령이다.(건축법시행규칙 등)

④ 지방자치 법규

- **조례 :** 지방자치단체가 법령 범위 내에서 지방 의회에 의결을 거쳐서 지방의 사무에 관하여 제정하는 법을 말한다.(서울특별시 건축조례 등 각 지방 자치단체의 법률)

  ※ 조례는 법령의 범위를 벗어 날 수 없다.
- **규칙 :** 지방자치단체의 장이 법령 또는 조례에서 위임한 범위 내에서 그 권한에 속하는 사무에 관하여 규정한다.(시행세칙)

2) 법의 해석

가) 유권해석

법에는 본법이 있고 시행령과 시행규칙이 있는 것으로, 본법은 국회에서 개정되는 것이지만 시행령으로 위임하는 사항은 대통령령으로 정한다는 것이 시행령에서 규정을 하겠다는 취지로 이해하면 될 것으로, 본법으로 규정하기에 너무 지나치다고 보면 시행령으로 정하도록 하였다고 보면 될 것이다. 유권해석은 입법, 사법, 행정해석으로 나눈다.

① **입법해석** : 법 스스로가 해석을 내리고 있는 해석을 의미한다.(용어의 정의)

② **사법해석** : 통상적으로 법원이 행하는 사법해석이 보편적이며, 사법해석은 판례를 남기고 그 판례에 의해 근거로 작용한다.

③ **행정해석** : 법을 집행함에 있어 행정기관이 통보 등에 의하여 해석하는 것을 의미한다.(질의·회신)

나) 무권해석

학리해석이라고도 하며, 학문적인 방법에 의한 논리적 해석을 의미한다.

3) 법의 효력

가) 법의 효력 발생

법령은 관보[21]에 게재하여 공포하며 그 효력의 발생이 시작되는 날인 시행일을 그 법령의 부칙에 규정하고 있다. 건축법의 효력발생 시기는 일정한 기간 계도 및 계몽기간 후 1년 또는 익월 3월을 경과한 날을 기점으로 시행된다고 보면 된다. 건축법시행령의 경우는 대체적으로 공포한 날부터 시행하고 있다.

나) 법률 불소급의 원칙

새로이 만들어진 법으로써 과거의 사안에 적용 또는 처벌하지 못한다는 원칙으로 예를 들면 2016년 옥외간판에 대한 법률이 새로이 만들어졌는데, 2015년에 만들어진 간판은 구법에 적용을 받으므로 당장 교체하지 않아도 된다는 의미이다. 다시 말해, 국가가 임의로 개인의 기본적인 권리를 침해하지 못하도록 제한하는 법률이다.

다) 신법과 구법

같은 내용의 법률, 예를 들면 구법에서 건축물 도로의 폭이 3m라고 가정을 했을 때, 신법의 적용으로 4m가 되었다고 해 보자. 동일한 사항에 관하여는 신법이 제정되었을 때 이미 진행중인 공사에서 구법의 규정을 적용받지 않고 신법의 규정을 적용하여 도로의 폭을 4m로 해야 한다는 것이다. 물론 형사관련법이나 예외 규정은 있고 별도의 규정에 의해 구법에 의해 민간이 피해를 보는 부분에 대해서는 구제 방안이 있다.

라) 특별법과 일반법

무조건적 특별법이 일반법보다 항상 그 우위에 있다. 과거 삼풍백화점이 무너지고, 시설물안전관리에 관련된 특별법이 제정되었다. 일반법에서는 시설물의 안전관리에 대해서 권고사항이었던 부분

---

21) 관청이나 공공 기관에서 명령, 고시, 서임, 사령, 그 밖의 일반에게 널리 알릴 사항을 실어 발행하는 인쇄물

이 특별법 제정 이후 반드시 시설물에 관하여 지정된 법률에 의거하여 안전점검을 실시하게끔 되었다. 특별법은 일반법에 비해 그 내용이 무겁고, 반드시 해야 하는 사회의 법률 및 구조적 문제를 다루는 부분이 많으므로 강제성이 있다고 보면 된다.

① **특별법** : 특정한 사람(공무원, 경찰 등), 사물(안전시설건축물, 약품 등) 및 행위나 지역(도시·농촌 등) 등에 한하여 적용되는 법률이다.(국가공무원법, 시설물특별안전법 등)

② **일반법** : 한 국가의 주권 아래 있는 모든 사람에게 공통적으로 적용되는 법률을 말한다.(헌법, 형법, 민법 등)

4) 법률 용어

법률은 우리가 사용하는 한글로 되어 있는데, 우리 말 자체가 해석하기에 따라 전혀 다른 방향으로도 해석될 수 있기 때문에 시시비비가 일거나 정의 내리기 어려운 점이 있다. 그런 부분을 위해 법률에서 규정한 용어 정의가 있는데, 법체계가 복잡하고 어렵기 때문에 우리가 건축법이나 건축법 시행령 및 규칙과 조례 외에 연계된 법률을 배우고 사용하는 데 있어서 꼭 필요한 부분만 줄여서 간략히 기재하였다.

① **또는/이거나** : 둘 이상의 어휘를 선택적으로 연결할 때 사용하며, 셋 이상을 연결할 때는 중간점(·) 또는 쉼표(,)로 연결하여 마지막 어구 앞에 "또는"으로 연결하며, "이거나"는 "또는"의 선택적 조건보다 큰 뜻에 쓰인다. 즉, 유흥주점이나 그밖에 이와 비슷한 것이라 함은 유흥주점과 그 밖에 비슷한 모든 부대시설을 다 포함한다는 의미이다.

② **및/그리고** : "및"은 둘 이상의 단어를 수평적으로 연결할 때 사용하며, 셋 이상을 연결할 때 같은 뜻을 서술하는 경우면 중간점(·) 또는 쉼표(,)로 연결하되 마지막 단어 앞에서 "및"으로 연결한다. 즉, '일반숙박시설 및 생활숙박시설'이라 함은 일반시설과 숙박시설이 연결되어 두 개 중 어떤 것 하나도라는 의미를 내포하고 있다. "그리고"는 단계를 짓는 문구끼리 연결할 때 사용하며 "및"의 병합적 조건보다 큰 뜻에 쓰인다.

③ **이상/이하/이전/이후/이내** : 수치가 명확한 또는 시간적 수치를 표기할 때 "이(以)"자를 사용하는 경우에는 그 수치를 내용에 포함한다. 예를 들면, '1개 동의 주택으로 쓰이는 바닥면적의 합계가 660제곱미터 이하일 것'에서 660제곱미터를 포함한 수치를 나타낸다. 즉, 660을 포함하여 그 아래는 포함되고 661만 되도 법률적 제한을 받는다는 것을 의미한다.

④ **초과/넘는/미만** : 이상, 이하와는 달리 수치의 시작점을 포함하지 않는다. '같은 건축물에 해당 용도로 쓰는 바닥면적의 합계가 500제곱미터 미만일 것'이라 함은 500을 포함하지 않고 499.9999~제곱미터까지는 포함되며, 500제곱미터는 포함되지 않는다는 의미이다.

⑤ **적용/준용** : "적용한다"라고 함은 적용되는 조항, 즉 1항의 내용을 2항에서 함께 적용할 수 있도록 하는 경우에 사용한다. 건축법 시행령의 한 줄에서 보면 '다음 각 호의 어느 하나에 해당하는 건축물의 부분에는 제1항을 적용하지 아니하거나 그 사용에 지장이 없는 범위에서 제1항을 완화하여 적용할 수 있다'라는 부분에서 그 아래의 내용을 적용하여 세부적인 내용을 확실히 해두는 의미이다.

⑥ **본다(간주한다)** : "본다(간주한다)"라고 함은 분쟁을 방지하고 법률 적용을 명확히 정의하기 위하여 법령으로 명확한 선을 긋기 위해서 적용하는 경우에 사용한다. '2개 이상의 동을 지하주차장으로 연결하는 경우에는 각각의 동으로 <u>본다</u>'에서 본다의 의미가 2개의 주차장을 연결했더라도 다른 건축동으로 보겠다는 의미이다.

⑦ **경우/때** : "경우"는 어느 부분에 대해 명확한 조건을 갖춘 상태에 두는 예외적 조항이 가능한 부분의 사전전 인지차원으로 해석하기 좋은 부분인데, 예를 들면, '경계벽에 피난구를 설치한 경우'에서 보면 경계벽에 피난구를 설치한 <u>경우는</u> 후에 나오는 어떤 조건을 하지 않아도 된다. 라는 의미로 받아 들일 수 있다고 봐야 할 것이다.

⑧ **즉시/지체없이** : "즉시" 및 "지체없이"는 강제성을 띠고 있는 명령어로 인식하면 이해하기 쉽다. 예를 들면, '건축사보의 배치현황을 받은 건축사협회는 이를 관리하여야 하며, 건축사보가 이중으로 배치된 사실 등을 발견한 경우에는 <u>지체 없이</u> 그 사실 등을 관계 시·도지사에게 알려야 한다.'에서 행정적 위반의 행위가 발생하여 지정을 초래할 경우를 보고 법률적 즉시적 조치를 취해야 함을 나타내고 있다.

⑨ **기일/기한/기간** : "기일"이란 어떤 발생과 소멸이 명확하게 기재되고 명시되어야 하는 경우에 사용되며, '다음 각 호의 어느 하나에 해당하는 건축물의 소유자나 관리자는 해당 건축물의 사용승인일을 기준으로 <u>10년</u>이 지난 날(사용승인일을 기준으로 <u>10년</u>이 지난 날 이후 정기점검과 같은 항목과 기준으로 제5항에 따른 수시점검을 실시한 경우에는 그 수시점검을 완료한 날을 말하며, 이하 이 조 및 제120조 제6호에서 "기준일"이라 한다)부터 <u>2년마다</u> 한 번 정기점검을 실시하여야 한다.'와 같이 일정 기한을 정확히 표시하여야 한다.

⑩ **내/안** : 시간을 표시할 때는 "내"가 사용되고, 지역이나 범위를 표시할 때는 "안"을 사용한다. '건축물의 소유자나 관리자는 정기점검이나 수시점검을 실시하였을 때는 그 점검을 마친 날부터 30일 <u>이내에</u> 해당 특별자치시장, 특별자치도지사 또는 시장, 군수, 구청장에게 결과를 보고하여야 한다.'에서 보듯이 특정 기한 내에 어떤 행위를 마치라는 법률적 규정이다.

⑪ **갈음한다** : 무엇 무엇을 대체한다. 대신한다의 의미 등으로 사용된다. 즉, A를 대신해서 B를 할 수도 있다는 뜻이라 할 수 있다. 예를 들면, '법 제14조 제1항 제2호 또는 제5호에 따라 신고로써 허가를 <u>갈음하는</u> 건축물에 대하여는 변경 후 건축물의 연면적을 각각 신고로써 허가를 <u>갈음할 수</u> 있는 규모에서 변경하는 경우에는 제1호에도 불구하고 신고할 것'에서 보듯이 건축물의 연면적을 신고로 대신할 수 있다는 의미를 내포하고 있다.

⑫ **협의/동의** : "협의"는 주로 분쟁 발생 등과 같은 상호 같은 위치적 경우에 쓰이고, "동의"는 상위자가 하위자에게 사용하는 용어로써 협의가 이루어져야 한다는 의미이다. "그 밖에 해당 토지 또는 건축물에 이해관계가 있는 자로서 건축조례로 정하는 자 중 그 토지 또는 건축물 소유자의 <u>동의</u>를 받은 자"와 같이 건축주와 계약자 간 등의 의미로 사용된다.

⑬ **허가/승인** : "허가"란 법규로서 정하여진 일반적 금지사항을 특별한 경우가 발생하여 한시적 또는 영구적으로 해제하여 사용할 수 있게 하는 법률적 행정행위를 말하며, "승인"은 허가의 강함이 덜한 관념적 인정을 의미한다고 볼 수 있다.

⑭ **등** : "등"은 앞의 단어와 붙여 씀으로써 복수적 의미를 나타내는 접미사로 사용된다. '제2항에 따른 통지는 문서, 팩스, 전자우편, 휴대전화에 의한 문자메시지 <u>등</u>으로 할 수 있다.'

5) 건축법

가) 기본 용어 정리

(1) 대지

지적법에 의하여 각 필지로 구획된 토지를 의미한다.

(2) 건축물

토지에 정착하는 공작물 중 지붕과 기둥 또는 벽이 있는 것을 말한다.(지붕은 필수 조건이다.)

> **Point**
>
> ■ **건축물 제외대상 [건축법 제3조]**
> 이 법은 다음 각 호의 1에 해당하는 건축물에 이를 적용하지 아니한다.
>
> ■ **[문화재 보호법]에 의한 지정, 가지정(假指定) 문화재**
> - 철도 또는 궤도의 선로부지 안에 있는 다음 각 목의 시설(운전보안시설, 철도선로의 상하를 횡단하는 보행시설, 플랫폼, 당해 철도 또는 궤도 사업용 급수, 급탄 및 급유시설), 고속도로 통행료 징수시설
> - 컨테이너를 이용한 간이창고(산업집적활성화 및 공장설립에 관한 법률 제2조로서 이용이 용이한 것에 한 한다.)

(3) 지하층

건축물의 바닥이 지표면 아래 있는 층으로서 그 해당 층의 바닥에서 지표면까지의 평균 높이가 해당 층 높이의 $\frac{1}{2}$ 이상인 것을 말한다.

(4) 대수선

건축물의 기둥, 보, 내력벽, 주계단의 구조 또는 외부형태를 수선, 변경 또는 증설하는 것으로 대통령령이 정하는 것을 말한다.

※ 대통령령이 정하는 대수선으로서 증축, 개축, 재축에 해당하지 않은 것.

① 내력벽을 30㎡ 이상 해체하여 수선, 변경한 경우

② 기둥을 3개 이상 해체하여 수선, 변경한 경우

③ 보를 3개 이상 해체하여 수선, 변경한 경우

④ 지붕틀을 3개 이상 해체하여 수선, 변경한 경우

⑤ 방화벽 또는 방화구획을 위한 바닥 또는 벽을 해체하여 수선, 변경한 경우

⑥ 주계단, 피난계단, 특별피난계단을 해체하여 수선, 변경한 경우

⑦ 미관지구 안에서 건축물의 담장을 포함한 외부형태를 변경한 경우

(5) 대지면적

대지의 수평투영면적으로 하며, 건축선으로 둘러싸인 부분을 말한다.

(6) 건축면적

대지 점유면적의 지표, 건축물의 외벽, 기둥 또는 기타 구획의 중심선으로 둘러싸인 부분으로 산정된다. 외벽이 없을 시 외곽의 기둥 중심선으로 산정되고, 처마, 차양 등 중심선으로부터 1m 이상 돌출된 부분의 경우 그 끝부분으로부터 수평거리가 1m 후퇴된 부분으로 산정된다.

(7) 바닥면적

건축물의 각 층 또는 벽, 기둥 등 구획의 중심선으로 둘러싸인 각 부분의 수평투영면적을 말한다.(건축면적에 따라 수평거리가 1m 후퇴된 선을 기준으로 바닥면적을 산정한다.)

(8) 연면적

건물 각 층의 바닥면적의 합계를 말한다.(용적률 산정 시 지하층의 면적과 지상 층의 주차장 면적은 제외)

(9) 건폐율

정확히 말하면 토지 위에 건물이 차지하는 면적이다. 즉, 건물이 땅을 얼마나 덮고 있는가? 하는 부분을 비율적으로 나타낸 것이라 할 수 있다. 100m²의 땅에 건폐율이 70%라면 70m²의 면적에 건물을 지을 수 있다는 의미이다.

Point

■ **건축법에 따른 건폐율 비율**

• 주거지역 건폐율 : 70% 이하

• 상업지역 건폐율 : 90% 이하

• 공업지역 건폐율 : 70% 이하

• 녹지지역 건폐율 : 20% 이하

---

(10) 용적률

토지 위에 건물이 차지하는 총 연면적의 비율을 의미한다. 위에 설명했듯이 연면적은 바닥면적의 합계라 했다. 그렇다면 토지면적이 100m² 일 때 용적율이 200%라면 연면적은 200m²가 된다는 의미이다.

Point

■ **건축면적과 용적율**

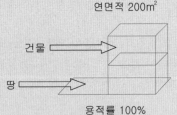

■ **건축상식**

만약 내가 소유하고 있는 대지에 불이난다면 공공의 이익을 우선으로 하는 법률적 제한에 의거하여(불이 나면 여러 사람이 죽을 수도 있으니) 공공이익의 목적 때문에 화재진압을 위해 내 땅이 파헤쳐져도 마음대로 제재할 수는 없다.

① **건폐율과 용적률 산출 공식**

■ **건폐율 :** $\dfrac{\text{건축면적}}{\text{대지면적}} \times 100$

■ **용적률 :** $\dfrac{\text{연면적}}{\text{대지면적}} \times 100$

(11) 건축법령 기준 건축물 용어 정의

① **건축물의 높이 :** 지표면으로부터 당해 건축물의 상단 높이까지의 높이를 말한다.

② **처마높이 :** 지표면으로부터 건축물의 지붕틀과 이와 유사한 수평재를 지지하는 벽, 깔도리 또는 기둥의 상단까지 높이를 말한다.

③ **층고(層高) :** 각 층의 슬래브 윗면으로부터 위층 슬래브까지의 높이를 말한다.

④ **반자높이 :** 방의 바닥면부터 반자(천장 면)까지의 높이를 말한다.

⑤ **층수 :** 오픈천장이나 층의 높이가 매우 높아 층의 구분이 명확치 않을 경우 4m마다 하나의 층으로 산정한다.

■ 건축물의 부분에 따라 층수가 다를 경우 가장 많은 층수로 하고 승강기탑, 계단탑, 옥탑건축물이 건축면적의 $\dfrac{1}{8}$을 초과할 때마다 층수를 산정한다.

■ 지하층은 층수에 산입하지 않는다.

⑥ **건축설비 :** 건축물에 설치하는 설비물을 말한다.(전기, 전화, 가스, 급수, 배수, 환기, 난방, 소화, 배연, 오물설비, 굴뚝, 승강기, 피뢰침, 국기게양대, 공동시청안테나, 유선방송, 수신시설, 우편물 수취함 등)

⑦ **건축선 :** 도로와 접한 부분에 있어서 건축물을 건축할 수 있는 선, 대지와 도로의 경계선을 말한다.

⑧ 도로

- 보행 및 자동차 통행이 가능한 너비 4m 이상의 도로

- 자동차 통행이 불가능한 도로로 너비 3m 이상의 도로

- 막다른 도로

나) 건축행위별 정리

(1) 건축행위

① **신축** : 건축물이 없거나 기존 건축물을 철거하고 새로이 건축물을 축조하는 행위를 말한다.

② **증축** : 기존 건축물이 있는 대지 안에 건축물의 면적, 연면적, 층수 또는 높이를 증가시키는 행위를 말한다.

③ **개축** : 기존 건축물 철거 후 그 대지 안에 종전과 동일한 규모의 건축물을 다시 축조하는 행위를 말한다.

④ **재축** : 천재지변 또는 기타 재해로 멸실된 경우 동일 대지 안에 종전과 동일하게 건축물을 축조하는 행위(再築)를 말한다.

⑤ **이전** : 주요 구조부를 해체하지 않고 동일한 대지 내 위치를 변경하는 것이다.

Point

개축과 재축의 차이점은 개축은 자의에 의한 건축 행위인 반면에 재축은 재해에 의하여 멸실된 건축물을 축조한다는 점에서 차이가 있다. 또한 개축 시 주의해야 할 점은 자의적이라는 면에서 개축하는 부분이 현행 건축법에 적합해야만 한다는 점이다. 건폐율이나 용적률, 일조기준 등 관련 법규를 어겨서는 개축할 수 없다. 즉, 기존 건물의 건폐율이 70%였으나 현행 건축법에 60%로 강화되었다면 개축은 불가능하게 된다.

다) 도로

건축법상 '도로'란 평상시 건축물 이용에 지장이 없도록 보행 및 자동차 통행이 가능한 너비 4m 이상의 도로로써 도시계획법, 도로법, 사도법 기타 관계 법령에 의하여 신설 또는 변경에 관한 고시가 된 도로나 건축허가 또는 신고 시 특별시장, 광역시장, 도지사 또는 시장, 군수, 구청장이 그 위치를 지정, 공고한 도로로 규정하고 있다.

그러나 대지에 접한 도로가 사람의 보행이 불가능한 자동차전용도로(고속도로, 고가도로)인 경우에는 건축법에 의한 도로로 볼 수 없으며, 이와 같은 자동차전용도로에만 접한 대지의 경우에는 건축이 불가능하다. 또한, 위에 명시한 '도로' 외에 지형적 조건으로 자동차 통행이 불가능한 경우와 막다른 도로의 경우에는 유사시 소화나 피난상 지장이 없도록 하기 위하여 그 너비와 길이에 관해 다음과 같이 건축법상 도로로 인정하는 완화 규정이 있다.

① 지형적 조건으로 차량 통행을 위한 도로 설치가 곤란하다고 인정하여 시장, 군수, 구청장이 그 위치를 지정, 공고하는 구간 안의 너비가 3m 이상(길이가 10m 미만인 막다른 도로인 경우에는 너비 2m 이상)인 도로

② 위에 해당하지 아니하는 막다른 도로로써 도로의 너비가 그 길이에 따라 각각 다음 표에 정하는 기준 이상인 도로에 한한다.

라) 일조권

현대의 도시화가 가속화되면서 함께 햇볕을 공유할 수 있는 권리인 일조권의 개념이 등장하였다. 1970년대 우리나라의 산업화 이후 무분별한 도시화는 건축물의 조밀도를 높여 인구의 과집중을 야기시켰으며, 이로 인해 건물과 건물 사이에 1년 내내 햇빛이 들지 않는 영구 음영지대가 만들어지기도 했고, 또 앞이나 옆 동의 건축물이 고층으로 신축되는 등으로 햇볕이 차단되는 피해를 발생시켰다.

이러한 피해사항을 최소화하고 햇볕을 받을 수 있는 권리인 일조권을 보장하기 위해 「건축법」에서는 건축물 일조 및 통풍 등의 확보를 위해 건축물의 이격거리와 높이를 제한하고 있다.

① 일조 등의 확보를 위한 건축물의 높이 제한 [건축법 제61조] : 전용주거지역과 일반주거지역 안에서 건축하는 건축물의 높이는 일조(日照) 등의 확보를 위하여 정북방향(正北方向)의 인접 대지경계선으로부터의 거리에 따라 대통령령으로 정하는 높이 이하로 하여야 한다.

[건축법시행령 제86조 제1항]

건축물의 각 부분을 정북 방향으로 인접 대지경계선으로부터 다음 각 호의 범위에서 건축조례로 정하는 거리 이상을 띄어 건축하여야 한다.

다만, 건축물의 미관 향상을 위하여 너비 20미터 이상의 도로(자동차·보행자·자전거 전용도로를 포함한다)로서, 건축조례로 정하는 도로에 접한 대지(도로와 대지 사이에 도시계획 시설인 완충녹지가 있는 경우 그 대지를 포함한다) 상호 간에 건축하는 건축물의 경우에는 그러하지 아니하다.

- **높이 4미터 이하인 부분** : 인접 대지경계선으로부터 1미터 이상
- **높이 8미터 이하인 부분** : 인접 대지경계선으로부터 2미터 이상
- **높이 8미터를 초과하는 부분** : 인접 대지경계선으로부터 해당 건축물 각 부분 높이의 2분의 1 이상

※ 2층 이하로서 높이가 8미터 이하인 건축물은 적용에서 제외된다.

② **공동주택** : 공동주택(일반상업지역과 중심상업지역에 건축하는 것은 제외한다)의 높이는 제1항에 따른 기준에 맞아야 할 뿐만 아니라 대통령령으로 정하는 높이 이하로 하여야 한다.

- **공동주택 높이 규제 [건축법 시행령 제86조 제2항]** : 공동주택의 높이는 채광을 위한 창문 등이 있는 벽면에서 직각 방향으로 인접 대지경계선까지의 수평거리가 1미터 이상으로서 건축조례로 정하는 거리 이상인 다세대 주택은 제1호를 적용하지 않는다.

- 건축물(기숙사는 제외한다) 각 부분의 높이는 그 부분으로부터 채광을 위한 창문 등이 있는 벽면에서 직각 방향으로 인접 대지경계선까지의 수평거리의 2배(근린상업지역 또는 준주거지역의 건축물은 4배) 이하로 한다.

- 같은 대지에서 두 동(棟) 이상의 건축물이 서로 마주 보고 있는 경우(한 동의 건축물 각 부분이 서로 마주 보고 있는 경우를 포함한다)에 건축물 각 부분 사이의 거리는 다음 각 목의 거리 이상을 띄어 건축할 것. 다만, 그 대지의 모든 세대가 동지(冬至)를 기준으로 9시에서 15시 사이에 2시간 이상을 계속하여 일조(日照)를 확보할 수 있는 거리 이상으로 해야 한다.

- 채광을 위한 창문 등이 있는 벽면으로부터 직각 방향으로 건축물 각 부분 높이의 0.5배(도시형 생활주택의 경우에는 0.25배) 이상의 범위에서 건축조례로 정하는 거리 이상으로 한다.

- 서로 마주 보는 건축물 중 남쪽 방향(마주 보는 두 동의 축이 남동에서 남서 방향인 경우만 해당한다)의 건축물 높이가 낮고, 주된 개구부(거실과 주된 침실이 있는 부분의 개구부를 말한다)의 방향이 남쪽을 향하는 경우에는 높은 건축물 각 부분 높이의 0.4배(도시형 생활주택의 경우에는 0.2배) 이상의 범위에서 건축조례로 정하는 거리 이상이고, 낮은 건축물 각 부분 높이의 0.5배(도시형 생활주택의 경우에는 0.25배) 이상의 범위에서 건축조례로 정하는 거리 이상으로 한다.

- 건축물과 부대시설 또는 복리시설이 서로 마주 보고 있는 경우에는 부대시설 또는 복리시설 각 부분 높이의 1배 이상으로 한다.

- 채광창(창 넓이가 0.5제곱미터 이상인 창을 말한다)이 없는 벽면과 측벽이 마주 보는 경우에는 8미터 이상으로 한다.

- 측벽과 측벽이 마주 보는 경우(마주 보는 측벽 중 하나의 측벽에 채광을 위한 창문 등이 설치되어 있지 아니한 바닥면적 3제곱미터 이하의 발코니(출입을 위한 개구부를 포함한다)를 설치하는 경우를 포함한다)에는 4미터 이상으로 한다.

- ■ **예외사항** : 건축물의 높이를 정남(正南) 방향의 인접 대지경계선으로부터 거리에 따라 대통령령으로 정하는 높이 이하로 할 수 있는 경우는 택지개발예정지구인 경우, 대지조성사업지구인 경우, 광역개발권역 및 개발촉진지구인 경우, 국가산업단지·일반산업단지·도시첨단산업단지 및 농공단지인 경우, 도시개발구역인 경우, 정비구역인 경우, 정북 방향으로 도로, 공원, 하천 등 건축이 금지된 공지에 접하는 대지인 경우, 정북 방향으로 접하고 있는 대지의 소유자와 합의한 경우나 그 밖에 대통령령으로 정하는 경우가 있다.

[일조권 요약]

- 전용주거지역 및 일반주거지역에서 층수에 관계없이 높이 4m 이하의 부분은 1m, 8m 이하의 부분은 2m 이상 띄우도록 하고, 그 이상의 부분은 건축물 높이의 $\frac{1}{2}$ 이상을 띄워야 한다.
- 공동주택의 경우에는 위 사항 외에 지역에 관계없이 건축물 높이의 $\frac{1}{4}$ 이상을 띄우도록 하고 있던 것을 일반상업지역과 중심상업지역에는 적용되지 않는다.

- 다세대 주택 및 기숙사의 경우에는 同규정을 적용치 아니하도록 하여 다가구 주택 또는 근린 생활시설 등 타 용도에서 변경사용이 쉽도록 개정되었다.
- 공동주택의 경우 동일대지 안에 2동 이상을 건축하는 경우 채광창(창 넓이 0.5㎡ 이상의 창)이 없는 벽면과 측변이 마주 보고 있는 경우에는 8m 이상 띄우고, 측벽과 측벽이 마주 보는 경우에는 4m 이상만 띄우도록 한다.
- 채광창은 창 넓이를 0.5㎡ 이상의 창으로 정의하여 측벽에 위치한 화장실 등에 0.5㎡ 이하의 환기창을 설치할 수 있도록 한다.

Point

이웃과 합의하거나 북쪽에 도로 등 공지가 있는 경우, 새로운 택지를 개발하는 경우는 북쪽으로 띄우는 대신 일조는 남쪽 방향에서 확보하면 된다. 또한, 동지기준 오전 9시에서 오후 3시 사이 연속해 2시간 이상 일조시간을 확보할 수 있는 거리를 두도록 해, 위 규정이 실효성이 있도록 하고 있다.

■ 건축물 일조에 의한 법규적 간격

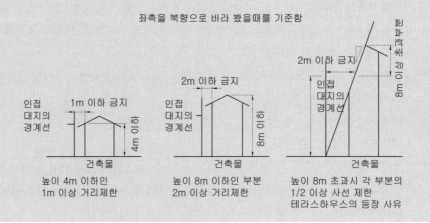

마) 사선제한(斜線制限)

건물 높이의 제한이 없다면 무제한적 건축이 가능해지기 때문에 미관이 파괴되고 주변의 일조권과 통풍문제가 지속적으로 야기될 것이다. 그런 문제들을 막고자 건축물의 높이를 제한하는 사선제한법이 있는데, 사선제한은 크게 3개 항목으로 구성되어 있다. 사선제한은 지방자치법령에 의한 조례마다 다르므로 정확한 위치는 지자체에 의한 법령근거를 확보하는 것이 중요하다.

① 허가권자는 가로구역(도로로 둘러싸인 일단의 지역을 말한다. 이하 같다)을 단위로 하여 대통령령이 정하는 기준과 절차에 따라 건축물의 최고 높이를 지정·공고할 수 있다. 다만, 시장, 군수, 구청장은 가로구역의 최고 높이를 완화하여 적용할 필요가 있다고 판단되는 대지에 대하여는 대통령령이 정하는 바에 의하여 건축위원회의 심의를 거쳐 최고 높이를 완화하여 적용할 수 있다.(지방자치조례를 확인해야 하는 규정임)

② 특별시장 또는 광역시장은 도시관리를 위하여 필요한 경우에는 제1항의 규정에 의한 가로구역별 건축물의 최고 높이를 특별시 또는 광역시의 조례로 정할 수 있다.

③ 제1항의 규정에 의한 최고 높이가 정하여지지 아니한 가로구역의 경우에는 건축물 각 부분의 높이는 그 부분으로부터 전면도로의 반대쪽 경계선까지의 수평거리의 1.5배를 초과할 수 없다. 다만, 대지가 2 이상의 도로, 공원, 광장, 하천 등에 접하는 경우에는 건축물의 높이를 당해 지방자치단체의 조례로 따로 정할 수 있다. 다시 말하자면 최고 높이 15M짜리 건물이 있다면 13M 지점부터 도로사선에 계단실이 침범된 경우 13M 지점부터 계단실 벽을 1 대 1.5 비율로 경사지게 꺾어야 한다는 것이다. 그 꺾임은 13M부터 15M지점까지만 꺾는다. 그리고 건축물 최고 높이를 벗어난 15M 이상 되는 층수에 포함되지 않는 옥탑 부분은 사선에 걸리더라도 꺾지 않아도 된다는 말이다.

Point

2015년부터 도로변 건물은 인접도로 폭의 1.5배 높이까지만 짓도록 하는 일명 '도로 사선제한'이 폐지되는 법이 국회 계류 중인데, 아직 법률 확정은 되지 않았다. 다만, 일조에 대한 사선제한은 아직 규제 대상이다.

Chapter 03 건축설비

Section 01 건축설비 계획

1) 건축설비(建築設備, building equipment)

제2차 세계대전 이전에는 건축 총공사비에 대하여 설비비가 차지하는 비율이 약 15%였으나, 근래에는 약 30~40%로 상승하고 있으며 설비가 건물 전체에서 차지하는 중요성이 더욱 높아지고 있다. 인간이 보다 편리하고 안정된 생활을 하고자 하는 욕구가 증가할수록 나날이 건축시설 설비의 비중도 커지고 있기 때문이다. 즉, 과거에는 그저 살기 위해서 지어졌던 건물이 좀 더 편리하고 안락함을 추구하는 시설물로 발전되어 나간다는 것이다.

오늘날의 건축설비는 단지 건물에 종속하거나 부수하는 것이 아니고 보다 적극적인 뜻을 가지며, 양자가 완전히 일체화됨으로써 보다 윤택한 생활환경을 만들 수 있다. 건축설비의 진보가 건축기술의 진보와 함께 건축의 질적 향상에 기여하는 역할은 크다.

여기서 말하는 건축설비는 건축물에 들어가는 모든 전기, 설비 및 부대시설을 통칭 하는 것이지만, 이번 단원에서는 실제 건축설비를 말한다. 건축설비는 인간의 실내 생활환경과 건축물의 기능을 향상시키고, 인체의 위생·건강을 유지하기 위하여 건축물에 설비하는 모든 공작물의 총칭으로 정의된다. 환기, 냉·난방설비, 급배수설비, 전기설비, 운반수송설비, 가스설비, 주방설비 등 그 종류는 다양하다.

근년에 새로운 건축설비 방식이 계속 늘어나고 있는데, 여러 설비를 일반적으로 대별하면 조명·배선·동력·전화 등을 취급하는 전기설비, 급·배수설비, 위생설비, 소화설비, 가스설비, 공기조절설비, 수송설비 등으로 분류된다. 이러한 설비들을 건축설계에 포함시켜서 계획하는 부분이 설비계획이다.

> **Point**
>
> ■ **건축설비학이란**
>
> 건축설비학은 Environmental Control System이라고 표현되듯이 실내·외의 환경이 인간과 기타 물체에 적합하도록 인위적으로 또는 자연적으로 조절하는 학문이다. 건축설비는 위생설비, 냉·난방설비, 환기설비, 공기조화설비, 방재설비 및 기타 설비로 대별할 수 있다.

2) 기초 설비 개론

가) 기초 설비 용어

① **수압** : 수압이란 물 자신이 가지고 있는 무게를 포함해서 물이 위에서 아래로 내려가는 원리로, 압축력을 가지고 있고 물이 지닌 압력에 의해 압축력은 변한다. 물 $1m^3$는 1ton의 무게이며, 이로 인해 물의 수압량을 환산해 내기도 한다. 배관 등은 수압에 의한 파손이 심하므로 설계 시 물의 유동량의 집중압력이 발생하는 위치를 정확히 알고 있어야 건축설비에서 벽속으로 묻히는 배관의 파손을 막을 수 있다. 통상적으로 배관은 주로 벽속으로 묻히기 때문에 한번 파손되면 건물의 벽 한쪽을 허물어야 할 정도로 큰 일이 되기 때문에 건축을 하는 사람은 반드시 설비의 기초 원리를 이해해야 하는 이유가 된다.

② **열용량과 비열(급탕, 난방 응용)** : 열용량이란, 어떤 물체를 1℃ 높이는 데 필요한 열량을 의미한다.

③ **현열과 잠열(급탕, 난방)** : 어떤 물체에 열을 가할 때 온도 변화가 있으면, 이때 작용한 열은 현열(감열)이며, 온도 변화가 없을 때 작용한 열은 잠열이라 한다.

3) 냉·난방설비

가) 난방설비

① **증기난방**

- 증기난방은 증기를 응축하여 응축수가 될 때 나오는 응축열을 이용하여 난방을 하는 것이다.
- 최근에는 그리 많이 사용하지 않는 방식이며, 오래된 건물에서 사용하는 것을 가끔 발견할 수 있다.
- 증기난방은 난방비 절약에 비해 적은 난방효과로 그 사용이 감소하고 있다.
- 증기난방은 증기가 응축하여 응축수가 될 때 나오는 응축열을 이용하여 난방 하는 원리를 사용하기 때문에 그 효과가 적다.

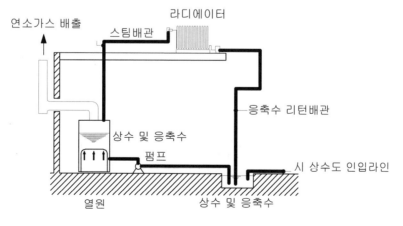

▲ 증기난방 배관 계열도

② 온수난방(溫水暖房, hot-water heating)

온수난방은 보일러에서 발생시킨 열에 의해 데워진 온수를 배관을 통해서 보내고, 거기서 온수에 의하여 운반된 열을 바닥의 콩자갈층으로 방열시켜 방안의 실내온도를 올리는 난방 방법이다. 그리고 온수를 공급하는 방향에 따른 분류로 상향공급 방식과 하향공급 방식으로 구분하고 있다.

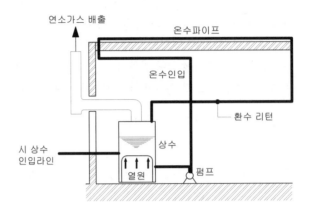

▲ 온수난방 배관 계열도

Point

구분	증기난방	온수난방
열 매체	열 매체가 증기	열 매체가 온수
예열시간	빠르다	느리다
난방 지속시간	짧다	길다
쾌감도	나쁘다	좋다
온도 조절(방열량 조절)	곤란하다	용이하다
시설비, 운전비	적다	많다
관경 및 방열 면적	적다	많다
높이 제한	받지 않는다	받는다
취급	어렵다	쉽다
동결 우려	적다	크다
소음 및 관의 부식	크다	적다
공통 설비	공기 빼기 밸브 , 방 열기 밸브	

③ 복사난방(輻射煖房, radiant heating)

복사난방은 우리가 일반적으로 말하는 온돌난방을 의미한다. 방열기가 필요치 않다는 면에서 바닥면의 이용도가 매우 높다. 앞서 대류, 복사, 전도에서 배웠듯이 복사는 자기 자신의 열을 직접적으로 받는 것을 의미한다.

즉, 복사난방이라 함은 난로 앞에 사람이 앉아 열을 쐬는 원리와 같은 원리로 보면 되는데, 난로에서 열을 쐬게 되면 직접 닿는 부분은 따뜻해지나 등쪽은 차가운 느낌을 받듯이 한쪽 면의 열만을 받는 것이 특징이라 할 수 있다.

(P)oint

■ **복사난방의 특징**

① 인체 표면이 방열 면에서 직접 열복사를 받는다.

② 실온이 낮아도 난방효과가 있다.

③ 열복사는 상당히 높은 천장에서 바닥까지 도달하므로 보통 난방으로는 거의 불가능한 천장이나 높은 방의 난방이 가능하다.

④ 복사난방은 높이에 따른 실온의 변화가 적으므로 보통 난방일 경우에 나타나는 두열족한(頭熱足寒)의 결점이 없고, 바닥복사난방일 때는 두한족열(頭寒足熱)의 인체보온 원칙에 합당하므로 쾌적한 환경을 만들 수 있다.

---

④ 온풍난방(溫風煖房, fan)

■ 열풍기와 같이 바람의 형태를 띠고 히팅코일 등을 이용하여 따뜻한 바람을 내뿜는 형태의 난방을 의미한다.

■ 보통 천장식이나 에어컨처럼 스탠드형으로 달리는 데 국부적 난방이 되고, 바람에 의해서 난방이 되기 때문에 매우 건조하다는 단점을 가지고 있다.

■ 보통 외기에 대한 열손실이 가장 큰 곳인 창문 아래에 설치하고 벽과는 5~6cm 이격시킨다.

(P)oint

■ **난방설비 비교**

• 예열시간 : 복사 〉 온수 〉 증기 〉 온풍

• 쾌감도 : 복사 〉 온수 〉 증기 〉 온풍

• 설치비 : 복사 〉 온수 〉 증기 〉 온풍

---

4) 급탕 및 보일러설비

증기, 가스, 전기, 석탄 등을 열원으로 하는 물의 가열장치를 설치하여 온수를 공급하는 방식을 말하며, 우리 생활과 근접하게 닿아 있기 때문에 특별한 설명이 없어도 이해하기 쉬울 듯하다.

① 급탕 방식

구분	장점	단점
국소식	• 배관이 짧다. • 열손실이 작다. • 시설비가 싸고 증설이 비교적 쉽다. • 수시로 필요한 물을 얻을 수 있다.	• 연료비가 많이 든다. • 유지관리 비용이 많이 든다.
중앙식	• 연료비가 적게 든다. • 열효율이 좋다.	• 시설비가 비싸고 증설이 어렵다. • 필요한 물을 얻을 수 없다. • 열손실이 크다. • 배관이 길어야 한다.

② 배관 설치 방식

구분	특징	그림
단관식	• 배관을 1개만 설치해서 급탕하는 방식 • 직수로 연결되어 순간 온수가 물을 데워 주는 데 까지의 시간이 걸려 처음에는 찬물이 나오는 단점이 있다.	
복관식	• 통상적인 보일러의 형식과 같은데, 물을 회전시켜 뜨거운 물이 돌아서 다시 데워주는 식으로 온수를 순환시키는 방식 • 시설비가 비싼 반면에 수전을 열면 곧바로 온수가 나오는 장점을 가지고 있다.	

③ 공급 방식

구분	특징	공급 방식도
상향식	더운물이 나가는 배관은 낮게 하고 찬물이 들어오는 배관은 높게 배치하여 압력 차를 이용해서 물을 공급·배출하는 방식	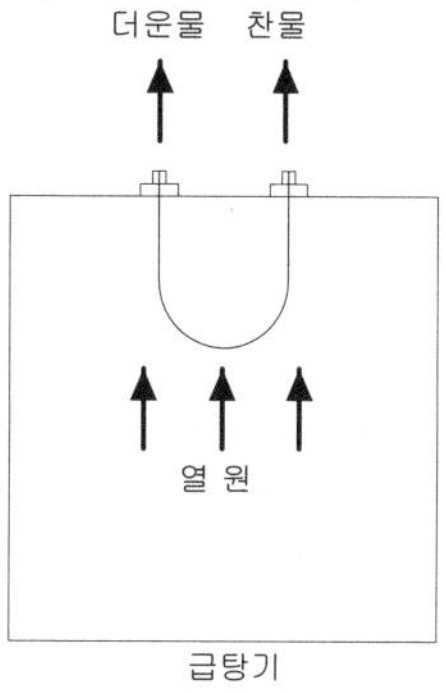
하향식	더운물과 찬물의 배관을 양쪽 다 높게 하여 압력 차를 이용하는 방식	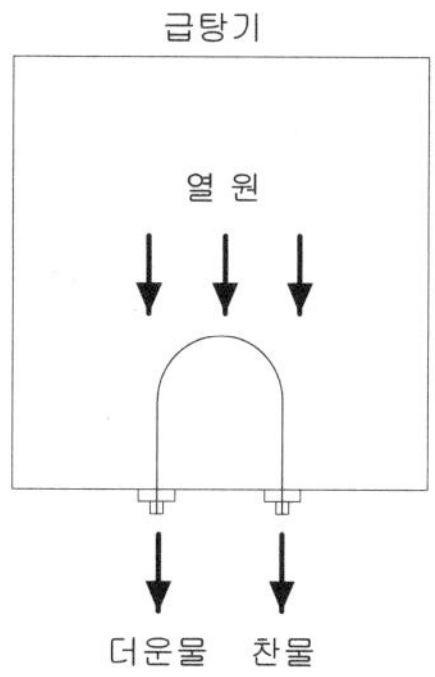
리버스 리턴식	역환수 방식 (그림과 같은 방식은 아니지만 이해도가 가장 높은 방식으로 설명하였다. 환수의 반복이 역환수 방법이라 보았다.)	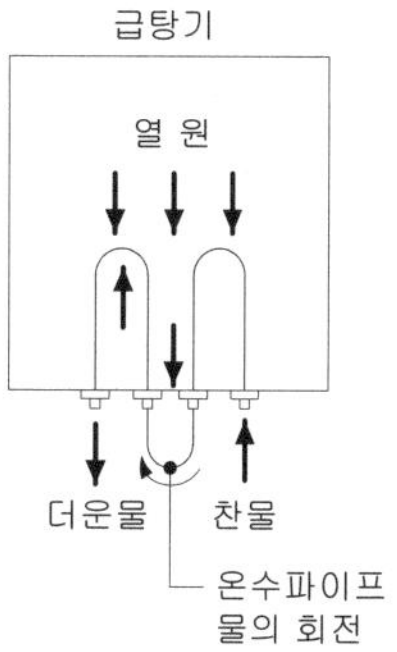

④ 순환 방식

구분	특징
중력순환식	• 급탕관과 순환관의 물의 온도 차에 의한 대류작용을 이용한 방식 • 소규모 건물 배관에 적당 • 배관 구배 : 1/150
강제순환식	• 급탕순환 펌프를 설치하여 강제로 온수를 순환시키는 방식 • 중규모 이상의 건물에 적합 • 배관 구배 : 1/200

※ 급탕설계 시 급탕온도는 60℃를 기준으로 설계하며, 통상 외부온도가 −10℃일 때 급탕온도 60℃, −5℃일 때 55℃, 영상온도 시 43℃ 정도로 공급하는 것이 보통이다. 물론, 배관으로 급탕물이 이동 중 외기에 의한 온도 저하로 인해 실 공급온도가 45℃(안정적 온도) 이하로 될 수도 있다.(고층아파트에서 발생 가능)

5) 공기조화설비

공기조화는 외부의 공기를 유입하여 실내의 온도, 습도, 세균, 냄새 등을 환류시켜 실내를 보다 쾌적한 공간으로 유지시키는 데 그 의미가 있다. 공기조화 기준은 실내 오염 척도의 기준으로 삼는 이산화탄소 농도로 적용한다. 이산화탄소의 수치가 높을수록 공기가 탁해지고, 실내 오염의 간접적 원인인 먼지, 의복 등의 오염도를 포함하고 있다.

Point

■ **실내환경은 쾌적도가 중요하며, 다음과 같은 환경적 요소가 필요하다.**

① 실내 쾌적 환경 요소(4요소)

온도, 습도, 대류, 복사열 등이 있다고 본다. 위의 요소들은 인간에게 쾌적함과 불쾌감을 느끼게 하는 아주 중요한 요소로 작용한다.

② 실내환기

실내에서 생활하다보면 여러 가지 원인으로 실내 공기가 오염되는 데, 주로 외부에서 유입되는 매연 및 분진이 공기오염의 주원인이 된다.

• 동물 및 인간의 호흡으로 인한 이산화탄소의 증가(오염의 척도로 활용)

• 자동차의 매연과 제반 시설물에 의한 연기, 가스

• 이동 및 작업에 의한 발생 먼지

• 황사 등 중국 등지의 매연 및 대기오염

③ 실내공기 오염의 대표적인 간접 원인으로는 인체 및 사람활동에 의한 의복의 먼지가 가장 큰 원인으로 볼 수 있고 그 외에 비듬, 세균, 머리카락 등으로 볼 수 있다.

※ TAB 측정

TAB는 Testing(시험), Adjusting(조정), Balancing(평가)의 약자로, 새집증후군 등의 방지를 위해 갖춰진 공기조화설비를 시험 가동해 실내 환기량을 적정 수준으로 유지하는 환기량 검증 기술이다. 2006년 개정된 법률로 새집증후군으로 인한 피해가 확산되면서 '건축물의 설비·기준 등에 관한 규칙'에는 새집, 새 건축물의 적정 환기량에 대한 규정이 신설됐다. 100가구 이상 공동주택은 시간당 0.7회(전체 실내 공기량의 70%), 지하역사·지하도상가·할인점·백화점·공항·터미널·의료시설·찜질방·산후조리원 등은 시간당 25~36m³의 공기가 반드시 환기돼야 한다는 기준이 생겼다. 따라서 변경된 T.A.B 기준으로 정원이 500명이고, 실용적 1,000m³인 실내의 환기횟수는 9회 이상을 실시해야 한다.

가) 공기조화의 인위적 조절

공기 조절과 환경제어 및 환류를 위한 사람의 인위적 조절은 크게 자연환기법과 기계식환기법으로 나눈다. 자연환기는 쉽게 말하면 창문을 열어 자연적 바람이 들어오게 하는 방법이고, 기계식환기는 기계를 이용하여 강제로 환기시키는 방법이다.

자연환기	자연환기는 사람이 직접 행동에 의해 창문을 열거나 그 외의 방법을 동원하여 환기하는 방법을 말하며, 자연바람을 이용한 풍력환기 방법과 온도 차이를 이용하는 중력환기의 2가지 방법이 있다.
기계환기	기계환기는 기계를 이용하여 실내공기를 강제 환기시키는 방법을 말하며, 외부 공기를 내부로 끌어들이는 급기와 내부 공기를 강제로 외부로 배출시키는 배기의 2가지 방법이 있다. 급기만을 하는 방식, 배기만을 하는 방식, 급기·배기를 동시에 하는 방식에 의해서 그 차이가 있다.

Point

구분		급기 방법
자연환기	풍력환기	외부의 바람에 의한 환기
	중력환기	• 실내공기와 외부의 온도 차를 이용해서 높은 온도는 위로 향하고 낮은 공기는 아래로 내려가는 원리를 이용한 환기 방법 • 창을 열거나 외부의 온도를 이용하는 부분이므로 자연환기에 속하며, 기계식환기가 아니라는 것을 기억하고 있어야 한다.
기계환기	1종환기	• 급기와 배기를 모두 기계식으로 제어한다. • 기계적 장비가 들어가고, 공기제어실이나 덕트실로 면적의 소모가 있고, 설치비가 고가이나, 사방이 막혀 있는 큰 건물 등에 아주 유리하다.(백화점, 초고층빌딩 등)
	2종환기	급기를 기계식으로 인입시키고, 배기는 중력 방식 등을 통해 자연적으로 배출하는 환기 방식. 오염공기가 침투되지 않는 장점이 있고, 내부의 물질이 외부로 빨려 나가지 않는 장점이 있다.(반도체공장, 병원의 무균실 등)
	3종환기	2종과 반대의 개념으로 배기를 기계식으로 배출하고, 급기를 자연식으로 하여 자극적인 냄새 및 가스 등이 있는 곳에 적합하다.(화장실의 팬, 주방의 가스렌지 상부의 후드 등)

나) 공기조화 방식의 분류

① 전공기 방식(全空氣, all air system)

- 공조기로부터 냉·온풍을 송풍기로 덕트를 통해 실내로 공급하는 방식을 말한다.
- 덕트에 의해 공기가 이동되므로 덕트가 매우 중요한 시설물이 된다.
- 단일덕트(정풍량 방식, 변풍량 방식), 2중덕트 방식(멀티존 유닛)이 있다.

② 공기수(空氣水) 방식(air to water system)

- 공기수 방식을 쉽게 설명하면 환기와 보일러가 함께 되는 방식이라 할 수 있다. 즉, 물을 이용한 난방을 사용하고, 공기를 이용한 환기를 함께 병행하는 시스템이라 이해하면 된다.
- 공기를 흡열하여 온수를 가열, 온수를 순환시키는 펌방식이다.
- 덕트 병용 팬코일 유닛 방식, 복사냉난방 방식, 유인유닛 방식이 있다.

③ 전수(全水) 방식

- 쉽게 설명하면 파이프에 더운물이 돌면 보온이고, 찬물이 돌면 냉방이 되는 시스템이라 보면 쉽게 이해가 될 듯하다.
- 전수란 모든 방식 자체를 물로 한다는 것이다.
- 추운 겨울에 외기와 직접 맞닿는 부분의 문을 열었을 때 내부의 열을 빼앗기지 않기 위해 문의 테두리에 뜨거운 물을 계속 회전시킨다고 생각해 보자. 외기에 빼앗기는 열이 많이 적어질 것이다. 이런 원리를 이용한 방식이며, 물을 이용한 방식이다 보니 덕트의 공간이 필요 없고 보일러처럼 제어가 용이하다.
- 팬코일 유닛 방식이 있다.

④ 냉매 방식

- 에어컨처럼 냉매로 열을 나르는 유닛 방식이다.
- 에어컨이 대표적이다.

다) 환기 종류별 분류

① 멀티존 유닛 방식(전공기 방식의 종류, 단일층)

- 공조기에서 냉·온풍을 만들어 원하는 위치로 덕트를 통해 보내는 유닛 방식이다.
- 외기와 직접 맞닿지 않게 되므로 냉·난방 시 에너지 손실이 적다.
- 공조기 중간에 발생되는 냉·온풍의 혼합손실이 발생한다.
- 상가 및 중규모 점포 및 건물에 유리하다.

② 각 층 유닛 방식(전공기 방식의 종류, 전층)

- 각 층의 존 구역마다 공조실을 두고, 공조설비를 통해 공기를 환류시키는 방식이다.

- 각 층별 조절 및 BAS(Building Automatic System)을 통한 각각의 구역별로 온도조절이 가능하고 큰 이동용 덕트가 필요하다.
- 층별 관리가 쉽고 대규모 건물에 유리하다.

③ **팬코일 유닛 방식(전수 방식의 종류)**
- 실별 또는 각 구획별 제어가 가능하다.
- 실내공기의 오염이 발생할 수 있다.
- 호텔이나 병원의 입원실 등 객실이 많은 건물에 유리하다.

④ **패키지 유닛 방식(unitary air−conditioning system)**
패키지 유닛은 팬코일 방식과 유닛 방식의 일체형으로 패키지 박스 안에 코일, 송풍기, 필터 등이 하나로 합체되어 있는 방식이다. 예를 들면, 에어컨 안에 히터와 공기정화가 하나로 합쳐진 방식으로 생각하면 이해가 쉽겠다.

Section 02 / 배관 설비

1) 급수설비

주택에서 사용하는 물은 크게 상수, 하수, 오수로 나뉜다고 볼 수 있다. 상수는 우리가 쓰는 수돗물, 하수는 설거지나 세면을 하고 나서 버려지는 물, 오수는 변기와 위생설비에서 나오는 물을 말한다. 상수는 시에서 운영하는 상수장비로 배관을 통해서 우리집까지 들어오는 맑은 물, 즉 수돗물을 말한다. 상수가 유입되기에 시 상수도 처리장에서 원거리로 전달될 경우 수압[24]에 신경을 쓸 수밖에 없고 수압에 의한 배관 파손도 우려해야 한다.

그런 이유로 여러 가지 수압관련 사항을 건축계획 시 알기 위해 물을 외부에서 가정으로 유입하는 데 관련된 부분을 아래와 같이 공부해 보기로 한다.

가) 기초 상수설비 용어
① **수질** : 물의 맑고 탁한 정도를 나타낸다.
② **수질관리** : 자연 또는 인공적인 방법을 이용하여 물을 맑게 만들도록 관리하는 것이다. 최근 자연정화 방법은 환경오염이 심각해져 사용하지 않는다.
③ **상수처리시설** : 인공적으로 물을 맑게 하기 위해 정화시키는 방법인데, 지하수를 이용하는 방법, 강물을 정화하는 방법, 바닷물을 정화하는 방법으로 크게 나눈다.

---

24) 물의 압력

■ 지하수 급수과정

채수 〉 침전 〉 폭기 〉 여과 〉 살균 〉 급수

■ **정수법(강물)** : 흐르는 물에 함유되어 있는 물질을 물리화학적 방법을 사용하여 강제적으로 살균과 멸균하여 식수에 사용 가능하도록 만드는 방법을 말한다. (**예** 아리수)

④ **배관** : 정수처리시설에서 물을 가정이나 빌딩으로 원활하게 이동시키기 위해서 설치되는 주철 또는 강관 및 토관 등으로 만들어진 관로(管路)를 말한다.

나) 급수배관 설계

급수가 정수처리장에서 원만히 우리가 사용하는 건물까지 들어오기 위해서 배관이 설계규정대로 준수되어야 한다. 다음은 배관설계 시 고려사항에 대해서 알아보기로 한다.

① 물이 굽이치지 않도록 가급적 직선배관을 고려해서 설계한다. 물이 굽이치게 되면 수압에 의한 배관파손 및 압력 저하로 수압이 약해질 우려가 있다.

② **굴곡배관** : 직선배관이 어려운 구간 발생 시 에어밸브(air vent valve)를 설치한다. 또, 물찌꺼기 제거를 위해 드레인 밸브(drain valve)를 설치한다.

③ **수평구간에 대한 보호** : 물은 위에서 아래로 흐르는 성질이 있기 때문에 경사지게 배관을 설치하는 것이 원칙이나 여의치 않는 경우는 수평배관을 설치한다. 수평배관 구간 발생 시 지수 밸브(stop valve)를 설치하여 동파 및 보온을 하여 배관을 보호해야 한다.

④ 굽은 배관이나 밸브 설치 시 수격작용(water hammering)[25]을 방지하여 밸브의 파손을 방지한다.

⑤ **관통 슬리브배관 설치** : 관과 관 사이가 연결되도록 한쪽 면을 크게 하거나 한 부분의 배관만 다른 배관보다 크게 하여 쉽게 끼고 뺄 수 있도록 하는 배관을 말한다.

⑥ **부식 방지** : 철로 된 배관을 사용할 시 부식 방지를 위하여 방식 피복 및 부식 방지 도장을 한다.

⑦ **피복** : 관경 15~50mm는 20~25mm 두께, 관경 50~150mm는 25~30mm 정도로 피복해야 한다.

⑧ **크로스 커넥션** : 예를 들면, 상수와 하수가 서로 교차되게 연결해서는 안 된다. 배관 파손 및 그 외의 사항 등이 발생하여 음수 배관의 오염을 초래하여 수질에 의한 전염병이 발생할 수 있다.

---

25) 수격작용이란 물이 굽이치거나 갑자기 뿜어져 나가는 압력으로 인해 마치 배관을 망치로 때리는 듯한 힘이 가해져 배관을 파손시키는 현상을 말한다.(수격작용은 마 항에서 한 번 더 설명한다.)

■ 배관 설치

구분	특징
상향식 급수배관법	하층에 압력탱크를 설치하는 방식
하향식 급수배관법	최상층에 탱크나 저수조를 설치하는 방식
혼합식 급수배관법	상향과 하향식 급수를 혼합하는 방식
초고층 건물의 배관법	층별, 층계식, 압력조정펌프식 등에 의한 배관 방식

다) 건물 내 인입되는 급수공급 방식별 특징 비교

구분	장점	단점	그림
수도 직결식	• 시 상수도관에서 수도관을 직접 끌어다 급수하는 방식 • 설비비가 비교적 싸다. • 물을 담가서 보관하지 않아 오염도가 매우 낮다. • 유지관리가 쉽다. • 주택에 유리하다.	• 단수가 되는 경우 급수가 불가능하다. • 높은 건물에 물을 올리기가 어려워 대규모 건물에는 사용이 어렵다.	GL 시 상수도 인입라인 소규모 건물에 유리
고가 수조식	• 지하저수탱크에서 시 상수관의 물을 받아서 펌프를 이용, 옥상의 수조로 양수하여 수압의 낙차를 이용해 급수하는 방식 • 단수 등의 재해 시 물을 저장하기 때문에 한시적 위협이 적다. • 저장한 물을 내리기 때문에 일정한 수압이 가능하여 배관 파손이 적다. • 대규모 건물에 유리하다.	• 맨 위층과 맨 아래층의 수압 차가 있다. • 설비비 및 유지비가 비싸다. • 고가 수조의 오염가능성이 있다.	옥상 물탱크 ROOF GL / 1F 시 상수도 인입라인 주택 및 낮은 건물에 유리
압력 수조식	• 지하에 물탱크를 설치한 후 직접 압력으로 인입하는 방식 • 고가 수조식에 비해 외관이 보기 좋다. • 옥상설치 구조물이 없어 보강이 필요 없다. • 상가, 중규모 건물에 유리하다.	• 맨 위층과 맨 아래층의 수압 차가 크다. • 펌프의 사용으로 인한 고장 및 정전 시 사용이 어렵다. • 옥상이 구조적 한계가 있어 물량이 작다. • 전기소비가 크다.	옥상 물탱크 ROOF 4F 3F 2F GL / 1F B1F / 직송펌프 / 물탱크 슬래브의 하부로 연결 시 상수도 인입라인 4층 이하의 낮은 건물에 유리

| 펌프
직송식 | • 시 상수도관에서 물탱크
  (저수조)에 물을 받은 후
  급수펌프만으로 건물 내에
  인입하는 방식
• 사용 개소의 수압이 거의
  일정하다.
• 탱크가 지면에 부착되어
  구조상 안전하다.
• 단수 등의 재해 시 물을
  저장하기 때문에 한시적
  위협이 적다.
• 중규모 건물이나 공장에
  유리하다. | • 장기간 정전 시 급수
  가 불가능하다.
• 자동제어 등의 설비
  비가 많이 든다.
• 유지비(전력비)가
  많이 든다. | 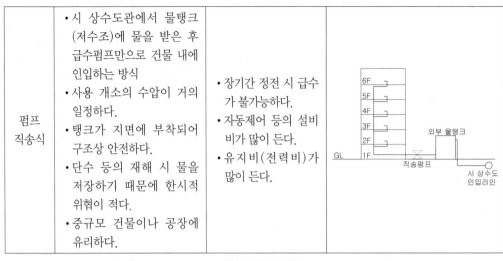 |

▲ 상수도 유입 방식

라) 수격작용(water hammer)

수격작용이란 수충격 또는 망치충격이라고도 하며, 영어로 water hammer, fluid hammer, hydraulic shock라고 한다. 수격작용은 물의 방향이 갑자기 급회전하거나 수압이 관로의 마지막 막힌 곳에 다다르게 되어 더 이상 나아가지 못할 때, 순간적인 압력이 급상승하여, 수전의 끝부분이 터져 나가거나, 관의 이음부에 조인된 부분을 파괴시켜 누수를 일으키는 현상을 말한다.

우리가 건축을 함에 있어 누수가 일어나 실내의 마감재를 오염시키는 원인은 관의 연결 불량을 제외하고 거의 대다수의 사례가 바로 이 수격작용이 원인이 되기도 한다.

① 발생원리 : 흐르는 유체의 자기 운동에너지와 배관 내 공기 및 밀어내는 압력이 서로 연계되면서 발생한 압력파가 해머처럼 발생하여 배관을 타격하는 현상이다.

② 물의 흐르는 속도가 빠르면 크게 일어나고, 작으면 물이 나오지 않거나 조금씩 나온다. 물의 압력이 큰 상태에서 급격히 수전(수도꼭지)을 닫았을 때 그 현상은 커진다.

③ 수격작용의 발생으로 소음 및 관이나 밸브의 파손이 일어난다.

④ 수격작용 방지 대책

  ■ 수전의 상부에 공기 통기관(air chamber)
    을 설치한다.(가장 좋은 대책)

  ■ 수전류를 서서히 잠근다.

  ■ 배관의 지름을 크게 하여 유속을 느리게
    한다.

  ■ 직선 배관으로 시공한다.

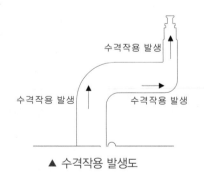

▲ 수격작용 발생도

2) 오·배수설비

인간의 주거환경설비에서 상수 다음으로 필수적인 부분 중 하나가 오·배수 설비이다. 오·배수라 함은 사용한 물이 오염되었기 때문에 직접적 환경오염의 주범이 된다는 사실을 인지하고 오수정화시설법규와 환경법규에 근거하여 적법한 절차에 의한 배출이 이루어져야 하는 것임을 반드시 알고 건축물을 계획해야 한다.

배수설비라 함은 건물이나 대지에 생긴 오수, 빗물, 폐수 등을 외부로 배출 하는 것을 말하고, 우리가 흔히 알고 있는 화장실 및 변기에서 나오는 물은 배수가 아니고 오수라 한다.

이번 내용은 배수설비에 대한 전문적 설비 지식인 수리학(水理學) 개념이 아닌 기초적인 오수와 배수설비에서 건축설계 및 기획자로서 알아야 하는 지식부분에 대해서만 서술하고자 한다.

가) 배수관의 설계 목적

① 배수 배관은 평면적 건물이 빗물 및 누수 적설에 의한 누적이 아닌 배출을 목적으로 하는 데 그 의미가 있다.

② 배수는 크게 옥내 배수와 옥외 배수가 있다.

③ 옥내 배수는 통상적으로 하수관으로 생각하면 된다.

④ 옥외 배수는 하수 및 빗물에 의한 배수라고 이해하면 된다.

나) 트랩

트랩이란 배수가 처음 시작되는 부분에서 물을 배관을 통해서 시 하수관로까지 이동시키기 위한 첫 관문이기도 하며, 위생에서 최고로 중요한 부분이기도 하다.

트랩의 주요 역할은 하수로 배출되는 물이 유입되기 직전 배수관의 악취나 벌레 등이 실내로 유입되는 것을 막기 위해 설치하는 것으로, 트랩 내부 배수관 중에 물(봉수)이 고이게 하여 악취나 해충의 역류를 막아주는 아주 주요한 기능을 한다.

(1) 트랩 설치 목적

① 배수관으로부터 악취나 벌레가 침입하는 것을 방지한다.

② 우천이나 시 하수관로의 문제로 관의 역류현상이 일어났을 때, 하수의 실내 유입을 막기 위해 배수관에 봉수를 고이게 하는 기구이다.

(2) 트랩의 종류

구분	사용처	기능	그림
P트랩	세면기	• 세면대 하부에 설치되며, 물을 많이 사용하는 부분에서 사용이 용이하다. • 주로 위아래의 간격이 큰 곳에서 사용한다.	

S트랩	세면기	• 세면대 하부에 설치되며, 물을 많이 사용하는 부분에서 사용이 용이하다. • 주로 위아래의 간격이 큰 곳에서 사용한다.	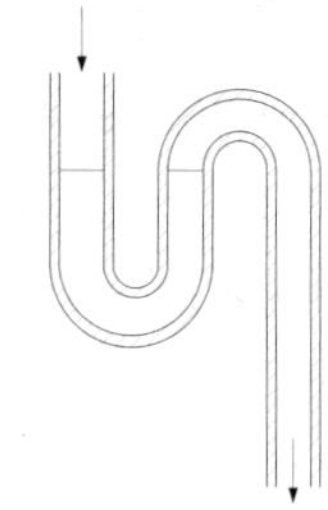
U트랩	주택 배수	주택의 외부에서 내부로 진입하는 부분에서 많이 사용하는데, U트랩 자체의 구배가 그림과 같이 크지 않아 봉수가 잘 파괴되는 단점이 있다.	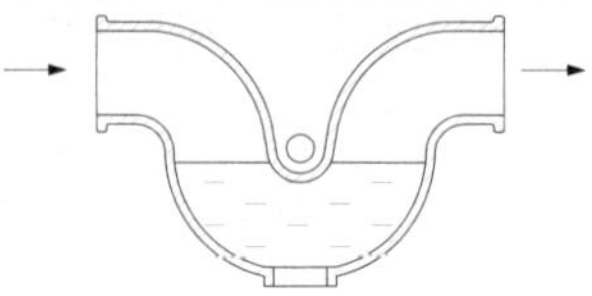
드럼트랩	욕조, 싱크대 배수	부엌 싱크대 배수용으로 가장 많이 사용되며, 많은 물이 고이게 되어 봉수가 매우 안전하고, 드럼을 빼기만 하면 되기 때문에 청소가 쉽다.	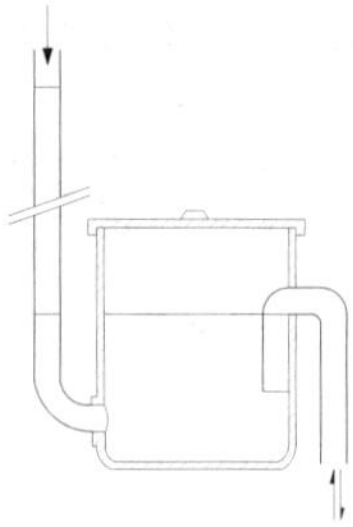
벨트랩	바닥 배수	• 흔히 육가라고 하는 상부망이 보이며 욕조에 금속으로 머리카락 등을 걸리게 하는 용도로 알고 있는데, 그 하부에는 그림과 같이 압력 차를 이용해서 물이 넘어가게 하는 구조이다. • 이 트랩 역시 물이 고이는 면이 작아 잘 마르기 때문에 봉수의 파괴가 쉽다.	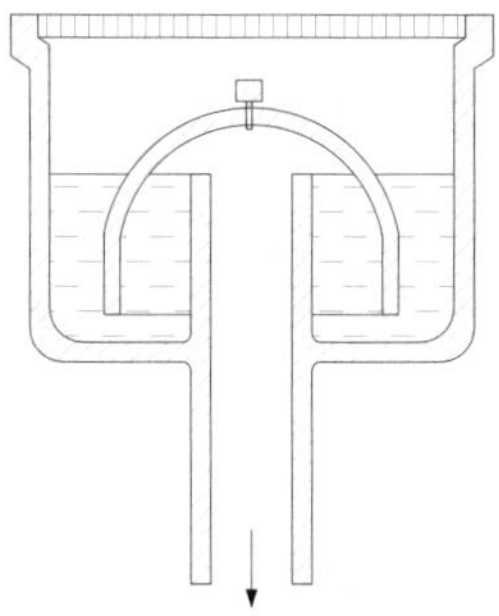
기타	저집기	헤어트랩(미용실), 그리스 트랩(식당, 기름기 많은 곳), 플라스터 트랩(치과), 가솔린 트랩(주차장, 세차장) 등이 있다.	

(3) 봉수

봉수는 위의 그림과 같이 트랩의 내부 속에 고인 물을 의미하는 것으로, 물이 고여 있으므로 인해 악취나 해충이 배관을 통해서 들어오는 것을 방지하는 역할을 한다. 그러나 봉수는 물이란 성질 때문에 오랜 시간 사용을 안 하거나 수압 등 여러 가지 원인으로 봉수가 빠지는 현상이 일어나는데, 이것을 봉수의 파괴라 한다.

봉수의 파괴 원인은 다음과 같다.

① **흡출작용(유도 사이펀작용)** : 쉽게 말하자면 상부에서 물이 직수압으로 떨어졌을 때 아래에 있는 물이 상부 물의 압력에 의해 옆으로 튕겨 나가는 현상이다. 즉, 수직관 가까이에 트랩이 설치되어 있을 때 수직관 위로부터 일시에 물이 낙하하면 낙하 압력으로 인해 트랩의 봉수가 수직관의 물과 함께 유인되어 봉수가 흡입 배출된다. 이를 유도 사이펀작용이라고도 한다.

② **분출작용** : 수평배관이나 수직배관 내에 순간적인 압력으로 인한 배수가 흘러내려 정압이 작용하여 트랩 속 봉수를 그림과 같이 압력에 의해 역으로 실내 쪽으로 역류시키는 현상을 말한다. U트랩 등에서 많이 일어난다.

③ **자기 사이펀작용** : 외부에서 유입된 물이 만수된 상태에서 압력이 발생했을 때 봉수가 함께 딸려 내려가는 현상을 자기 사이펀이라고 생각하면 이해하기 쉽다. 즉, 만수된 물이 일시에 흐르게 되면 트랩 내의 물이 자기 사이펀작용에 의해 모두 배수관 쪽으로 딸려 나가게 되어 봉수까지 배출하게 된다. S트랩에서 많이 발생한다.

④ **증발** : 트랩을 장기간 사용하지 않을 시에 발생하는 부분으로 더위 및 겨울철 결빙에 의한 파손으로 트랩이 증발하여 사라지게 되는 현상이다. 물이 증발하지 못하게 하는 가장 간단한 방법으로 기름을 부으면 물 위에 기름이 뜨기 때문에 기름이 물의 증발을 막아준다. 그래서 트랩을 장기간 사용하지 않으면 트랩에 파라핀유를 충진시켜 봉수의 증발과 봉수의 동결까지 방지한다.

⑤ **모세관현상** : 도로에서 일어나는 병목현상[26]과 같다고 보면 이해가 쉽다. 트랩 내에서 봉수부와 수직관과의 사이에 머리카락이나 음식물 찌꺼기 등이 걸려있으면 입구 부분의 압력이 커져서 모세관현상이 발생하여 서서히 봉수가 없어져 파괴되는 현상이다. 천조각이나 머리카락을 제거해주면 해결된다.

구분	원인	대책
유도 사이펀 흡출작용	• 수직압력에 의해 낙하로 인한 봉수의 유도로 봉수 파괴 • 관 내의 압력에 의한 압력으로 인근의 봉수를 함께 흡입	각개 통기관이나 루프 통기관 설치로 압력을 낮춘다.

---

24) 도로가 좁아져 일시적으로 차가 막히는 현상

분출작용	• 수평 수직 압력에 의한 봉수의 유도로 봉수 파괴 • 수평적 직압이 고여 있는 봉수와 함께 유도되고 분출되어 봉수를 파괴	각개 통기관 또는 루프 통기관을 설치한다.
자기 사이펀	• 만수된 물의 배수 시 유속에 의해 사이펀작용이 일어나 봉수를 남기지 않고 모두 배수 • S트랩에서 가장 흔히 발생	• S트랩 사용 자제(P트랩 사용을 유도함) • 각개 통기관 시공 • 배수구 바닥 면에 구배가 완만한 위생기구 사용
증발현상	오랫동안 사용하지 않는 트랩에서 봉수가 증발하여 봉수기능 상실	• 봉수량이 많은 제품을 사용하도록 유도 • 주기적인 물 보충이나 파라핀유를 뿌려 증발 억제
모세관현상	트랩 내에 실, 머리카락, 천조각 등이 걸려 병목현상이 발생하여 모세관현상에 의해 봉수 파괴	• 트랩 전단에 거름망 설치 • 주기적인 트랩 내부 청소 • 걸리지 않게 미끄러운 재질의 트랩 사용

▲ 봉수 파괴의 원인 및 대책

Point

■ **봉수 파괴 대책 요약**
- 봉수 파괴를 방지하기 위하여 트랩의 조건에 맞는 통기관을 설치한다.
- 주기적으로 청소한다.
- 가급적 S트랩이나 벨트랩 사용을 자제한다.(봉수가 얕음)
- 싱크대 배수 주름관을 원형으로 감아서 사용하는 호스는 사용하지 않는다.
- 트랩 전단에 거름망 장치가 보완된 제품이나 관 내부가 미끄러운 제품을 쓴다.

(4) 통기설비

① 통기관 설치 목적

통기관은 배관 내 트랩의 봉수를 보호하고, 배수 흐름을 원활히 유도한다. 또, 배수 환기 및 청결을 유지하는 역할을 위해 설치한다.

② 통기관의 종류

■ **각개 통기관** : 각 기구마다 1개씩 설치하는 통기 방식이며, 통기관 중 가장 좋은 방법이다.

■ **루프 통기관(환상, 회로)** : 기구수는 최대 8개까지 설치하고 트랩의 길이는 7.5m 이내로 한다.

- 도피 통기관 : 루프 통기관을 보조하는 역할을 하며, 통기관의 통기를 촉진시키는 역할을 한다.
- 습식 통기관(습윤) : 통기와 배수를 합해서 사용하는 통기관이다.
- 신정 통기관 : 최상층에 설치되어 대기 중에 개방되는 통기관이다.
- 결합 통기관 : 5개 층마다 수직, 배수관을 접속하는 통기관이다.
- 특수 통기설비 방식
  - 소벤트 방식 : 신정 통기관으로 배수, 통기를 겸하는 통기관이다.
  - 섹스티아 방식 : 별도의 통기관을 사용하지 않고 신정 통기관만을 사용하는 방식이다.

③ 통기 배관상 유의사항

2중트랩이 되지 않도록 주의해야 하며, 바닥 아래의 통기 배관은 절대 금지한다.

Point

- **통기관 설치 목적**
  - 배수관 내의 악취를 실외로 배출하여 청결 유지, 트랩의 봉수를 보호
  - 배수 흐름을 원활하게 한다.

- **통기관 종류**
  - 각개 통기관, 루프 통기관, 도피 통기관, 습식 통기관, 결합 통기관, 신정 통기관
  - 각개 통기관 : 위생기구 1개마다 통기관을 1개씩 설치하는 방식(가장 효과적)

- **배관의 색채**
  - 물-청색, 공기-백색, 가스-황색, 증기-진한 적색, 기름-진한 황적색
  - 전기-엷은 황적색, 산·알칼리-회색

다) 오수의 목적

일상생활 내에서 하수와 분리하여 관리되는 것이 오수이다. 오수 처리는 대·소변의 옥외 배출이라 이해하면 쉬운데, 만약 대·소변이 무단으로 하수를 통해 방류된다면, 냄새와 위생이 도시에 미치는 영향이 매우 크다고 할 수 있으므로, 정확한 기준의 오수를 유도해야 한다. 일반적으로 주택에서의 오수로 배출로로 가장 먼저 떠오르는 것이 바로 위생도기이다.

장점	단점
• 위생적이다.(도기로 되어 있고 표면에 유약이 발라져 있어 오염 시 닦아 내기 좋다.) • 오수나 악취 등이 도기 내부에 흡수되지 않고, 쉽게 변질되지 않는다. • 경질이고 산·알칼리에 침식되지 않으며 내구적이다. • 도기로 굽는 형식이기 때문에 복잡한 어떤 형태도 제작이 가능하다.	• 충격에 약하다. • 파손 시 수리가 안 된다. • 배관 연결 시 배관부 파손이 잘된다.

▲ 위생도기의 장·단점 비교

라) 대변기 세정 급수장치 설치 기준 및 방식

대변기 세정급수장치는 대변기의 세정 시 물을 흘려 내려 보내는 장치에 따른 기준으로, 크게 다음의 표와 같이 세 부분으로 나눈다.

하이탱크식	• 소음이 크지만 물 사용량이 적은 방식이다. 1.8m~2m 정도의 높이에 소형탱크를 설치하고 수압에 의해 세정되는 방식이다. • 수압이 강하여 주변을 오염시킬 우려가 있고, 상부에서 나는 수격작용에 의한 소음이 발생되기 쉽다.
로우탱크식	소음이 적고, 양식변기 뒷면에 물이 보관되어 있어 단수 시에도 한시적 위협이 적지만, 다른 방식에 비해 비교적 많은 면적을 차지하고 물 사용량이 많다는 단점이 있다.
세정밸브식	• 수도직결식 방식이라 생각하면 이해가 쉬울 듯하다. 배관에 직접 연결해서 한 번 핸들을 돌리면 급수압력으로 일정량의 물이 나온 다음 자동으로 잠긴다. • 밸브의 압력이 커서 밸브의 파손이 쉽다는 단점이 있다.

마) 오수정화설비

앞서 말한 바와 같이 생활시설에서 배출된 각종 오수는 바로 배출할 경우 자연환경을 저해하는 심각한 요인으로 발생하기 때문에 공공시설 및 민간 정화시설을 통해서 화학 처리된 후 하천으로 방류된다.

바) 오수정화설비의 기초 용어 정리

① BOD(Biochemical Oxygen Demand, 생물 화학적 산소 요구량) : 수중 물질의 오염 지표치로 BOD의 값이 작을수록 물의 오염도가 낮다.

② COD(Chemical Oxygen Demand, 화학적 산소 요구량) : 용존 유기물을 화학적으로 산화시키는 데 필요한 산소량을 말한다. 공장에서 나오는 폐수는 일반적으로 COD로 측정한다.

③ DO(Dissolved Oxygen, 용존 산소) : 물속에 용해되어 있는 산소를 ppm으로 나타낸 것으로, DO가 높을수록 수중 생물의 생존환경이 좋다.

④ SS(Suspended Solids, 부유물질) : 탁도의 정도로, 입경 2mm 이하 불용성의 뜨는 물질을 ppm으로 표시한다.

⑤ 스컴(scum) : 정화조 내의 오수 표면 위에 떠오르는 오물 찌꺼기를 지칭한다.

⑥ 활성 오니(activated sludge) : 정화조 속 오물을 부식시키는 미생물의 덩어리를 말하며, 활성 오니를 인공적으로 만들어 오물을 부식시키는 데 활용한다.

사) 오수정화시설의 세부사항

① 오수정화시설을 갖추어야 하는 건물의 연면적은 1,600㎡ 이상이다.

② 부패탱크식 오물정화조의 정화순서는 다음과 같다.

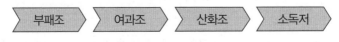

| 부패조 | 여과조 | 산화조 | 소독저 |

▲ 정화조 산화 순서

③ 부패조에서는 혐기성 균이, 산화조에서는 호기성 균이 활동한다.

아) 분뇨정화조

오물 유입 → 부패조 → (여과조) 산화조 → 소독조 → 방류

(혐기성 균)   (호기성 균)

▲ 분뇨 처리도

Section 03 / 온수 및 급탕 설비

1) 온수 및 급탕설비 구조

가) 온수 및 급탕의 기초 용어 정리

① **급탕** : 순간 온수로 온수의 발열원으로부터 물을 데워서 사용하는 보일러의 한 방식이다.

② **피크로드** : 물이 가득차서 한계점에 왔다는 것을 의미하는 단어이다.

③ **복귀관(반탕관)** : 물이 회전하여 돌아오는 배관을 의미한다.

④ **팽창관** : 온수순환 배관 도중에 이상 압력 발생 시 그 압력을 흡수하는 도피구이다.

⑤ **배관의 신축이음(expansion joint)** : 배관의 이음부 조인트 부분으로 슬리브형, 벨로즈형, 신축곡관, 스위블 조인트가 있다.

나) 급탕 및 난방 방식의 종류

(1) 개별식 급탕, 난방

개별식 급탕 방식은 각각의 급탕설비(예 보일러)를 두고 필요시 가열해서 사용하는 급탕 방식이다. 보일러의 ON, OFF기능을 사용자가 제어하며, 별도의 보일러실이 필요하다.

장점	단점
• 사용자가 수시로 급탕하여 사용할 수 있고 높은 온도의 물이 필요할 때 쉽게 얻을 수 있다. • 시설비가 싸다. • 배관설비 거리가 비교적 짧고 이동 중의 열손실 비중이 작다. • 주택 등에서는 난방겸용의 온수보일러나 순간 온수기를 이용할 수 있다. • 건물 완성 후에도 증설 및 개·보수가 비교적 쉽다.	• 어느 정도 큰 규모에서는 사용하기 어렵다. • 별도의 보일러실 등 설치 공간이 필요하다. • 가스시설을 설치했을 경우 가스배관의 노출로(법적으로 노출토록 되어 있음) 인테리어 및 구조적으로 제약이 있다. • 연료비가 많이 든다.

(2) 중앙식 급탕, 난방

중앙식 급탕, 난방 방식은 특정 지역 한 곳에 전체 시설물의 급탕설비(예 지역난방공사)를 두고 중앙제어로 난방 및 급탕을 공급하는 방식이다. 급탕난방을 다같이 쓰기 때문에 비용 소모가 가장 적다.

장점	단점
• 연료비가 적게 든다. • 열효율이 좋다. • 관리상 유리하다.(한곳에서 집중관리) • 총발열량을 적게 할 수 있다.(기구의 동시 사용률 고려) • 배관의 설치에 의해 필요한 부위 어디든지 급탕이 가능하다.	• 처음 설치 시 비용이 많이 든다.(난방공사와 같은 건물을 설치) • 전문기술자가 필요하다. • 배관 도중 열손실이 크다. • 시공 후 기구증설에 따른 배관 변경 공사가 어렵다.

Point

■ 보일러의 가열 방식 구분

구분	직접가열식	간접가열식
보일러	급탕용 보일러, 난방용 보일러 각각 설치	난방용 보일러로 급탕까지 가능
보일러 내의 스케일(물때)	많이 낀다.	거의 끼지 않는다.
보일러 내의 압력	고압(수압 증가 영향)	저압(수압 증가 영향 없음)
저탕조 내의 가열코일	불필요	필요
규모	소규모 건물	대규모 건물

다) 급탕 배관법

급탕 배관의 방법으로는 단관식(소규모, 초기 찬물)과 복관식(중·대규모, 환탕관, 즉시 온수공급 가능)이 있는데, 급수의 배관원리와 비슷하다.

(1) 보일러실의 구조

설비규정상 보일러실은 전용보일러실에 설치해야 하며, 전용보일러실은 창문 0.5m² 이상과 환기·배기 구멍이 보일러의 위와 아래에 지름 10cm 이상의 급기구와 배기구가 각각 열려 있어야 한다라고 규정되어 있다.

그런데 빌라는 발코니에 설치하고 실무적으론 환기구와 배기구를 하지 않는 경우가 많다. 아파트는 발코니에 설치하고 배기구를 설치하는 경우도 있어서 뭔가 서로 맞지 않는다. 이런 이유는 국토교통부와 산업통상자원부 규정이 다르기 때문이었다. 그래서 저자는 '건축물의 설비기준 등에 관한 규칙' 13조에 근거하여 보일러실의 설비규정을 제시한다.

① 보일러는 거실 외의 곳에 설치하되, 보일러를 설치하는 곳과 거실 사이의 경계벽은 출입구를 제외하고는 내화 구조의 벽으로 구획해야 한다.

② 보일러실의 윗부분에는 그 면적이 0.5제곱미터 이상인 환기창을 설치하고, 보일러실의 윗부분과 아랫부분에는 각각 지름 10센티미터 이상의 공기흡입구 및 배기구를 항상 열려있는 상태로 바깥공기에 접하도록 설치한다.(전기보일러의 경우에는 그렇지 않다.)

③ 보일러실과 거실 사이의 출입구는 그 출입구가 닫힌 경우에는 보일러 가스가 거실에 들어갈 수 없는 구조로 해야 한다.

④ 기름보일러를 설치하는 경우에는 기름저장소를 보일러실 외의 다른 곳에 설치하도록 해야 한다.

⑤ 오피스텔의 경우에는 난방구획마다 내화 구조로 된 벽, 바닥과 갑종방화문으로 된 출입문으로 구획해야 한다.

⑥ 보일러의 연도는 내화 구조로써 공동 연도로 설치해야 한다.

⑦ 가스보일러에 의한 난방설비를 설치하고 가스를 중앙집중공급 방식으로 공급하는 경우에는 가스관계법령이 정하는 기준에 의하되, 오피스텔의 경우에는 난방구획마다 내화 구조로 된 벽, 바닥과 갑종방화문으로 된 출입문으로 구획하여야 한다.

Section 04 가스 설비

1) 가스설비

가스설비는 석유의 화력과 기능을 그대로 적용하되, 연비를 낮추기 위해 천연가스층에서 나오는 가스를 기반으로 화력을 얻어내는 설비이다. 보일러를 대체하기 위해 개발되었지만, 공기보다 무겁거나 가벼워서 폭발의 위험도가 증가하여 그에 맞는 명확한 시설의 설비 설치 및 기준 습득이 반드시 필요한 부분이다.

가) 가스의 특성

장점	단점
• 무공해의 천연 연료이다. • 중량에 비하여 화력이 뛰어나다. • 사용장소까지 직접 공급이 가능하다. • 점화와 소화가 쉽다. • 연소 시 재나 매연이 생기지 않는다.	• 폭발의 위험이 존재한다. • 무색이므로 누설 시 감지가 어렵다.

나) 가스설비의 종류

① LPG(유량표시 kg/h) : 액화석유가스를 말하며, 공기보다 무거운 것이 특징이다. 일명 프로판가스로 불리며, 가스 누설에 대비한 경보기 설치 위치는 공기보다 무거운 특징을 이용하여 바닥에서 30cm 높이에 설치한다.

② 도시가스(유량표시 m^2/h) : 메탄가스로 이루어진 기화석유가스를 말하며, 공기보다 가벼운 것이 특징이다. 가스 누설에 대비한 경보기 설치 위치는 공기보다 가벼운 특징을 이용하여 천장에서 30cm 아래에 설치한다.

다) LNG(흔히 말하는 도시가스)와 LPG 비교

LNG(액화천연가스)	LPG(액화석유가스)
• 주성분 : 메탄(CH_4) • 공기보다 가볍다. • 대규모 저장·시설 및 배관에 난점 • 설비 투자가 많이 든다.	• 성분 : 프로판(C_3H_8), 프로필렌(C_3H_6), 부탄(C_4H_4), 부틸렌(C_4H_8) 등 • 공기보다 무겁다. • 봄베[27]는 40℃ 이하로 보관한다. • 2m 이내에는 화기의 접근을 피한다.

라) 가스의 설치 필수 준수사항

① 가스계량기와 화기(그 시설 안에서 사용하는 자체 화기는 제외한다) 사이에 유지해야 하는 거리는 2m 이상이 되어야 한다.

② 가스계량기 설치 장소는 가스계량기의 교체 및 유지관리가 용이하고, 환기가 양호하며, 직사광선이나 빗물을 받을 우려가 없어야 한다. 외부에 설치 시 보호상자 안에 설치해야 한다.

③ 공동주택의 대피 공간이나 사람이 거처하는 곳 및 가스계량기에 나쁜 영향을 미칠 우려가 있는 장소에는 절대 설치를 금해야 한다. 가스계량기($30m^3/hr$ 미만인 경우만을 말한다)의 설치 높이는 바닥으로부터 1.6m 이상, 2m 이내에 수직·수평으로 설치하고 밴드·보호가대 등 고정장치로 고정시킨다. 단, 격납상자에 설치하거나 기계실 및 보일러실(가정에 설치된 보일러실은 제외한다)에 설치하는 경우와 문이 달린 파이프 덕트 안에 설치하는 경우에는 설치 높이의 제한을 두지 않는다. 가스계량기와 전기계량기 및 전기개폐기와의 거리는 60cm 이상, 굴뚝(단열조치를 하지 아니한 경우만을 말한다), 전기점멸기 및 전기접속기와의 거리는 30cm 이상, 절연조치를 안한 전선과의 거리는 15cm 이상의 거리를 반드시 유지해야 한다. 입상관과 화기(그 시설 안에서 사용하는 자체 화기는 제외한다) 사이에 유지해야 하는 거리는 우회거리 2m 이상으로 하고, 환기가 양호한 장소에 설치해야 하며, 입상관의 밸브는 바닥으로부터 1.6m 이상, 2m 이내에 설치해야 한다.

---

27) LPG가스의 저장용기를 일컫는 말

마) 가스설비 기준

① 가스사용시설에는 그 가스사용시설의 안전 확보와 정상작동을 위하여 지하공급차단밸브, 압력조정기, 가스계량기, 중간밸브, 호스 등 필요한 설비와 장치를 설치해야 한다.

② 가스사용시설은 안전을 확보하기 위하여 기밀성능을 가진 것이어야 한다.

바) 배관설비 기준

① 배관(배관, 관이음매 및 밸브를 말한다) 등의 재료와 두께는 그 배관 등의 안전성을 확보하기 위하여 사용하는 도시가스의 종류 및 압력, 사용하는 온도 및 환경에 적절한 것으로 한다.

② 배관은 그 배관의 강도 유지와 수송하는 도시가스의 누출방지를 위하여 적절한 방법으로 접합하여야 하고, 이를 확인하기 위해 용접부(가스용 폴리에틸렌관, 호칭지름 80mm 미만인 저압배관 및 노출된 저압배관은 제외한다)에 대하여 비파괴시험을 해야 하며, 접합부의 안전을 유지하기 위하여 필요한 경우에는 응력을 제거한다.

③ 배관은 그 배관의 유지관리에 지장이 없고, 그 배관에 대한 위해의 우려가 없도록 설치하며, 배관의 말단에는 막음조치를 하는 등 설치환경에 따라 적절한 안전조치를 마련해야 한다.

④ 배관을 지하에 매설하는 경우에는 지면으로부터 0.6m 이상의 거리를 유지하도록 한다.

사) 배관을 실내에 노출하여 설치하는 경우 준수사항

① 배관은 누출된 도시가스가 체류(滯留)되지 않고 부식의 우려가 없도록 안전하게 설치한다.

② 배관의 이음부(용접이음매는 제외한다)와 전기계량기 및 전기개폐기, 전기점멸기 및 전기접속기, 절연전선(가스누출 자동 차단장치를 작동시키기 위한 전선은 제외한다), 절연조치를 하지 않은 전선 및 단열조치를 하지 않은 굴뚝(배기통을 포함한다) 등과는 적절한 거리를 유지한다.

아) 배관을 실내의 벽·바닥·천정 등에 매립 또는 은폐 설치하는 경우에는 다음 기준에 적합하게 할 것

① 배관은 못 박음 등 외부 충격 등에 의한 위해의 우려가 없는 안전한 장소에 설치한다.

② 배관 및 배관이음매의 재료는 그 배관의 안전성을 확보하기 위하여 도시가스의 압력, 사용하는 온도 및 환경에 적절한 기계적 성질과 화학적 성분을 갖는 것으로 해야 한다.

③ 배관은 수송하는 도시가스의 특성 및 설치 환경조건을 고려하여 위해의 우려가 없도록 설치하고, 배관의 안전한 유지·관리를 위하여 필요한 조치를 해야 한다.

④ 매립 설치된 배관에서 가스가 누출될 경우 매립배관 내부의 가스 누출을 감지하여 자동으로 가스공급을 차단하는 안전장치나 다기능 가스안전계량기를 설치한다.

⑤ 배관은 움직이지 않도록 고정 부착하는 조치를 하되, 그 호칭지름이 13mm 미만의 것에는 1m마다, 13mm 이상 33mm 미만의 것에는 2m마다, 33mm 이상의 것에는 3m마다 고정장치를 설치한다. 호칭지름 100mm 이상의 것에는 적절한 방법에 따라 3m를 초과하여 설치할 수 있다.

⑥ 배관은 도시가스를 안전하게 사용할 수 있도록 하기 위하여 내압성능과 기밀성능을 가져
야 한다.

⑦ 배관은 안전을 확보하기 위하여 배관임을 명확하게 알아볼 수 있도록 도색 및 표시를 하도록
한다.

Point

■ **가스설비 설치 요약**

화기(200cm 이격), 전기 개폐기, 전기 미터기, 전기 안전기(60cm 이격), 굴뚝, 콘센트(30cm 이
격), 저압전선(15cm 이격), 낙뢰에 의해 전기로 인한 가스폭발의 위험을 방지하고자 피뢰설비와도
1.5m 이격하여 설치한다.

Section 05 소방 설비

1) 소방설비

소방설비란 건물에서 빠져서는 안 되는 중요한 설비이다. 화재 및 재난 발생 시 인명과 필연적인 요소
로 묶여져 있는 설비로, 정확한 설치 및 시공방법을 숙지해야 한다.

가) 화재의 중요 요소와 소화의 원리

A급 화재
탄 재를 남기는
화재로, 가장 일반적인
화재이다.
나무, 종이, 섬유 등
잘 타는 재질의 화재 후
재를 남기는 화재이다.

B급 화재
재를 남기지 않는 화재로,
기름을 불에 태우면 연기만
남고, 남은 재는 없는
그런 화재이다.
분말 소화기나 포말 소화기를
사용하여 질식소화의 효과를
이용한다.

C급 화재
전기설비 등에서 발생하는
화재 수변전선설비, 전선로의
화재가 이에 속한다.
물로 진화해서는 안 되는
화재로, 전기적 절연성을
갖는 CO_2, 하론(Halon),
분말 등의 소화약재를
이용하여 소화한다.

D급 화재
금속 또는 금속분에서 발생하는
화재, 발생빈도는 높지 않으며 단
체금속의 자연발화, 금속분에 의한
분진폭발 등의 화재 발생.
화재 시 높은 온도가 발생하여 소
화에 장시간 소요되므로 소화작업
이 어렵다. 건조사, 건조규토
등으로 소화한다.

▲ 화재의 종류에 따른 소화기 적용성 분류

나) 소화설비의 종류

소방에 필요한 설비		
소화설비	경보 및 소화 방식	피난설비
소화기 드렌처 스프링쿨러 옥내소화전 옥외소화전 연결송수관	발신감지로 사람이 직접소화 자동화재 탐지설비 전기화재 탐지설비 자동화재 속보설비 비상경보설비 감지기설비 및 소방차 급수	미끄럼대 외 유도등 및 유도표지, 비상조명등, 방열복, 공기호흡기

※ 전기화재경보기 : 누전을 자동적으로 알림

다) 소화설비의 설치 간격

① **소화기** : 간격은 20m마다 설치하고 벽체에 매달 때는 바닥에서부터 1.5m 높이에 설치해야 한다.

② **드렌처설비** : 수평거리 2.5m, 수직거리 4.0m마다 수화가 가능한 분출구를 설치해야 한다.

③ **스프링쿨러설비** : 정방 또는 직방형 거리의 1.7m~3.2m 간격으로 살수 반경을 원형으로 계산·산출하여 물의 수압에 맞추어 설치해야 한다.

④ **옥내소화전** : 수평간격 25m마다 1개소씩 설치해야 한다.

⑤ **옥외소화전** : 수평간격 40m마다 1개소씩 설치해야 한다.

Point

■ **옥내소화전과 옥외소화전의 차이**

• 옥내소화전은 겨울철에도 늘 실내기온이 영상을 유지하고 있기 때문에 배관 끝까지 물이 항상 차 있다. 1차 밸브만 있어 화재 시 바로 방류가 가능하다.

• 옥외소화전은 외부에 노출되어 있어 실내에 있는 물탱크에 물이 고여 있다가, 화재가 발생했을 때 방출하기 때문에 별도의 소화용 탱크실이 필요하다. 1차 밸브와 2차 밸브가 있다.

■ **감지기란?**

화재 발생 시 감지기가 감지하여 즉시 화재 진압장비 및 경보장비로 자동으로 알려주는 시스템이다. 정온식(온도·열 측정), 차동식(온도값 측정), 연기식(연기 감지) 등이 있다.

Point

- **소화설비 요약**
  - **드렌처설비** : 외곽, 창, 지붕 등에 설치하여 이웃 건물로부터 화재가 옮겨 붙지 않도록 수막을 형성하는 설비
  - **자동화재 탐지설비** : 자동으로 감지하여 화재를 탐지하는 설비(감지기가 여기에 속한다 – 감지기(자동), 발신기(수동))
  - **감지기** : 화재 시 온도 상승으로 바이메탈이 팽창하여 접점이 닫힘으로써 화재 신호를 발신하는 것으로 보일러실 , 주방 등의 장소에 적합하며 차동식, 정온식, 연기식이 있다.
  - **발신기** : 사람이 화재를 발견할 경우 위급 시에는 수지 유리를 깨뜨리고 누름 단추를 누른다. 소방대상물 층마다 설치하되, 하나의 발신기까지의 수평거리가 25m 이하가 되도록 한다.

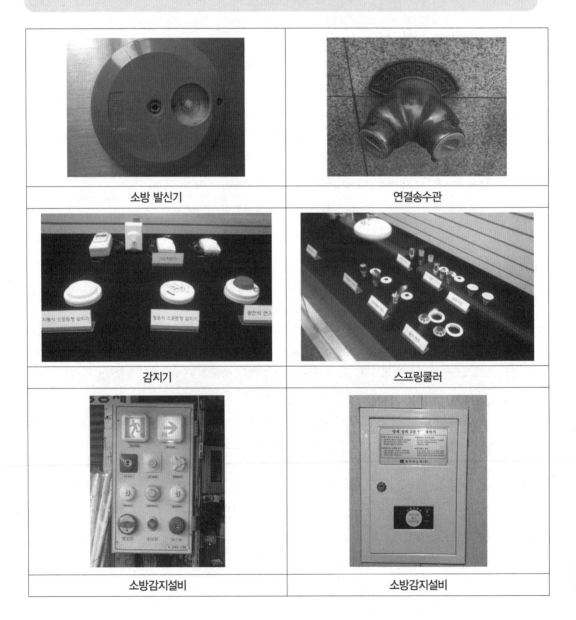

소방 발신기	연결송수관
감지기	스프링쿨러
소방감지설비	소방감지설비

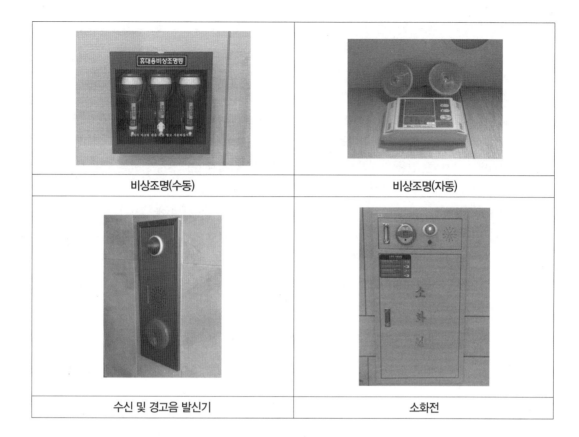

비상조명(수동)	비상조명(자동)
수신 및 경고음 발신기	소화전

Section 06 / 수변전 설비

수변전이라 함은 건물에 들어가는 모든 부분의 전선 계통 및 전기 라인을 말한다. 전기를 나무에 비교하면 이해하기 쉽다. 나무의 뿌리가 발전소이고, 몸통이 송전, 몸통과 나뭇가지의 분류가 배전이며, 나뭇가지가 간선, 분기 회로가 나뭇잎으로 뻗어가는 잔가지이며, 우리가 흔히 사용하는 콘센트가 나뭇잎이라 생각하면 이해하기 훨씬 쉽다.

메인 전압에서부터 변압기 차단기까지 사람으로 치면 혈액과 같은 계통도를 가진 전기배선 체계를 공부해 보는 과정이고, 건축물에 적절한 설치까지가 우리가 공부해야 하는 주요 과제라 할 수 있다.

1) 전기설비 용어 정리

① **송전** : 원자력, 수력, 화력으로 생성된 전기를 수송하는 모든 경로 및 방법을 말한다.

② **배전** : 전기를 필요로 하는 수요지에서 각각의 장소로 배분하는 것을 말한다.

③ **배·전선** : 수용지로 전기를 보내기 위한 배선을 말한다.

④ **간선** : 나무로 치면 몸통을 지나 가지로 들어선 부분으로서 전기의 계통라인상에 있는 모든 전선, 즉 최종분기회로와 과전류 차단장치 사이에 있는 모든 전선을 말한다.

⑤ **분기회로** : 나뭇가지를 지나 나뭇잎으로 접어든 부분의 선으로 이해하면 쉬운데, 과전류 보호기를 거쳐 전등, 콘센트와 같은 전열장치까지 이르는 배선을 말한다.

⑥ **분전반** : 보통 한 개 층 단위별로 분리하여 인입되는 전류와 분기회로를 통해 배선되는 사이에 철재 박스 속에 과전류 차단장치를 설치하여 두는 시설을 말한다.

⑦ **배전반** : 주로 큰 건물의 지하에 설치되는 전력차단 장치와 분배장치가 함께 있는 보호장치의 일종이다. 대형 패널로 구성되어 있다.

⑧ **구내통신설비** : 건물에 설치되는 구내 통신선로 설비로 철재 박스 속에 단자가 들어 있다.

⑨ **차단기** : 과전류 및 지류, 지락에 의한 화재 발생과 전기사고를 대비해 사고 발생 시 각종계전기와의 조합으로 신속하게 전로를 차단하여 화재 및 기기를 보호하는 장치를 말한다.

2) 수변전 배선 방식

앞서 말한 바와 같이 수변전 방식은 주로 나무와 뿌리로 이해하면 된다. 건물로 진입하는 변전실의 변압기를 나무의 뿌리로, 각 부분으로 연결된 분전반을 가지로, 각 실로 나가는 차단기를 나뭇잎으로 생각하고 이 단원을 설명하겠다.

가) 전기 방식

단상2선식	2차 결선 방식에 따라서 전압이 유도되는 데 사용전력은 110v, 220v이다. 소규모 건물에서 많이 사용한다.
단상3선식	한 장소에서 두 종류의 전압이 필요할 때 사용되는 방법이며, 사용전력은 110v, 220v이다. 학교, 공장 등 중·소규모 건물에서 사용된다.
3상3선식	우리나라에서 가장 많이 이용하는 방식이며, 사용전력은 220v(동력선, 중·소규모 공장에 적합)이다.
3상4선식	대규모 건물에 사용하며, 사용전력은 220v, 380v이다.

나) 간선의 배선 방식

나뭇가지 방식(수지상식)	전압강하가 크기 때문에 소규모 주택에 어울린다.
개별식(평행식)	전압강하가 작아서 대규모 건물에 적합하다.
병용식	평행식과 수지상식으로 혼합하는 방법으로, 실제 건물에서 가장 많이 사용하는 방법이다.

다) 분전반

입(入)되는 전류와 분기회로를 통해 배선되는 사이에 설치하며, 가능한 한 각 층에 설치하며, 부하중심에 설치한다. 분기 회로수는 20회선(예비회로 포함 40회선) 이내로 하고, 30m 이내 간격으로 설치해야 한다.

라) 전기 배선의 종류별 사용 가능 장소

경질비닐관	습기나 물기가 있는 곳에서 사용되며, 주로 화학공장 연구실 등에서 사용된다.
금속관	콘크리트 속에 매설하는 공사 시 사용된다.
플로어 덕트	넓은 사무실의 배선공사에 사용되며, 상가 건축물에서도 많이 사용된다.
가요전선관	가변성이 필요하고 굴곡이 많은 곳에 사용된다.
버스 덕트	공장 등 동력배선이 많은 곳에 사용된다.

Section 07 / 기타 설비

1) 건축물 피뢰설비

건축물에서 피뢰설비는 낙뢰에 의한 화재 및 정전을 방지하고, 인명과 시설물을 보호하는 데 절대적으로 필요한 시설이므로 명확한 기준을 이해하고 그에 맞는 건축물 계획을 설계 기획해야 한다. 이번 장은 건축물 피뢰설비의 기준에 대해서 건축설계자가 알아야 하는 부분과 수송설비 및 이동설비에 대해서 건축설계자가 명확히 알아야 하는 부분에 대해서만 열거하였다.

① **피뢰설비 의무** : 건축물의 높이가 20m를 초과하는 건물에는 반드시 설치해야 하며, 항공장애등은 60m 이상되는 건축물에 설치한다.

② 피뢰침의 보호각은 일반건축물 60°, 위험물 관련 45° 이하로 설치하게 규정[29]되어 있다.

2) 항공장애등 설치

고층 및 초고층빌딩에서 항공장애등의 설치는 야간에 비행기 조종사에게 전방에 위치한 건축물에 경고를 하기 위한 등화 시스템을 말한다.

항공장애등은 광도를 매우 중요시 하며, 기준은 항공법에 준한다. 또한 장애물 제한구역 밖에 있는 물체로써 다음과 같은 경우는 반드시 항공장애표시등을 설치하여야 한다.

① 높이가 지표 또는 수면으로부터 150m 이상인 물체

② 지표 또는 수면으로부터의 높이가 60m 이상인 다음 각 호의 물체

---

29) 건축물일반설비기준, 산업안전기준에 관한 규칙에서 발췌

- 굴뚝, 철탑, 기둥, 기타 높이에 비하여 그 폭이 좁은 물체
- 골조 형태의 구조물
- 건축물, 구조물 위에 추가 설치한 철탑, 송전탑 등
- 가공선을 지지하는 탑
- 계류기구(주간에 시정이 5,000m 미만인 경우와 야간에 계류하는 것에 한한다.)
- 풍력터빈

③ 강·계곡(가공선 또는 케이블 등의 높이가 지표 또는 수면으로부터 90m 미만인 계곡은 제외한다.) 또는 고속도로를 횡단하는 가공선·케이블에도 설치를 해야 한다.

④ 지방항공청장 또는 시·도지사가 항공기의 항행안전을 해칠 우려가 있다고 인정하는 강, 계곡 또는 고속도로 주변에 설치된 가공선과 케이블을 지지하는 탑 및 부대시설물도 해당 기준에 속한다면 설치해야 한다.

⑤ 가공선·케이블 등에 표지를 해야 하지만 그 가공선·케이블 등에 항공장애주간표지를 설치할 수 없을 경우, 그 가공선이나 케이블을 지지하는 탑에 설치해야 한다.

3) 항공장애등 설치 면제 조건

항공장애등을 설치하지 않아도 되는 조건이 있는데, 아래와 같은 경우는 설치하지 않아도 된다.

① 물체가 다른 고정 장애물 또는 수목 등 자연 장애물의 장애물차폐면 보다 낮은 경우. 다만, 지방항공청장이 항공기의 항행안전을 해칠 우려가 있다고 인정하는 물체 또는 다른 고정 장애물, 수목 등 자연 장애물에 의하여 부분적으로 차폐되는 경우는 제외한다.

② 이동이 불가능한 물체 또는 지형에 의하여 광범위하게 장애가 되는 곳에서는 공고된 비행로 미만으로 안전한 수직 간격이 확보된 비행절차가 정해져 있는 경우

③ 지방항공청장이 항공기의 항행안전을 해칠 우려가 없다고 인정하는 장애물인 경우

④ 물체가 등대(lighthouse)로써 지방항공청장이 이 기준에서 정한 광도기준을 충족한다고 인정한 경우

⑤ 비행장 이동지역 내에 설치되는 등화 및 표지. 다만, 지방항공청장이 항공기 안전운항을 위하여 필요하다고 인정하는 경우에는 그러하지 아니하다.

⑥ 아래의 그림과 같이 항공장애표시등이 설치된 물체로부터 반지름 600m 이내에 위치한 물체로써 그 높이가 장애물 차폐면보다 낮은 물체와 항공장애표시등이 설치된 물체로부터 반지름 45m 이내의 지역에 위치한 물체로써 그 높이가 항공장애표시등이 설치된 물체와 같거나 그보다 더 낮은 물체에는 설치하지 않아도 된다.

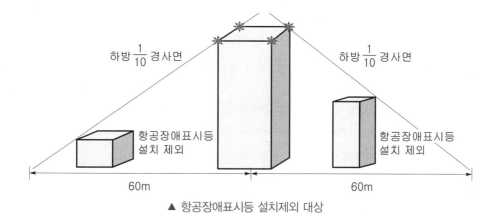

하방 $\frac{1}{10}$ 경사면   하방 $\frac{1}{10}$ 경사면

항공장애표시등
설치 제외

항공장애표시등
설치 제외

60m   60m

▲ 항공장애표시등 설치제외 대상

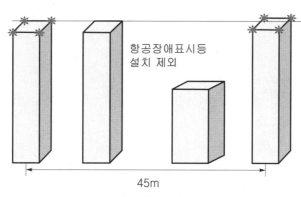

항공장애표시등
설치 제외

45m

▲ 항공장애표시등 설치제외 대상

4) 항공장애표시등 및 항공장애주간표지의 설치 방법

① 항공장애표시등을 설치할 때에는 항공장애표시등이 모든 각도에서 보일 수 있도록 수량 및 배열을 설정하여야 하는데, 항공장애표시등이 인접 장애물 등에 의하여 보이지 않게 되는 경우에는 항공장애표시등이 보일 수 있는 위치에 추가로 항공장애표시등을 설치해야 한다.

② 항공장애표시등은 가능한 한 장애물의 정상에 가까운 곳에 설치하여야 한다. 다만, 굴뚝 또는 그와 유사한 기능을 가진 물체에 설치하는 장애표시등은 연기 등으로 인한 오염으로 인해 기능이 저하되는 것을 최소화하기 위하여 정상보다 1.5m 낮은 곳에서부터 3m 낮은 곳 사이에 위치하도록 설치할 수 있다.

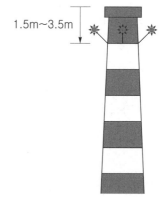

1.5m~3.5m

▲ 굴뚝 및 초대형 건축물 항공장애등 설치 위치

③ 굴뚝 또는 건축물 등과 유사한 물체에 설
치해야 하는 항공장애표시등의 수량은
해당 물체의 지름에 따라 다음과 같이
나누어진다.

- 6m 이하 : 3개 이상
- 6m 초과~31m까지 : 4개 이상
- 31m 초과~61m까지 : 6개 이상
- 61m 초과 : 8개 이상

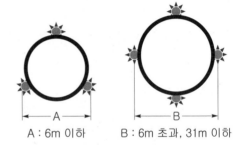

A : 6m 이하   B : 6m 초과, 31m 이하

▲ 굴뚝 및 빌딩의 항공장애등 설치 방법

④ 장애물 제한 표면이 경사가 지고 상애물 제한 표면보다 높거나 가장 근접한 지점이 그 물체의
정상점이 아닐 경우에는 장애물 제한 표면보다 높거나 가장 근접한 지점에 장애표시등을 설치
하고 그 물체의 가장 높은 지점에 장애표시등을 추가로 설치하여야 하고, 저광도 항공장애표
시등의 설치 등의 설치 간격은 다음 그림의 오른쪽과 같이 45m 이내여야 한다.

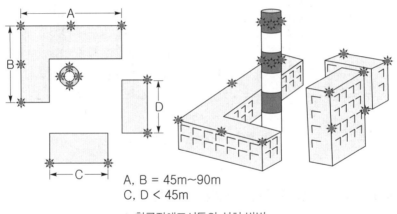

A, B = 45m~90m
C, D < 45m

▲ 항공장애표시등의 설치 방법

5) 정보 및 수송설비

가) 에스컬레이터

경사는 30° 이하, 속도는 30m/min 이하, 수송인원은 4,000~8,000인/h, 계단 폭은 60~120cm로
해야 한다.

나) 배치 방식

직렬형, 중복형, 연속형, 교차형이 있다.

다) 무빙워크

경사는 10~12° 이하, 속도는 30m/min 이하, 수송인원은 4,000~8,000인/h로 해야 한다.

라) 엘리베이터

(1) 승강기 설치 기준[30)]

승강기는 6층 이상으로서 연면적이 2,000㎡ 이상인 건축물에 설치한다. 31m를 초과하는 건축물에는 승강기뿐만 아니라 비상용 승강기를 추가로 설치하여야 한다.

① 높이 31m를 넘는 각 층의 바닥면적 중 최대 바닥면적이 1,500㎡ 이하인 건축물은 1대 이상 설치해야 한다.

② 높이 31m를 넘는 각 층의 바닥면적 중 최대 바닥면적이 1,500㎡를 넘는 건축물은 1대에 1,500㎡를 넘는 3,000㎡ 이내마다 1대씩 더한 대수 이상을 설치한다.

(2) 비상용 승강기 설치 기준

비상용 승강기를 설치하는 경우에는 화재가 났을 때 소화에 지장이 없도록 일정한 간격을 두고 설치하여야 한다.

① 높이 31m를 넘는 각 층을 거실 외의 용도로 쓰는 건축물

② 높이 31m를 넘는 각 층의 바닥면적 합계가 500㎡ 이하인 건축물

③ 높이 31m를 넘는 층수가 4개 층 이하로서 당해 각 층의 바닥면적 합계가 200㎡인 곳에 설치 해야 한다.(벽 및 반자가 실내에 접하는 부분의 마감을 불연재료로 한 경우에는 500㎡) 이내 마다 방화구획으로 구획한 건축물에 설치해야 한다.

(3) 비상용 승강기의 승강장 및 승강로의 구조

① 승강장의 창문·출입구 기타 개구부를 제외한 부분은 당해 건축물의 다른 부분과 내화 구조의 바닥 및 벽으로 구획할 것. 다만, 공동주택의 경우에는 승강장과 특별피난계단의 부속실과의 겸용부분을 특별피난계단의 계단실과 별도로 구획하는 때는 승강장을 특별피난계단의 부속 실과 겸용할 수 있다.

② 승강장은 각 층의 내부와 연결될 수 있도록 하되 그 출입구(승강로의 출입구를 제외한다)에 는 갑종방화문을 설치하나, 피난층에는 갑종방화문을 설치하지 않을 수도 있다.

③ 노대 또는 외부를 향하여 열 수 있는 창문이나 제14조 제2항의 규정에 의한 배연설비를 설치 해야 한다.

④ 벽 및 반자가 실내에 접하는 부분의 마감재료(마감을 위한 바탕을 포함한다)는 불연재료로 해야 한다.

⑤ 채광이 되는 창문이 있거나 예비전원에 의한 조명설비를 해야 한다.

⑥ 승강장의 바닥면적은 비상용 승강기 1대에 대하여 $6m^2$ 이상으로 한다. 다만, 옥외에 승강장 을 설치하는 경우에는 안 해도 상관없다.

---

30) 승강기의 규모 및 구조는 해양수산부령으로 정한다.

⑦ 피난층이 있는 승강장의 출입구(승강장이 없는 경우에는 승강로의 출입구)로부터 도로 또는 공지(공원·광장 기타 이와 유사한 것으로서 피난 및 소화를 위한 당해 대지에의 출입에 지장이 없는 것을 말한다)에 이르는 거리가 30m 이하이어야 한다.

⑧ 승강장 출입구 부근의 잘 보이는 곳에 당해 승강기가 비상용 승강기임을 알 수 있는 표지를 해야 한다.

(4) 피난용 승강기의 설치 기준

① 피난용 승강기 승강장의 구조

- 승강장의 출입구를 제외한 부분은 해당 건축물의 다른 부분과 내화 구조의 바닥 및 벽으로 구획해야 한다.
- 승강장은 각 층의 내부와 연결될 수 있도록 하되, 그 출입구에는 갑종방화문을 설치하고 방화문은 언제나 닫힌 상태를 유지할 수 있는 구조이어야 한다.
- 실내에 접하는 부분의 마감은 불연재료로 해야 한다.
- 예비전원으로 작동하는 조명설비를 설치해야 한다.
- 승강장의 바닥면적은 피난용 승강기 1대에 대하여 $6m^2$ 이상으로 해야 한다.
- 승강장의 출입구 부근에는 피난용 승강기임을 알리는 표지를 설치해야 한다.
- 승강장의 바닥은 $\frac{1}{100}$ 이상의 기울기로 설치하고 배수용 트렌치를 설치해야 한다.
- 건축물의 설비 기준에 따른 배연설비를 설치해야 한다.
- 소화활동설비를 설치해야 한다.

② 피난용 승강기 승강로의 구조

- 승강로는 해당 건축물의 다른 부분과 내화 구조로 구획해야 한다.
- 각 층으로부터 피난층까지 이르는 승강로를 단일 구조로 연결하여 설치해야 한다.
- 승강로 상부에 「건축물의 설비기준 등에 관한 규칙」 제14조에 따른 배연설비를 설치해야 한다.

③ 피난용 승강기 기계실의 구조

- 출입구를 제외한 부분은 해당 건축물의 다른 부분과 내화 구조의 바닥 및 벽으로 구획해야 한다.
- 출입구에는 갑종방화문을 설치해야 한다.

④ 피난용 승강기 전용 예비전원

- 정전 시 피난용 승강기, 기계실, 승강장 및 폐쇄회로 텔레비전 등의 설비를 작동할 수 있는 별도의 예비전원 설비를 설치해야 한다.
- 예비전원은 초고층 건축물의 경우에는 2시간 이상, 준초고층 건축물의 경우에는 1시간 이상 작동이 가능한 용량이어야 한다.
- 상용전원과 예비전원의 공급을 자동 또는 수동으로 전환이 가능한 설비를 갖춰야 한다.

■ 전선관 및 배선은 고온에 견딜 수 있는 내열성 자재를 사용하고, 방수조치를 해야 한다.

마) 그 밖의 설비

롤러 컨베이어 벨트	이동식 컨베이어 벨트
자동식 컨베이어 벨트	덤웨이트

실내건축기능사

실내디자인의 본질을 파악하고 실내디자인만의 역사, 특성을 이해하고, 각 실의 특성과 구성요소를 파악하여 설계자로서의 기본 능력을 함양한다.

Section **01** 인테리어디자인의 역사

▲ 과거와 현대

1 개요

인테리어의 역사는 인간이 나무와 잎으로 집을 짓기 시작하면서부터 도구를 가지고 생활하며 기능적 필요성에 의해서 시작되어, 미적 감각을 가진 오늘날에 이르기까지 수없이 많은 시간이 흐른 오랜 전통을 갖고 있는 역사 그 자체이다. 예를 들어 인테리어와 가구는 고대 이집트에서 현대에 이르는 5천 년이라는 장구한 역사 속에서 자연적 조건, 민족과 문화, 지배계층 간의 사회와 조직, 문화 속의 생활양식 등의 조건에 크게 영향을 받으며 오늘에 이르게 되었다.

본 장에서는 이런 유구한 역사를 가진 건축 역사를 모두 기술할 수 없는 까닭으로 인테리어의 기초적 역사 지식 중 자격증에 필요한 내용만을 간추린 요약 형식으로 구성하고, 자주 등장하진 않지만 인테리어를 시작하는 건축인(人)으로서 필요한 내용으로 구성하였다. 인테리어는 각 나라별로 개성이 있고, 그 유형이 가지각색으로 다양성이 존재하지만 하나의 큰 틀과 흐름으로 인테리어를 분석해 보기로 하겠다.

인테리어 역사의 시작은 인간이 계급 간의 수직적 요소로 그 시작이 유래되었다고 해도 과언이 아닐 정도로 계층별 구별로 설명하기 쉽다. 또한 전쟁과 자연적, 그리고 환경적 요소에 따라 다양하게 나누어지는데, 본 장에서는 과거로부터 시작해서 현대까지 발전된 인테리어를 기준하여 설명할 수 있다.

인테리어는 고대에서의 지배 계층 및 피지배 계층 간의 구분으로 그 시작을 기원으로 보는 학설이 있다.

의자로 예를 들 수 있는데, 움막이나 움집에서 살던 사람들이 고대 이집트에서 외부의 적들로부터 방어를 위해 벽돌로 성을 쌓고, 그 내부에 왕궁을 지으면서 바닥에서 생활하던 피지배계층과의 격차와 위에서 내려 보는 문화를 위해 돌로 의자를 만들기 시작하고, 자신의 권위를 외부로부터 표현하기 시작한 것이 어쩌면 의자의 시작이라 보는 설(說)도 있다. 다시 말해 인테리어는 주로 상류계급의 소유물로서 발전하여 온 것인데, 그것은 권력자의 지위나 권위를 외부로부터 드러나게 표현하는 것이었다.

15세기부터 건축물 축조에 분업화가 처음 보이기 시작하다 급진적으로 산업혁명이 일어나고, 그에 따른 근대시민사회가 체계화되기 시작한 18세기 말부터는 서민층에서도 실용적인 인테리어와 가구가 보급되기 시작하였다. 초기 서민층에서 사용하는 가구는 미적 기능보다는 생활을 돕는 실용성과 기능성을 가진 부분을 중요시하게 되었다. 이는 인테리어와 가구가 산업혁명과 분업화에 의한 대량생산이 시작됨을 의미하고, 이는 소수의 지배계급층에 의한 전유물이 아닌 인간의 생활을 편리하게 하는 도구로써 그 기능을 실현하고 있다는 것을 의미하기 때문에 매우 중요한 변화로 볼 수 있다.

그러나 인테리어가 서민층에서 미적 기능을 수행하기 시작한 것은 산업체의 급속한 변화와 기계화, 과학기술의 발전 등에 의해 풍요로운 생활을 하기 시작하면서부터이기 때문에, 디자인이 생활 속에 보편화하기 시작한 것은 20세기 초이기에 그 역사는 길지 않다.

이 책에서는 이집트를 시작으로 20세기까지의 인테리어와 가구의 양식적 발전을, 자격증에 주로 나왔던 기출 유형을 기준으로 알아보기로 한다.

인테리어 문화를 형성하는 데 있어 고대를 빼놓을 수 없다. 고대 애굽의 주택과 가구, 그리고 유프라테스강 주변의 메소포타미아 지방의 가구 양식이 제국의 문화가 발전되고 개량되어 좀 더 편리하고 더욱 웅장해지는 주택과 가구를 통한 문화적 번영을 이루어 낸 고대사회를 시작으로 인테리어의 시작점을 살펴보자.

② 이집트(Egypt)

① 역사적 배경

인류문화는 크게 4대 문명으로 나누어지는데, 큰 강을 중심으로 최초의 인류 문명이 발생된 것으로 많은 역사학자들이 가설을 세우고 있다. 첫 번째로 이집트는 풍요로운 나일강의 수원과 태양의 혜택으로 고대로부터 이미 문화적 풍요를 누리며 왕권 국가로 자리 잡았다. 이집트의 역사는 크게 세 부분 또는 여섯 부분으로 나눠지는 것으로 학자들은 보고 있다.

고대 이집트의 역사가 얼마나 긴 정도인지를 추측해 볼 수 있는 대표적인 것으로 로마시대 때 이집트의 피라미드를 고대 유적지로 기록한 것으로만 봐도 굉장히 오래되었다고 볼 수 있으며, 우리나라의 문명을 기반으로 하자면, 우리나라가 구석기 시대를 막 벗어난 시기에 이집트는 이미 의자를 비롯한 여러 가지 건축물이 발전돼 온 것으로 가늠해 보면 그 역사가 매우 길고 오래되었으며, 그 문명은 매우 크게 발달하였다고 볼 수 있다.

이는 각각의 시기 인종 및 언어적 분류에 기원을 두고 구분되며, 시대를 불구하고 중요한 것은 이집트는 기원전 3,000년경에 세워지고 파라오(Pharaoh)라 불리는 왕을 통해 지배계층이 구성된 국가적 기틀이 형성되고, 노예 및 노동자 계층이 구성되어 문화적 번영을 이루고 있었다는 것에 큰 의미가 있다.

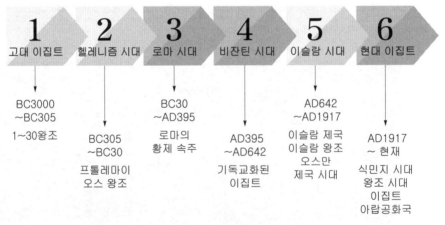

▲ 이집트 역사의 여섯 시대 분류

② 건축적 요소

이집트의 궁전이나 귀족들의 주택은 나일강의 점토를 소재로 햇볕에 말린 흙벽돌로 건조되었고, 볏짚을 넣어 건조수축의 균열을 막는 데 사용되었다. 이는 아직도 현대에서 사용되는 벽돌 축조 기법이다. 피라미드나 주요 건축물이 아직까지 후대에 전해내려 오는 이유 역시 벽돌의 건조와 축조 방법이었다는 것이 매우 흥미로운 건축적 요소이다. 그러나 서민계층의 주택은 그러한 건축공법을 사용하지 않고 진흙으로 축조되어 현대까지 전해지는 것이 거의 없으며, 기초 및 축조 부분만 유적지로 발견된다.

고대 이집트의 거대 건축물 축조 방법은 학계에서도 각각의 설로만 이어질 뿐 정확한 축조 방법이 알려지지 않고 있지만, 노동자 및 노예 계층에서 통나무와 말을 이용한 이동 방법으로 축조하였다는 것이 정설처럼 사용되고 있다. 남아있는 유적을 토대로 유추해 보는 건축물로는 기둥의 잔재가 대표적이라 할 수 있다. 예를 들면, 로마에 남아있는 유적은 기둥과 보와 같은 구조적 형태를 가지고 있는 건축의 뼈대이고, 인테리어 및 내장재의 내용은 벽화나 유조를 통해서만 확인할 수 있기 때문인데, 대표적인 이집트의 기둥 형식은 기하학적 모양을 한 각기둥과 식물의 모양을 딴 로터스(수련, Lotus), 파피루스 및 종려 기둥이며, 기둥에 신성화된 얼굴을 새겨 넣은 헥토르신 기둥과 오시리신 기둥이 대표적이다.

▲ 기하학주 기둥, 로터스(수련) 기둥, 종려기둥, 오시리신 기둥

분묘건축으로는 대표적으로 피라미드가 있으며, 콘스 대신전과 같은 오벨리스크와 탑문, 중정의 형식으로 구성되어 있다.

③ 인테리어 요소

고대의 흔적을 찾기 위해서는 고대도시에 남아있는 유구(遺構)[1]로 확인할 수 있는데, 아미루나에 있는 유구를 보았을 때, 당시 지배계층들은 넓은 땅에서 나무와 정원을 가꾼 흔적과 실내에서 의자를 사용하였고, 피지배계층들은 땅바닥에 앉는 좌식 생활을 했다는 것을 알 수 있다. 제국주의 국가로 구성된 이집트는 계급사회가 명확히 구분돼 있다는 점에서 중요하게 볼 것은 실내에서의 생활방식으로 지배계층이 의자를 사용한 반면, 피지배계층은 좌식생활로써 계급을 구분했다는 것을 유추해 볼 수 있다. 다시 말해 권력층이 편안한 자세로 생활하고, 서민들은 서거나 바닥에 앉는 생활을 했기에 의자가 생활에서의 계급층을 보이는 데 주요한 역할을 했을 것이다.

사후세계 이후 내세로의 환생을 믿는 이집트의 종교적 신앙을 보았을 때, 왕의 묘에 있는 유물은 그들이 환생했을 때 사용 가능하도록 실생활용품을 매장한 것으로 보기 때문에 제18왕조의 「투탕카멘」(Tut-ankhe-men)의 분묘에서 볼 수 있듯이 왕이 소유하고 있던 금박에 은이나 보석을 장식한 왕좌나 소의자, 침대, 뒤주, 상자, 조명구 등이 당시 지배계층이 누리고 있는 인

---

1) 유구(遺構)는 인간이 건드릴 수 없이 자연적으로 묻힌 옛 시설물로써 성토, 굴착 등을 통해 건물 기초, 고분, 주거지 등의 발견된 기초 하부 부분을 부르는 말이다. 유물은 이동이 가능한 것임에 반해 유구는 움직일 수 없는 건축물과 같은 대단위 개념을 말한다.

테리어 도구로 볼 수 있을 것이다. 특이점은 집기류에 동물의 그림 및 문양이 장식되어 있고, 상감(象嵌)[2]의 장식기법을 사용한 것으로 보아 예술적 요소가 귀족층의 문화에 매우 중요한 잣대로 구분되었음을 알 수 있다.

귀족의 유물은 계층별로 예술적 요소를 얼마나 가미했는가에 따라 각 층을 구분 지을 요소로 사용된 점을 고려하였을 때, 고대 이집트 시대에는 인테리어 가구의 위치가 매우 중요한 요소임은 분명하다.

▲ 고대 이집트의 왕좌와 의자에 앉은 왕과 피지배계층을 나타낸 벽화

주요 실내 형식은 중앙에서 성소로 들어갈수록 바닥이 높아지고 천장이 낮아지는 특징을 가지고 있으며, 정면의 탑문은 매우 높은 구조로 구성되며, 채광은 고창(高唱, Clerestory)으로 하는 것이 특징이다.

3 메소포타미아(Mesopotamia)

① 역사적 배경

인류 문명의 또 하나의 시작인 티그리스강과 유프라테스강의 물줄기를 따라 번영한 문명은 「메소포타미아 문명」(BC.700~721)이다. 이들 문화 역시 티그리스강과 유프라테스강 인근을 중심으로 발전과 번영을 해왔다. BC 3000년경 수메르인들이 이 지역에 정착하여 국가를 만든 것이 정설로 불리며, 특히 신성 문화가 매우 발달하였다. 출토된 유물로 보았을 때 신화가 매우 번성하였던 것으로 보이며, 신화적 요소를 갖춘 구조물들이 많이 출토된다.

주로 동물과 인간을 합성한 가상의 신화적 존재를 신성시한 것으로 보이며, 개방적 주위환경으로 인해 북방민족의 침입을 많이 받은 결과물로 강함을 추구하게 된 문화로 보인다. 함무라

---

2) 상안(象眼)이라고도 한다. 상감은 나무, 도자, 유리 등의 표면에 무늬를 파고 그 안에 금, 은, 나전, 흙, 보석, 자개 등을 넣어 채우는 장식기법으로 가구공예, 금속공예, 나전칠기 등에 널리 사용되었다. 이 기법은 이집트에서 이미 사용되었고, 우리 나라에서는 나전칠기 및 옻칠 등의 기법으로 발전되었다.

비 왕의 시절에 전성기를 이루었고, 이후 아시리아의 지배를 받다가 새로운 왕국을 다시 일으켰는데, 이 문화가 우리가 잘 아는 바빌로니아 문명으로 바벨탑의 전설을 낳은 건축 축조물로 유명하다.

▲ 메소포타미아 문명 유적

② 건축적 요소

메소포타미아 문명이 시작된 사막 지역은 석재가 매우 드물기 때문에 주로 햇볕에 말린 흙벽돌이 건축재로써 사용되었으며, 건조한 기후로 인한 조적식 구조의 구조적 결함을 보완하고자 아치(Arch) 구조의 건축물이 매우 발달한 것이 특징이다. 또한 이 시대 발견된 유물로 보아 점토 사용으로 인한 조적식 기법이 매우 발달하였고 첨두아치[3]가 많이 사용된 것을 알 수 있다.

▲ 끝부분이 뾰족한 첨두아치를 이용한 건축물　　▲ 메소포타미아 시대의 건축물-지구라트

③ 인테리어 요소

가구는 시대적 배경을 기준으로 보고 주변국가와 비슷한 시기를 고려하였을 때, 이집트와 거의 유사해 보이기는 하나 차이점이 있다면 이집트가 문화적 향유를 즐긴 반면, 주변국의 침입이 많은 메소포타미아 문화는 이동이 간편하거나 강한 민족을 강조하기 위한 튼튼한 구조로

---

3) 이마 끝이 첨예한 아치를 말하는데, 신랑 좌우의 육중한 기둥이 천장의 횡단 아치를 받치고 있고, 횡단 아치 사이의 천장에는 두 개의 골조가 십자형으로 교차하고 있다.

집기가 구성됐다는 점에 차이가 있다고 할 수 있다. 목재와 석재의 사용으로 인한 아치공법이 발달하였고, 궁정 및 천문대의 건축형식이 매우 성행하였다. 고단의 개념과 신의 주거라는 개념이 도입된 사례로 대표적인 것이 현재는 유물로도 남아 있지 않은 바벨탑이다.

▲ 코르사바드 궁전의 예상도

유적으로서는 메소포타미아 문명의 전성기를 이끈 아시리아의 사르곤 왕이(BC.772~705) 코르사바드에 세운 궁전에서 발견된 아슈프바니팔(BC.662~627)의 부조에서 확인해 볼 수 있다. 이 벽화는 마치 파우치 같은 소파 유형의 침대에 누운 왕이 솔방울 문양을 수놓은 듯한 의자에 앉은 왕비와 전승을 축하하는 듯한 장면이 그려져 있다.

침대의 다리는 매우 튼튼해 보이며, 투박한 모양과는 달리 여러 문양을 새겨 넣어 귀족 문화의 우월감을 표현했으며, 이집트와 달리 침략이 많은 메소포타미아 문명은 그 강인함을 인테리어에 많이 표현한 것으로 문화와 생활이 인테리어에 매우 밀접한 연관성이 있음을 알 수 있다.

▲ 아슈프바니팔 왕과 왕비의 향연 부조

4 그리스(Greece)

① 역사적 배경

유럽문화의 시발점이라 할 수 있는 그리스는 도시국가로 기원전 6세기까지만 하더라도 작은 소규모 국가였다.

② 건축적 요소

이집트 애굽에서 이입된 이집트 풍의 장식적인 가구가 대부분이었으나 기원전 5세기경 자유 시민사회가 이룩되고 중정 형식의 쾌적한 주거가 보급됨에 따라 합리적인 생활을 영위하게 되었다. 그것의 표준형이란 마치 한옥의 ㅁ자 집 같은 중정에 회랑을 두르고 거실, 침실, 주부실, 서고, 객용실과 노예실 등을 배치한 합리적인 주택이었다. 기둥은 이집트의 유형과 달리 많은 몰딩으로 건축물을 고급스러운 신전화로 승격시켰으며, 건물 외부의 구조물로서 기둥을 최초로 사용하였다는 것이 특징이다.

주요 건축물의 외관적 특징은 착시교정기법을 많이 사용하였고, 기둥의 배불림 현상인 엔타시스[4]를 사용하였다는 것이 특징이다. 또한 포스트와 린텔식 구조기법(기둥을 세우고 도리를 걸치는 현대의 목조 가구식 구조와 인방을 덧댄 구조)을 사용하여 돌을 이용한 가구식 구조가 특징이다.

이런 가구식 건축구조물을 만드는 데 있어 기둥은 매우 중요한 역할을 하게 되었는데, 이집트와 마찬가지로 기둥의 구조에 따라 그리스의 건축물을 구분하게 되었다. 그리스의 각 기둥은 건축물을 축조한 민족의 이름을 따서 그들만의 구성 방식에 따라 기둥의 주각[5]에 대한 명칭으로 구분하였는데, 첫 번째 기둥의 유형은 북쪽지방에서 남하한 도리아인이 만든 양식으로 기둥의 절제된 미각을 지니고 있으며, 주춧돌이 없고 기단에 기둥을 바로 세우는 양식으로 다음의 왼쪽 그림과 같이 네모판 꼴의 모양으로 표현된 것이 특징이다.

▲ 도리아 양식(도릭오더)

[4] 멀리서 기둥을 봤을 때 기둥이 일자형으로 되어 있을 경우 착시현상으로 중앙부가 가늘어져 보인다. 이로 인해 건축물의 불안감이 형성되기 때문에 기둥 중앙부를 배가 나오듯 두툼히게 만드는 것을 말한디.

[5] 고대 그리스 건축양식에서 지붕과 기둥이 만나는 부분을 엔터블러처(entablature)라 하는데, 이 부분을 도리아인이 만든 것을 도리아 양식, 이오니아인이 만든 양식을 이오니아 양식, 코린트의 도시 이름으로 본떠 만든 양식을 코린트 양식으로 각각 구분한다.

두 번째는 동쪽지역에 사는 이오니아인들이 만든 양식으로 아래의 그림과 같이 기둥머리 끝이 양머리 모양으로 둥글게 말린 형식으로 소용돌이 모양의 볼류트(volute) 장식이라고도 한다.

▲ 이오니아 양식(이오닉 오더)

세 번째는 만든 민족의 이름이 아닌 고대 그리스 도시의 이름 중 하나인 코린트라는 도시의 이름에 따온 것으로, 다음 그림과 같이 마치 아칸서스 꽃잎[6]이 펼쳐진 것과 같이 매우 아름다운 문양을 나타내고 있다. 또한 이 코린트 양식은 매우 수려하여 현대의 건축물에서도 장식적 요소로써 매우 많이 활용되고 있다.

▲ 코린트 양식(볼류트 오더 또는 아칸서스 오더)

③ 인테리어 요소

초기의 그리스 건축물은 이집트 건축가의 영향을 많이 받아 의자의 특징이 동물의 네 다리를 표현하여 만든 구조물을 그리스에서도 큰 변화 없이 사용하였고, 실내의 장식과 설비는 간소화되어 생활에 필요한 의자, 스툴, 탁자, 카우치, 체스트 가구 등 극히 필요한 가구만을 실내에 비치했다.

---

6) 비트루비우스에 따르면, 아테네 조각가 칼리마쿠스가 코린트에서 열린 한 연회장에서 잎으로 둘러싸인 술잔 받침을 보고 기둥의 주각을 고안했다고 전해진다.

벽면에 물건을 거는 습관이 있던 희랍(그리스)에서는 수납용 선반이 사용되지 않은 반면, 의류나 귀중품의 보관은 뒤주나 작은 상자가 주로 사용되었다.

희랍가구의 특색은 의자와 침대에서 두드러지게 나타나고 있다. 「오클라디아스」(Okladias)라 부르는 접는 식의 의자는 관리용이고, 「디프로스」(Diphros)라는 4각식(四角式)의 실용적인 의자, 「클리스모스」(Klismos)라 부르는 여성전용의 기능적인 소의자, 게다가 식사나 사교, 밤의 휴식에도 사용된 「클리네」(KlMe)라 부르는 침대 등은 장식적 요소가 제거되고 생활에 도움을 주는 실용적 기능을 단적으로 표시하고 있다.

희랍인들은 가구를 장식으로써가 아니라 그들의 일상생활에 적합하도록 실용적으로 디자인한 것이 많은 유구(遺構)에서 실증되고 있다.

▲ 오클라디아스 디프로스

▲ 오클라디아스와 클리네

5 로마(Rome)

① 역사적 배경

로마가 최초로 건국된 B.C. 753년부터 로마제국이 동로마와 서로마로 분리된 365년까지 이탈리아 반도의 로마제국과 유럽, 북부 아프리카, 서아시아 등의 로마 식민지에서 전개되었던 건축양식이다.

② 건축적 요소

로마의 대표적 건축양식은 화산재와 석회를 혼합한 콘크리트의 등장이 대표적인 로마의 건축적 특징이라 말할 수 있다. 이를 이용한 모르타르의 축조방법을 이용한 조적의 발달 및 철물의 등장 역시 대표적 건축구조이며, 조적식과 가구식의 혼용방법이 등장하였다. 이런 시공방법의 발달이 대규모 공간의 형성을 가능하도록 하였다. 기존의 아치 및 볼트를 발전시켰고 구조기술이 발달하여 군사적 강대함을 과시하기 위해 대규모 건축물을 적극적으로 장려하게 되었다.

그리스가 형태 위주의 조각적 건축을 추구한 반면, 로마는 공간 위주의 대규모 건축을 추구하였다는 것이 대표적인 차이점이며, 건축물 중 내부 공간을 본격적으로 형성하기 시작한 것은 로마건축이 최초라고 할 수 있다. 이 시기에 등장한 기둥양식으로 터스칸식 기둥과 기존 그리스의 기둥 양식을 혼용한 복합식 기둥 양식이 대표적이라 할 수 있다.

▲ 터스칸식 주각

③ 인테리어 요소

아테네 문화의 우위를 인정한 로마인들은 헬레니즘 시대의 주택 형식은 물론 그들의 기술과 미술의 모든 형을 모방했다. 이러한 경향은 주거나 가구에도 적용되어 조각과 장식을 가미한 호화로운 고대 양식의 실내나 가구를 완성했다. 폼페이의 주택 유구(遺構)가 보여주는 것과 같이 바닥에 깐 대리석의 「모자이크」와 벽면을 장식한 「식주」(師柱)나 프레스코화가 신화를 주제로 하여 화려하게 처리되었다.

가구에는 목재 이외에도 브론즈나 대리석이 사용되어 로마의 실내나 가구의 양식은 지배계급의 권위를 나타내는 상징적 형식이 되었다. 이러한 귀족주택의 호화로움에 비하여 서민의 주거는 벽돌조의 조잡한 고층아파트로서 가구 설비도 없이 한 방에 여러 가족이 잡거하는 형편이었다.

▲ 프레스코 화와 고대 로마 건축 양식

⑥ 중세(The Middle Ages)

1) 비잔틴(Byzantine)

① 역사적 배경

로마제국이 멸망하고 사라센문화가 이슬람 문화권으로 발전되었을 무렵 이슬람문화의 영향을 받아 초기 기독교적 양식 문화인 비잔틴문화가 성행하게 되었다.

② 건축적 요소

정사각형 평면으로 그리스 십자형을 사용하였고 주도에 도서렛을 겹쳐 얹는 양식으로 돔 구조의 형상을 많이 띤 건축구조였다.

▲ 불가리아 알렉산더 네브스키 대성당

③ 인테리어 요소

로마제국이 붕괴됨에 따라 빛나는 로마의 인테리어와 많은 가구 작품은 소멸되었으나 콘스탄티노플(지금의 이스탄불)에 도읍을 둔 비잔틴제국에서는 고대 로마의 생활양식이나 가구의 전통이 계승되고 그것에 오리엔트 장식을 가미하여 소위 「비잔틴 양식」의 가구가 유행하였다. 비잔틴의 가구는 사본, 상아조각, 모자이크화 등의 자료를 통해 알려졌으나 로마시대의 가구에서 볼 수 있는 곡선형의 다리나 반원형의 등받이 등의 자유로운 형태미가 상실되고 딱딱한 직선 형태의 작품이 많다.

이 시대의 중요 가구로는 당시의 건축 요소를 본 뜬 나무에 철판을 씌운 「세인트 피터의자」와 청동제의 「다고베르의 의자」, 그리고 상아조각으로 장식된 「막시아누스의 사교좌」 등이 손꼽히고 있다.

2) 로마네스크(Romanesque)

① 역사적 배경

서유럽에서는 게르만민족의 지배가 확장됨에 따라 고대의 사회조직이나 예술의 전통은 상실되고 신분제도에 기인한 봉건사회와 크리스트교 문화가 보급되었다. 이러한 배경 하에 5~6세기 경이 되는 중세 초기에 로마적 요소가 토착문화와 혼화되어 「로마네스크 양식」이 탄생하게 된다.

② 건축적 요소

아치구조법이 발달하였고 장축형 평면(라틴 십자가)과 종탑이 추가로 되어 있는 구조가 많이 사용되었다. 피사의 대성당과 같이 클러스터 피어(다발기둥)와 버트레스 구조(Buttress, 부축구조)가 많이 사용된 것이 특징이다.

▲ 로마네스크 건축-피사의 종탑

③ 인테리어 요소

11~12세기는 사원건축이 눈부시게 진행되는 시기로 이탈리아, 프랑스, 독일을 중심으로 발달하고, 영국에서는 노르만식이라는 양식이 이에 해당한다.

「로마네스크 양식」은 비잔틴의 「바질리카 양식」이 발달한 것으로써 로마의 아치식 건축을 개량한 벽이 두껍고 장중한 미를 표현한 것이며, 교회건축으로는 창문이 적고 컴컴한 실내에 내부조각도 신비스런 표현을 한 것이 많다. 가구로는 목재를 선반가공한 간소한 형태의 「농민의자」와 스칸디나비아식의 「바이킹의자」, 그리고 철이나 청동장식의 「목조궤」가 대표적인 것들이다.

▲ 농민의자와 인테리어 내부

3) 고딕(Gothic)

① 역사적 배경

12세기 말에서 13세기 초에 걸쳐서 새로운 사원 건축양식인 「고딕 양식」(Gothic Style)은 실내장식이 화려하고 밝은 색조에다 여러 가지 색을 사용하는 마무리가 유행되기 시작했다. 13세기부터 영주들의 주거는 성곽 형식에서 「매너하우스」(Manor-house)라 부르는 순수한 생활을 하기 위한 주거형태로 변하였다. 생활수준이 향상됨에 따라 가구의 종류는 증가하고 그 제작기술도 발전하였다. 특히 생산 분야에 있어서 길드(Guild) 조직이 발생하여 석공, 목수, 조각사, 직물사 등 직종별로 길드가 세분되어 생산의 분업화가 실시되었다.

② 건축적 요소

첨두형 아치의 기술과 볼트의 발달이 뚜렷하였고 플라잉 버트레스(Flying Buttress) 기술이 발달되었다. 착색유리를 이용한 성당의 신성화를 더욱 돈독히 표현하였고, 예술적 기능을 자연 채광을 이용하여 기존의 미술과 벽화에서 벗어나 신성한 느낌을 더욱 향상시켰다. 수직적 분절을 강조한 것이 특징인데, 하늘을 향한 종교적 신념과 사상을 이러한 방법으로 건축물에 표현하였다.

▲ 고딕 건축양식(노트르담 대성당(좌) 두우모 대성당(우))

③ 인테리어 요소

가구제작에 있어서도 표면을 장식하는 조각사는 가구를 조립하여 완성하는 목수와는 다른 조직이었기 때문에 중세의 가구는 극히 기술적으로도 높은 수준에 달한 것이었다. 고딕가구의 특징 중 하나는 「레일조」에 얇은 판을 삽입하는 소위 레일프레임에 판자붙임 기법이 가구제작에 채용된 결과, 가구 표면에 정교한 조각이 용이한 동시에 대형가구의 제작이 가능케 된 것이다.

가구디자인은 고딕건축의 형식에 따라 수직을 강조한 매시브(massive)한 형태와 풍부한 조각이 표면에 이용된 점이 특징이다. 표면의 장식조각에는 Linenfold, Tracery, Flamboyant를 특히 좋아하였다. 등받이가 높은 의자, 지붕이 있는 의장의자 침대 등은 어느 것이나 소유자의 권위를 상징하는 성격을 표시하고 있다. 평시 사용하는 의자는 판자붙임의 걸상인데, 중세의 의자는 어떤 종류의 것이든 모두 좌부에 덮개가 붙어있는 상자형으로 되어있는 것이 특징이며, 의자가 물건을 덮는 기능을 겸하고 있었다.

▲ 고딕 가구

⑦ 근세(The Modern Age)

1) 르네상스(Renaissance)

① 역사적 배경

「르네상스」는 재생이란 의미의 이탈리아어에서 유래한 것으로 인간의 자유를 존중하고 고대문화를 재생시키고자 일어난 운동이다. 십자군 원정의 실패와 봉건제도와 기독교 정신 위주의 중세가 붕괴되고 그리스도 교회와 봉건제도에 의한 지배체제에서 벗어나 문화 창조는 물론 정치, 경제, 생활양식 등 모든 분야에 걸쳐 전개된 개혁운동이다.

15세기 초 이탈리아의 피렌체에서 시작되어 국내는 물론 프랑스, 핀란드, 독일과 영국 등 전 유럽으로 확산되었다. 특이한 점은 이 양식부터 각국의 풍토, 민족성, 문화, 생활양식 등의 조건에 따라 각기 특색 있는 양식으로 자기의 문화와 합쳐져서 지역적으로 특색 있게 발전되었다.

② 건축적 요소

주로 석재 및 벽돌 콘크리트를 주재료로 이용하였고 조적식과 가구식 구조를 합친 복합식 구조로 구성되었으며, 돔 구조는 외관과 내관을 달리하는 이중구조로 시공된 것이 특징이다.

③ 인테리어 요소

고전건축의 질서미와 형식적 아름다움을 기본적 요소로 고려하였고, 수학적 관계를 고려한 조화와 질서, 그리고 균형과 통일에 대한 형태미를 건축물에 인입하였다는 것이 특징이다. 코니스, 박공, 아치, 아케이드 등의 장식적 요소와 함께 거친 재질감을 표현하는 기법을 많이 사용하였다. 내부의 경우 패브릭을 이용한 기법이 등장하였고, 벽화 등을 이용한 내장 장식을 주로 사용하였다.

■ 이탈리아

15세기 초 이탈리아 토스카니 지방의 피렌체(지금의 프로렌스)에서 르네상스 운동이 일어났다. 건축가 부르넬레스키(Filiippo Brunelleschi)에 의해 설계된 도시 중심에 있는 두오모 성당은 고대 로마양식의 부흥이 「르네상스 양식」의 심벌인 것이다.

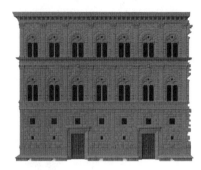

▲ 르네상스 양식_이탈리아_두오모 성당(좌)와 팔라쪼(Palazzo)(우)

이 양식은 나중에 로마나 베네치아(지금의 베니스)에 전해지고 16세기에는 유럽 전역에 전파되었다. 이탈리아의 부유한 귀족들은 팔라쪼(Palazzo)라 부르는 석조의 호화 저택을 지었고, 그 실내에는 식주(飾柱)나 격자형 천정으로 장식되고 요소요소에 고대 장식으로 조각하고 모자이크 붙임의 대리석 바닥에 화려하게 싼 융단을 깔았다.

르네상스 시대의 인테리어디자인은 귀족사회적 지위나 권력을 강조하기 위해 가구의 배치 방법도 철저하게 대칭적으로 처리함을 원칙으로 삼았다. 이 시대의 가구로는 「단테의자」(Dantesca), 「사보나롤라」(Savonarola), 「셀라 쿠루리스」(Sella Curdis) 외에 수납용 상자, 가각식의 대형탁자, 방석과 등받이를 아름다운 천으로 싼 걸상인 스가벨로(Sgabello)라 부르는 작은 의자, 장식선반, 침대, 기도대 등이 이탈리아의 가구들이다.

■ 프랑스

15세기 말엽 프랑스와 1세 시대에 이탈리아의 「르네상스 양식」이 수입되어 퐁텐블로 궁(Fontainebleau)의 건축이나 실내, 그리고 가구에 영향을 주었는데, 퐁텐블로 궁의 프랑수와 1세의 갤러리 양식을 보았을 때 고전 양식과 더불어 대표적인 시메트리 기법을 사용한 것이 특징이다.

▲ 퐁텐블로 궁(Fontainebleau)

인테리어 양식으로 천정은 격자천정(格子天井)에, 벽면의 하부는 월넛의 조각판자(헤링본)를 붙이고, 상부는 석고 플라스터 바름 위에 「프레스코화」로 구성했다.

■ 영국

영국에서 르네상스 양식이 활성화된 시기는 엘리자베스 1세 시대부터이기 때문에 타국에 비해 르네상스 양식이 가장 늦게 받아들여지게 된 나라이다. 따라서 영국의 문화는 자기 자신의 고딕문화를 기반으로 중세풍의 귀족저택(Manor House)에서 이탈리아 풍(Palazzo)의 호화 저택으로 변형하였고, 고딕의자는 4각식 의자로 변형되면서 시트나 등받이에 패브릭으로 감싸는 양식이 등장하였다.

▲ 르네상스 양식_영국의자

2) 바로크(Baroque Style) 양식

「바로크」란 이탈리아어의 Barocco(찌그러진 진주)에서 유래한 말인데, 르네상스 고전 양식에 충실한 구성인데 반하여 「언밸런스」하면서 생명력이 넘친 17세기 유럽의 미술양식에 적용된 명칭이다.

「바로크양식」은 종교개혁으로 인한 과거로의 회신, 즉 종교적으로 원론적으로 돌아가자는 취지에 의해 로마 바티칸시에 조영된 성베드로 대성당의 그리스도교적 권위를 나타내는 양식이다. 이 양식은 17세기 후반에 프랑스, 독일, 핀란드, 스페인 및 영국 등 유럽 각국에 보급되었다. 「바로크양식」의 인테리어와 가구는 17세기 후기로부터 18세기 초에 이르는 유럽제국의 궁정을 중심으로 한 왕후귀족층에 유행한 격조 높은 귀족 취미적인 양식으로 볼 수 있다.

▲ 바로크양식_러시아 정교회

■ 이탈리아

르네상스 말기에 기교에 젖은 예술가들이 엄격한 고전의 범주에서 벗어나려는 시도로「바로크양식」(Baroque Style)을 낳았고, 그 발흥의 중심은 이탈리아의 로마였다. 로마법황은 가톨릭교회의 권위를 세계에 나타내기 위해 바티칸 법황청에 웅대한 성 베드로 대성당을 세웠다. 미켈란젤로가 설계한 성당의 큰 돔(dome), 건축가 베르니니(Giovanni Lorenzo Bernini)에 의한 호화스런 조각과 색채로 된 인테리어와 외부 광장의 다이내믹한 공간 구성은 대표적인「바로크양식」을 나타내고 있다.

보통 사람을 압도하는 것 같은 디자인의 호화로움은 17세기 가톨릭교회의 인테리어에 한하지 않고 왕후나 귀족의 저택 실내나 가구에도 나타나는 공통된 성격이었다. 특히 가구디자인에서는 대형의장상, 식기선반 등의 정면 장식에 비틀어 놓은 것 같은 기둥이라든가 격식에 구애되지 않고 두꺼운 부조법(浮彫法)이 쓰인다는 점이「바로크양식」의 특징이다.

▲ 성베드로 대성당

■ 프랑스

이탈리아에서 비롯된「바로크양식」은 17세기 후반 프랑스의 루이 14세 시대에 베르사유 궁전의 정원, 건축, 실내의 종합적인 디자인에서 훌륭하게 완성되었다. 루이 14세는 프랑스의 국위와 왕의 권력을 세계에 과시하기 위해 베르사유(Versailles)에 웅대한 궁전을 세웠고, 왕궁의 실내장식과 가구 장비품을 제작하기 위해 1663년 왕립 고블랭공장을 설립하고 직물공장 외에 가구공장도 병설했다.

▲ 고블랭

여기에는 당시 프랑스의 명공들이 많이 모여 들었는데, 미술장식가인 샤를르 르브랭(Charles Lebrun)은 공장지배인으로 임명되었다. 그는 이탈리아의 후기 르네상스나 「바로크양식」을 연구하고 그러한 의장을 베르사유 궁전의 실내와 가구디자인에 응용했다. 바닥에는 대리석과 나무가 사용되고 벽면에는 「고블랭직」을 붙이고 실내에는 「바로크양식」의 힘찬 장식효과가 강조되었다.

베르사유 궁전 중앙에 있는 루이 14세의 침실은 왕이 접견에 사용하는 공식 응접실로 벽면 중앙에 금박과 「고블랭직」으로 장식된 권위적인 침대가 놓여 있다. 이 실내장식은 르브랭의 설계로써 프랑스의 「바로크양식」을 대표하는 걸작으로 평가되고 있다. 왕실가구의 장식은 짙은 감색에 구갑(龜甲), 진유(眞鍮), 상아 등의 3상안(象眼)이나 금도금의 브론즈 표장으로 이루어져 있다. 이런 호화로운 가구를 「루이 14세 양식」이라 부른다.

▲ 바로크양식_베르사유 궁전 외부

▲ 바로크양식_베르사유 궁전 내부

- 영국

  본래 영국은 자신들만의 전통적 양식을 고집하는 문화였으나 스투아트 왕조의 궁정에서부터 서서히 본래의 양식과 융합된 프랑스의 「바로크양식」이 이입되고, 명예혁명 이후에는 홀랜드의 「바로크양식」이 도입되어서 상류계급의 저택 실내나 가구의 유행 양식이 되었다. 영국에서는 이 양식을 「William and Mary Style」이라 부르고 있다.

  17세기 말에는 프랑스 루이 14세의 궁정 건축가인 다니엘 마로(Daniel Marot) 정부의 신교도 탄압정책 때문에 영국에 망명하여 「루이 14세 양식」의 실내장식과 의자, 테이블, 침대 등 화려한 디자인을 유행시킨 것은 주목되는 일이다.

▲ William and Mary Style(세인트 폴 성당, 영국)

3) 로코코(Rococo Style)

「로코코양식」은 인조동굴을 장식하는 데 쓰인 조가비로 장식된 바위를 가리키는 프랑스어 로카유(rocaille)에서 따온 말이다. 용어에서 보듯이 18세기 초 파리에서부터 시작되어 기존의 양식을 벗어난 신고전주의 양식 사이에서 유행하게 된 실내디자인에 초점을 둔 양식이다. 프랑스의 전통적 우아함이 들어간 실내건축양식을 표현한 양식으로 루이 15세 양식이라고도 불린다.

▲ 로코코시대 양식

「바로크양식」을 남성적인 아름다움이라고 한다면 「로코코양식」은 로카이유와 같이 우아하고 여성적인 아름다움을 가진 양식이라 할 수 있을 정도로 부드러운 곡선이 디자인 구성의 주가 되어 매우 아름답고 정교하게 표현되었다.

특이한 점은 「로코코시대」의 주택은 외부 장식보다도 실내장식이나 가구설비에 중점을 두었다는 점에서 인테리어 역사에서는 중요한 부분이라 할 수 있다. 의자는 「캐브리올」(Cabriole)이라는 곡선각(曲線脚)을 사용하고 팔걸이에서 등받이에 이르는 곡선 구성 등 의자 전체가 여체와 같이 아름다운 형태를 나타내었고, 시트나 등받이도 꽃모양의 「고블랭직」으로 싸여 있고 시트의 편안함과 형태의 아름다움이 조화되어 예술성이 매우 강조되었다.

▲ 로코코 양식 의자

4) 근대건축

① 신고전주의(Neo-Classicism)

18세기경부터 실내와 가구디자인에 있어서 「신고전주의」라 부르는 새로운 양식이 유행했는데, 기존의 바로크와 로코코 문화에서 벗어나 계몽주의 운동의 확산으로 전통성을 되찾는 문화운

동의 하나로 볼 수 있다. 현대의 패션으로 비유한다면 나팔바지의 현대식 재해석을 사례로 들 수 있는데, 과거 유행한 나팔바지를 현대식 패션으로 재해석하여 유행하듯이 전체적으로 가구 디자인이 복고풍의 영향을 나타내고 있다.

실내나 가구의 디자인은 곡선에서 직선으로 바뀌고 다시 엄격한 「프러포션」(Proportion)이 중시되었는데, 이것을 「루이 16세 양식」이라 부르고 있다. 건축물에서도 고전주의 양식인 그리스 로마문화의 양식에서 신고전주의 양식으로 새로이 발전시켰는데, 단순함에 아름다움을 더욱 추가시키는 성향으로 보인다.

▲ 신고전주의 건축과 가구_프랑스 루이 16세 양식

② 낭만주의(Romanticism)

고전주의를 복원하고자 하는 신고전주의에 반발하여 나타난 양식으로 중세의 고딕양식을 주축으로 한 고딕건축을 전파하였다.

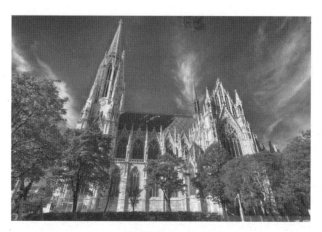

▲ 낭만주의_보티브성당

③ 절충주의(Eclecticism)

신고전주의와 고딕건축의 건축양식과 달리 사라센, 비잔틴, 바로크양식의 선택적 범위를 확대하여 르네상스 시대의 건축양식과 같이 화려함을 섞은 양식을 전파하였다.

▲ 절충주의_드레스덴

5) 현대건축

① 대중주의

일반대중에게 친숙하고 평범한 이미지를 사용하여 대중예술을 일반인과 어우러지게 구성한 건축물이다. 현대에서는 귀족주의 계급적 문화가 사라지고 예술과 건축이 대중 속으로 스며들기 시작하면서 어려운 건축을 떠나 보다 손쉽게 보여주는 맥락 위주의 건축문화 양식을 말하며, 맥락주의라고도 한다.

② 신합리주의

근대 건축의 전통적 구성요소에 현대적 자신의 이미지를 추가하여 구성한 것으로 현대와 전통을 융합시켜 새로운 구성적 건축물을 표현한 것이다.

③ 신기술주의

새로운 기술과 전문화된 기법을 사용하여 현대식 건축물의 축조를 이루는 방향으로 신기술과 미래지향적 건축물에 대한 도전적 건축물을 표현한 것이다.

④ 해체주의

기존의 건축을 타파하고 건축이 갖는 순수성과 균형성, 완전성을 부정하고 기능적, 구조적으로 완성된 건축물을 만들고자 하는 건축물 표현기법을 말한다.

1 한옥의 개론

한옥은 우리나라 고유의 형식과 자연적 환경이 어우러진 한국식 주택을 말한다. 대표적인 한옥으로는 우리가 알고 있는 지배계층이 주로 사용했던 기와집과 서민계층이 사용하는 초가집으로 구성된다. 한옥은 한반도와 만주북방지역에서 유래된 것으로 보여 중국을 기원으로 하는 부분도 있으나 만주지역이 과거 우리나라의 영토였던 점을 본다면 북방지역의 가구 형식도 우리나라만의 특이한 구조일 수 있다는 추측을 조심스럽게 해볼 수 있다. 이는 북방지역 집에서 보이는 특이점으로 분석할 수 있는데, 중국 쪽에서 유입된 것으로 보이는 주거형태에서는 구들 형식이 보이지 않으나, 우리나라와 만주지역에서는 구들장으로 난방 하는 시스템이 발견된 것으로 보아 많은 개량과 발전을 거듭하여 한국형 주택으로 개량된 것이 아닐까라고 생각된다.

이런 한옥은 서까래와 기둥을 주축으로 진흙을 이용한 벽체에서 더욱 개량되어 불로 구워 만드는 기와를 얹는 형식으로 발전되고, 굴뚝을 세워 난방의 효율을 극대화 시키는 단계까지 발전하게 되었다. 또한 초기 건축물에서 고구려와 백제의 건축양식이 합해지면서 마루 양식과 짜맞춤 틀의 방식이 들어서고 개량된 한옥으로 사회적 역할을 하는 대청마루까지 진행되게 된다.

한옥의 형태는 북부지방과 중부지방, 남부지방으로 각각 그 형태가 달리 보이는데, 북부지방의 한옥구조는 북쪽 방향으로는 뒷면, 남쪽 부분에 개구부가 설치된 것이 특징이고, 중부지방의 한옥구조는 ㄴ자 형태나 ㅁ자 형태의 집이 많고 바람을 안쪽으로 맞는 형태로 나타난다. 남부지방 한옥의 경우는 북쪽 방향으로 개구부가 나타나 있으며, 각 실의 개구부가 서로 교차 시공되어 시원함을 강조한 것으로 알 수 있다.

▲ 한옥의 건축구조

2 한옥의 구조

한옥의 대표적인 구조는 나무를 짜깁기해서 만든 가구식 구조를 기초로 한다. 한옥은 습기를 막기 위해 기단(호박돌 또는 큰 돌)을 만들어 홈을 파고 그 홈에 나무를 끼워 넣은 기둥을 세워 흙벽으로 채우는 형식을 나타낸다.

전통한옥은 멍애와 장선이 주축이 되는 바닥판과 천장판, 서까래를 얹어 지붕틀을 짜는 형식으로 구성되어 있으며, 주로 서민층은 벼에서 나오는 짚을 얹어 지붕재(초가집)로 사용하였고, 지배층은 흙으로 구워 유약을 발라낸 기와를 사용하여 구조를 만든 것(기와집)이 대표적이다.

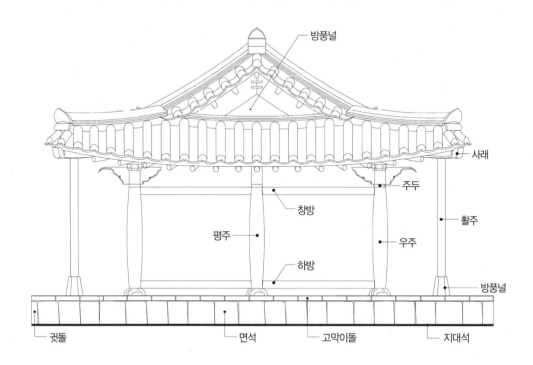

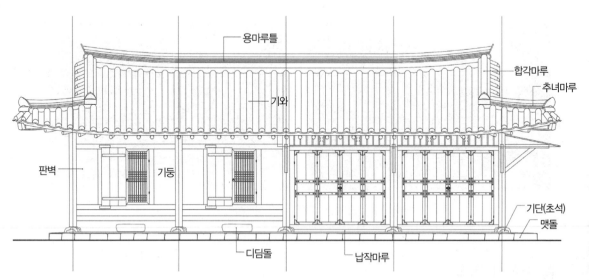

▲ 전통 한옥의 명칭-구조 부분

❸ 한옥의 배치

일반적으로 전통한옥은 배산임수의 원칙을 가지고 적의 침입을 막는 동시에 수자원의 확보 및 북쪽 방향에 산을 두어 겨울철 냉기를 막고 따뜻한 남향의 해를 받아들이는 구조로 사용되었다.

한옥은 서양의 구성 방식과는 다르게 실의 사용 용도가 명확하지 않고 복합적인 실의 구성 용도로 사용되는데, 일반적인 한옥의 사용 용도별 분류는 대문, 마당, 부엌, 사랑방, 안방, 마루, 외양간, 화장실, 장독대 등으로 구성되며, 그 용도는 다음과 같다.

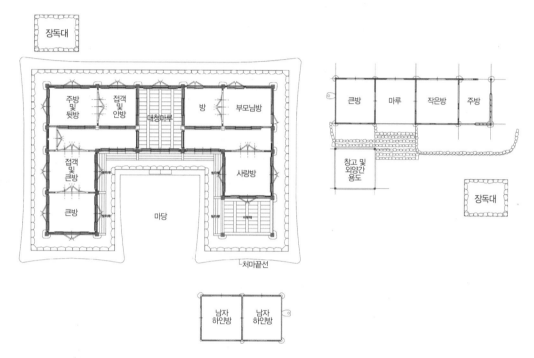

▲ 한옥의 평면 배치–기와집과 초가집

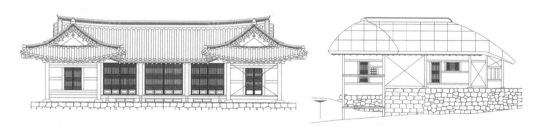

▲ 한옥의 입면 배치–기와집과 초가집

■ 대문 : 한옥의 대문은 외부 사람의 침입을 막는 구조로 사용되었으며, 풍수에 조예가 깊은 지관이 직접 대문의 위치 및 방향을 정할 정도로 대문은 신앙적 요소로도 중요한 용도로 사용되었다.

권위 있는 지배층의 대문은 하인이 기거하는 행랑채보다 지붕을 높게 올려 대문을 만들었는데, 이를 솟을대문이라 한다. 솟을대문은 권위의 상징으로 사용되었다. 또한 대문은 지역별로 다른 양식으로 만들어지기도 하였으며, 외부의 침입을 막고자 은행나무 등 오래되고 튼튼한 자재를 사용하였다.

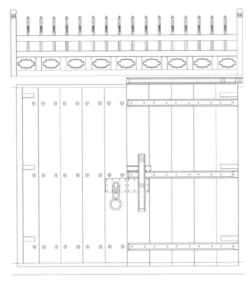

▲ 한옥-대문

■ 마당 : 마당은 중앙에 조경을 두어 시각적 요소로 활용하기도 하였지만 우물을 두어 기능적 요소를 병행하였으며, 집안의 큰일을 다룰 때 사용하는 사회적 요소로도 사용되었다.

■ 부엌 : 부엌은 난방과 취사를 겸할 수 있는 구조를 두고 있으며, 보통 마당의 높이와 구배가 같거나 다소 낮다. 또한 부엌 상부에는 간이로 음식을 저장할 수 있는 누주를 두어 저장 기능을 함께 하는 것이 특징이다.

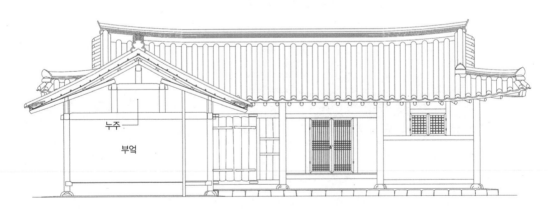

▲ 한옥-부엌의 구조

- 사랑방 : 손님이 기거하는 방 또는 외부 사람으로 하여금 회의 장소로 사용되기도 하며, 접대를 하기 위한 용도로 사용되었다.

- 안방 : 유교사상에 의해 가장이 기거하거나 부모님이 돌아가시기 전 안주인의 용도로도 활용되었으며, 집안의 주요 인물이 거주와 동시에 서재 및 주요 대소사를 논의하는 용도로 사용되었다.

- 마루 : 마루는 귀틀마루로 되어 건물의 중앙부에 위치한 마루는 현대의 거실 용도와 마당 아래 있는 하인보다 높은 권력층에 있는 지배의식적 공간의 용도 및 통로의 기능을 함께 수행하였다.

- 외양간 : 소, 말, 돼지, 닭 등을 길러 주요한 행사가 있을 경우 사용하였는데, 그 외의 용도로 외양간 옆 작은 창고에는 저장창고로서의 용도로 활용되었다.

- 화장실 : 재래식 화장실로 환기가 어려운 구조로서 주로 외양간 및 집안의 뒤편에 배치되어 잘 보이지 않는 부분으로 배치되었다.

- 장독대 : 건물의 뒤편, 해가 잘 들며 환기가 잘 되는 곳에 적절히 배치되어 식량 저장 및 양념 저장 공간으로 사용되었다.

- 개구부 : 개구부는 방풍 역할과 더불어 외부와의 경계점으로 사용되었는데, 용도 및 시대에 따라 개구부의 모양이 각각 다른 특징이 있다.

  - 세살문 : 살이 가늘고 세장하여 세살문이라 한다.
  - 교살문 : 살이 사선으로 교차되어 만들어진 문이라 교살문이라 한다.
  - 만자문 : 불교의 만자를 본떠 만든 문양으로 만자문이라 불린다.
  - 아자문 : 한자의 아자 문양을 빗대어 만들어진 문으로 아자문이라 한다.

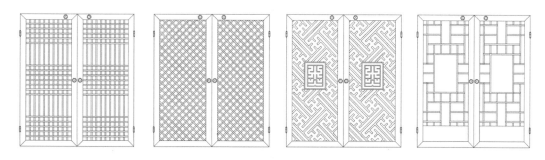

▲ 세살문, 교살문, 만자문, 아자문 순

Section 03 | 우리나라 현대 건축의 역사

우리나라는 외세의 침략으로 인해 강제적으로 근대화가 진행된 나라로서 외세 문화의 영향을 자주적으로 받아들이기보다는 강제적으로 받아들인 아픈 역사를 간직하고 있다. 근대 건축물 중 대표적인 것은 고종황제 재임 시절 지은 석조전이라 할 수 있다. 석조전은 1897년부터 1910년 완공된 근대 건축물이자 대한제국이 멸망한 해 준공된 비운의 궁전이다.

이름에서 알다시피 석조전이란, 돌로 지어진 궁전이라는 의미로 대한제국 재정고문이던 존맥리비 브라운(영국)이 처음 건립을 발의했고 이후 덕수궁에 지어진 건물로 이오니아식 오더를 간직한 신고전주의 양식으로 지어진 건물이다.

▲ 덕수궁 석조전

이 공사의 내부는 영국 메이플회사에서 담당했고 귀빈 접대 및 만찬용으로 사용했으나 실제 좌식문화인 우리 문화와 맞지 않는 부분이 많아 거주의 불편의 이유 등으로 사용하지 않았다. 실제 내부를 침실로 리모델링해서 사용한 것은 이왕세자로 일본에 볼모로 끌려갔다가 간간히 조선으로 올 때 사용했던 침대형 구조였다. 현재는 미술관으로 사용되고 있다.

초기 인테리어는 인테리어라 할 수 없을 정도로 극장 간판이나 무대장치 정도를 설계하는 작은 회사가 시작이었고, 건축의장으로의 시작은 1960년대에 들어와서 외국자본을 토대로 정부가 직접 관광산업과 건설을 조성하기 위한 사회적 분위기로 활성화된 이후부터라 할 수 있다.

1 인테리어의 정착

1970년대 국가적 차원의 적극적 지원 및 건설사의 대형화 추세에 힘입어 서민주택 보급량이 늘어나고 사우디아라비아 및 아랍권 진출로 인한 국제 건설의 교두보를 형성함에 힘입어 건축의장 분야가 정착되고, 큰 공사의 서브적 개념에서 작은 공사에 직접적인 참여를 하게 된다. 이로 인해 인테리어디자인은 건축이 제공하는 내부 공간의 종속된 부분적인 역할의 범주에서 벗어나게 되었다.

1970년대를 대표하는 작품들은 주거 분야의 아파트와 상업 공간이 주류를 이루었고, 호텔이나 백화점 등의 대규모 프로젝트일 경우 외국의 디자인 계획을 실행한다는 측면으로써 젊은 디자이너들에게 많은 경험과 기회를 제공해 주는 계기가 되었다.

② 대한민국 근대 건축의 역사

우리나라 근대 건축 역사는 일본에 대한 한일 늑약이 대표적이며, 강제 개항에 따른 철도와 항만의 설치로 인한 부대시설이 발전하게 되었다. 이후 625전쟁을 겪으며 파손 및 유실된 부분이 많지만, 남아있는 건축물은 미군정 이후 리모델링의 역사를 거치며 현재까지 보존되어 왔다.

다만 우리의 경제력으로 지은 건물이 아닌 일본의 이익을 위해 지어진 식민지적 의미를 내포하고 있는 건축물이라는 점이 매우 아쉬운 부분이다.

구분	최초 건설	구조
호텔	조선철도호텔(현 웨스틴조선호텔)	• 한일늑약에 의한 강제 개방 이후 철도 건설에 따른 부대시설의 필요성에 의해 건립 • 르네상스식의 조적식 건축물
상업 공간	미쓰코시백화점(현 신세계백화점)	• 조적식 구조와 돌구조의 복합식 구조 • 고딕양식의 건축물
은행	경성은행(현 한국은행)	• 르네상스 양식의 건축물로 축조 • 현 우리은행 건축물과 같은 구조였으나 이후 리모델링 실시
관공서	조선총독부(구 중앙청−철거)	• 남산 왜성대의 청사를 사무 공간 부족 등의 이유로 1926년에 경복궁 흥례문 구역을 철거한 터에 신청사를 건립하였다. • 르네상스 양식이며, 조선의 왕궁 앞에 한자로 日 자의 형태로 지은 대표적인 식민지 양식을 삽입한 건축물
철도	경성역(현 서울역)	• 르네상스 양식의 조적식 건축물로 축조
항만	인천항	• 벽돌로 만든 조적식의 건축물로 중국 창고와 일본식 창고가 나누어져 축조

③ 대한민국 현대 건축의 역사

6.25전쟁 이후 새마을운동 및 해외 자본의 유입으로 우리 스스로 최초의 신라호텔을 지었고, 이를 기반으로 남산타워호텔, 롯데호텔 등 전쟁 후 리모델링 및 신축을 통한 비약적 발전이 이루어졌다. 1980년대에는 최초로 63층 건물을 여의도에 준공하였으며, 현대에서는 다각적인 건축이 비약적으로 발전하여 세계에서 하나의 발전 사례로 자리잡고 있다.

Chapter 02 실내건축 공간구획론

Section 01 디자인학 개론

본 장에서는 실내디자인의 구체적 구분으로 들어가기 전 큰 틀에서의 디자인에 대해 분석하고 디자인의 기본적 지식을 이해하고자 하는 데 중점을 둔다.

1 디자인의 개념과 조건

디자인(design)이란 라틴어에서 나온 말로 데지그나레(designare)에서 따왔는데, 이 말의 뜻은 "계획하다", "설계하다"라는 의미이다. 즉 "일정한 용도나 기능을 갖는 물건을 제작할 때 그 기능에 적합하면서도 경제성을 고려한 아름다움이나 형태를 갖도록 설계하고, 설계를 토대로 제작하는 전반적인 계획부터 설계까지의 모든 공정을 의미하는 것"을 말한다. 다시 말해 디자인이 가져야 할 기본 구성은 기능성이나 실용성 이외에 예술성, 심리성, 심미성, 경제성, 능률성, 쾌적성을 모두 가지고 디자인이 구성되어야 한다.

또한 디자인은 미술과 예술, 회화나 조각과 달리 예술성을 겸비하고 있지만 기능적 면을 포함하고 있는 실용성이 있어야 한다. 따라서 우리가 보는 미술과같이 아름답다는 것만을 느끼는 것이 아닌 디자인의 좋고 나쁘다고 할 수 있는 평가는 기능성을 필요로 하는 조건이 충족되었는가로 평가할 수 있다.

다시 말해 디자인은 기능과 예술의 조건이 만족되고 융합되어 균형이 잡혔을 때, 디자인으로서의 진정한 가치가 있다. 이런 좋은 디자인의 의미를 정리해 보면 합목적성과 심미성이 동시에 반영되고 경제성과 독창성을 포함하여 모든 다기능적 측면을 융합하는 질서가 필요하다.

2 디자인의 구성요소

디자인의 구성요소는 개념적 관점, 시각적 관점, 상관적 개념, 실제적 관점으로 나누어진다고 볼 수 있는데, 각각의 관점에 따라 체계적으로 그렇다 아니다를 확정 짓기는 어렵고, 서로 상호 보완되며 사용 시기에 맞도록 적절히 구분되어 사용되는 것이 좋다.

① 시각적 구성요소

- **개념적 관점** : 디자인이 실제로 존재하지 않으면서도 마치 존재하는 것처럼 보이게 하는 디자인 기법으로, 점이 없지만 마치 점이 있는 것처럼 둥근 원을 멀리서 봤을 때 점처럼 보이는 효과와 같이 각각의 조형을 이용하여 효과를 살리는 것이다.

- **시각적 관점** : 실제 우리가 눈을 통해 사물을 보는 기초적인 디자인이지만 가장 중요한 디자인 관점이다. 기본적으로 형태(form), 크기(size), 색채(color), 질감(texture) 등으로 예를 들 수 있다.

- **상관적 개념** : 스파눙과 같이 상호 연관성을 지니며 사물의 형태나 위치에 연관성을 통해 같은 디자인이나 느낌과 특성이 달라지는 디자인 요소를 말한다.

- **실제적 관점** : 시각적 관점과 비슷한 개념이지만 시각적 관점은 우리가 사물을 보며 잠재된 기억을 통한 느낌을 전달한다면, 실제적 관점은 실제 만들어진 3D프린팅과 같이 실제로 존재하는 디자인 요소이다. 사물을 표현(expression)하고 사물에 의미(significance)를 가지고 그 사물이 기능(function)을 올바로 수행하도록 하는 것을 의미한다.

② 내용적 구성 요소

디자인을 시각적 요소가 아닌 디자인이 가지고 있는 그 순수한 내용을 구성하는 요소로는 디자인의 용도, 디자인이 가지고 있는 기능성, 합목적성, 독창성, 심미성, 질서성, 경제성 등이 있다. 이를 세분화하여 설명하면 다음과 같다.

- **합목적성(合目的性)** : 디자인이 가지는 다기능적 의미를 말하며, 우리가 알고 있는 암묵적 명칭(**예** 볼펜, 연필 등)에 기능성과 효율성을 더하여 디자인하는 복합적 기능의 목적을 행하는 것을 말한다.

- **심미성(審美性)** : 합목적성과 반대적인 개념으로 주관적 입장에서의 '아름답다'는 느낌으로 디자인 자신이 가지고 있는 아름다움 그 자체를 의미한다. 아름다움은 시대적 유행과 흐름, 변화에 민감하고 지역적 특색에 따라 달리한다.

- **독창성(獨創性)** : 자신만의 차별화된 디자인 수준이 높아야 하나, 모방에서의 디자인 역시 창의성에 기반하고 있으며, 전체를 그대로 모방하는 것은 모방에 의한 창의가 아닌 표절이며, 모방이라 함은 아이디어나 주제를 기반으로 자신만의 주제를 해석해서 창조적인 디자인을 하는 것을 말한다.

- **질서성** : 위에서 언급한 조건을 서로 조화와 질서를 정하여 균형감과 안정감 있게 유지하여 디자인 하는 것을 말한다.

- **경제성** : 디자인에서도 경제성은 반드시 필요한 부분이다. 예를 들어 아이폰의 가격이 2천만 원대라 하면 누가 구입하여 대중화를 이룰 수 있는가를 고려해야 하는 산업체 전반에서 디자인이 대중화되기까지의 관점으로 해석해야 한다.

③ 디자인의 원리

디자인의 원리는 PART 03 공통부분에서 조형계획으로 다시 설명하지만, 실내건축에서도 빠질 수 없는 부분이므로 실내건축에 맞는 부분에 한하여 간단하게 설명하도록 한다.

기본적인 디자인의 구성은 점, 선, 면으로 된 공간에서 각각의 특징을 가지고 자유롭게 표현하는 디자인의 가장 기본적 원리이다. 각각의 점과 선과 면을 이용하여 조형적 계획을 이루고, 그 형상을 이용하여 입체적 표현과 스파눙[1]을 이용한 다양한 표현을 기획하는 등의 행위를 내포하고 있다.

점의 느낌을 이용한 건축물	선의 느낌을 이용한 건축물
면의 느낌을 이용한 건축물	입체의 느낌을 이용한 건축물
스파눙의 느낌을 이용한 건축물	재질의 느낌을 이용한 건축물

▲ 조형적 느낌을 이용한 건축물

---

1) 점, 선, 면, 색채가 둘 이상 일정하게 배치되어 있을 때, 서로 긴장감이 생기면서 서로 연관성을 갖게 되는데, 이것을 스파눙이라 한다. 즉 스파눙은 면에 배치되는 구성 요소들이 상호 관계를 갖게 될 때 생기는 긴장감을 말한다.

또한 디자인의 또 하나의 중요한 요소는 재질감, 즉 텍스처(texture)인데 직물에서 유래된 말로 같은 재료로 짠 옷감일지라도 짜는 방식에 따라 시각적인 느낌이 달라지는 것을 두고 우리가 2차원에서 보는 느낌이지만 저장기억의 느낌을 토대로 화면에서 보는 느낌을 적절히 표현하는 것을 말한다.

텍스처의 대표적인 활동가로 모홀리 나기를 들 수 있는데, 헝가리 화가로 러시아 구성주의의 영향을 받은 화가이며, 바우하우스에 초대되어 연구와 교육을 겸하였고 재질감을 정리한 대표적인 조형가이다. 그는 《The New Vision》에서 이와 같은 텍스처의 중요성을 강조하였으며, 재질의 표현작가인 에드워드 웨스턴(사진촬영 작가)은 자신이 직접 촬영하기 전에 물체의 표면을 손으로 만져보며 재질감을 익히고 난 후 저장기억을 통한 자신의 느낌을 사실적으로 촬영하였다는 점이 재질의 중요성을 대표하는 중요한 사례로 꼽을 수 있다.

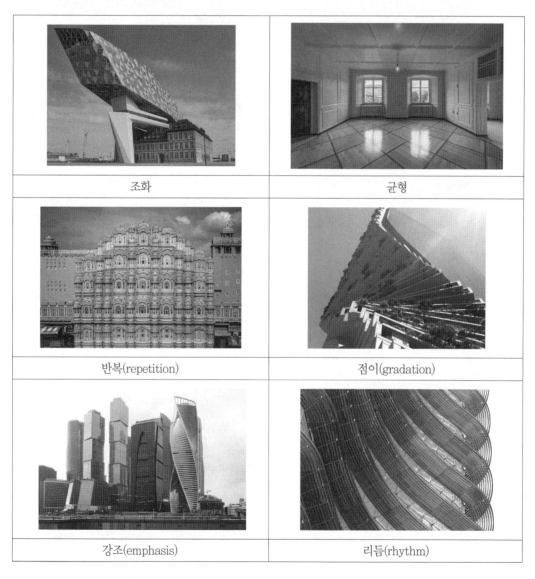

조화	균형
반복(repetition)	점이(gradation)
강조(emphasis)	리듬(rhythm)

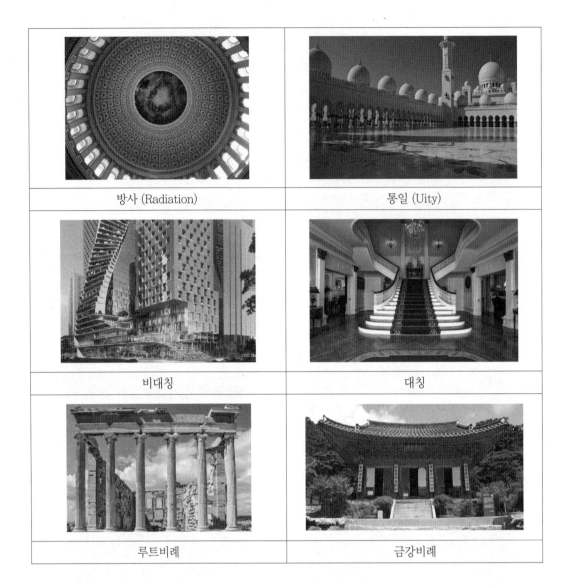

방사 (Radiation)	통일 (Uity)
비대칭	대칭
루트비례	금강비례

① 문양(shape)과 공간(space)

디자인의 용어 중 대표적인 두 가지를 꼽는다면 문양과 공간인데, 문양은 이미지를 상징하는 주요한 시각적 요소이며, 공간은 형태 속에 존재하는 중요한 장소의 개념이다.

■ 문양(shape) : 디자인의 문양은 대표적으로 로고가 있다. 어떤 물체의 형상을 보고 시각자가 바로 알아볼 수 있게 만든 것이다. 예를 들어 SK텔레콤의 로고나 스타벅스의 로고가 나비와 인어의 모양임을 알 수 있듯이 대상물을 디자인 전문가가 아닌 일반인이 봐도 형상만을 가지고 시각적 판단을 내리도록 하는 것이 문양이라 할 수 있다.

■ 공간(space) : 형태는 공간속에 존재한다. 공간은 길이, 넓이, 높이와 같은 양감(量感)의 차원들을 가진다. 공간에는 우리가 인지할 수 있는 공간과 측정 불가능한 무한대의 우주공간이 있다. 그리고 그림이나 인쇄 같은 평면적인 것에서 나타나는 환영(幻影)에 불과한 공간이 있

다. 종이나 캔버스 위에 표현된 공간감이나 깊이감은 본질적으로 평면이기 때문에 실제적 공간은 아니지만 디자이너에게 이러한 가상의 공간감은 매우 중요하다.

4 디자인의 전개 과정

디자인에서 가장 중요한 것은 아이디어를 도출하고, 도출된 아이디어를 일반인들이 알아볼 수 있는 이미지로 형상화하는 중요한 과정이다. 다만, 디자인 작업에서 가장 큰 부분을 차지하는 창의적 아이디어를 돌출하는 방법을 디자인의 프로세싱으로 규격화하거나 정의화 하는 것은 초보자의 지식 전달용으로 좋지만 어느 순서로 반드시 정의된다고 표현하는 것은 옳지 않다.

다만, 아이디어를 도출하는 데 있어 디자인의 프로세싱 룰을 사용하면 새로운 아이디어를 도출하는 데 있어서 좀 더 수월하게, 그리고 원만하게 진행할 수 있는 방법이다.

① **아이디어 도출단계** : 새로운 아이디어를 도출하기 위해서는 보다 세밀화된 아이디어의 발상단계가 필요한데, 아이디어 도출단계는 초기에 큰 틀의 아이디어를 발의하고 이를 1차 검증하며, 주변 여건 및 가능성을 조사하여 실행에 대한 결과를 분석하여 내·외부(수직·수평관계 포함)를 평가한 후 최종적으로 아이디어가 안정적이라 했을 때 개발하여 클라이언트에게 전달되는 단계이다.

② **디자인 전개단계** : 디자인 전개단계는 크게 네 가지로 나눌 수 있는데, 각각의 단계를 거치면 좀 더 표현하고자 하는 구체적인 자료의 정보를 수집하여 표현할 수 있다.

■ 준비단계 : 문제를 분석하여 정보를 수집하고 제품에 대한 가치를 확립하는 단계이다.

■ 잠복단계 : 문제의 해결 방안을 모색하여 디자인 초안을 작성하고 아이디어 스케치 등을 제작한다.

■ 개발단계 : 문제 해결에 관한 방법을 평가하고 최선의 방법을 모색한다.

■ 실증단계 : 문제 해결 방안 실현 및 재평가와 세밀한 조형을 전개, 모델링, 그림, 기록의 과정이다.

▲ 준비단계(콘셉트 설정)

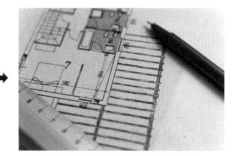

▲ 잠복단계(자료수집)

▲ 개발단계(디자인의 조율, 러프스케치 작업)　　　　▲ 실증단계(실제 모델링)

③ 디자인 계획 및 프로세싱

디자인의 기본적인 기획을 토대로 기본설계를 실시하고 보다 정밀하고 디테일한 표현을 위해 기본 설계된 도면을 세분하는 실시설계의 순서대로 표현한다.

▲기획　　　　　　　　　　　▲ 기본설계

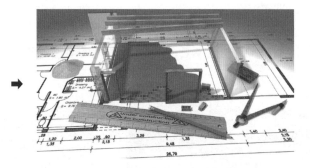

▲ 디자인 계획 및 프로세싱

④ 스케치 과정

스케치는 떠오르는 감각 및 기억을 저장하기 위해 자나 제도판을 이용하지 않고 필기도구와 종이만을 이용하여 순간적으로 만들어내는 이미지를 저장하기 위한 수단으로 사용되는 부분이며, 많은 스케치를 구성할수록 더욱 좋은 디자인이 나타난다.

▲ 스케치 이미지

- 섬네일 스케치 : 순간적으로 떠오르는 이미지를 현장에서 사용하는 아무 종이나 포스트잇과 같은 작은 메모지에 아이디어를 즉각적으로 표현하는 스케치 기법을 말한다.
- 스크래치 스케치 : 책상에 앉아 앞서 설명한 아이디어 발생 초기 단계에서 떠오르는 이미지나 구상의 세부사항을 생략하고 전체 또는 부분을 프리핸드로 표현하는 스케치 기법을 말한다.
- 러프스케치 : 책상에 앉아 구상하는 방법은 스크래치 스케치와는 같으나 세부사항을 포함하고 보다 정확한 느낌으로 표현하는 스케치 기법을 말한다. (여러 가지 디자인의 비교가 가능하도록 트레싱지에 그리기도 한다.)
- 스타일 스케치 : 가장 정밀한 스케치로 외관의 형태, 질감, 색채, 패턴 등 정확성이 요구되는 기법이며, 다른 스케치에 비해 많은 시간이 소요된다.

⑤ 렌더링 과정

제품의 완성 예상도로 작성된 도면을 자나 트레싱지 또는 제도판 등을 사용하여 정확한 소점의 투시도법에 의해 표현되며, 마커나 색연필 등을 사용하여 형태 인식(명암), 재질 인식(질감), 공간위치 인식(부피), 사용재료 인식(색조) 등을 표현하는 기법이다. 현대에서는 그래픽 프로그램을 이용하여 사실적으로 표현하여 최종적으로 출력해내는 과정도 랜더링 과정에 포함된다.

▲ 렌더링 이미지

우리가 일상에서 생활하는 공간으로서 건축은 삶의 여건을 충족시켜주는 요소이자 삶에 있어 매우 중요한 생활의 기본 요소 중 하나로 꼽힌다. 이런 건축물이 우리에게 많은 휴식과 평안을 제공하지만 잘못 설계되고 인간의 욕심으로 인하여 오히려 우리에게 해를 주는 경우가 있는데, 그 사례로 삼풍백화점이나 성수대교, 와우아파트 붕괴와 같이 많은 인명피해를 발생시키고 그로 인한 소중한 생명과 사회적 손실을 생각하면, 보이는 피해 규모 이상의 것이라 할 수 있다. 정확한 설계와 안전한 시공만이 인명피해를 줄이고 재난으로부터 우리를 지켜주는 집이라는 공간에서의 든든한 안식처가 되어 줄 것이다.

실내 공간은 건축 공간에서 느끼는 안락함에 내적 만족도와 실내의 아름다운 조화로 보다 편안한 보금자리를 느끼고, 삶의 만족도를 높여 살아가는 데 있어 보다 행복하고 편리한 역할을 하는 매우 주요한 분야이다. 안전과도 연결되지만 삶의 윤택함을 돕는 주요한 기능으로서의 실내건축은 정확하게 인지하고 시행해야 할 것이다.

▮ 실내건축의 시작

우리나라에서의 실내건축은 70~80년대에는 건축의장으로만 알려져 있던 건축의 작은 일부분이었던 인테리어가 생활과 소비의 발전과 더불어 좀 더 세분화되고, 디자인의 미적 감각이 삶의 질을 높여주는 디자인의 깊이에 대한 인지도가 높아지면서 예술 행위와 건축 행위가 합쳐진 디자인 공간으로서의 실내건축을 탄생시켰다.

따라서 실내건축디자인(interior architectrure design)은 건물의 외형과 구조적 측면을 중시하는 건축디자인(architectrure design)과는 서로 같지만 미적 요소를 겸비하고 있는 실내다자인과는 서로 보완되는 상호 협력으로 이해하는 것이 좋다.

> **Point**
>
> ▪ **건축의장이란**
>
> 의복에 비유하면 실내건축은 속옷의 개념이며, 건축디자인은 겉옷에 비유할 수 있다. 초기 건설 분야에서 건축도장, 미장과 같이 한 분야로서의 건축의장(建築意匠)이라고 부르던 인테리어가 지금은 건설의 한 분야로 자리매김 하고 있다.

▮ 실내디자이너의 역할과 범위

① 실내건축 디자이너의 역할

실내건축 디자이너는 실내 공간을 구성하는 데 있어 필요한 모든 학문적 지식 및 제작에 관련된 기술과 장비에 익숙한 자로서 건축의 전 과정을 충분히 인지하고 설계 가능한 공간을 클라이언트와 사용자의 요구 조건을 최대로 활용하여 삶의 질을 높이는 데 최적의 장소가 되도록 분위기를 창조하기 위해 건물 가구디자인, 배치 및 조명디자인 등을 계획하고 감독한다. 또한 예술적인 계획, 창의적인 구성, 경제적인 고려, 주도면밀하고 세심함과 함께 대담한 작업 등의 역할을 감당해야 한다.

② **실내건축 디자이너의 요구 조건**

- 공간의 아름다움을 추구하는 판단력과 구조적으로 합리적이며 공간 내의 조건이 체계적으로 개연성을 띤 공간의 조화가 이루어지도록 각각의 관련 전문가들(**예** 조경, 전기, 설비 등)과 협력하여 기술적으로 공간을 창조해야 한다.
- 설계자와 현장 간의 원만한 연계성을 지니며, 완성된 건축물에 대해 구조적으로 안정되고 예술적으로 아름다운 공간이 되도록 전반적인 책임감독의 능력을 보유해야 한다.
- 동적 요소와 정적 요소를 가지며, 인간의 생활에 편리하도록 휴먼 스케일을 기준으로 하며, 디자이너의 고집이나 자신 위주의 지나친 표현은 자제해야 한다.
- 시대의 변화가 급변하므로 지나친 유행을 따라가지 않아야 한다.
- 실내 공간은 여러 가지 용도를 겸하는 공간으로써 획일화하지 말고 다변화하는 노력이 필요하다.
- 사용자의 입장에서 고려하며 디자인만을 중요시하지 않고 기능성을 동시에 고려해야 한다.
- 클라이언트의 주관적인 입장(디자인, 경제성)만을 고려하여 주관적으로 시공되어서는 안 된다.

③ **실내건축 디자이너의 범위**

실내디자이너의 범위는 건축가와 디자이너 공간의 기획 및 구성 전문가와 함께 데코레이터를 겸하는 설계 총괄 디자이너라고 할 수 있다.

🖪 실내건축디자인의 정의

① **실내건축디자인의 정의**

실내 공간을 구성하고 있는 바닥, 벽, 천장의 공간에 크기, 형태, 재질, 컬러 등을 계획하고, 그에 맞는 적절한 소재를 선정하여 시공하고, 소품이나 가구나 장식 등을 이용하여 삶의 질을 향상시키는 분위기를 연출하는 작업이다.

② **실내건축디자인의 목적**

실내 공간이 장식적인 측면만을 강조하는 공간이 아닌 기능적이고 정서적인 방향을 함께 가지도록 공간 사용자의 편리성을 계획·설계하는 작업으로서 기능성과 쾌적성과 능률성이 가장 중요한 목적이다. 미적인 문제만을 취급하는 회화나 순수미술과는 달리 목적을 갖는 생활공간으로써 기능적이고 실용적인 응용예술 또는 실용예술이다. 따라서 예술성, 창의성, 경제성, 실용성 등이 고려되어야 한다.

③ 실내건축의 분류

실내건축은 그 목적성에 따라 분류되는데 영리목적, 주거목적, 공간 대상에 따른 목적성에 따라 다음과 같이 구분된다.

- 영리 유무에 따른 분류 : 영리 공간, 비영리 공간
- 주거 유무에 따른 공간 : 주거 공간, 비주거 공간
- 공간 대상에 따른 분류

  – 주거 공간 : 예 단독주택, 공동주택, 별장 등
  – 상업 공간 : 영리나 수익이 주목적으로 지속적인 행위가 이루어지는 공간

     예 상점, 소매점, 백화점, 쇼핑센터, 레스토랑, 호텔, 커피숍 등
  – 업무 공간(사무 공간) : 정신적인 업무와 육체적인 업무를 포함하며, 구분상 사무 공간에 한정한다. 병원은 특수 공간으로 분리한다.

     ⓐ 전시 공간 : 미술관, 박물관, 집회장, 공연장, 쇼룸 등
     ⓑ 특수 공간 : 병원 공장, 기차, 선박, 우주선 등

④ 실내건축디자인의 영역

실내건축의 영역은 내부 공간에 한정하지 않는다. 많은 사람들이 내부 공간만으로 생각하는데, 실내건축의 구성요소는 건축물의 기본 구성 요소인 바닥, 벽, 천장에 둘러싸여 수평, 수직적으로 하드(hard) 한 실외 공간(outdoor space)과 소프트(soft) 한 실내 공간(indoor space)을 포함한 외부 사인물을 포함한 파사드 공간으로 구분된다. 이때, 실내 공간에 대한 계획, 설계를 실내건축 또는 인테리어디자인이라고 한다.

▲ 실내 공간 연결통로

▲ 외부 공간 파사드

1 실내디자인 일반 개념

실내디자인은 실내환경의 질을 높여 인간생활의 쾌적성을 추구하는 것이며, 인간이 거처하는 실내 공간을 기능적, 정서적 공간으로 완성하는 것이다. 따라서 실내 공간을 보다 아름답고 능률적, 쾌적한 환경으로 창조하는 디자인 행위의 전 과정을 의미한다.

> **Point**
> - **실내건축의 4요소**
>   쾌적성, 기능성, 심미성, 경제성

2 실내디자인의 기능적 조건

실내디자인의 기능을 구분한다면 물리적·환경적 조건과 기능적 조건, 정서적 조건을 갖춘 부분을 의미하는데, 그 세부적 내용은 다음과 같다.

- 물리적 환경적 조건 : 기후, 기상으로부터의 보호 조건이다.
- 기능적 조건 : 공간의 규모, 형태, 배치, 동선 등의 기능적 편리성의 조건이다.
- 정서적 조건 : 서정적이고 심미성을 추구하는 예술적 욕구 만족의 조건이다.

3 실내디자인 프로세스

실내디자인의 프로세스는 디자인의 프로세스와는 차별성이 있다. 디자인이 아이디어의 기획 및 창작의 발의라고 한다면, 실내건축은 기획에서 그 내용을 모두 포함하고 있으며, 실제 건축에서 상호보완되는 부분으로서 도면의 중요성이 더욱 많이 내포되고 있다는 것이 특징이다. 따라서 실내디자인의 프로세스는 디자인의 프로세스와 건축의 도면계획이 서로 상호 보완되는 내용을 모두 품고 있다고 볼 수 있으며, 그 순서는 다음과 같다.

실내디자인 기획 〉 실내 기본계획 〉 기본설계 〉 실시설계 〉 현장감리

① **실내디자인 기획**

클라이언트의 공간에 대한 사용 목적 및 요구사항을 반영하고 예산 등의 주요사항을 디자이너가 종합적으로 비교하여 실내 공간 변화에 대한 타당성 및 진행 방향을 확인한다.

② **실내건축 기본계획**

기획에 나타난 클라이언트의 요구사항과 실내건축 및 내부적, 외부적인 환경조건 및 설계 계획의 조건 파악, 그리고 설계의 기본 방향과 주변 시설 및 법적 부분 등 건축물에 대한 제한 요소를 설정하고, 공간계획의 목적성, 공간의 요구 조건, 주변 환경·이용자의 인원·이용자의 요구 조건 파악 등을 합리적으로 고려하여 기본계획을 구성한다.

③ **기본설계**

평·입·단면 등 실제 공간의 기본이 되는 형태, 기능 및 기획적 요소를 포함한 마감재료 등의 도면으로 기본적 구성을 위해 설계되는 도면이며, 스케치나 기본적인 렌더링의 구성까지 표현한다.

④ **실시설계**

최종 결정안에 대한 본 설계, 시공을 위한 작업 단계, 시방서, 견적서 등이다.

4 실내디자인의 기본적 정의

실내디자인은 리모델링을 포함한 신축 공간의 디자인을 모두 총칭하지만, 건축 공간과 같이 구조설비 또는 주요 구조물의 변경 등은 건축설계로 포함되어져 있다고 볼 수 있는데, 실내 공간을 구성하고 있는 공간적 요소를 분리한다고 하면 형태, 색채, 크기, 재질 등을 고려하여 입체적인 면에 삽입하고 제한된 공간(바닥, 벽, 천장 등)에 가구나 장식 및 소품을 이용하여 효과 있는 분위기를 연출하는 작업이라 정의할 수 있으며, 다음과 같이 공간의 큰 분류를 설명할 수 있다.

① **바닥**

건축이 지니고 있는 가장 기본적인 수평구성 요소로서 바닥은 촉각적으로 만족할 수 있는 조건을 요구한다. 기능에 따라 구조적 바닥과 장식적 바닥으로 구분된다. 또한 다른 요소들이 시대와 양식에 의한 변화가 현저한데 비해서 바닥은 매우 고정적이다. 구조적 바닥은 건축용어로 슬래브(Slab)가 대표적이고, 한식 계열의 마루, 온돌구조의 바닥도 건축적 요소로서 바닥으로 분류되며, 실내디자인의 바닥은 슬래브에 장식적 재질 요소를 입힌 것으로 색상 선택이 자유로우며, 색상은 저명도의 중채도나 저채도의 색상으로 아래쪽으로 무거운 느낌이 드는 어두운 계열이 좋다.

② **벽(벽체 / Wall)**

벽의 높이는 인간의 인체치수와 밀접한 관계가 있으며, 실내 공간의 입체적 요소를 구성하는 데 매우 중요한 형태와 규모를 결정하는 기본적 요소이다. 또한 가구, 조명 등 실내에 있는 설치물에 대한 배경적 요소이며, 바닥과 마찬가지로 구조적 벽체 위에 장식적 재질 요소로 마감하는 것으로 색상은 밝은 계열의 색상이 좋다. 다만, 음식점 등과 같이 벽면이 오염될 소지가 있는 실내 공간은 판벽과 같이 바닥보다는 가볍지만 천장과 벽체보다는 무거운 느낌의 색상을 고려하는 것이 좋다.

③ 천장(Celling)

천장은 시각적 흐름이 최종적으로 멈추는 곳이기에 지각의 느낌에 영향을 끼치므로 밝은 계열의 색상으로 구성되며, 조명의 반사를 고려하여 흰색 계열이 많이 사용된다. 실내 공간의 확대감과 풍만함을 느낄 수 있는 공간의 활성화를 이용할 수 있으며, 바닥과 마찬가지로 건축물의 수평적 요소로 다양한 모양으로 실내 공간을 더욱 아름답게 꾸미는 미적 요소로서의 기능을 함께 수행한다.

④ 기둥

건축에서는 구조적 기능을 수행하지만 실내디자인에서의 역할 역시 하중 지지의 중심 역할로 사용되지만 디자인적 측면에서 입체적 공간의 내부 안에서 동선의 흐름에 영향을 주고, 장식적 요소로서 웅장한 느낌을 주는 주요 요소로 작용한다.

※ 보 : 천장계획, 조명 등 설비 계획의 제한적 요소로 작용한다. 보를 설치함으로써 천장의 감각적인 분위기 및 패턴, 즉 새로운 효과를 준다.

⑤ 개구부(열려진 공간)

실내 공간에서의 개구부는 뚫려진 공간을 의미하며, 채광 및 환기의 역할과 통로 및 동선 계획의 주요 요소로 작용한다. 실내 공간을 구성하는 개구부는 크게 다음과 같다.

- 창 : 실내 공간에서의 창은 실내 공간을 넓게 보이게 하고, 마음을 편안하게 해주는 역할을 하여 심리적인 안정감과 안락함의 요소를 지니고 있다.
- 커튼 : 햇빛 및 눈부심을 차단하여 실내의 밝음을 보다 부드럽고 은은하게 해주며 외부로 하여금 시선을 차단하여 개인의 프라이버시를 높여주는 역할을 한다. 또한 벨벳커튼과 같이 소리를 흡수하는 기능성 원단으로 사용목적에 따라 2겹, 3겹을 붙여 사용하여 흡음 기능을 함께 수행하기도 한다.

Point

■ **커튼의 기출 유형 분석**

커튼은 각각 종류별로 다양한 기능적 특징을 가지고 있는데, 다음과 같다.

구분	기능별 특징
벨벳커튼	소리를 흡수하는 기능성 원단으로 사용 목적에 따라 2겹, 3겹을 붙여 사용하여 흡음 기능을 함께 수행한다.
글라스 커튼	조명 또는 막과 같은 재료로 만들어지며 유리 앞에 쳐지도록 설치한다. 빛을 분산시키고 약간의 프라이버시를 보호해 준다.
로만블라인드	천이 수직으로 말려져 빛을 차단하는 역할을 수행하지만 천이 둥글게 접혀 미적 기능을 동반하여 수행된다.
드레이퍼리 커튼	기교를 내는 천으로 느슨하게 휘둘러 감는 특징이 있으며, 장식적 요소 및 내부의 미적 요소로 많이 사용된다.

- 블라인드 : 커튼보다 좀 더 발전된 요소로 날개의 각도를 조절하여 일조를 조절할 수 있는 기능을 가지고 있는 장점이 있다. 다만 청소가 어렵다는 단점도 있다.
- 루버 : 블라인드와 같이 보이나 블라인드처럼 추가로 설치하지 않고 창 외부에 덧문으로 창과 함께 설치되며, 날개형 루버를 설치하여 일조를 차단하는 역할을 한다.
- 문 : 사람의 통행이나 출입, 물건의 운반을 위한 도구로 기능적인 부분 외에도 실외 성격과 사용목적, 실내 분위기를 변화시키고 외부와의 조화에 함께 작용하는 공간의 디자인적으로 중요한 요소이다.

Point
■ 실내 공간의 각 구조적 역할 요약

구분	역할 요약
바닥	공간을 구성하는 기초적, 수평적 요소
벽	공간을 구성하는 수직적 요소, 공간과 공간을 구분
천장	공간을 구성하는 요소, 소리, 빛, 열환경의 조절 매체
기둥	공간 내 선형의 수직적 요소, 상식적, 강조적 요소
보	천장 가까이에 위치한 수평적 요소
개구부	벽을 차지하지 않는 부분의 총칭, 동선계획과 가구 배치에 영향을 준다.
통로 공간	사람의 출입과 물건의 통행을 위한 공간

⑥ 실내 공간의 장식적 요소

실내 공간의 장식적 요소로는 다양하고 많은 소품과 재료가 있지만 크게 구분한다면 다음과 같다.

- 가구 : 실내디자인에서의 가구는 오랜 시간 인간과 함께 영위한 실내 공간의 가장 중요한 도구로써 인간의 삶의 질을 더욱 높이는 기능을 수행하며, 편안하고 실내 공간의 활동에 있어 기능적 측면을 동반하여 실내 작업의 능률을 향상시키는 도구이다. 가구는 기능성, 쾌적성, 내구성 등을 고려하고 물건의 보관, 진열 등 수납 및 미적 기능도 동시에 수행하는 심미성을 함께 가지고 있다.
- 조명 : 실내디자인의 조명은 크게 자연채광과 인공조명으로 구분되며, 빛을 이용한 실내 색채를 구성하여 기능적, 심미적 요소를 함께 가지고 있으며, 때에 따라 빛이 너무 밝아 현휘를 일으키는 요소로 작용하기 때문에 설계 시 조도 고려를 반드시 수행해야 하는 요소이다.
- 소품·액세사리 : 실내를 구성하는 여러 요소 중 장식적 요소를 지닌 도구로 주로 심미적 기능을 수반하며, 때에 따라 기능적 요소를 포함한 시각적인 효과를 강조하는 요소이다.

■ 디스플레이 : 실내 공간에서 상업 공간 또는 영리적 공간 및 박물관 등과 같은 전시 공간에서 상품 및 작품 또는 홍보 및 정보물 등 어떠한 대상물을 각각의 목적에 따라 적절한 위치에 배치하고 조명 및 음향, 실내를 구성하는 벽면의 색감 및 주변의 소도구 등을 이용하여 상점, 전시관, 박물관 등의 내부 공간에 관람자의 시선을 기반으로 효과적으로 진열, 전시하는 행위를 말한다.

Chapter 03 실내건축 공간별 계획

Section 01 실내계획

실내계획은 그 공간이 가지고 있는 공간의 특성을 살리는 데 있어서 매우 중요한 요소이자, 그 공간의 전체 의도를 구성하는 가장 중요한 행위이다. 흔히 주방에서의 칼이 음식을 만드는 것으로 매우 중요한 역할을 하지만, 그 칼이 무뎌서 사용할 수 없다면 칼은 모양을 가지고는 있지만 기능적 요소를 수행하지 못하는 것과 같다.

우리가 말하는 실내계획은 실내 공간을 보다 중요한 의도로 기획하는 데 있어서 매우 중요한 시발점이며, 그러한 행위를 하기 위해서는 각 공간의 주요 특징을 이해하는 것이 매우 중요하다 할 수 있겠다.

실내건축을 우리가 사는 공간의 영역적 분류로 크게 구분한다면 주거 공간, 상업 공간, 전시 공간, 특수 공간 등으로 구분할 수 있다. 각 공간마다 자신이 가지고 있어야 할 특수성이 있다.

Section 02 동선계획

1 동선의 정의

동선은 사람이 움직이는 공간에서 이동하는 선, 즉 공간을 사용하기 위해 인간이 걸어 다니는 길로, 주거 공간에서의 주부 동선처럼 짧으면 짧을수록 능률적이다. 하지만 백화점과 같은 상업 공간에서는 길면 길수록 구매의욕을 충동시켜 욕구를 느끼게 하기 때문에 동선의 배치는 실내건축에서 매우 중요한 부분의 하나로 인식되고 있다.

동선의 계획은 출입구의 위치나 동선의 방향, 교차, 이동 등에 의해서 결정되며, 적절하고 충분한 통로 폭을 가져야 하며 가능한 다른 행위를 방해하지 않아야 한다. 또한 공간과 공간 사이에 동선은 거의 조절할 수 없으므로 한 공간 안에서는 동선계획에 역점을 두어 가구 등을 배치해야 한다.

다시 말해 동선을 계획할 때는 움직이는 사람의 속도, 움직임의 빈도, 이동을 하는 동선으로서의 하중 등 동선의 3요소를 고려하여 계획해야 하는데, 통상적으로 주택의 평면도면을 가지고 동선계획을 별도의 평면 동선계획으로 표기한다.

② 실내 공간의 동선 이론

① 주택에서의 연계 동선 계획

실제 거주하는 가족의 동선은 모든 실에 적용되며 제한이 없지만, 빈도수에 대한 고려가 필요하다. 예를 들어 주방의 경우에 가족 구성원 중 누가 가장 많이 사용하는지에 따라서 위치 및 연계된 동선의 계획을 통해 인접 공간을 배치하는 데 있어 중요한 요소가 되기 때문이다.

가족 구성원을 토대로 각각의 실별로 구분하여 표를 만들고 가장 많이 사용하는 구성원을 기록한 다음 그 구성원에 따라 빈도수를 체크했을 때, 다음과 같은 동선의 빈도수가 나온다.

구성원	현관	거실	방	서재	주방	세탁실	다용도실	마당	기타
가장									
주부									
자녀									
부모									

위의 도표와 같이 가족 구성원 중 실을 가장 많이 사용하는 빈도수를 고려했을 경우, 주부의 동선이 가장 많은 빈도수를 나타내고 있음을 알 수 있으며, 이 동선의 빈도수를 통해 주부의 가사노동에 대한 실의 연계동선을 배치하는 것이 중요하다.

② 주택에서의 외부인 출입에 대한 동선계획

단독주택의 동선은 주택 구성원을 기준해서 동선을 계획하는 것이 중요하다. 주택은 그 주택에 기거하는 가족 구성원에 따라 동선계획은 달라지는데, 일반적으로 가족 구성원과 외부 방문객의 동선을 구분하고, 외부 방문객의 동선을 분석하여 계획하는 것이 좋다. 예를 들어 가족 구성원을 제외하고 주택을 방문하는 빈도수를 고려했을 때 도표를 구성하여 주사용자 위주의 동선을 예측할 수 있다.

[주사용자 동선 분류표]

구분	주택에서 방문 장소	비고
친인척	침실을 제외한 거의 대부분	침실 제외
지인 또는 자녀의 친구	거실 또는 식당	침실 제외
인근 방문객(이웃)	거실 또는 주방	침실 제외
업무적 내방객	서재 또는 거실	주방 및 화장실 침실 제외
기타(택배배달원 등)	현관 또는 거실	화장실 및 개인적 공간 제외

위의 도표에서 알 수 있듯이 주택의 동신을 고려할 때에는 사용자의 용도에 따라서 개인적 프라이버시의 보호가 필요한 공간은 거실과 같은 사회적 공간에서 가급적 보이지 않는 곳으로 동선을 고려하는 것이 매우 중요하다 할 수 있다.

③ 상업 공간에서의 동선계획

상업 공간에서의 동선계획은 영리추구를 위한 물건의 판매 목적에 있기 때문에 고객 또는 내방객에 대한 동선의 기준이 매우 중요하다. 따라서 동선 설계 시 기본적인 조건이 충족되어야 하므로 검정시험 대비만을 위해서가 아니라 실제 실무에서도 사용이 가능한 이론적 지식이므로 숙지하는 것이 좋다.

- **고객 동선** : 입구가 가능하면 전체 매장이 한눈에 들어오도록 한다. 길고 자연스러운 동선으로 상점 내에 오래 머물 수 있도록 계획한다.
- **판매(상품) 동선** : 고객 동선과 교차되지 않도록 하며, 가능한 짧게 처리한다. 고객 동선과 판매원 동선이 만나는 곳에 카운터나 쇼케이스 등을 배치한다.
- **관리 동선** : 매장, 창고, 작업장, 판매원실 등을 최단거리의 동선으로 연결한다. 상품의 운반을 고려하여 통로 폭을 여유 있게 둔다.
- **피난동선** : 쉽게 인지가 가능하도록 위치를 설정하고 접근성을 고려하여 통로 확보를 유도한다.

Section 03 · 주거 공간 배치계획

■1 주거 공간의 정의

주거 공간이란 가족의 안식처이자 보금자리의 기능으로서 인간의 3대 욕구 중 하나인 의식주에 포함되듯이 삶에 있어 매우 중요한 요소로서 사람들이 쉼의 역할을 하기 위한 곳을 통칭한다. 따라서 주거 공간의 기능은 기본적인 안식처이자 가족생활의 터전이고, 독립성을 가진 프라이버시를 포함한 요소라 할 수 있다.

Point

■ 주거 공간의 주요 구획별 정리

주거 공간의 4대 영역은 크게 노동·작업공간, 공동공간, 위생공간, 개인공간으로 나눈다. 각 공간은 상호보완적 기능을 소유하고 있으며, 각각의 공간이 서로 융화되어야 한다.

[주택의 실내 계획 시 기초적으로 알아두면 좋은 면적]
- 복도는 900mm 이상, 신발장의 깊이는 300mm 이상, 계단 나비는 250~300mm, 계단 높이는 150~170mm, 현관의 최소 크기는 900×1,200mm로 하는 것이 좋다.
- 욕실, 세면기, 변기를 한 공간에 설치 시 최소 $6m^2$ 이상의 보유 공간이 필요하다.

■ **주택의 평면계획**

주택의 평면계획은 부엌, 욕실, 화장실과 같은 관계가 깊은 공간은 인접시키고, 각 실의 기능과 상반되는 것과 프라이버시가 중요시 되는 공간은 격리시킨다. 중요한 부분은 외부와 단절하는 계획을 해야 한다. 또한 침실은 독립성을 확보하고 다른 실의 통로가 되지 않도록 구성하며, 각 실의 방향은 일조, 통풍, 소음, 조망 등을 고려하여 배치를 결정한다.

2 현관(Individual House, 玄關) 배치 계획

현관(porch, entrance hall)은 전통적인 주거 양식에서는 공간적인 의미가 불분명한 상황이고 일반적으로 양식화된 건물에서 주택의 진입부를 의미한다.

우리나라의 주거 형식이 좌식과 입식을 겸용으로 사용하고 있어 주로 신발을 벗고 신는 장소로 많이 사용된다. 물론 외부 방문자의 출입을 관리하고 외기의 유입을 통제하는 등의 부수적인 기능도 함께 한다. 시각적 요소를 포함한 공간으로서 외부 방문자가 주택에 들어오면서 받는 첫 번째 시각효과를 포함하기 때문에 색채 및 디자인의 조화까지 매우 중요한 요소를 지닌 장소이다.

① 현관의 위치

일반적으로 현관은 도로와 대지, 그리고 주택의 배치에 의해 복합적으로 결정된다. 대문으로 진입하면서부터 외부 방문객의 시야에 현관이 자연스럽게 유도되도록 고려하고, 현관 진입 시에 실내의 모습이 직접적으로 보이는 것은 좋지 않다. 따라서 시선의 회피를 자연스럽게 유도하는 것이 좋다. 채광 및 밝은 분위기의 시선 유도를 위해 남향의 밝은 외관을 보고 들어갈 수 있도록 배치하면 좋다.

② 현관의 크기

현관의 크기는 현관문의 크기와 관계가 있는데, 주택의 경우 일반적으로 사람이나 물건 입출구의 통로로 사용되는 부분을 감안하여 폭은 1,000~1,100mm, 높이는 2,100mm 정도로 기성품의 자재 유무 및 주문제작 여부를 확인 후 계획하는 것이 좋다. 또한 가구 등 물건의 반·출입을 고려하여 현관과 연결된 복도 또는 계단의 연결 동선을 검토하는 것 또한 계획 시 매우 중요한 부분이다.

③ 현관문/내부문(중문/이중문)

현관문은 화재에 있어 대피로의 용도를 겸하고 있으므로 안쪽에서 바깥쪽으로 밀어서 나갈 수 있도록 계획하는 것이 중요하고, 외부에는 캐노피를 설치하여 빗물을 차단하고 우천 시 현관문을 열 수 있도록 여유 있는 공간 확보가 필요하다.

중문의 경우 현관문을 통해 들어온 냉기가 내부로 유입되지 못하도록 중간 공간(potch)을 구성하는데, 중문의 경우 미서기문을 일반적으로 사용하며, 미서기문은 여닫이문과 달리 문의 절반 폭밖에 사용하지 못하므로 문의 폭이 너무 좁지 않도록 주의하여 계획해야 한다. 또한 현관 바닥과 중문 사이에는 폭 450mm 이상의 여유 공간을 두고 앉아서 신발끈을 묶거나 풀 수 있는 공간을 제공하는 것이 좋다.

④ 바닥 마감재

물청소가 가능하도록 방수와 마감재를 고려하는 것이 좋다. 단, 우천 시 현관 안으로 빗물이 유입되는 경우 미끄럽지 않도록 마감재 선정에 신중하여야 한다.

⑤ 현관 수납장

현관의 수납장은 현관의 시각적 부분에서 위생 및 청결에 매우 중요한 요소이다. 신발장의 충분한 공간이 확보되도록 계획하고 단화뿐만 아니라 장화 및 우산의 거치까지 고려하여 계획해야 한다.

⑥ 현관 캐노피의 계획

주택의 캐노피 설계 시 외부 벽체에서 1,200~1,500mm 이상의 너비를 두고 현관문의 상부에 설치하고 감지 조명 등을 설치하여 야간에 현관문 진입 시 안전사고를 고려해서 계획한다.

❸ 거실 배치계획

현대에서 사용하는 거실은 주택 내부에서 사회적 공간으로서의 기능을 가지고 있으며, 공간으로서 가족 구성원이 한 곳에 모여 휴식과 대화, 독서, 음악 감상이나 가족의 단란한 모임이라는 다기능 용도로 사용된다.

현대의 거실 넓이는 단순히 면적의 문제가 아니라 「개방감」이 중요하다. 거실을 하나의 용도로 생각하지 않고, 복도나 넓은 의미로 개방시키고 층고를 높여 공간에 대한 여유로움을 추구하고 있으며, 정원과 연결되어 조도와 채광을 적극 고려하고 있으며, 거실의 실내는 벽난로 등을 통한 장식성을 높이고 전형적인 소파와 테이블 형식을 지양하고 있다. 또한 거실은 각 실의 연결통로로서의 기능을 수행하고 있다.

이처럼 거실은 가족 구성원이 가장 많이 사용하고 있는 주요한 공간으로 보기 때문에 좀 더 넓고 쾌적하며, 밝은 공간으로 구성되어야 하고, 마음이 편안해지는 공간 계획이 중요하다. 따라서 거실에는 넓은 창을 구성하여 심적 여유로움과 안락함과 쾌적성을 함께 고려하고, 창 면적이 큰 공간이므로 그만큼 창의 위치나 크기뿐 아니라 장식성도 고려되어야 한다. 큰 거실창으로 인해 주택의 프라이버시를 보호하기 위해 보조재료를 사용하는데, 그 대표적인 보조재료가 커튼이다. 커튼은 큰 면적을 차지하여 방의 이미지를 좌우하기 때문에 용도에 맞는 적절한 자재를 선택하여야 한다.

① 거실의 계획 요소

거실은 계획단계에서 각 방과의 동선을 고려하여 가족 구성원의 동선이 교차되지 않도록 구성해야 하며, 가족 구성원의 분석, 주택의 주용도, 사용하는 구성원에 대해 사전 조사를 시행해 생활방식을 고려하여 계획해야 하고, 거실의 면적은 가족 수와 가족의 구성 형태 및 거주자의 사회적 지위나 손님의 방문빈도와 수 등을 고려하여 계획한다.

② 거실의 사회적 기능으로서의 분류

■ **대화를 위한 공간** : 거실에서 대화를 위한 공간은 공간의 크기와 모이는 사람의 수에 따라 달라진다. 일반적으로 의자로 구성된 경우에는 1인당 최소한 700mm×700mm 정도의 공간이 필요하고, 좌식으로 바닥에 앉을 경우에는 이보다 작은 600mm×600mm 정도를 기준으로 계획한다.

※ 좌석 배치의 거리는 서로 마주보고 긴장감 없이 대화할 수 있는 거리로 2.2~2.5m 정도가 적당하다.

■ **TV 시청을 위한 공간** : 거실에서 TV를 시청하기 위해서는 통상적 거리로 브라운관 지름의 6배 정도가 적당하다. 또한 편안한 좌석과 조명 등을 고려하여 계획하고 스크린을 중심으로 15°의 상위 각도로 시청하도록 위치하는 것이 좋다.

■ **음악을 위한 공간** : 거실에서 음악 감상을 위해서는 메아리, 공명, 잔향 등을 최소한으로 줄이고 음의 파장을 고려하여 실의 곡선을 유도하는 것이 좋다. 다만, 개인적 공간으로 소음이 유도되지 않도록 커튼, 카펫과 같은 직물, 목재, 종이 등은 벽돌, 타일, 자연석, 금속 등에 비해 흡음성이 높은 자재를 선택하는 것이 좋다.

Point

■ **설계 시 사용되는 일반적 거실 계획**

 – 거실의 위치는 주택의 중심에 두어 각 실과의 연관성을 쉽게 갖도록 한다.
 – 거실이 다른 방으로 연결되는 복도의 공간이 되지 않도록 한다.
 – 거실의 면적은 일률적으로 규정하기 어려우나 일반적으로 1인당 5m²로 보아 23m²에서 27m²면 적당한 것으로 본다.
 – 거실의 최소 규모 : 1인당 4~6m²

4 침실 배치계획

침실(bedroom)은 사용자의 취침과 휴식을 위한 이용자의 개인생활의 중심 공간으로 정의된다. 전통 한옥에서 생활의 중심으로 방(특히 안방)의 다용도적인 특성은 현대사회로 들어오면서 많은 부분 희석되었으며, 개실의 형태도 양식화된 여닫이문의 사용으로 개별 공간화되어 가는 추세이다.

① **침실의 배치계획**

침실의 위치는 주택의 용도나 사용처별로 각기 다르나 통상적으로 현관과는 떨어져 있지만, 공용 공간과 유동적으로 연결되면서 필요에 따라 개인의 공간이 확보될 수 있는 위치가 좋다. 또한 외부 방문객이 거실을 사용하는 경우 침실에서 다른 공간의 이동에 특별히 방해가 되지 않도록 계획하고, 거실과 같은 공용 공간에서 침실의 내부가 바로 보이지 않도록 주의하여 계획하고, 침실의 주변이 조용하도록 공간계획을 진행해야 한다.

② **침실의 구성원 배치**

■ **안방(master bedroom)** : 남향의 좋은 경관을 유지하고 안방의 기능적 용도를 고려하여 1층의 공용실과 연결된 배치로 구성된다.

■ **노인방** : 활동에 제한이 있는 노인들의 건강과 편의를 고려하여 남향(자연채광)으로 계획하고, 자연적 경관과 1층 공용 부분(식당/욕실)과 근접한 배치로 계획한다. 또한 주방이나 거실에서 노인들의 행동을 볼 수 있는 평면 계획이 필요하고, 계단이나 단차가 있어 노인이 걸려 넘어질 수 있는 부분은 절대적으로 제외해야 한다.

■ **자녀(아동/유아)침실(children's bedroom)** : 유아 시기에는 자녀가 부모가 기거하는 침실에서 함께 사용하지만, 6세 이상이면 분리 취침으로 유도하는데, 층별 공간이 구성되었을 경우 처음부터 2층 또는 그 이상 층으로 구성하기보다는 침실 인근의 위치를 고려하여 부모방과 가까이 위치하는 것이 좋다. 부득이하게 상층에 자녀실을 위치시켜야 하는 경우는 낙상방지 및 추락방지를 위한 안전장치를 계획하여야 한다.

5 원룸 배치계획

현대에서는 부동산 가격의 급등 및 가족의 단일화가 많이 이뤄지는 추세가 주택산업의 변화에도 큰 변화를 가지고 왔다. 특히 현대사회의 새로운 수요계층인 독신자와 중앙 도시의 단기간 체류 및 핵가족화에 따른 변화가 주거 공간의 단순화와 함께 필요성만 집대성한 공간의 주거 형태로 변화하게 되었다. 이러한 배경이 원룸(one room)의 등장 배경이다.

① **원룸의 정의**

원룸이란 기본적인 4벽면 이외의 벽 사이의 칸막이벽을 제거하여 좁은 공간이지만 넓게 보이도록 공간을 최대한 활용하기 위해 여러 가지 기능의 실들을 집약시킨 생활공간을 의미한다.

② **원룸의 특성**

원룸은 생활비 절감과 부동산 비용의 증가로 인한 건축비 절감에 목적이 있다. 좁은 공간에 여러 가지 기능을 수행하기 위해 공간을 단순화시켜 구조의 단일화를 추구하였고, 공간을 유기적으로 집약시키는 특성을 지닌다. 또한 데드스페이스(dead space)를 최소화함으로써 공간 사용 극대화의 특징이 있다.

③ 원룸의 공간 구성

- **현관** : 원룸의 현관은 실내의 경계를 나타내는 주요 공간이다. 원룸 현관 공간은 최소면적으로 출입 기능과 외부와의 이동통로의 역할을 수행할 수 있도록 한다.

- **침실 공간** : 원룸의 공간에서 침실이라고 별도로 규정지어 위치를 선정하기는 어렵지만 개인적 프라이버시를 구성하기 위해 공간 내에서의 낮은 파티션이나 가구 등을 이용하여 침실 공간만큼의 독립성을 보장해야 한다.

- **거실 공간** : 원룸에서의 거실은 주생활의 분리와 결합 등 구성 용도에 따라 다용도적 성격을 띠게 된다. 그러므로 가능하면 넓은 공간을 확보하는 경우에는 적절한 가구 배치를 구성하여 휴식 및 휴게 공간을 거실 공간으로 활용한다.

- **주방 공간** : 원룸의 부엌은 무엇보다도 거실과 밀접한 관련성을 띠게 된다. 공간이 협소한 관계로 주방의 식탁 부분이 거실의 소파 기능을 병행해서 수행하기도 하기 때문에 조금의 협소한 부분이라도 놓치지 않게 합리적 구성을 목표해야 한다. 원룸에서의 부엌은 장소의 협소로 인해 고도의 설비 요건이 필요한데, 이런 부분을 위한 키친네트[1]가 필요하고 욕실과 가까이 집중시켜 설비 배관의 적절한 배치로 불필요한 면적을 제거해야 한다.

④ 원룸 계획

- **평면계획** : 원룸은 협소한 공간으로 인한 공간의 쾌적성과 안락성이 매우 중요한 평면적 요소로 작용한다. 따라서 공간을 4분할 하여 학습, 취침, 오락, 취사 등으로 크게 구분지어 각 4분할로 구성된 공간을 토대로 상호 보완이 가능하며, 각각의 구성 공간은 분할된 공간의 프라이버시의 침해를 최소화하여 구획하는 것이 중요하다.

- 4분할 공간(취침, 취사, 학습, 오락) 학습으로 분할하여 가구를 배치한다.

취침	침대, 옷장, 나이트 테이블, 화장대 등
취사	냉장고, 준비대, 개수대, 조리대 등
학습(사무)	책상, 책꽂이, 컴퓨터 책상 등
오락	식탁, 소파, TV대 등

  – 침대의 머리 쪽은 외벽에 면하는 것이 좋으나, 침대 측면은 외벽에 면하지 않도록 한다.

  – 싱크대는 공간이 좁으므로 최소한의 조합을 한다.(싱크대는 협소 공간을 토대로 최소의 조리도구인 냉장고–개수대–조리대는 필수로 선택해야 한다.)

- **수납계획** : 원룸의 가장 중요한 구성요소 중 하나가 바로 수납공간의 절대적 부족이다. 따라서 협소한 공간에 공간 분할의 기능적 요소를 수행하며 가구와 수납기능을 원활히 구성하여

---

1) 키친네트 : 작업대의 길이가 2,000mm 내외 정도인 간이 부엌이다. 사무실이나 독신용 아파트에 많이 쓰인다.

데스 스페이스를 최소화할 수 있는 공간 계획은 매우 중요하다. 따라서 원룸은 다목적 가구, 붙박이 수납가구, 조립식 가구, 접이식 가구 등을 최대한 사용하여 기능적 및 수납적 가구로써의 기능을 최대화한다.

■ **조명계획** : 원룸의 조명은 공간의 협소를 고려하여 큰 창을 전면부에 배치하여 자연적 채광 효과를 최대한 발휘하도록 구성하는 것이 중요하다. 또한 야간에는 실내의 분위기를 밝게 유도하여 쾌적한 공간이 될 수 있게 해야 한다.

■ **색채계획** : 원룸 실내 색채는 밝은 형태의 색상을 구성하는 것이 좋으며, 여러 가지 다색보다는 비슷한 색으로 통일성을 주는 것이 좋다. 따라서 다른 주거 형태보다 명도가 높은 색을 사용하여 가볍고 경쾌한 느낌을 고려해서 계획해야 한다.

■ 원룸의 문제점 및 보안책

문제점	보안 사항
1. 개인적 프라이버시(privacy) 보장이 어렵다. 2. 수납공간이 부족하다. 3. 개방형 공간으로 실내 온도차가 크다. 4. 조리 및 위생 공간의 환기가 어렵다. 5. 공간별 소음의 조절이 곤란하다. 6. 단일 공간에서 오는 권태로움이 있다.	1. 방음 천정과 벽 차단장치, 가구와 바닥재 등 소음을 줄일 수 있는 재료를 사용한다. 2. 적절한 곳에 배기설비장치를 한다. 3. 로(low)파티션 및 화분, 이동식 칸막이 또는 블라인드 등의 재료를 이용하거나 가구 배치를 이용한 공간을 분리한다. 4. 실내 공간의 구획을 최대한 분리한다.

Point

■ **실내 공간을 실제 크기보다 넓게 보이는 방법**

– 창이나 문 등 개구부를 크게 한다.
– 벽지와 같은 마감재는 무늬가 작거나 없는 것을 선택한다.
– 큰 가구는 벽에 부착시켜 배치한다.
– 질감이 거친 것보다 고운 마감재료를 선택한다.

6 주방(kitchen) 배치계획

주택의 주방은 용도 중 가장 사용이 많으며 주부의 생활공간과 밀접한 관련성을 띄고 있다. 또한 휴식의 거점을 두고 있는 주택의 요소에서 작업적 기능을 보유하고 있는 장소라는 점을 고려하여 최소한의 동선으로 최대의 효율성을 갖추도록 해야 한다.

주방의 위치는 거실을 기준으로 각 실의 위치에 구애받지 않는 조건으로 구성되며 가급적 거실과 인접하게 위치하는 것이 좋다. 다만 서쪽 방향은 해가 지는 방향으로 자외선으로 인한 음식 부패의 진행을 막기 위해서는 피해야 한다. 또한 주방의 크기는 가족의 수와 주택의 연면적, 작업대의 면적 등을 고려해서 평면을 배치해야 한다.

① 주방의 유형 분석

■ **독립형 주방** : 다른 방과 겸용시키지 않은 조리작업 전용공간의 형태이다. 주방과 식사 공간을 분리함으로써 소리와 냄새 및 사람 출입을 벽이나 문으로 완전히 차단하는 독립된 식사실의 형태이기 때문에 주택의 면적이 넓거나 많은 손님을 초청하는 가정에 적합하다.

■ **다이닝 키친(DK; Dining Kitchen, 식사 공간+주방)** : 식사 공간을 주방과 함께 두어 주부의 노동력을 줄이는 이상적인 방법이다. 가족 수가 적은 가정에 적당하며 가사노동자의 일손을 덜어주고 주택 내 주방이 차지하는 공간을 최소화할 수 있다.

■ **리빙 다이닝(LD; Living Dining, 거실+식사 공간)** : 가족들이 모이는 거실과 식사실을 하나의 공간으로 만들고 주방은 분리시키는 방법이다. 일반적인 30평대 이상의 아파트에 주로 사용되는 방법으로 식사실을 거실과 함께 사용함으로써 손님 초대가 많은 가정이나 주택면적에 비해 가족 수가 많은 가정에 적합한 유형이다.

■ **리빙 다이닝 키친(LDK; Living Dining Kitchen, 거실+식사실+주방)** : 원룸이나 소규모 주택에서 사용하는 주방의 기법으로 거실, 식사실, 주방을 하나의 공간 속에 배치한 유형이다.

Point

■ **주방의 유형별 요약**

구분		역할
LD	Living Dining	• 거실에 식당을 두는 구조를 말한다. • 동선이 길어져 조리된 음식을 가지고 이동해야 하는 단점이 있으나 넓은 공간에서 편안한 식사와 대화가 가능하다는 장점이 있다.
DK	Dining Kitchen	• 주방과 다이닝 룸이 한 공간에 있고 거실이 어느 정도 독립되어 있는 구조를 말한다. • 거실이 독립적 구성으로 다소 구분된 구조로 조리기구 등이 시야를 벗어나기 때문에 거실이 깔끔해 보인다는 장점이 있다.
LDK	Living Dining Kitchen	• 거실, 식사 공간, 주방이 하나로 이어지도록 설계해 통일감과 개방감을 높인 구조를 말한다. • 식당과 거실, 주방을 개방함으로써 벽으로 손실되는 공간을 줄일 수 있는 장점이 있다.
독립형	Dining	거실만의 독립적 구조를 가지고 있으며, 각 실의 프라이버시가 존중되는 장점이 있다.

② 주방의 형식별 분석

■ **일자형 주방** : 모든 작업대를 일렬로 배열하는 방법이다. 배관, 배선을 집중시킬 수 있어서 경제적이나 작업 동선이 길어지는 단점이 있다. 소규모 주방이나 다이닝 키친에 적합하다.

- **병렬형 주방** : 두 벽면을 이용하여 작업대를 배치하는 방법이다. 각종 작업대 사이의 동선 거리를 단축시킬 수 있고 사용이 편리하다. 이 경우 한쪽에 싱크대, 조리대, 레인지를 놓고 다른 한쪽에 냉장고, 준비대를 배치하는 것이 능률적이며, 두 작업대 사이의 통로 넓이는 900~1,200mm가 적당하다.
- **반도형(피니슐러) 주방** : 일자형의 작업대에 이어 반도처럼 방안에 돌출시켜 배치한 형태로 주방의 면적이 넓어야 한다.
- **섬형(아일랜드형) 주방** : 일자형 작업대 앞에 섬과 같이 하나의 작업대를 배치한 형태로 주방의 면적이 넓어야 한다.
- **시스템키친(다기능 주방)** : 시스템키친은 활용할 수 있는 공간을 전부 활용하여 조리할 때 능률적이고 편리한 기능을 갖춘 주방 시스템이다. 벽체에 매입을 하거나 하나의 벽면에 일체식(빌트인-builtin형)으로 구성하여 공간을 최소화할 수 있고, 통일된 디자인을 통해 시각적 요소를 만족시키는 요소이다.
- **키친 네트** : 간이 부엌으로 사무실이나 원룸형 주택에 적합한 주방으로 냉장고-개수대-조리대의 필수 요소만 갖춘 주방이다.
- **오픈 키친** : 구획물이 없이 개방된 형식으로 주방 전체가 오픈되어 있는 주방이다.

③ **주방의 배치 세부 사항**
- **주방 작업대의 배열** : 다음 그림과 같이 주방 작업대는 「준비대 → 개수대 → 조리대 → 가열대 → 배선대」의 순서로 전체 작업대를 배열한다.

- **하부 작업대의 길이와 높이** : 작업대(싱크대) 길이의 최소 기준으로 준비대는 400mm, 개수대는 싱크대의 좌 600mm, 우 500mm, 조리대는 900mm, 가열대는 레인지의 좌 300mm, 우 300mm, 배선대는 600mm로 작업대의 총길이(레인지, 싱크대 제외)는 2,000mm가 적당하다. 작업대의 높이는 여성의 표준 신장인 158cm를 기준할 때, 820mm~850mm로 하는 것이 적당하다. 부엌 형태 중에서 병렬형 작업대는 작업 동선이 짧아 효과적이며, 작업대 간의 거리는 800~1,200mm가 좋다.
- **상부 수납장의 높이와 폭** : 상부 수납장은 내부 물건의 저장 상태가 한눈에 파악되고, 손이 닿을 수 있는 높이에 위치해야 하며, 유지관리가 편리하고, 선반 높이 조절이 쉬워야 한다. 주방 상부 수납장의 높이는 신장 158cm를 기준했을 때 무리 없이 손이 닿을 수 있는 적정 높이로 1,450mm가 적당하며, 이 높이에는 일상용품을 수납하는 것을 기준으로 하며, 1,750mm 이상의 높이는 의자 등의 소품을 사용하여 자주 사용하지 않는 용품의 수납을 기준한다.

⑦ 다용도실 배치계획

주부가 주방 다음으로 신경을 많이 쓰는 공간은 다용도실이라 할 수 있다. 다용도실은 가사 노동의 요소에서 세탁기나 잡다한 주방용품들이 들어갈 창고 및 소형 작업장의 형태로 수납장과 함께 배치된다. 따라서 대부분의 다용도실은 주부가 주로 활동하는 공간이다 보니 주방 가까이 계획하는 것이 좋다. 다용도실은 창고, 팬트리(pantry), 세탁 공간, 보일러실 등을 모두 포함하기도 한다. 세탁 공간은 세탁기의 종류에 따라 공간 구성이 바뀌기도 하므로 통돌이형과 드럼형 중 어느 것을 사용할 것인지 계획을 세워 설계에 반영해야 한다.

⑧ 보일러실 배치계획

우리나라는 토지의 비율이 작기 때문에 주거 면적에서 보일러실을 별도의 독립 공간으로 만들기엔 장소가 많이 협소하다. 하지만 주택에서의 보일러는 공기와 물(온수)을 데우는 필수적인 시설물을 놓은 곳으로 화기시설로 사용되기 때문에 창을 설치하여 환기를 유도하고, 동절기 파이프나 배관이 얼지 않도록 보온작업을 해야 한다. 또한 보일러의 고장 및 점검 등을 위해 보일러 앞에 최소 공간(1,200mm 이상)을 두어 작업이 용이하도록 구성해야 한다.

⑨ 창고 배치계획

아파트에서는 창고를 별도로 설치하기에 어려운 부분이 있으나 단독주택의 경우는 창고를 외부에 많이 설치한다. 최근에는 조립식 창고를 이용하여 이동 및 보관이 용이하게 할 수 있는 추세이다. 또한 주택 내부나 실내 계단 하부를 이용해 수납공간을 만들 수도 있다.

1 상업 공간의 개념

상업 공간은 생산과 소비를 연결하는 주요한 공간의 기능을 가지고 있는 곳으로서 불특정 다수의 고객을 상대로 흥미를 통한 구매의욕을 느껴 물건 판매를 통해 이윤을 얻는 것을 목적으로 하는 시설이다. 따라서 상점의 공간 구성은 크게 판매 부분, 부대 부분, 파사드 등으로 구분할 수 있으며, 판매 부분은 다시 쇼윈도 부분과 접객 부분, 창고 및 부대시설로 구분된다.

상점의 기본적인 대지 선정은 이동의 인적 통행이 많은 번화가가 유리하고, 교통이 편리하며 눈에 잘 띄는 위치 선정이 중요하다. 또한 가급적 여러 이면 도로가 겹쳐지는 곳이 유리하며, 유사한 업종에 객관적인 분석 또한 중요하다.

① 소비자 구매심리

상점을 통해 진입하는 소비자는 쇼윈도에 전시된 물건을 보고 흥미를 느끼고 사고 싶다는 욕구를 느낀 후 종업원의 설명에 확신과 구매로 이어지는 단계를 지닌다. 이를 소비자 구매심리라고 하며 5단계로 구분된다. 이때 실내 공간의 구성요소로 어트랙션이 매우 중요한 공간의 기능적 요소가 된다. 상업 공간 실내계획이 조건 설정 단계에서 고려해야 할 사항은 대상 고객층의 결정, 취급 상품의 특성과 구성, 소비 패턴과 입지적 특징, 입지적 특성을 고려한 시장조사, 경영 측면에서의 관리가 필요하다.

> **Point**
>
> ■ **어트랙션(attraction)**
>
> 입구에서 관객을 쇼룸으로 유도하여 시선을 집중시키는 공간으로 입구와 전시 공간을 연결하는 중요한 공간을 말한다.
>
> ■ **소비자 구매 심리 5단계(AIDMA법칙)**
>
> 주의(A/Attention)-흥미(I/Interest)-욕망(D/Desire)-확신(M/Memory)-구매(A/Action)

② 상점의 판매 형식

상점의 판매 형식은 크게 대면 판매와 측면 판매 두 가지로 나누며, 그 내용은 다음과 같다.

구분	방식	장점	단점
대면 판매	고객과 판매원이 진열장을 사이에 두고 판매하는 형식이다.	상품 설명이 용이하고 포장대나 계산대를 별도로 둘 필요가 없다.	진열면적이 감소되고 쇼케이스가 많아지면 상점 분위기가 부드럽지 않다.
측면 판매	진열상품을 같은 방향으로 보면서 판매하는 형식을 말한다.	충동적 구매와 선택이 용이한 장점이 있으며, 진열면적이 커지고 상품에 친근감이 생긴다.	판매원은 위치를 잡기 어렵고 불안정하며 상품 설명이나 포장이 불편하다.

③ 상점의 공간 구성

- **판매 부분** : 상점의 판매 부분은 도입 공간, 통로 공간, 상품 전시 공간, 서비스 공간으로 나누며, 각각의 특징은 다음의 표와 같다.

구분	특징
도입 공간	• 외부에서 판매 공간까지 진입하는 부분으로 서비스 공간과 공공 공간으로 이용하기도 한다. • 상점 출입문의 위치를 고려할 때 출입동선을 확인하고 통행을 위한 적정한 공간의 확보, 가구를 배치할 공간을 고려하여 출입문의 크기 및 위치를 고려해야 한다.
통로 공간	• 고객 또는 종업원이 통행하는 부분이다. • 통로의 동선은 신속하게 이동하고 고객의 부담을 최소화 하는 동선 구획이 필요하다.
상품 전시 공간	• 진열장, 쇼케이스, 진열 등의 상품이 전시되는 부분이다. • 쇼케이스의 경우는 상품진열 전면에 위치하므로 외부에서 어트랙션의 가장 중요한 공간이다. 따라서 전면이 햇빛에 노출되었을 경우 눈부심(현휘)이 발생하여 진열장의 효과를 낼 수 없게 되는 것을 주의해야 한다.
서비스 공간	응접실, 고객화장실, 포장대, 접객 카운터 등 고객에게 서비스를 제공하는 부분이다.

- **쇼윈도 전면 눈부심 방지 방법** : 쇼윈도 전면의 눈부심을 방지하기 위해서는 차양을 설치하여 햇빛을 차단하거나, 쇼윈도 내부를 도로 면보다 밝도록 내부 조명을 유도하고, 유리를 경사지거나 곡면유리를 설치하여 햇빛의 직사각도를 변화시킨다. 또한 가로수 등을 심어 도로 건너편에 건물의 유리에서 투영되는 빛을 차단한다.
- **쇼케이스 배치 시 고려할 사항** : 고객의 동선 및 종업원의 동선을 모두 고려해야 하며, 각 용도별로 쇼케이스의 크기 및 진열 방식을 고려해야 하는데, 고객의 위치에서 가장 잘 보이는 곳에 배치해야 하며, 시선이 마주치지 않도록 하고 대기하는 고객이 지루하지 않도록 다양한 상품을 전시할 수 있도록 고려해야 한다.
- **진열장(쇼윈도) 배치 방식**

구분	특징
직렬배치형	• 판매대가 입구에서 내부 방향으로 향하여 일직선 형태로 배치된 형식으로 상품의 전달과 고객 동선의 흐름이 가장 빠른 구조이다. • 부분별 상품의 진열이 용이하고 대량판매가 가능하여 서점이나 소형가전과 같이 소형 매장에 적합하다.
굴절배치형	• 판매대가 곡선 또는 굴절된 형태로 배치된 형식으로 대면 판매 및 측면 판매가 조합된 형식이다. • 고객과 직접 대면을 하거나 직접 대면이 부담스러운 고객에게는 측면 대응이 가능한 방식이다. • 문구점이나 안경점 등 여러 배치를 고루 선택해야 하는 매장에 적합하다.

환상배치형	• 판매대가 매장 중앙에 둥근 형태(환상, Loop)로 배치된 형식으로 대면 판매 및 측면 판매를 병행할 수 있다. • 백화점 등과 같이 대형 매장에 적합하다.
복합배치형	• 두 가지 이상의 배치 방식을 섞어서 배치하는 형태로 대형 매장 및 쇼핑몰에 매우 유리하다.

※ 상점의 상품 진열 계획에서 골든 스페이스의 범위는 850~1,250mm이다.

④ **부대 부분**

　■ **상품관리 공간** : 상품을 보관하거나 발송하는 데 필요한 공간이다.

　■ **판매원 후생공간** : 종업원의 후생복지를 목적으로 하는 동로, 출입구, 탈의실 부분이다.

　■ **시설관리 부분** : 전기, 공기조화, 급배수 등의 기계실로 사용하는 부분이다.

　■ **영업관리 부분** : 사무실과 대합실이며, 주차장은 고객용과 화물용이 있다.

⑤ **파사드**

　쇼윈도, 출입구, 홀의 입구 부분을 포함한 평면적인 구성요소, 아케이드, 광고판, 사인 등 전면부의 어트랙션 부분을 통칭하는 의미로서 상점의 시선을 유도하고, 고객에게 상업 공간의 요소로서 심리적 집중감을 높여 상점으로 유도시키는 주요한 기능을 수행하는 부분이다. 또한 파사드는 상점의 취급 상품 및 업종을 쉽게 알 수 있도록 시각적 표현 방법을 동원하는 디자인의 주요 수단이다.

2 쇼핑센터

쇼핑센터는 우리가 흔히 말하는 복합쇼핑몰, 복합쇼핑타운 등의 표현으로 사용되는 공간으로서 백화점과 같이 한 가지의 공간 구성을 층별로 구성하기보다는 큰 면적 내에서 여러 가지 복합적 요소를 겸비하여 효율적인 공간 활용을 겸비한 상업시설로 분류된다.

쇼핑센터의 구성은 크게 다섯 가지로 구성되는데, 다음과 같다.

구분	특징
핵상점(중심상권)	고객을 쇼핑몰로 유인하는 핵심 기능을 수행하며, 대형 할인점 및 큰 슈퍼마켓 등의 쇼핑몰로 유도하는 주요한 기능을 수행한다.
몰(mall)	• 쇼핑센터 내의 주요 보행 동선으로 고객을 각 상점으로 고르게 유도하는 동시에, 휴식처로써의 기능을 지니는 형태이다. • 외기에 개방된 오픈몰, 격리된 엔클로즈 몰, 일부 개방형의 세미오픈 몰이 있다.
코트(court) (pedestrian area)	몰의 일부에 위치한 고객의 휴식처로써 분수 및 벤치 등 쇼핑 중간에 휴식할 수 있는 공간을 제공한다.
전문점	음식점 및 단일 제품을 전문적으로 판매하는 상점으로 구성된 부분을 의미한다.
주차장	교통수단 및 도로 상황을 고려하여 편리한 진입로를 구성해야 한다.

① 몰(mall)의 계획 시 고려 사항

전문점과 핵심 점포의 주출입구는 메인이 되는 몰에 접하지 않도록 구성하고, 각 층 간의 시야의 개방성을 높이기 위해 취발형(void)으로 구성하는 것이 좋다. 또한 전체를 차단하는 격리적 구조의 백화점과는 달리 자연광을 이용하여 외부 공간과 유사한 조건으로 자연적 구성요소를 최대한 활용하는 것이 좋다.

기본적으로 코트를 설치해 각종 행사로 고객의 시선을 유도하고 폭은 3~12m 정도로 구성하지만 핵점포 간의 거리는 240m를 초과하지 않아야 한다.

Point

■ **코트 – 페데스트리언 지대(pedestrian area)**

분수, 연못 등과 같이 조경 기능을 이용한 휴식장소를 제공하며, 고객으로 하여금 상점의 관심과 시선을 유도하는 기능을 수행한다.

③ 백화점 배치계획

백화점의 전면은 고객의 시선을 매우 강하게 어트랙션하고 임팩트 하게 강조하며, 백화점 전면부의 광장을 이용한 이벤트 행사의 공간으로 시선을 유도하도록 구성한다. 출입구는 도로에 면하도록 구성하여 30m 정도에 1개소 정도로 설치하는 것이 좋다.

① 공간 구성

■ **고객권** : 판매권의 매장과 결합되고 종업원권과 접한다.

■ **종업원권** : 판매권, 상품권과 접한다.

■ **상품권** : 판매권과 접하며, 고객권과는 절대 분리한다.

■ **판매권** : 매장, 접객 부분, 쇼윈도 부분으로 분리한다.

Point

■ **매장의 배치 시 주의할 사항**

- 엘리베이터와 에스컬레이터의 배치를 고려한다.
- 통로 폭의 확보는 통행에 불편이 없도록 1.8m 이상을 고려한다.
- 기둥의 간격이 클수록 매장 배치가 용이하고 개방적으로 보인다.
- 고객 동선을 분산시킨다.
- 수평동선 계획 시 고객들의 동선을 매장의 안쪽까지 고루 움직이도록 분포한다.
- 매장면적은 전체 연면적의 60~70%로 구성한다.
- 대변기의 수는 매장면적을 기준으로 남성용 1,000m², 여성용 500m²당 1개로 구성한다.

② 층별 구성

- **지하층** : 목적성이 강하므로 고객의 관심도가 높은 식품류를 주로 배치한다.
- **하층부** : 동선의 흐름을 빠르게 할 수 있는 전략상품과 소형이면서 고가인 제품으로 구성한다.
- **중층부** : 구매시간이 비교적 길며, 유행성이 있고 매상이 높은 여성, 남성의류 및 생활용품을 배치한다.
- **상층부** : 고객을 머물게 하는 목적성이 강한 층으로 계획구매 상품을 집중적으로 배치한다.

③ 매장의 배치 유형

- **직각배치형** : 가상 일반적인 배치 방식으로 판매장의 면적을 최대한으로 이용하고 배치가 비교적 간단하다.
- **사행배치형** : 주 통로 이외의 부 통로를 상하 교통계로 향하여 사선으로 하는 형식이다.
- **자유곡선배치형** : 판매대를 자유로운 곡선형으로 배치한다.
- **방사배치형** : 핵 공간을 중심으로 방사 형태를 이루는 것이다.

④ 백화점의 조명계획

전체 조명은 업무 공간의 사무실 공간과 같게 한다. 다만 판매장은 반간접조명이나 일반적으로 루버가 있는 형광등을 사용하고, 강조적 상품에는 국부조명인 스포트라이트를 주로 사용하여 포인트를 주는 것이 좋다. 상점의 주출입구라 할 수 있는 1층 매장은 전체 조명을 1,000lux 이상으로 유지하는 것이 좋다.

	장점	단점
백화점 인공채광	• 실내의 조도가 일정하다. • 역광이나 현휘의 발생으로부터 상품의 변색을 막는다. • 벽면에 상품의 전시 공간 확보가 용이하다. • 내부 공간의 활용이 유리하다. • 매장 내 공기조화의 효율이 좋다.	• 자연채광 및 통풍을 위한 설비비가 비싸다. • 화재나 정전 시 피난로 확보가 어렵다.

⑤ 이동수단

백화점의 주요 이동수단은 엘리베이터와 에스컬레이터, 무빙워크가 있는데, 다음과 같다.

	장점	단점
엘리베이터	• 유효면적 1500~2000m²당 1대 설치 • 주출입구 정면의 반대쪽에 설치 • 대규모 공간의 경우는 중앙부에 배치를 추가한다.	• 이동속도가 낮다. • 수송량이 적다. • 승객의 집중시간에 복잡하다.

에스컬레이터, 수평보도 포함 (무빙워크)	• 엘리베이터에 비해 수송량이 10배 정도로 좋다. • 수송량에 비해 점유면적이 작다. • 주출입구 중앙부에 배치한다. • 건물의 하중이 분산되는 장점이 있다. • 승강장 주위의 VOID 형태로 인한 광고효과를 겸한다. • 대기시간이 적다.	• 설치 시 층고의 높이에 영향을 받는다. • 방재설비에 장애가 된다. • 설치비가 고가이다.

⑥ 백화점의 색채계획

전체적으로 색상을 통일시키되 중채도의 색을 위주로 배색하고 명도, 채도가 높은 색은 입구에서 멀리 떨어진 구석 부분이나 엘리베이터 부분에 사용하면 충동구매를 촉진시킨다.

Point

■ **커피숍 전기용량 설치 기준**

근린생활시설 1종 일반음식점의 전기용량은 커피머신/냉장고2대/그라인더/믹서 등과 냉난방기 용량에 따라 정하면 되는데, 30평이면 25평짜리 2개 정도가 적당하다.

보통 냉난방기는 '평수×2'로 하는 경우가 많다. 예를 들어 8~10평이면 13~15kg 정도면 가능하다.

■ **상업 공간의 주요 공간 간격 구성**

※ 패션가게의 간이 피팅룸으로 적당한 규격은 900×900mm이다.

※ 고객에게 가장 편한 진열높이를 말하는 골든스페이스의 범위는 850~1,250mm이다.

※ 행거의 높이 : 코트-1,500mm, 재킷-1,200mm, 아동의류-950mm가 적당하다.

※ 판매시설의 단 높이는 180mm 이하, 단 나비는 260mm 이상으로 규정하고 있다.

※ 레스토랑의 화장실 계획 : 대변기는 객석 20~30석당 1대꼴, 소변기는 10~20석당 1대꼴

※ 호텔로비의 면적은 객실당 0.8~1.0m²로 설정하는 것이 좋다.

■ **상업 공간 용어**

※ VMD(Visual Merchan Disign) : 상품계획, 상점계획, 판촉, 접객 서비스 등의 제반요소를 시각적으로 구체화시켜 상업이미지를 고객에게 인식시키는 표현전략이다.

※ POP(Point Of Purchase advertising) : 소비자 입장을 고려한 상품의 전달계획으로 '구매시점 광고'라고도 한다. POP디자인의 경우 색의 배색효과로 시선을 끌 수 있다.

업무적 공간은 관리와 섭외를 위한 공간으로 사무 공간 내에서도 수익 부분과 비수익 부분으로 구분한다. 따라서 업무 공간은 영리 추구의 공간이면서 직원들의 휴식 공간을 포함하는 다중 공간으로 기획되어야 한다. 사무직원은 하루 중 사무실에서 근무하는 일과가 가장 크기 때문에 사무실은 아늑하고 편안하며, 업무의 능률을 최대한 올릴 수 있는 구성 배치가 중요하다.

관리직 공간을 포함한 집무 공간은 일반 작업자가 일상 업무를 행하는 곳으로서, 워크스페이스와 관리직 에어리어, 내부 회의, 수납, 휴식 스페이스 등이 이에 포함된다. 정보교환 공간은 조직 전체가 공유하는 회의실, 연수실 등이며, 정보관리 공간은 컴퓨터 룸, 창고 등을 포함한 공간이다. 후생 공간은 사원식당, 주방, 담화실, 강의실 등의 공간이다. 간부직을 위한 공간으로서는 회의실, 응접실, 비서실 등이 있다.

1 업무 공간의 공간 구획(zoning)

업무 공간의 주요 정의가 정해지면 해당 업무를 위한 인원으로부터 필요한 면적이 산출되는데, 그 면적을 오피스의 사용 유효 면적으로 배분하는 것을 구획(zoning)이라 한다. 업무 공간은 이 구획이 매우 중요한데, 공간의 구획이 좋아야 업무의 효율성이 빨라지고 그에 따른 업무의 피로감이 저하되고 능률이 향상되는 요소로 작용한다. 업무 공간의 구획은 상하층의 스페이스를 수직 구획(vertical zoning)과 하나의 층에서 공간을 구분하는 수평 구획(floor zoning)으로 나눈다.

① 수평 구획(floor zoning)

동일 층에 구성되어 있으며 각 파트별로 다른 업무를 수행할 때, 수평 보완적 업무가 가능하도록 구성한다. 예를 들어 인사과와 총무과는 업무 간 상호보완의 요소로 작용하기 때문에 그 구성을 연결 구성으로 계획하는 것이 좋다.

② 수직 구획(vertical zoning)

오피스가 복수 층에 걸쳐 있는 경우 층마다 필요한 스페이스를 나누는 계획이 수직 구획이며, 이것은 스태킹(stacking)이라고도 한다. 수직 구획은 주요 결제 및 관리가 용이하도록 구성하며, 중간층에 관리자 및 결재권자의 층을 구성하여 상하부에서 결제 시스템이 신속히 이루어지도록 계획하는 것이 좋다.

2 업무 공간 면적 산출기준

업무 공간에서의 면적 산출은 인적 구성의 파악이 제일 우선시 되어야 한다. 즉 업무 공간에서 필요한 인원, 직위, 역할 등을 각각 나누어 분석하고 개별 공간을 갖는 관리자 공간을 확인하여 유효면적의 분석을 실시해야 한다.

그다음 개인당 워크스테이션 및 고용작업 공간 등의 면적을 결정하고 예상 충원 인원의 유무를 파악하여 여유 공간의 배치를 고려해야 한다. 또한 수납공간, 특별 용도의 공간 및 내부 통로 면적을 파악하고 공용면적, 개인면적, 적정면적 등을 합한 후 레이아웃을 결정하고 면적 부분에서 문제 발생 시 추가 공간을 별도 구획해야 한다.

사무 공간 유효면적			공용면적
집무면적		공통면적	
집무스페이스	기능 스페이스	간부용 공간 (간부실, 응접실, 회의실)	설비 공간 (기계실, 전기실)
집무 워크스테이션	• OA 스페이스 • Communication 스페이스 • 수납 스페이스 • 업무 스페이스 • 업무 공간 내의 통로 스페이스	정보교환 공간 (응접실, 회의실, 안내로비)	빌딩관리 공간 (관리실, 방재센터)
		정보관리 공간 (서고, 창고, 자료실)	서비스 공간
		후생관리 공간 (강의실, 식당, 휴게실)	액세스 공간 (복도, 계단, 엘리베이터)
		주요 통로	

③ OA 시스템

사무자동화(Office Automation)는 시스템으로 사무 공간의 능률적 환경 구성을 위해 구성되는 시스템을 말한다. 사무자동화의 목적은 사무능률의 향상, 경제적 효율성, 쾌적한 업무환경이며, 정보처리를 신속하게 하고 사람의 가동률을 최대로 높일 수 있도록 구성하는 데 그 목적이 있다.

④ 사무환경 계획

[실내환경 기준]

사무 공간	• 천장 높이는 근무자에게 압박감을 주지 않아야 한다. • 이중바닥(Free-Access Floor) 설치에 지장이 없어야 한다. • 천장 높이는 2,500~2,600이 적당하다.
책상 배치	• 대향형은 사무실의 책상 배치 유형 중 면적효율이 좋고, 커뮤니케이션 형성에 유리하여 일반 업무에 적용되는 배치 유형이다. • 좌우 대향형은 생산관리 업무에 적합하다. • 자유형은 전문 직종에 적합한 배치 유형이다.
실내 공기	• 공조하는 근무자의 건강에 직접적인 영향을 미치기 때문에 기온은 17~28도, 습도 40~70%라는 법적 규제가 행해진다. • 환기는 실내오염도, 청정도에 비해 다소 차이가 있고, 환기 횟수는 시간당 6회 이상이 바람직하다.

실내 조명	• 책상 면의 조도는 일반 작업일 경우 500~700Lux, 세밀한 작업일 경우 1,000~2,000Lux가 적당하다. • Lay-out이나 방의 용도에 따라 조정이 가능하다. • 조명에 의한 광원이 직접 시야에 들어오면 쉽게 피로를 주기 때문에 루버나 국부조명에 의해 조절되어야 한다.
실내 소음	• 사무실 내에서는 통상적인 대화에 방해가 되지 않는 40~50db을 유지해야 한다. • 사무실의 소음을 막기 위해 벽, 바닥, 천장 등에 차음성 재질 또는 흡음성 재질을 사용해야 한다.
실내 색채	• 사무실의 색채는 밝고 부드럽고, 따스한 색을 많이 사용한다. • 가구 및 사무기기도 사무실 색채와 조화된 밝은 색을 사용한다.
배선	• 사무실의 배선 기능을 1인 1PC 기능에 대응하도록 설계하고 통로, 바닥면, 가구, 기기 등의 주위에 노출 배선이 없어야 한다. • 배선의 효율적인 처리를 위해 이중바닥의 배선 처리가 가능한 사무실 및 패널을 사용한다.

Section 06 / 전시 공간 배치계획

전시 공간은 무엇인가를 전달할 목적으로 어떤 행위를 진열이라는 하나의 신호로 나타내고자 할 때 존재하는 공간의 연출이다. 따라서 전시 공간은 전시하는 작품의 시선에 초점을 두고 그 작품을 돋보이게 할 수 있어야 하지만, 작품에 손상이 가는 강렬한 조명이나 직사광선으로의 구성은 피해야 한다. 또한 고가의 작품 및 보존가치의 중요성을 고려하여 내부 조명을 전체적으로 어둡게 유지하는 것이 특징이다.

■ 전시 공간의 유형 분석

전시 공간별 유형은 박물관, 미술관, 박람회, 전람회, 쇼룸 및 기념관 등으로 구분할 수 있다. 각각의 전시물에 대한 특징별로 구성되어 있으며, 구성별로 전시하는 기법도 달리 구분된다.

[전시 공간의 유형 분석]

박물관	선조들의 예술, 역사, 유물, 과학, 기술 등을 전시하는 공간이다.
미술관	공예, 조각, 사진, 회화, 등의 조형예술 작품을 전시하는 공간이다.
박람회	공공의 이익을 증진, 도모하여 인류의 문명, 문화를 표현하는 축제 분위기의 전시회로 EXPO가 이에 속한다.
전람회	박람회보다 소규모 행사로 경향하우징페어와 같이 일정 기간에 개최되는 영리 목적성을 함께 가지고 있는 전시를 말한다.

쇼룸	영리적인 목적의 전시 공간으로 기업체가 자사 제품의 홍보 및 판매 촉진을 목적으로 전시하는 공간을 말한다.
기념관	민족의 정신과 얼, 희생정신, 구국정신 등을 알리기 위한 공간이다.

② 전시 공간의 구성요소 분석

① 전시 공간의 평면 형태

전시 공간의 평면 형태는 동선계획에 의한 단위 전시실의 실내 계획과 전시 계획을 위해 기본적으로 파악되어야 한다. 관람동선을 기본으로 하는 평면 형태로 부채꼴형, 직사각형, 원형, 자유로운 형, 작은 실의 조합으로 분류된다.

부채꼴형	부채꼴 형태의 평면 유형으로 각 실을 들어가며 관람자가 관람을 선택할 수 있도록 구성되나 각 실의 변화가 크면 관람자의 흐름이 끊겨 감상 의욕을 저하시킬 수 있는 단점이 있다. 따라서 관람자에게 과중한 심리적 부담을 주지 않는 소규모의 전시관에 적합하다.
직사각형	직사각형 형태로 공간이 단순하고 전시물의 분명한 성격을 지니는 유형이다. 각각의 전시 공간에 이동식 칸막이를 구성하여 변화 있는 전시계획이 시도될 수 있다.
원형	둥근 형으로서 고정된 축이 없어 안정된 상태에서 지각하기 힘들다. 중앙에 핵을 중심으로 전시되기 때문에 천체 박물관 등과 같이 우주의 형상을 전시하는 데 매우 효과가 있다.
자유로운 형	형태가 복잡하여 한눈에 전체를 파악하기 힘들지만 취발형 구조의 전시물에서는 전체적인 조망이 가능하여 전시 공간의 구성요소를 한눈에 유도할 수 있는 전시 공간 유형에 적합하다.
작은 실의 조합	각 실로 구성되어 있어 관람자가 자유로이 둘러볼 수 있도록 한 전시로, 실의 규모는 작품을 고려하여 각 실의 동선 유도에 초점을 맞춰 기획해야 한다.

② 전시 방법에 의한 분류

- 개별 전시 : 공간을 이루는 바닥, 벽, 천정의 면에 의지하거나 이용하여 전시하는 방법을 말한다.
- 입체 전시 : 벽체로부터 전시 매체가 독립되어 전시되는 방법으로 사방에서 전시물을 관찰할 수 있다는 장점을 가지고 있다. 진열장, 전시대 전시 스크린 등의 방법이 있다.
- 특수 전시 : 전시 체계가 복합적, 종합적으로 구성되어 전시 내용의 전달이 다각적으로 표현되는데, 그 내용은 다음과 같다.

디오라마 전시 : 모형, 사진 등을 이용하여 전시 내용을 현장감 있게 표현하는 방법이다.	파노라마 전시 : 연속적인 주제를 연관성 깊게 표현하기 위해 선형으로 연출되는 전시이다.

아일랜드 전시 : 벽이나 천정을 직접 이용하지 않고 전시물의 입체감을 중심으로 전시 공간에 배치하는 방법이다.	하모니카 전시 : 전시 내용을 격자화 시켜 전시하는 기법으로 통일된 형식 속에서 규칙·반복되어 나타나는 방법이다.

영상 전시 : 실물을 직접 전시할 수 없거나 오브제 전시만의 한계를 극복하기 위해 영상 매체를 사용하는 전시 방법이다.

▲ 특수 전시 기법

Point

■ 전시 공간 설치 기준

- 전시 공간의 실 폭은 최소 5,500mm 이상, 최근에는 천장고가 3,600~4,000mm 정도로 낮게 계획 가능하나 심리적인 고려 때문에 그 이상으로 하는 경우가 많다.
- 전시물을 보는 수평시야는 좌우 30°가 적당하다. 수직시야는 위 방향 30°, 아래방향 40°
- 관람자가 서 있을 때 경사지게 배치된 전시물을 바라보는 최단관람거리는 전시물 높이의 1.2배 정도가 좋다.
- 전시물과 시거리의 관계는 전시물이 시선 중앙에 위치할 때 정시야에 들어올 수 있는 전시물 높이의 약 2배이다.

Chapter 04 실내건축 인테리어 소품

Section 01 실내 공간 가구 이론

실내 공간의 가구는 영어 'furniture'로 프랑스어인 'fournir(비치하다)'로 파생된 단어이다. 즉, 지배계층의 전용공간에서 가구는 각 시대를 거쳐 오며 함께 하는 공간 구성으로서의 중요한 역할을 해낸 의미로 풀이할 수 있다. 또한 라틴어 'mobile(이동 가능한)'로서 한 곳에 고정된 시설이 아닌 이동하는 시설로서의 가구로 구분되기도 한다.

이러한 가구가 현대에서는 인간 생활을 하는 건축의 주요 요소로 기능적 요소와 함께 인테리어적 요소를 함께 겸비하고 있으며, 인체와의 상호작용을 통해 접촉되는 가구로서 분리된다. 따라서 인체에 접촉하는 방식과 동작에 따라 인체계 가구, 준인체계 가구, 건축계 가구 등으로 분류된다.

1 가구의 기능에 따른 구분

① 가구의 인체 공학적 측면에서 본 기능에 따른 분류

- **인체지지용 가구** : 인간의 신체가 직접적으로 닿는 가구를 총칭하며 안락과 휴식을 취할 수 있고, 업무 및 식사 등과 같이 실생활에서 직접적으로 접하는 가구, 의자, 침대, 소파 등을 의미한다.

- **준인체계 가구(작업용 가구)** : 인간의 생활 동작에 보조가 되는 역할을 하는 가구로서 책상, 테이블, 주방 작업대(싱크대) 등과 같이 직접적으로 몸에 닿진 않지만 보조적으로 닿는 가구를 통칭한다.

- **수납용 가구** : 장롱과 같이 이동이 가능한 가구나 붙박이장과 같이 건축 시에 만들어지는 건축계 가구로 물품을 정리하고 진열·보관하는 수납을 위한 기능이 있으며 벽장, 선반, 서랍, 칸막이 등과 같은 가구를 통칭한다.

② 가구의 이동을 중심으로 한 분류

- **가동 가구** : 이동 가구로 공간의 융통성이 있는 장점이 있다.
- **붙박이 가구** : 고정식 가구 또는 건물과 일체화로 만든 가구로 공간 활용이 극대화된다.
- **모듈러 가구** : 이동식으로 시스템화되어 있으며 동선을 최소화하고, 붙박이와 unit한 공간 활용이 된다.

■ **시스템 가구** : 통일된 치수로 모듈화된 유닛들이 가구를 형성하므로 질이 높고 생산비가 저렴하며, 공간 배치가 자유롭다.

2 인체계 가구의 용도별 분류

① 중세의자

중세의 의자는 로마 이전 시대에 왕족만 영위하던 의자 문화를 귀족층에서 흡수하면서, 귀족의 권위의식을 위해 사용되다가 종교 개혁 이후 점차 서민으로 확대되며, 다양한 형태의 의자가 만들어졌다. 당시 만들어진 의자의 형식이 개량되어 현대에서도 많이 사용되고 있다.

농민의자	오클레아드	직물의자
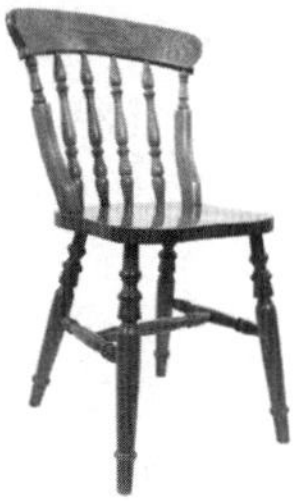	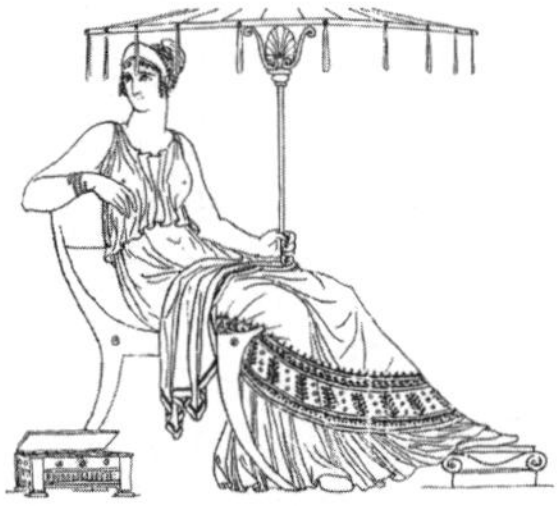	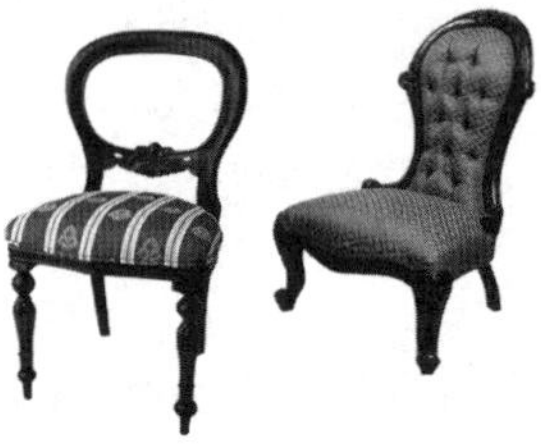
종교개혁 이후 만들어진 의자로 농민들이 만든 의자라고 하는 서민형 의자	로마시대 귀족부인들이 권위의식으로 즐겨 사용했던 의자	기존의 의자에 솜을 넣고 고블랭을 씌워 편안함을 추구한 의자
고딕양식 의자	세디아 제스타토리아	마리아 테레지아 휠체어
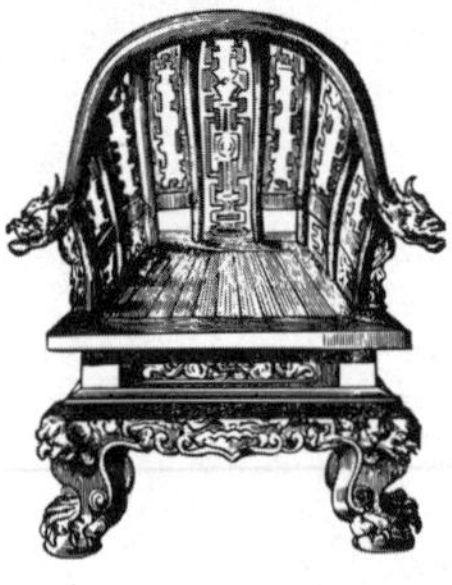	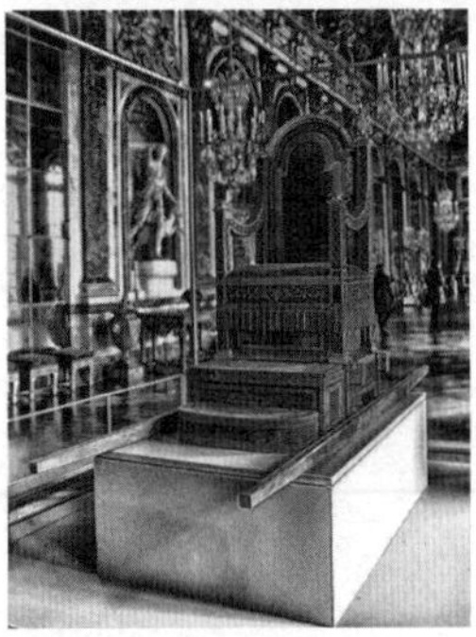	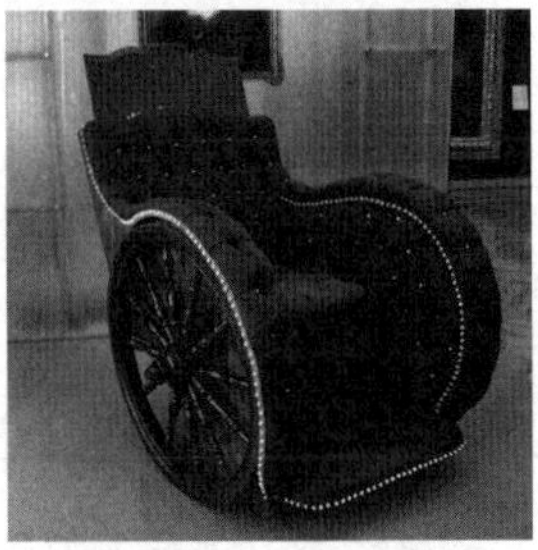
식탁의자 : 왕실이나 고풍스러운 곳에서 주로 사용되던 의자	이동 가마 : 중세 교황의 이동 수단	귀족 휠체어 : 귀족들 중 나이가 많거나 몸이 안 좋아 사용하는 휠체어로 현대에서는 금속으로 만든다.

② 현대의자

스툴	이지체어	풀업체어

등받이와 팔걸이가 없는 형태의 보조의자	경쾌하고 단순한 형의 안락의자. 보다 안락한 휴식을 위하여 등받이 각도를 완만하게 한다.	운반이 편리하고 용이한 소형의 가벼운 벤치. 수시로 운반이나 이동하게 되므로 구조적으로 튼튼해야 한다.
다이닝 체어	사이드 체어	록킹체어

식탁의자 : 식사를 위해 가볍고 이동성을 용이하게 만든 의자	다목적용 소형의자 : 여러 가지 용도를 위해 다양한 모양과 형태의 의자	흔들의자 : 농민의자에 편안함을 더하기 위해 아랫부분을 볼록하게 만들어 편안함을 추구한 의자
세티	모듈러 체어	벤치
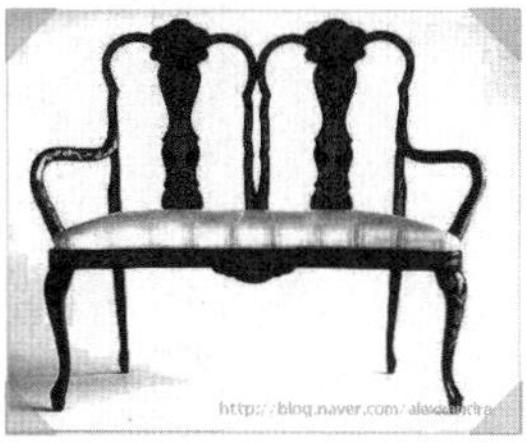		
소파의 원형으로 의자를 2~3개 겹쳐서 넓게 만든 의자	부품을 연결, 분해하여 다양한 형태, 다양한 방식으로 조합하는 조립식 의자	등받이가 3인 이상이 앉을 수 있는 긴 의자. 대합실 등 공용 공간의 대기 공간에 적합하다.

오토만	체스터필드	플로어패드
	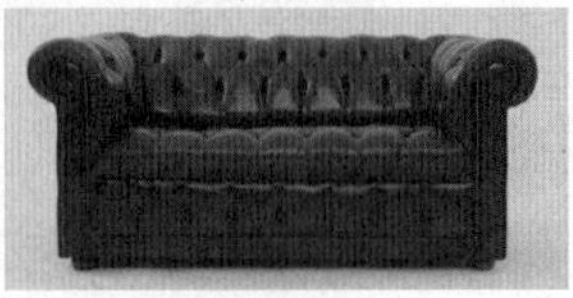	
의자의 보조기구로서 의자에 앉아 발을 올려놓는 데 사용되는 의자	솜, 스펀지 등을 채워서 쿠션을 좋게 만든 의자	매트리스 형태로 간단하게 취침용으로 이동 가능
카우치	원형의자	소파

한쪽 끝이 기대기 쉽게 올라간 천으로 씌운 의자	용도별로 인테리어 디자인 효과를 가미하여 편안함과 기능성을 함께 병행하는 의자	쿠션을 가미하여 편안함과 안락함을 추구하는 현대식 의자
바실리 체어	바르셀로나 의자	알토르 바토 의자

바우하우스 전임교수인 마르셀 브로이어가 자전거에서 영감을 얻어 디자인한 의자	미스 반데로에가 디자인한 의자로 다리가 X자형이고 가죽 쿠션으로 만든 현대식 디자인 의자	요양원에 계신 분들을 위한 굽이형 의자. 곡선형 타입을 도입한 의자

■ **알바르 알토(1898~1976)**

대부분의 현대 건축가에게 공공시설(요양, 종교 의식, 교육을 위한 장소들)용 가구를 제작하는 일은 필수적인 활동이었는데, 그런 만큼 작품에 일관성과 통일성을 부여하고 건물의 외형과 내부 사이에 어떤 관계를 설정하는 일을 중요하게 여겼다. 총체적인 환경을 조성해야 한다는 것이다. 알바르 알토는 자신이 건립한 결핵 요양소의 환자들을 위해 1930~1931년에 구상하여 만든 벤트우드형식의 얇게 구부린 원목 합판의 안락의자 「파이미오」(Paimio)를 디자인했다. 그는 논리적이면서도 단순하게 가구는 〈건축의 액세서리〉라고 주장했다.

■ **벤트우드(bent wood)**

압력과 열을 가하여 신축성이 생긴 나무에 형을 뜨고 원하는 형으로 굽힌 다음 냉각·건조될 때까지 고정시킨다. 나무도 곡선으로 휠 수 있고 신축성을 가질 수 있으므로 곡선적 형태의 가구에 적합한 목재이다.

다양한 중세가구의 형식이 오늘날까지 전해져서 클래식한 분위기의 유형으로 많이 사용된다.

❸ 준인체계 가구의 용도별 분류

싱글배드	트윈배드

2,000×1,000 1인용	싱글 침대가 두 개인 침대(프라이버시가 존중된다.)
더블배드(퀸)	킹베드

퀸 2,000×1,500×350~480	2,000×1900, 가장 큰 침대
병실침대	시스템침대
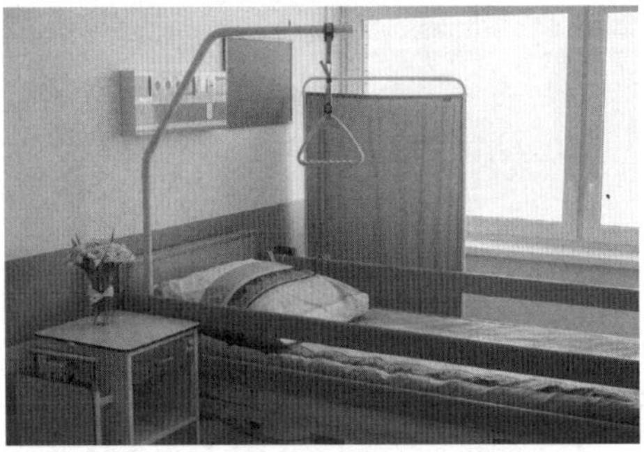	
싱글 침대와 크기는 같으나 바퀴가 달리거나 이동이 용이한 매트를 사용한다.	특별히 정해진 크기 없이 책상과 붙거나 하부에 수납장을 두는 등 편의에 맞추어 다양한 변화를 주는 침대

Point

■ **가구에서 잘 나오는 기출문제 유형**

고대 로마시대 음식물을 먹거나 잠을 자기 위해 사용했던 긴 의자로 몸을 기댈 수 있도록 좌판의 한쪽 끝이 올라간 형태를 가진 것은?

① 세티   ❷ 카우치

③ 체스터필드   ④ 라운지 소파

① **준인체계 가구의 평균 규격**

■ **카운터** : 카운터 폭은 500~600mm, 고객이 장시간 앉아 있을 경우 시선처리에 유의해서 계획한다. 서서 작업하기 쉬운 높이를 800~850mm 정도로 보고, 작업대를 감추기 위해 200mm 이상 더하면 1,000~1,050mm 정도가 되고, 테이블 높이는 700mm 전후가 되게 구성하는 것이 좋다.

■ **계산대(카운터)** : 일반적으로 출입구 근처에 위치하므로 출입구 동선과 교차되지 않도록 유의해서 계획한다. 계산대는 공간 용도, 공간 구성과 조닝, 동선계획 등에 따라 그 성격이 좌우된다.

Point

■ **평당 좌석수 배치 계획**

소파타입 0.8인, 의자타입 1.7인, 벤치타입 2.5인, 스탠드타입 3.0인이며, 가구 배치에서 공간의 이동이 빈번한 곳에는 변화에 따른 적응력이 높은 분산적 배치가 적당하다.

4 건축계 가구

건축계 가구는 말 그대로 건축시공 당시 붙박이장 등과 같이 공사와 더불어 시행되는 가구로서 이사나 이동되지 않는 고정형 가구의 일체를 말한다. 건축계 가구는 고정되어 있어 이사 시에 많은 짐을 이동하지 않는 장점이 있으나, 인테리어 시에 철거 비용이 많이 드는 단점이 있다. 보통 실내 공간에서의 붙박이장, 선반, 고정형 신발장 등이 속한다.

5 건축인테리어 데코레이션

① **카펫 러그(lug)-양탄자** : 거실이나 식탁 아래 소음 방지 및 영역을 구분하고 바닥재료의 긁힘을 방지하기 위해 사용하는 재료이다.

② **공간의 레이아웃** : 공간 형성 요소의 평면적 배치계획

③ **태피스트리(tapestry)** : 회화나 디자인을 표현하는 장식용 직물이다.

④ **파키트리(parquetry)** : 기하학적 패턴을 모아 붙인 널 붙임이다.

⑤ **시각적 경계** : 벽 높이에서 공간 분할이 시작되는 높이는 가슴높이(1,200mm)의 벽 또는 그의 역할을 하는 파티션 및 데코레이션의 총칭이다. 공간 규정 가능(가슴높이 : 450, 600, 1,200mm, 눈높이 : 1,500mm)

⑥ **커튼-코니스(cornice)** : 커튼이 걸리는 장대와 커튼을 감추기 위한 고정띠

⑦ **밸런스(balance)** : 코니스와 같은 기능을 하지만 보다 주름을 많이 넣은 것이다.

⑧ **글라스 커튼** : 유리 앞에 설치되는 얇은 커튼이다.

⑨ **드레이퍼리 커튼** : 창문에 느슨히 걸린 우거진 커튼으로 모든 커튼의 총칭이다.

6 조명 용어

- **펜던트** : 파이프나 와이어에 달아 천장에 매단 조명
- **조명 설계 순서** : 소요 조도 결정–광원 선택–조명기구 선택–기구 배치–검토
- **조명 설계 과정** : 프로젝트 분석–조명기법 구성–광원 선택–조명기구 선택–설계도면 작성
- **코브 조명** : 벽의 구조체에 빛이 가려짐으로써 간접 조명되는 방식
- **캐노피 조명** : 벽이나 천장 면의 일부를 돌출시켜 조명
- **코니스 조명** : 벽면의 상부에 위치하여 하향으로 빛을 비추는 방식
- **밸런스 조명** : 벽의 상 · 하부에 설치되어 균형적으로 비추는 방식
- **글레이징 기법** : 빛의 각도를 조절함으로써 마감의 재질감을 강조하는 방식–조개무늬
- **월 워싱 기법** : 균일한 조도의 빛을 수직 벽면에 쓸어내리듯이 비추는 방법으로 공간 확장감을 느끼게 한다.
- **스파클 기법** : 어두운 배경에서 광원의 반짝임으로 분위기를 연출한다.
- **조명의 효율** : 나트륨램프〉메탈할로이드램프〉형광등〉수은등〉백열등
- **조명의 연색성** : 태양광〉백열등〉메탈할로이드램프〉형광등〉수은등〉나트륨램프

MEMO

공통부분
(실내건축기능사 및 전산응용건축제도기능사)

실내건축기능사와 전산응용건축제도기능사에서 공통적으로 포함되는
내용으로 구성하여 공통과목만으로도 두 자격증을 준비할 수 있도록
하였다.

(실내건축 및 전산응용 공통과목)

Section 01 건축물의 조형계획

1) 건축물 조형 공간의 구성 요소

과거의 건축물은 그저 집을 짓거나 층을 올리고 그 안에서 살 수 있는 공간만을 영위하면 되는 공간으로 인식되었으나, 삶의 풍요로움과 의식수준의 향상으로 인하여 보다 추구하는 방향이 더욱 커지게 되면서 조형계획이 인지되게 되었다.

건축물은 3차원적인 요소를 가지고 있는 동시에 미적인 감각 요소를 동시에 지녀야 한다. 따라서 최근 들어 건축물에 디자인 요소를 가미시켜 보다 아름다운, 보다 집중적 요소를 많이 지니게 되었다. 본 장은 그에 대비해 건축가가 지니는 미적 요소에 대해 공부해 보겠다.

가) 건축물의 디자인적 구성 요소

건축물을 계획할 때 우리 건축물은 건축물 자신이 가지고 있는 그 용도와 기능성이 있어야 하고, 그 목적에 합리적인지(합목적성)와 아름다움(심미성), 그리고 경제성과 창의적 느낌(독창성) 및 질서성 등이 고려되어야 한다.

나) 건축물의 형식적 구성 요소

우리가 늘 보고 있으면서도 건물의 구성이 어떤 것으로 되어 있는가에 대한 관점은 구체적으로 생각해 보지 않는다. 건축은 구조, 기능, 미를 추구하는 부분으로 구조적 측면, 기능적 측면, 미적 부분이 강조된 형식적 측면이 있다.

그러나 지금 우리가 공부하고자 하는 부분은 형식적 구성 요소이다. 즉, 점(0차원)이 있고, 선(1차원)과 면(2차원)으로 구성되고, 또 공간(3차원)으로 구성된 색이 있는 부분을 말한다.

그렇다면 점과 선, 면 형태가 가지고 있는 디자인의 구성 요소에 대해서 좀 더 디자인적인 감각으로 세분화시켜 보도록 한다.

다) 디자인 구성 요소의 구분

① **개념 요소** : 우리의 시각에서 어떤 건물을 멀리서 볼 때 마치 사각처럼 보이지만 가까이서 보면 실제로는 사각이 아닌 다른 구성요소로 보이는 것이나, 디자인적 느낌을 인지할 듯하면서도 인지하진 못하지만 느낌적으로 그 감을 아는, 즉 실체가 있거나 있는 듯 하면서도 없는 듯한 것이 바로 디자인 구성 요소라 할 수 있다. 그러한 구성 요소들이 바로 점(point), 선(line), 면(surface), 입체(solid), 볼륨(volume) 등이라 할 수 있다.

② **시각 요소** : 우리가 비누를 연상할 때, 비누의 미끄러져짐으로 그 비누가 손톱 아래로 들어간 느낌이 드는 것과 같이 디자인의 개념적 요소보다는 실제로 볼 수 있는 요소가 바로 디자인의 시각적 요소라 할 수 있는데 형태(form), 크기(size), 색채(color), 질감(texture) 등이 그 요소라 할 수 있다.

③ **상관 요소** : 사각형 건물의 한쪽 모서리에 검은 원이 크게 있다면 우리의 시선은 자연스럽게 검은 원으로 쏠리는데, 이처럼 시각적 요소와 관계가 있으나 점, 선, 면으로 나타내는 디자인의 느낌이나 주위를 끌어내는 시선이 조정되는 요소이다. 즉 방향(direction), 위치(position), 공간(space), 중량감(potence) 등 형태의 이동에 의해 받는 느낌이 다른 것이라 할 수 있다.

④ **기능적 요소** : SK텔레콤의 로고 중에 나비 모양이 있는데, 사실상 나비와 같이 생겼더라도 나비는 아닌듯한, 즉 실제 형태와 사물을 나타내는 느낌이 아닌 그 전체적인 느낌을 나타내는 디자인 요소이다. 물체를 표현(expression)하거나, 의미(significance)를 내포하고, 기능(function)적 측면을 강조하는 등의 느낌 요소라 할 수 있다.

2) 디자인의 개념적 요소 분석(점, 선, 면)

가) 점(占, point, spot)

흔히들 얼굴에 나 있는 점의 위치에 따라 관상이 바뀐다고 할 정도로 점은 그 자신이 가지고 있는 집중도와 그 위치에 따른 전체적 방향성까지 조정해서 주위와 시선을 가지게 하는 성질을 가지고 있다. 시각적 개념 중 가장 단순하고 강렬한 최소 단위이다. 점은 정적이며 방향도 없고, 자기중심적이며 내면을 향한 가장 응축된 형태이다. 즉, 점은 자기 자신은 정적으로 움직이지 않으나, 그 주변 요소에 지대한 영향을 이끌어 내기 때문에 우리 건축에서 시선의 집중도를 완성시키는 주요 요소 중 하나라 보는 것이다.

(1) 하나의 점(독립적 개체의 점)

하나의 점은 어떤 물체 또는 사물의 중심을 지정할 때 사용하기도 할 뿐만 아니라 집중도가 필요한 부분에서 Point적인 용도로 사용되기도 한다. 즉, 점은 자기 자신의 확고한 영역을 보여줄 뿐만 아니라 잠재된 에너지가 포함되어 있다.

건축적 공간에서의 하나의 점은 탑의 맨 상부 꼭대기의 포인트(예를 들면 크리스마스트리의 별)로 사용되어 상징적 요소로 사용될 수 있으며, 건축물의 주요 부분의 포인트가 필요할 때 사용 가능하도록 계획되어야 한다.

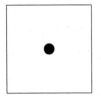  

가운데의 점은 시선을 집중시킨다.

한쪽으로 치우친 점은 시선을 유도하여 방향 감을 준다.

원의 크기에 따라 주변의(바탕) 내용에 지장을 준다.

(2) 두 개의 점(시선 제어, 방향 조정)

두 개의 점 사이에는 중력이 생기듯이 서로 잡아당기는 느낌인 인장력[19]이 발생된다. 또한, 점이 서로 다른 크기를 가지고 있을 때는 방향적 요소가 측정되고, 두 개의 점이 놓인 위치에 따라 그 공간을 흔드는 힘을 가지고 있다.

두 점이 있을 때는 서로 잡아당기는 인장력이 있다.

한쪽의 크기가 다른 점은 작은 쪽의 점을 큰 쪽 점이 잡아당기려는 특징을 가지고 있다.

(3) 세 개 이상의 점(시선의 유동성, 강한 인장력)

세 개 이상의 점 사이는 강한 자기장이 발생하는 듯한 시각적 요소가 강하게 작용한다. 인장력이 두 개의 점보다 몇 배 이상 발생하여 더욱 강렬한 느낌으로 잡아당기는 느낌을 주게 된다. 또한, 점의 뒤로 첨가되는 선을 붙이면 방향성 또한 더욱 강렬하며 공간의 주변 흐름까지 변화시키는 느낌을 주며, 많은 점이 붙어 있으면 선으로 보이기도 한다.

세 점이 역삼각으로 이루어질 때 불안전한 느낌을 준다.

세 점이 정삼각으로 이루어질 때는 안정적 느낌을 준다.

세 점 이상이 벌어지게 되면 서로 잡아당기는 인장력이 강해진다.

많은 점이 붙어 있으면 선으로 보이기도 한다.

---

19) 인장력 : 물체를 잡아당기는 힘(압축력의 반대)

(4) 점의 점이[20]를 이용한 원근감(circle gradation)

점의 크기 변화는 원근(遠近)감을 나타내기도 하는데, 이 느낌을 이용하면 점의 단조롭고 평범함을 떠나 획기적인 느낌이 들게 할 수 있다.

점의 원근감 변화는 서로 당기거나 점층적 깊이감을 들게 하여 운동력과 단조로움이 파괴되는 특이한 성질을 가지고 있다.

(5) 점의 방향감

점은 그 모양이나 위치 그리고 연계적 관계에서 방향성을 매우 잘 나타내는데, 점의 방향성을 이용하여 건물의 외관이나 주요 부분을 디자인하면 독창적 재미로 특징적 건축물이 되기도 한다.

점은 특별한 방향 감각을 주지도 않았는데도 서로 당기거나 멀리하는 듯한 움직임의 방향성을 준다.

점에 흐름의 느낌을 주면 방향 감각이 생긴다.

점이 사방으로 일정한 간격을 유지하면 면으로 느껴진다.

(6) 색상에 따른 점의 감각성

점은 색상이나 음영에 따라서 그 느낌을 달리 주는데, 꽉 차있는 느낌과 허전한 느낌, 또는 차가운 듯한 느낌이나 따뜻한 느낌까지 그 표현과 성질을 달리한다.

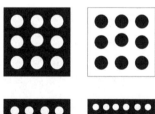

- 점의 크기와 배치되는 주변의 색상에 따라 느낌이 다양해질 수 있다.
- 위의 사진처럼 왼쪽은 시원한 느낌을 받는 데 비해 오른쪽은 답답하게 느껴지고 꽉 차있는 듯한 느낌을 얻을 수 있다. 또한, 크기를 달리하거나 색상을 주었을 때는 그 변화의 정도가 더욱 강렬해진다.

▲ 점이를 이용한 원근감 표현

---

20) 그라데이션 : 점이는 원근감을 이용하여 점차적 점층적으로 색이 짙어지거나 옅어지는 성질을 가지고 있는 표현기법이다.

■ **점의 심리적 효과**

- 기하학적 정의로 볼 때 크기는 없고 위치만 있다.
- 점은 자기중심적으로 구성되어 있다.
- 점은 주의를 집중시키기도 하고 분산시키기도 한다.
- 점은 크고 작음. 놓인 위치에 따라 리듬감, 질서감, 입체감 및 원근감이 생긴다.
- 점이 일정한 간격을 가지고 계속되면 선으로 느껴진다.

나) 선(線, line)

- 수많은 점들이 모여서 꽉 차있는 상태에서 그것들은 곧게 뻗어져서 잇거나 휘어져 잇게 되는데, 그 쾌적을 우리는 선이라고 한다. 선은 점보다는 더욱 강한 느낌을 주며, 모든 사물을 만들어내는 기초가 되기도 한다. 설계적 요소와 조형물적 요소로 사용되는 그 시작이라 할 수 있다.

- 선은 자기 자신이 나타내는 방향과 가고자 하는 위치의 개념이 있으나 선을 서로 연결하여 3차원 표현 기법으로 나타내기 전까지는 깊이나 무게 폭의 개념은 가지고 있지 않다.

- 선은 면을 표현하기 위한 기초적 형태이며, 선과 선을 연결하거나 수직과 수평의 규칙 안에서 서로 이으면 면이 되고, 면과 면을 수직으로 다시 잇게 되면 입체가 된다.

- 선은 그어지는 위치나 방향에 따라서 운동감, 속도감, 리듬감, 긴장감, 질서감, 깊이감, 방향감, 성장감, 동선감, 통로감 등을 나타낸다.

(1) 선의 굵기에 따른 느낌의 변화

선의 굵기나 그려지는 형태에 따라서 강한 느낌, 약한 느낌, 활동적이고 운동감 있는 느낌, 고요한 정적인 느낌, 강렬하고 부드러운 느낌 등 여러 가지 느낌을 표출해 내기도 한다. 아래의 설명을 보며 선이 주는 느낌으로 감각적 디자인 감을 살리도록 노력해야 한다.

① **굵은 직선** : 곧은 성품을 느끼게 하기도 하고 강한 느낌을 주는 선이다. 우둔해 보이기도 하고 때론 강렬하면서 남성성을 상징하기도 한다.

② **가는 선** : 부드럽고 굵은 선과 마찬가지로 곧은 느낌을 주나 가느다란 느낌으로 섬세한 부분이 보이며 여성성을 상징하기도 하고, 굵은 선과는 다르게 마음의 안정을 주기도 한다.

③ **굵은 지그재그 선** : 터질 듯한 강력함이 있으며, 꺾임 부분이 크면 클수록 그 느낌이 주는 힘은 더욱더 강렬해진다. 폭발적인 힘과 강렬함을 나타낸다.

④ **가는 지그재그 선** : 불안하고 긴장감이 있고 자극적이면서 마음을 졸이게 하는 듯한 느낌을 준다.

⑤ **수직선**

- 수직선은 가로로 되어 있는 수평선과 달리 진출, 상승 및 높이감을 나타내는 느낌을 많이 준다. 그래서 진취적이나 고귀, 고결이나 준엄한 느낌으로 많이 사용되고, 엄숙한 공간이나 절대적 느낌의 공간지각으로 많이 사용되는 요소이다.

■ 건축에서는 법원이나 국회의사당, 위령탑, 현충탑 등의 건축물로 사용되며, 상징적인 용도와 중요한 부분의 공간에서 많이 사용하는 선이다.

⑥ **수평선**

■ 흔히 바다를 바라볼 때 사람은 심리적 치료로 안정된다고들 해서, 영화 등에 보면 주인공이 큰 혼란을 겪은 다음 안정감을 찾기 위해 바다를 찾는 장면이 많다. 이렇듯 수평선은 안락하고 고요하며 차분한 느낌을 준다.

■ 휴식, 평등, 단순과 안락한 느낌을 준다.

■ 건축에서 수평선을 이용한 건축물로는 주로 주택이나 학교, 병원 등의 표현으로 많이 사용한다.

⑦ **사선**

■ 심리적인 불안감 및 경계심을 주기도 하며, 동적인 느낌을 가지고 있어 생동적이기도 하고, 많은 사선이 교차될 때는 불안감을 나타내기도 한다.

■ 건축에서는 동적인 느낌을 고려하여 활동적 공간인 체육관이나 운동시설에서 주로 사용되기도 하고, 사선과 수평선을 교차하는 삼각형으로 위치감과 무게감을 표현하기도 한다.

⑧ **곡선** : 부드러운 느낌을 주며, 생동감 있고, 활기찬 느낌을 준다. 엄마의 포근함과 같은 느낌을 주기 때문에 많은 부분에서 사용되고, 흐르는 물을 표현하거나 동적 느낌을 표현할 때 많이 사용한다. 건축에서는 유치원, 어린이방 등 아동이 편안함을 느낄 수 있게 표현하는 데 많이 사용된다.

⑨ **자유곡선**

■ 자유롭고 창의적이고, 원만한 느낌과 풍부한 느낌을 갖도록 한다. 건축에서는 주로 유아놀이 시설 및 놀이방, 천장의 물결 모양 등을 표현할 때 많이 사용된다.

■ 자유 곡선은 곡선 중에서도 특히 부드럽고 우아하며, 여성다운 느낌을 주나, 지나치면 선이 주는 느낌보다는 다른 느낌을 받게 되어 선이 가진 아름다운 느낌을 상실하게 된다.

■ 여성의 곡선을 표현할 때 많이 사용하는데, 이 곡선을 단순히 외설로 치우치지 말고 진정한 아름다움으로 승화시킬 수 있다면 건축 디자이너로서 한 걸음 나아갔다고 해도 과언이 아니라 생각한다.

⑩ **나선곡선** : 원들이 엮듯이 그려지나 점점 퍼져 가는 느낌을 나타낸다. 표현 자체가 그렇듯 빨려 들어가는 느낌을 주며, 어지러운 듯한 느낌을 주기 때문에 아주 특별한 극소수의 경우가 아니면 잘 사용하지 않는다.

⑪ **포물선** : 기하학적으로 그려질 수 있는 곡선으로 아주 부드러운 느낌을 주기 때문에 많이 사용되는 선이기도 하다. 수학적으로는 그래프가 가장 안정적일 때 사용되기도 하지만 건축에서는 곡선이 사용되는 거의 모든 부분에서 이 포물선을 사용하고 있다고 봐도 과언이 아닐 것이다.

⑫ **긴 선** : 긴 선은 시간성, 지속성, 약간 느린 운동감을 느끼게 하여 주로 붓이나 연필선 등으로 표현되어 개방적 요소를 강하게 주면서 태평적이고 부드러운 느낌을 준다.

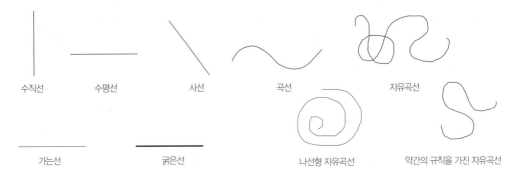

| 수직선 | 수평선 | 사선 | 곡선 | 자유곡선 |

| 가는선 | 굵은선 | 나선형 자유곡선 | 약간의 규칙을 가진 자유곡선 |

▲ 선이 주는 느낌

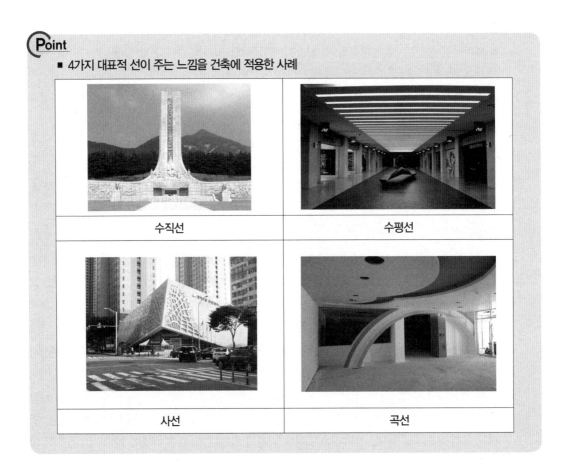

Point

■ 4가지 대표적 선이 주는 느낌을 건축에 적용한 사례

| 수직선 | 수평선 |
| 사선 | 곡선 |

다) 면(面, surface)

앞서 말한 바와 같이 점들이 연속되어 뭉쳐 있으면 선이 되고, 이 선들이 수직과 수평으로 연계되면 면을 형성하게 된다. 즉, 점과 선은 면을 형성하는 기본적인 요소들이자, 면의 원소가 되는 1차원적 개념으로 볼 수 있다.

면은 크게 나누면 평면과 곡면으로 나눌 수 있다.

평면은 남성스럽고 단순하며 우둔한 느낌마저 들기도 한다. 입체적인 건물도 평면적 요소로 위에서 내려다보면 사각형으로 단순화되기도 한다. 또한, 스페이스 돔과 같이 여러 개의 면이 모여서 둥근반원 형태의 모양을 나타냈을 때도 확대해서 작은 평면으로 조각을 내면 단순한 평면의 조합이 되기 때문에 평면은 면이 근본이 된다고 할 수 있다.

평면은 단순해 보이기도 하지만 현대사회에서 모듈화[21], 공장일체화가 되다 보니, 그 편리성을 인정받아 많이 사용되는 면이기도 하다. 또한, 평면을 휘면 곡면이 되므로 곡면의 아름다운 느낌이 평면의 재료와 만나 F.R.P 등의 합성수지를 이용한 곡면제작 재료가 많이 생산되기도 한다.

(1) 삼각면이 보여주는 느낌

① 삼각면은 보여지는 각도와 방향성에 가장 강한 느낌을 준다.
② 삼각면은 놓이는 위치에 따라 안정감과 부동(不動)감, 불안감, 방향감과 긴장감을 생기게도 한다.

삼각면은 정삼각일 땐 안정적, 역삼각일 땐 극도의 불안한 느낌을 조성하고, 각을 틀거나 한쪽 방향을 가리킬 때는 긴장감과 위기감을 조성하기도 한다. 삼각면의 수, 면의 대·소, 운동감, 방향, 중량감 등이 조합하면 방향에 의해 입체감이 생긴다.

(2) 사각면이 보여주는 느낌

① 사각면은 보이는 모양에 따라 규칙과 틀에 갇힌 느낌과 일반적이고 순수한 느낌을 주기도 하지만 안정성과 동시에 불안정성을 주기도 한다.
② 사각면은 놓이는 위치에 따라 안정감과 불안감, 긴장감 및 위기감을 생기게도 한다.
③ 사각면의 구성에 의한 다양한 이미지를 창출하기도 한다.

면은 정사각형이냐, 장방형(직사각형)이냐에 따라 주는 느낌과 안정감이 다르다.
정사각형은 규칙적이고 체계적이며, 면이 가진 바르고 곧은 이미지가 있으나 엄격하고 딱딱한 느낌을 준다. 반면, 직사각형은 안정적이다. 그러나 직사각형이 세워져 있으면 약간의 불안감을 느끼기도 하고 기울어져 있을 땐 위기감을 느끼기도 한다. 또한, 곡면일 때는 부드러움을 느낀다.

---

21) 모듈화 : 신발공장에서 신발을 사이즈별로 대량생산하듯, 건축 자재도 한번에 공장에서 대량생산으로 찍어내듯 만들어 내는 것을 말한다. 단가절감과 빠른 생산성이 장점이나 생활 공간의 단순화가 가장 큰 단점으로 꼽힌다.

(3) 다각면이 보여주는 느낌

① 다각면은 보이는 방향에 따라 그 느낌을 달리 준다.

② 다각면은 방향의 변화를 일으켜도 크게 긴장감을 준다거나 불안감을 주는 경우는 거의 없다.

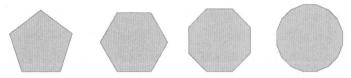

어느 한 면이 바닥에 놓여져 있거나 모서리 면이 있어도 다각이 면으로 구성되어 흔들리는 느낌이나 긴장감이 다른 면에 비해 덜하다. 다각이 많을수록 원형의 느낌을 주어 부드러운 느낌을 많이 갖게 한다.

(4) 원형이 보여주는 느낌

① **원형** : 원형은 방향성이 없으나 고립된 이미지가 강하기 때문에 건축에서 표현에 주의해야 한다

② **타원형** : 원형의 성격을 가지면서도 늘어져 보이는 성질 때문에 방향성이 추가된다. 곡면이 가진 부드러움이 있기 때문에 차분하고 아름다운 느낌을 준다.

원형이 주는 느낌은 가장 부드럽다. 그러나 막혀 있는 고립감을 조성할 수 있다.

타원형은 원형과 달리 한쪽으로 움직이려는 방향성을 가지고 있는 것이 특징이다. 부드러움의 느낌이 강하다.

(5) 여러 가지 면이 보여주는 느낌

① **기하학적 면** : 일정한 패턴일 경우 면이 주는 신뢰감 및 안정적 느낌이 있고, 때로는 명료하며 간결한 느낌을 주기도 하며, 약간의 불안감을 가지고 있다.

② **불규칙한 면** : 면 자체의 단조로움을 떠나 불규칙하면서 자유롭고 날카로운 듯한 무질서가 때로는 재미를 나타내기도 한다. 자칫 화를 돋우거나 신경질적인 느낌을 갖게 하기도 한다.

③ **유기적인 면** : 면 자체의 곡선을 이용한 부드러움과 자유로움을 동시에 가지고 있고, 활발한 동적 느낌을 가지면서 선과 면이 만드는 대담성과 즐거운 느낌을 준다.

일정한 틀을 가지고 있으면 안정적으로 보이나, 그 틀이 없으면 불안정하면서도 안정적으로 보이는 기하학적인 측면이 있다.

불규칙한 면은 면 자체가 주는 단조로움을 파격적으로 깬 듯한 자유로움과 날카로움을 동시에 지니고 있다.

유기적인 면은 부드러움과 활발한 동적 느낌을 동시에 가지고 있다.

(6) 입체(solid)

면을 수직과 수평으로 조합해서 만든 것을 3차원적 면, 즉 입체라고 한다. 입체는 길이, 폭, 깊이를 갖추고 있으며, 입체가 가진 형태적 특징과 공간적 특징을 가지며, 모든 형태를 3차원으로 표현하기 아주 좋은 표현방법이라 할 수 있다.

입체는 우리가 통상적으로 많이 보고 일상생활에 접하는 모든 면이 3차원으로 되어 있기 때문에 많은 설명은 하지 않겠다.

(7) 스파눙(spannung)

스파눙이란 독일어로서 해석하면 서스펜스(Suspense), 즉 기대, 흥분, 불안 또는 불안의 감정을 말한다.

디자인에서의 스파눙이란 점, 선, 면 등의 요소에 내재하고 있는 창조적 운동을 뜻하며 점, 선, 면을 2개 이상 합하여 배치하고 배치한 부분의 상호작용으로 인해 커다란 운동감을 나타내는 것을 스파눙이라고 한다. 다시 말해, 스파눙을 디자인적으로 해석하면 2개 이상의 요소가 하나의 완성체가 되며, 나타내는 강한 운동감이라 할 수 있다.

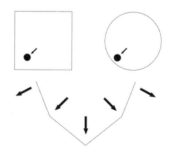

사각형 안에 점이 있어 시선을 점으로 이동시키거나 선과 선의 만남에서
방향성을 크게 주는 느낌이 나타나는 것을 볼 수 있다.

(8) 텍스처(재질, texture)

텍스처란 사물에서 만져질 때 느껴지는 시각적 감각, 즉 비누를 만지지도 않았는데 미끈거린다던지, 옷감을 만져보지도 않은 상태에서 표면을 시각적으로만 보고 거칠다라고 하는 것들을 시각적 텍스처 또는 재질감(질감)이라 한다.

우리 인간은 경험적 느낌을 토대로 예전 만져봤던 느낌을 기억하고 있다. 그 기억을 토대로 보이는 모습의 평균을 머릿속에 연상해서 느낌을 표현하는 데, 건축디자이너로서 그림과 이미지, 설계도면만을 가지고 시각적 재질감을 만들어 낸다면 최상의 기술력을 가진 디자이너라고 본다.

텍스처의 대표적인 작가인 라즐로 모홀로-나기(Laszlo Moholy-Nagy)는 사진만을 가지고 시각적 재질을 표현한 대표적 작가이다. 라즐로 모홀로-나기의 사물이 본질을 표출해 낸 기법은 21세기에 사는 우리들이 아직까지도 감탄하고 있다.

3) 형상, 질감, 문양, 공간

① 형태(形態, form)와 형상(形狀·形相, shape)

그림 1

그림2

▲ 형태와 형상

- 위와 같이 두 개의 그림이 있다. 위의 그림에서 왼쪽 그림은 대상물이 옷을 입은 건지 아니면 남자인지 여자인지조차도 알 수가 없지만, 사람의 형태를 나타내고 있다. 그러나, 오른쪽 그림은 남자 둘이 수저를 들고 식사를 하고 있고, 그 뒤에 주방가운을 입은 아주머니가 무언가를 더 덜어주려는 모습을 하고 있다는 것을 알 수 있다.

- 왼쪽 그림은 사람의 형상을 하고 있고, 오른쪽 그림은 식사를 하는 식당의 모습을 나타낸 형태를 가지고 있다고 하는 것이다. 따라서 형상과 형태는 아래의 표와 같이 구분할 수 있다.

형상	형태
형상은 실제생활에서 느낌, 크기 및 감각, 문양 및 모양 등의 다양한 객체의 특징적 성격을 띠고 있으며, 사물의 그림자나 평면의 윤곽 등을 이용해서 사물의 표면과 모서리 등 특징적 부분을 조합한 결과이자 특성이다. (SK텔레콤의 로고 – 나비의 형상을 하고 있지만, 나비일 것이라는 추측을 하는 것이지 그 형상이 나비라는 것을 확고히 하지는 않는다.)	형태는 주로 우리 눈으로 보이는 시각과 경험적 촉각에 의해 인지되기 때문에 색상, 느낌, 감각, 경험 및 의도적 인지능력으로 형성되는 특징을 가지고 있다. 형태란 어떤 사물의 외곽 및 테두리라고 할 수도 있고, 그 형태 안에서 어느 정도의 추리와 추론이 가능하도록 유도하는 구조적 조형이라고 할 수도 있다. 형태는 앞서 배웠듯이 점, 선, 면, 입체로 나눈다.

Point

- **형태의 지각심리**
  - 형태는 근접성, 유사성, 연속성, 폐쇄성의 지각 심리를 가지고 있어 우리 인간에게 '00 같아 보인다'라는 지각 심리를 이용하는 방법으로 사용된다.

- **형태의 의미구조에 의한 분류**
  - 인위적 형태 : 네모 모양처럼 자연이 만들 수 없는 인간이 만든 형태
  - 상징적 형태 : 인간의 지각, 즉 시각과 촉각 등으로 직접 느낄 수 없고 개념적으로만 제시될 수 있는 형태
  - 자연적 형태 : 자연 발생된 형태로 나무가 나무의 형태를 그대로 보이는 형태

② 공간(空間, space)

- 공간이란 3차원적 조형적 형태로서 길이, 넓이, 높이와 같은 입체적 차원들을 가진다. 공간은 시공간과 사물을 만지는 공간이라 할 수 있는데, 우리가 배울 공간의 개념은 사물을 직접 느끼고 만질 수 있는 3차원적 공간을 의미한다.

- 건축디자이너는 3차원 공간을 도면, 트레싱지 등 2차원적 공간에서 표현해 내는 방법으로 3차원을 만들어 내기도 하고, 또는 컴퓨터 프로그램을 동원하여 3차원 공간을 표현하기도 한다.

■ 공간을 표현해 내고 만들어내는 것은 디자이너 자신이 보고자 하는 부분도 있고, 클라이언트와 자신의 아이디어나 기획을 회의나 커뮤니케이션을 통해서 알리기 위해서이기도 하는 여러 가지 의미를 담아내고 있다고 할 수 있다.

4) 기초적 디자인의 원리

가) 디자인의 원리

(1) 조화(調和, harmony)

조화란 음악을 생각하면 이해하기 쉽다. 두 명의 여자와 두 명의 남자가 있다고 가정했을 때, 두 명의 여자는 소프라노 느낌으로 하이톤으로 노래하고, 두 명의 남자는 테너 톤으로 낮은음으로 노래한다고 했을 때, 이 두 부분이 서로 갈라지지 않고 하나의 음이 되어 조화롭게 음색을 이룬다면 조화롭다고 할 수 있다. 즉, 서로 다른 두 가지 이상의 요소가 서로 다른 느낌을 표출하지 않고 같은 느낌처럼 잘 융화되어 흐르는 것이 바로 조화라 할 수 있다. 어떤 공간에서 서로 다른 사물의 느낌을 모순 없이 질서를 잡는 것이 바로 조화라 할 수 있다.

또한, 조화는 어떤 면에서는 통일성을 갖기도 한다. 같은 느낌 또는 비슷한 느낌의 여러 객체가 하나의 모양으로 연계되어 있기 때문에 과도하면 지루함을 유발한다는 큰 단점을 유발하기도 한다.

세 개의 각기 다른 건축물이 상부의 조형물로 하나로 연결되어 배가 마치 세 개의 기둥 위로 하늘에 떠 있는 듯한 조화로운 느낌을 갖는다.

원형이 찌그러진 듯한 벽체를 이루고 있어 크기와 구성이 달라 불안정하게 보인다.

(2) 통일(統一, unity)

디자인에 미적질서를 주는 기본 원리로, 어떻게 보면 모든 디자인 원리의 근본이 되는 원리라 할 수 있다. 건물에 모든 창을 같게 내었다면 이미지 전체가 같아 보이는 현상, 즉 일관된 느낌의 대상물이 되는 것을 통일이라 할 수 있다.

통일이 가지고 있는 가장 큰 단점은 디자인 자체가 단조롭고 쉽게 지루해지기 때문에 조화와 대칭 등 디자인적 요소를 이용한 적당한 변화가 필요하다고 할 수 있다.

건물 사면에 같은 크기의 창이 모두 설치되어 있으면 건물이 하나의
시선으로 다가오지만, 자칫 지루함을 유발시킬 우려가 있다.

(3) 균형(均衡, balance)

시소를 타는 아이 두 명의 무게가 같아서 수평을 이루고 있다면 우리는 균형이 같다는 말을 한다.
즉, 균형이란 현실적 무게가 아닌 디자인의 시각적 무게가 평형상태를 이루고 있는 것을 의미하
며, 전체적 조화와 균형이 고루 이루어지도록 시선을 유도하는 행위를 말한다. 조금 말이 어렵다
면 아래의 그림을 보면 이해하기 쉽다.

정삼각형의 건물은 대지에 정착되어 하부로부터
안정적으로 보이고, 균형감이 있고 든든해 보인다.

사각형 불균형을 이용하여 건물을 각인시킨다.

(4) 대비(對比)

대비란, 서로 다른 조합에 의해서 이루어지는 것으로 서로 다른 두 개의 객체가 서로 조화롭지 않
은 게 아니라 서로를 더욱 돋보이게 하는 성질을 대비라고 할 수 있다. 즉, 두 명의 사람이 서로를
칭찬하는 것과 비슷한 원리인데, 건축적 대비란 성질이나 질량이 전혀 다른 둘 이상의 것이 동일
한 공간에 배열될 때 서로의 특성을 한층 돋보이게 하는 성질이라 말할 수 있다.

대표적으로 남산과 남산 타워라고 할 수 있다. 남산은 산이고, 타워는 탑이지만, 이 서로 다른 두 개가 만나 하나의 느낌을 돋보이게 해주기 때문에, 이는 대비가 가장 잘 이루어진 경우라 할 수도 있다.

남산타워는 산과 타워라는 두 가지의 서로 다른 개념을 가지고 있지만 서울의 랜드마크로 상징적 조형물의 대비가 잘 이루어졌다고 할 수 있으며, 오른쪽 그림의 건물은 마치 블록이 하나로 연결되듯이 상호 견제된 대비물로 보인다.

(5) 대칭(對稱)

① **대칭(對稱)** : 어린 시절 스케치북을 반으로 접어 한쪽 면에만 물감으로 나비 형상을 그려 넣고, 종이를 접었을 때 남은 쪽에 그림이 복사되어 하나의 나비로 만들어지는 경험을 해봤을 것이다. 이 방법이 대표적인 대칭이라 할 수 있다. 한쪽과 다른 한쪽을 거울에 비치듯이 반대적으로 보이게 하여 균형감과 조화로움을 만들어내는 방법으로 대칭이라 할 수 있다.

② **비대칭(非對稱)** : 대칭을 이루지 않는 거의 모든 부분이 비대칭하다고 할 수 있다. 비대칭이라 해서 반드시 균형감이 없는 것은 아니다. 불균형해 보이지만 서로 다른 개성과 특성을 이용해 자유로운 또는 디자인적 감각으로 뛰어난 구성비를 보이기도 한다.

아래의 사진을 보고 대칭과 비대칭의 느낌을 보도록 하자.

보이는 건물은 좌, 우가 같다. 마치 가운데 선을 긋고 양쪽으로 복사해 놓은 듯한, 건물로 대칭된 양쪽 면이 균형감 있어 보인다.

대칭한 부분이 거의 없는 건물이나, 비대칭이라고 해서 전혀 부조화스럽지 않고 자유스럽고 아름다움을 자아낸다.

▲ 대칭과 비대칭

(6) 비례(比例, proportionality)

비례는 건축물이나 조형물의 크기가 임의와 무작위로 맞추는 것이 아니라, 수량적 관계가 명확하여 분할된 비율이 수학적으로 명확한 것을 말한다. 즉, 어떤 일정한 수학적 치수를 가지고 구성되는 모든 비율을 비례라고 한다. 비례는 반복이나 균제와는 다르게 질서의 변화를 갖게 하는 원리이기도 하다.

비례는 루트비(우리나라 전통건물에서 많이 사용)와 황금비가 있다.

① 루트비례(금강비)

■ 사각형의 한 변을 1로 했을 때, 긴 변의 길이가 루트2(1.414), 루트3(1.732) 등의 무리수로 되는 비례이다.

■ 우리나라 전통축조 방식에는 루트2를 적용한 금강비례, 즉 1:1.414의 비율로 만든 건축축조물이 많고 황금비와 함께 아름다움과 균형적인 건물로 평가된다.

Point
■ **금강비(루트비)의 뜻**
- 금강비는 금강석(다이아몬드)에서 단단하고 파괴되지 않는다는 의미에서 유래되었다.
- 부석사 무량수전, 석굴암, 첨성대 외 안압지, 포석정 등이 대표적인 금강비의 축조물이다.
- 실생활에 이용되는 A4용지가 바로 금강비이다. 두 개를 붙이거나 잘라도 금강비는 유지된다.

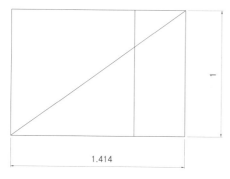

▲ A4 용지 속의 금강비례

Point
■ **황금비의 뜻**
- 가장 이상적인 비율이라는 의미로 황금비라 불린다.
- 건축적으로는 파르테논 신전(그리스)이 대표적인 사례이며, 피라미드(이집트)와 노틀담의 사원 등이 대표적인 황금비의 축조물이다.
- 그 밖에 미술적으로는 레오나르도 다빈치의 모나리자, 최후의 만찬 등이 있으며, 악보 속에 숨은 소나타, 바르토크벨라 1악장의 마디가 바로 황금비율로 적용된 대표적인 사례이다.
- 실생활에 이용되는 신용카드가 바로 황금비이다.

② 황금비례(黃金比 또는 黃金分割)

■ 황금비란 금강비처럼 가장 균형 있고, 조화롭고 아름답게 나누어진 비율로서 금강비가 주로 우리나라나 아시아 계열의 비율이라면 황금비는 유럽과 서구문화에서 대표적으로 아름다움을 나누어주는 비율이라 할 수 있다.

■ 황금비는 1 : 1.618의 비율을 가진 직사각형으로, 또는 그 비율을 가진 건축물, 그림 등으로 가장 균형감 있는 비율이다.

■ 한 선분을 두 부분으로 나눌 때, 전체에 대한 큰 부분의 비와 큰 부분에 대한 작은 부분의 비가 같게 한 비를 말한다.

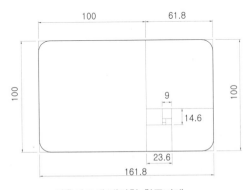 

▲ 신용카드에 대비한 황금비례

황금비가 미적용된 그림이다. 그림 자체가 옆으로 늘어져 보이고 보이는 시야가 간섭을 받는 느낌을 받는다. 물론 큰 차이가 없을 수도 있지만, 작은 부분에서 시각적 느낌이 아주 다르다는 것을 아래 그림을 보면 이해가 될 듯하다.

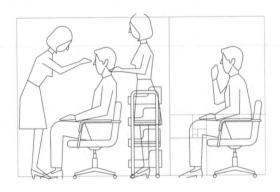

같은 그림인데, 서 있는 사람을 제외하고, 앉아있는 사람과 같은 비율로 황금비의 비율을 가진 사각형을 접목시켜 보았다. 그 느낌이나 시각적 방해 요소가 현저히 줄어든 부분을 볼 수 있다. 황금비는 이렇듯, 우리가 사용하는 데 있어 시각적 안정감 및 편안함을 주는 대표적인 요소로 작용한다. 아이팟이 대표적인 황금비의 사례이기도 하다.

▲ 황금비례의 적용 그림

(7) 율동

시각적으로 살아 있는 듯한 느낌을 주게 하는 기법으로 리듬, 방사, 점이의 기법이 있다. 율동감은 건축물이나 디자인을 훨씬 더 밝게 해주는 요소이며, 시각적 느낌을 활기차게 해주는 기법으로 많이 사용되기도 한다.

① **리듬** : 마치 음악을 들을 때 강약이 주어진 음을 느끼듯, 시각적 표현으로 어떤 규칙적 배열을 가지고 시각적 높낮이가 있는 듯한 느낌을 갖도록 표현하는 것을 말한다. 건축적 시각에서 리듬감을 느끼는 부분은 어떤 보이지 않는 특정 패턴 같은 느낌도 갖는다.

② **방사** : 어떠한 한 기준이 되는 중심 부분을 가지가 360도로 퍼져 나가는 듯한 형태로 퍼져 나가는 부분이 각기 다른 것이 아니라 하나의 형태로 일률적으로 뻗어 나가는 형태를 말한다. 방사의 대표적 형태로 미국의 국방부인 펜타곤이 그 대표적이라 할 수 있다.

③ 점이(漸移, gradation) : 바닷물이 멀리 보이는 색상은 진하게 보이고 가까이 보이는 색상은 흐린 하늘빛이 보이듯이 점층적으로 진해지거나 또는 반대인 경우나 색상, 색채가 아니더라도 굵은 선이 위로 가고 점점 가는 선으로 보이는 표현기법을 그라데이션 또는 점층, 점이법이라 한다.

(8) 파보나치 수열 구조

레오나르도 피보나치(이탈리아 수학자)에 의해 연성된 수열 구조로서 0, 1, 1, 2, 3, 5, 8, 13, 21,……형태의 수열을 말한다. 즉, 첫째 항이 0이고 두 번째 항이 1일 때 그다음 항들이 이전의 두 항의 더한 값으로 이루어지는 수열이다.

피보나치 수열의 일반항은 $fn=fn-1+fn-2$(단, $f0=0$, $f1=1$, $n=2$, 3, 4, …)이다. 황금비율에서 이 수열의 구조적 배치가 가장 잘 어울리며, 식물의 성장에서 주로 적용되었다. 실제 식물 꽃잎의 92%는 이 수열의 구조식을 가리키고 있어, 파보나치 수열 구조가 얼마나 현실성 있는 조합인지 알 수 있다.

꽃잎의 수를 세어보면 대부분 3장이나 5장인 꽃들이 많고 9장이나 10장인 계열을 가진 꽃들은 거의 없다. 예를 들어 물양귀비, 아이리스, 붓꽃은 꽃잎의 수가 3장이고, 무궁화는 꽃잎이 5장으로 된 것이 그 예라 할 수 있다.

(9) 스케일과 휴먼 스케일

스케일이란 비율에 의한 대비치수, 즉 특정 비율을 가진 사물의 척도를 말하는 것이고, 휴먼스케일은 레오나르도 다빈치가 인체의 비율에 대한 척도를 만들었다고 유래되는 속설이 있는데, 정확한 시작은 추측일 뿐이지만 휴먼스케일을 체계화시킨 것은 근대 건축가의 아버지라 불리는 르꼬르뷔제에 의해 비교적 근래에 정리되었다.

휴먼스케일은 가장 쉽게 말해 사람에 맞는 축척을 지닌 건축물, 즉 바닥에서부터 계단의 난간두겁이라 불리는 손스침 부분까지의 거리가 900~1,200mm가 적당하다는 부분들이 바로 휴먼스케일에 의한 인체의 모듈화를 적용하여 체계화 한 것이다.

① **스케일(scale)** : 특정 비율의 사물의 크기 비례를 스케일이라고 하는데, 실제 물체의 크기에서 크게 확대하거나 작게 축소하는 비율을 말한다. 사물을 실제와 같은 치수로 그린 도면을 현척(現尺)이라 하고, 실물보다 작게 그린 도면을 축척(縮尺), 실물을 크게 확대해서 그린 도면을 배척(倍尺)이라 한다. 예를 들어, 우리가 설계도면에 집을 그릴 때, 실제 크기와 같게 크게 그리지는 않는다. 실제 크기와 비율에 맞도록 작게 줄여서 그리는데, 그것을 축척이라고 한다. 그러나, 크기가 작아질 뿐이지 도면에 기입되는 치수는 실제 치수로 적어 넣는다는 것이다. 기계 부품은 도면과 실제 크기가 같거나 비슷하다면 실제 크기 그대로인 현척을 사용하고, 반도체 부품도 실제 크기와 같게 그리면 보이지 않기에 도면은 확대도인 배척을 쓴다.

② **모듈(module)** : 앞서 휴먼스케일에서 설명했듯이 인체의 비율을 정확히 구분해서 사람에게 사용하기 편리한 비율로 체계화시킨 것을 말한다. 모듈화가 이루어지면서 공장의 대량생산이 가능해지고, 아이가 사용하는 가구와 성인이 사용하는 가구의 치수가 체계화되어 사람이 사용하기 편리한 제품이 탄생한다.

사진과 같이 중세시대의 건축물은 현관문이 커서 혼자 문을 열기 어려울 정도로 크며, 층고(건물 내부의 높이)가 높아 단열 및 음향 조절이 어렵다.

현대식 건물은 휴먼스케일과 모듈화를 적용하여 내부가 쾌적하며, 음의 메아리 현상인 잔향이 적고 조명 설치가 용이하다.

■ 모듈화의 장·단점

구분	장점	단점
모듈화	• 대량생산에 기여 • 공장제작으로 인한 작업시간의 단축 • 설계작업의 단순화 • 생산단가의 일괄제작으로 단가 절감	• 같은 모양으로 지루함과 단조로움이 느껴짐 • 창의성과 디자인감의 저하 • 조립으로 인한 구조적 결함 발생 우려

※ 모듈화 : 공업제품의 제작이나 건축물의 설계 조립 시에 적용하는 기준이 되는 치수

Section 02 / 건축물의 색채계획

가) 색채란

우리 눈은 태양에서부터 나오는 빛인 '자외선 – 가시광선 – 적외선' 순으로 받아들이는데, 자외선과 적외선을 제외하고 380nm(나노미터)부터 780nm(나노미터)까지의 부분인 가시광선 부분에서 색채(color), 즉 색감을 느끼게 된다. 태양의 빛이 물체에 비추어 반사, 투과, 흡수될 때 눈의 망막과 여기에 따르는 시신경의 자극으로 감각되는 현상을 느끼는 것이라 할 수 있다. 즉, 색은 태양이 내뿜는 빛에 의해 사물이 반사되고 투과되어 우리 눈에 색감으로 보이는 것을 의미한다고 할 수 있다.

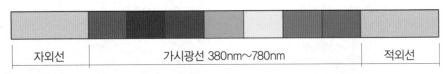

| 자외선 | 가시광선 380nm~780nm | 적외선 |

▲ 자외선과 가시광선, 적외선

(1) 정의

우리가 밝고 어두움을 보면서 어두우면 안 보이고 밝으면 잘 보인다는 말에서 '잘 보이는' 이란 말은 빛이 잘 보이는 건지, 색이 잘 보인다는 말인지에 대한 구분이 모호하다. 우리가 사용하는 색은 빛에 의해 물체 자신이 가진 고유의 색이고, 색채라 함은 그 고유한 빛을 시각적 인지능력을 고려해서 표현해 주는 것이 아닌가란 정의로 건축에 맞게 바꾸어 정의해 보고자 한다. 즉, 색이란 자연이 우리게 준 빛이고, 색채란 우리가 만들어내는 인위적인 현상으로 바라보는 시각으로 디자인의 색채를 공부하고자 한다.

(2) 색의 표현

① 출력에 의해 원하는 색을 도출하는 조건

전산장비의 보급이 확대되고, 어디서든 프린터가 가능한 시대에 우리는 살고 있다. 그러나 프

린터의 출력물과 화면에 보이는 색상의 차이가 다르다는 것을 느끼거나 아직 느끼진 못했지만 원하는 색상을 얻지 못하는 경우가 있을 것이다. 또한, 포토샵이나 일러스트 등 색채와 관련된 소프트웨어에서조차 RGB나 CMYK에 대해서 구체적으로 알려고 하지 않는다는 것이다. 그러나 건축과 디자인을 공부하는 우리로서는 반드시 알아야 하고 이해해야 하는 중요한 한 가지 부분이라 생각된다. RGB라는 것은 빨강(Red), 녹색(Green), 파랑(Blue)의 약자이다.

하지만 인쇄를 위한 출력물은 CMYK로 출력된다. CMYK는 Cyan(파랑), Magenta(자주), Yellow(노랑), Black(검정)의 약자이며, 쉽게 이해할 수 있도록 정의하자면 물감의 색이라고 할 수 있다.

모니터의 색과 출력본의 색상 차이가 나는 이유가 바로 RGB(즉, 빛의 색)를 CMYK(물감의 색)로 변환할 경우 색상이 일반적으로 탁하고 어둡게 나오기 때문이다. CMYK는 3원색에서 K값(검정)을 추가한 것으로, 물감의 색이다 보니 색을 섞다 보면 어두워지는 현상 때문에 출력물의 색상이 탁하고 어둡게 나오는 가장 큰 이유가 된다.

② 가법혼합(가산혼합, additive color mixing)

위에서 설명하였듯이 빛의 3원색은 빛으로 이루어진 3원색이란 것이다. 랜턴의 예를 들어보면, 파란색 랜턴과 빨간색 랜턴, 그리고 녹색 랜턴의 빛을 한곳에 모아 집중해서 벽면을 비춰보면 가운데 부분은 세 개의 조명이 섞여 매우 밝아(명도가 높은 상태)져 하얗게 보인다. 이런 현상을 우리는 가법혼합이라 한다. 합해져서 더욱 밝아지는 효과를 나타내는 것으로 빛으로 나타내는 모든 도구들, 예를 들면 우리의 눈이나 카메라, 모니터, 스캐너 등은 모두 빛으로 그 표현을 나타내므로 가법혼합을 통해 색을 느끼고 만들어내는 도구라 할 수 있다.

③ 감법혼합(감색혼합, additive color mixing, subtractive color mixing)

감법혼합은 물감을 예로 들기가 가장 좋다. 빨간색 물감, 파란색 물감, 노란색 물감을 한꺼번에 동일한 양을 섞으면 색이 합쳐져 검게 된다. 이런 현상을 감법혼합이라고 한다. 색상의 혼합이 자유로워 3가지 색(R−빨강, G−녹색, B−파랑)을 적절히 더하거나 빼서 섞으면 여러 가지 색을 표현할 수 있다. 그러나 자칫 혼합 비율을 잘못하면 채도가 낮아지는 단점을 지니고 있다. 프린터의 출력물이 모니터의 화면과 다른 부분이 바로 그런 예라 할 수 있다. 모니터는 빛으로 표현되는 데에 반해 프린터는 물감, 즉 잉크로 출력되기 때문에 모니터로 보는 색상보다 출력 후 결과물 색상의 채도가 높아 조금 더 탁하다는 것을 알 수 있다.

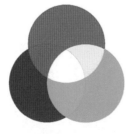

가법 혼색에 의한 빛의 혼색가법은 모니터에서 빛이 나와 우리 눈에 보이듯이 빛으로 보이는 현상이다.

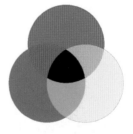

감법 혼색에 의한 안료의 혼색감법혼합은 물감의 혼합처럼, 물질로 구성되어 혼합될수록 채도가 내려가서 탁해 보이는 현상이다.

- **색광(빛)의 3원색** : 적색(Red), 녹색(Green), 청색(Blue) [RGB]
  - 모든 빛의 파장이 동일한 비율로 더해지면 백색광이 된다.
- **색료(잉크)의 3원색** : 파랑(Cyan), 자주색(Magenta), 노란색(Yellow), 검정(blacK) [CMYK]
  - 색상이 모두 합해지면 검은색(blacK)이 나타난다. 빛의 3원색과의 가장 큰 차이가 바로 검정색이 나타나는 것이라 할 수 있겠다.

(3) 색체계

① 색의 3속성

■ 우리의 눈이 색이라는 것을 인식하게 되는 부분을 말하며, 앞서 말한 적외선과 자외선 부분이 아닌 가시광선 부분에서 우리 인간은 색상을 알아본다. 흔히 일곱빛깔 무지개라고 불리듯이 색마다 명칭을 가지고 있는 것이 특징이다. 이런 색상별 명칭을 체계화하기 위해 학자들은 색상을 그래프화, 도식화시키기 시작했고, 우리나라는 여러 가지 표색 중 20세기 초 먼셀이 만든 색상환표를 기준으로 정해놓고 색상을 조절하는 데 사용한다. 우리의 눈이 보는 것과 색은 명확한 정의 없이 가설로만 존재하는 학계의 추론이다 보니 현재의 색체계에서 보이는 부분에 그 초점을 맞추고, 각각의 색상 느낌을 아는 것이 이번 공부의 중요한 포인트라 할 수 있겠다.

▲ 기본 5색

Point

- **색의 기본색**
  - 기본 5색 : 빨강, 노랑, 녹색, 파랑, 보라
  - 10색 : 빨강, 주황, 노랑, 연두, 녹색, 청록, 파랑, 남색, 보라, 자주

■ **명도(value/lightness)** : 색의 밝고 어두움의 정도를 말하는데, 가장 쉽게 설명하면 어두우면 검은색, 밝으면 흰색을 섞으면 된다. 즉, 백색을 가할수록 명도가 높아지며 흑색을 가할

수록 명도는 낮아지는 정반대의 개념이라 말할 수 있다. 명도는 순 검은색인 0단계에서 순 백색인 10단계까지 총 11단계로 구분된다.

■ **채도(chroma/saturation)** : 색의 맑거나 탁한 정도를 말한다. 흔히 학생들이 가장 어려워하는 개념이 바로 이 채도 부분이라 할 수 있다. 아래의 그림처럼 빨간색에서 아주 순수한 빨강과 다른 색(보색)이 섞여 순 빨강의 느낌을 잃은 차이를 비교해 보도록 하자.

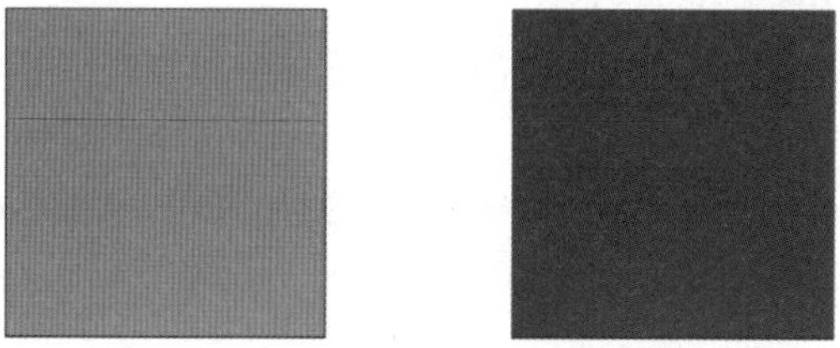

▲ 채도의 높고 낮음

위의 그림을 보면 왼쪽이 순 빨강인 상태로 채도가 가장 높은 상태이며, 오른쪽이 다른 색이 섞여 빨강이 가지고 있는 순수한 상태를 많이 잃은 상태이다. 그림에서 보듯이 순색(순수한 색 또는 순 빨강 상태)에 가까울수록 채도가 높고, 다른 색상을 가하면 채도가 낮아진다. 무채색(흰색 또는 검정) 상태는 채도가 0인 색을 가리키며, 그 외의 모든 색이 들어간 부분은 채도의 차이를 가지고 있다.

② **표색계(表色系, colorimetric system)**

앞서 말한 바와 같이 학자들의 색 개념은 학설로 주장되는 것이지 정의되진 않는다. 이 학설을 토대로 미술계와 산업계의 학자들이 색을 하나의 도식화, 도표화로 만들고 그 색이 대비되는 부분과 서로 상호작용 하는 색(色)을 표시하는 체계를 표색계라 한다. 대표적으로 먼셀표색계, 오스트발트 표색계, 한국산업규격(KS), NCS 등과 같이 색을 지각하는 부분에 기초하여 인간의 특성에 맞춘 색체계를 현색계(顯色系, color appearance system)라고 하고, CIE표준 표색계(XYZ표준 표색계)와 같은 빛의 성질을 수치적으로 정량화시켜 만든 색채계를 혼색계(混色系, color mixing system)라고 한다.

③ **색입체**

색의 3속성에 따라 서로 상호작용하는 이해를 높이고, 서로가 연관된 3속성의 기준을 정해서 서로의 인과관계를 3차원의 공간 속에 정리해 놓은 것을 색입체라고 한다. 색입체는 색의 체계적인 분류와 상호연관적 색채를 조절하기 위하여 사용된다.

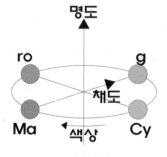

▲ 색입체계

색입체계는 세로로 되어 있는 가운데 기둥의 아래쪽은 명도가 낮은 부분으로 위로 갈수록 명도가 높아지는 것을 표현하고 있다. 가로 방향이 나타내는 것은 채도를 의미하는 것으로, 타원의 바깥으로 나갈수록 채도는 높아지고 안쪽으로 들어올수록 채도가 낮아짐을 나타내고 있다. 그 가로와 세로의 화살표 주변으로 타원은 색상을 나타내는데, 감법혼합인 CMYK의 색상으로 색상이 회전하며 앞서 배운 색상환을 표현하는 것이다.

④ 먼셀의 표색계(Munsell color system)

먼셀(미국)은 색을 색상(色相, hue), 명도(明度, value : 11단계), 채도(彩度, chroma : 14단계)를 사용하여 20가지 대표 색을 제시하고, 5의 배수를 적용하여 40색의 배색까지 만들어 색상을 표현하여 배색을 사용하는 데 보다 쉽게 표현하였다. 현재 우리나라의 한국산업규격에서 채택한 표준 색체계가 바로 먼셀의 표색계이다.

ⓅPoint

- **먼셀의 기본 5색과 색상 번호**
  - 순 빨강 : Red, 5R 4/14
  - 순 노랑 : Yellow, 5Y 8/14
  - 순 초록 : Green, 5G 5/10
  - 순 파랑 : Blue, 5B 5/10
  - 순 자주 : Purple, 5P 4/10

- **먼셀의 색 표시기호 기입** : 색표시 기호는 H V/C 순서로 표현된다. 예를 들어, 5R 4/14라고 하면 색상은 5R, 명도 4, 채도 14인 색, 즉 순 빨강이란 의미이다. 먼셀의 색기호를 보면 명도는 11단계, 즉 5R은 색상번호의 5번째, R은 빨간색을 나타내며, 명도가 4이면 색상의 타원 중간에 걸치게[20] 되므로 눈에 보이는 색상의 명도가 되고, 채도가 14단계이므로 14는 가장 진한 채도임을 나타내는 것이다. 그러므로 5R 4/14는 순 빨강이 되는 것이다. 먼셀의 표색계는 알아보기 쉽고 배색의 조화를 쉽게 볼 수 있는 장점이 있지만 각 색상마다 순색의 명도와 채도 위치가 다르다는 단점, 즉 순 빨강의 위치가 순 파랑과 다른 위치에 놓여있어 배색을 수식적으로 체계화하는 데 어려운 단점을 지니고 있다.

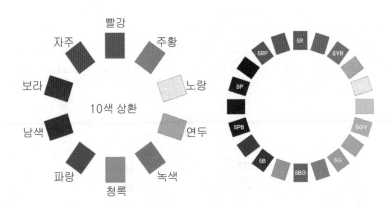

▲ 표준 10색과 먼셀의 색상환표

---

20) 색입체 그림 참조

⑤ <u>오스트왈트 표색계(表色系, Ostwald color system)</u>

오스트왈트(독일)는 순색, 백색, 검정을 3원색으로 한 빨강, 주황, 노랑, 보라, 파랑, 청록, 초록, 연두를 기본 4원색을 분할하여 노랑과 남색, 빨강과 청록을 마주 보도록 배치하고 그 중간에 주황과 파랑, 보라와 연두를 서로 배치하여 8색상을 만들었다. 이 8색상을 각각 3색상으로 나누어 24색상이 되도록 하였다.

Point

- **오스트왈트의 기본 4색**
  - 빨강(red)
  - 노랑(yellow)
  - 녹색(sea green, 청록)
  - 파랑(ultramarine blue, 군청색)

- **오스트왈트의 색입체** : 오스트왈트의 색입체는 먼셀의 색입체처럼 원형으로 표현되는 것과는 다르게 정삼각 구도의 사선 배치로 이루어졌다는 것이 특징이다. 마치 주판알의 구도로, 서로 상호색상 작용을 표현해 내고 있다.

- **오스트왈트의 명도, 채도** : 오스트왈트의 색체계에서 모든 색은 '순색+흰색+검정=100%'라고 가설하고 있다. 즉, 흰색의 함량과 검정의 함량을 기호로 표시하여 나타내고 있다.

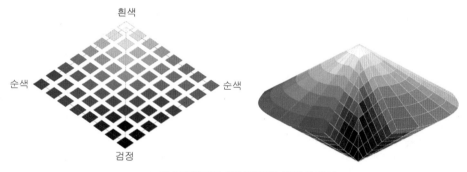

▲ 오스트왈트의 색입체도와 색체계 단면도

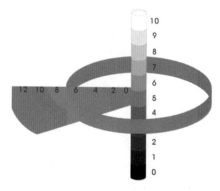

먼셀의 색체계
명도 11단계, 채도 14단계

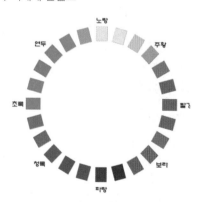

오스트왈트 색상환
기본 4색을 주축으로 한 24배색

▲ 학자별 색상환표

⑥ NCS표색계와 기본원리

NCS표색계는 독일의 심리학자인 헤링(Ewald Hering 1834−1918)이 색각이론(色覺理論)을 통해 발표하였다. 그 후 스웨덴 컬러색채연구소(sweden color center)에서 1979년에 1,412색의 NCS 색표집을 1차 발간하여 국제기관인 CIE로부터 공인받고, 1995년 2차로 1,750색의 NCS 색표집을 완성하여 발표하였다. NCS 색표집이 점점 인정받는 이유는 정상 색채를 자각하는 사람은 누구라도 색의 견본을 보지 않고도 색을 평가할 수 있다는 장점을 가지고 있기 때문이다.

NCS 색체계의 구성은 빨강(R), 노랑(Y), 초록(G), 파랑(B)의 4가지 유채색과 흰색(W), 검정(S)의 2가지 무채색을 합하여 모두 6가지의 색을 기본색이라고 한다. 이 기본색들이 무채색인 검정과 흰색이 포함된 양에 따라서 색상과 채도의 변화가 일어나고, 이 모양이 삼각형을 기준하여 3차원의 원추형 색입체로 표현된다.

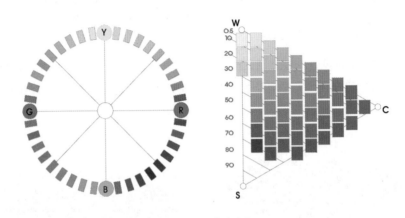

▲ NCS 색입체계

Ⓟoint

■ 색명 및 색기호

색상	색상번호	색명	색명기호	온도감	색명	한국표준색표의 색기호
	5	빨강	R	따뜻한 색	red	5R 4/14
	10	다홍	yR		yellowish Red	10R 5/14
	5	주황	YR		yellow red(orange)	5YR 6/14
	10	귤색	rY		reddish Yellow	10YR 7/14
	5	노랑	Y		Yellow	5Y 8.5/14

	10	노랑 연두	gY		greenish Yellow	10Y 8/12
	5	연두	GY	중성색	Green Yellow	5GY 7/10
	10	풀색	yG		yellowish Green	10GY 6/12
	5	녹색	G		Green	5G 5/10
	10	초록	bG		bluish Green	10G 5/10
	5	청록	BG		cyan	5BG 5/10
	10	바다색	gB		greenish Blue	10BG 5/10
	5	파랑	B	차가운 색	Blue	5B 4/10
	10	감청	pB		purplish Blue	10B 4/10
	5	남색	PB		violet	5PB 3/10
	10	남보라	bP		bouish Purple	10PB 3/10
	5	보라	P		Purple	5P 3/10
	10	붉은 보라	rP	중성색	reddish Purple	10P 4/12
	5	자주	RP		magenta	5RP 4/12
	10	연지	pR		purplish Red	10RP 4/14

나) 색채계획

(1) 색의 대비

색의 대비란 서로 다른 색상이나 비슷한 색상이 겹쳤을 때, 채도가 높은 색이 채도가 낮은 색 속으로 흡수되어 묻혀 버리거나 그 색과 조화를 이루는 듯한 느낌으로 전환되어 보이는 현상을 말한다.

우리가 이제부터 배울 색의 특징은 색상디자인을 시작하는 초보자의 입장에서 가장 중요한 부분이라 여겨진다. 이런 현상들을 이해함으로써 건축디자인에 색채를 대입했을 때, 더욱 뚜렷이 보이거나 그 반대적인 느낌으로 건축물의 포인트적 느낌을 강조하는 등 여러 가지를 계획할 수 있다.

① 색상대비

색상이 전혀 다른 두 색을 볼 때, 주변 색상의 영향 때문에 둘레의 색상 부분에 경계선이 보여 원래의 색상을 잃고 주변 색상의 영향으로 인해 도드라지게 드러나 보이거나 죽어 보이는 현상을 색의 대비라 한다.

아래의 그림에서 빨간색 안에 있는 분홍색 사각형은 빨간색 안으로 흡수되어 보이는 느낌이 보이나, 반대로 파란색 사각형 안에서는 경계가 뚜렷해지는 모습을 보인다. 이 느낌이 바로 색상이 서로 인접해 있는 색은 자석의 N극과 N극을 붙여놓는 것처럼 서로 밀어내는 성질을 가지고 있기 때문이다.

② 명도대비

아래의 그림처럼 가운데의 사각형은 같은 색상을 가지고 있지만 밝은 쪽은 더 밝아 보이고, 어두운 쪽은 더욱 어둡게 보인다. 이처럼 가운데의 색이 주변색의 밝고 어두움에 영향을 받아 자기 자신이 도드라져 보이거나 또는 더 어두워 보이는 성질을 명도대비라 한다.

③ 채도대비

명도대비와 유사한 개념으로 어떤 색의 주위보다 선명한 색이 있으면 그 색의 채도가 낮게 보이는 현상이다.

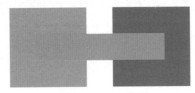

④ 계시대비

왼쪽의 파란색을 약 10초간 바라보고 오른쪽의 회색을 바라보면 순간 왼쪽의 파란색이 오른쪽의 회색과 겹쳐 보이는 착시현상과 같은 일이 발생한다. 이처럼 처음 본 색이 그다음의 색상을 변화시키는 현상을 계시대비라 한다.

⑤ 보색대비

먼셀의 색상환표를 보면 원형의 색상과 반대쪽에 있는 색상, 즉 먼셀의 색상환표 맨 위에 있는 색이 빨강이라면 아래쪽의 색상은 청록색이다. 이처럼 반대의 위치에 있는 색상을 보색이라 한다. 이런 보색을 아래의 그림과 같이 겹쳐보면 어색하고 각기의 색이 분리되는 현상이 나타나는데, 이것을 보색대비라 말한다.

디자인에서 보색대비를 잘못 사용하게 되면 디자인의 질이 매우 떨어질 수 있으므로 주의해서 사용해야 한다.

⑥ **면적대비**

면적이 크고 작음에 따라 색채가 서로 달라 보이는 현상으로, 면적이 커지면 밝은 부분은 더욱 밝아지고 어두운 부분이 커지면 더욱 어둡게 만드는 현상을 말한다. 이것은 면적으로 인해 명도 및 채도가 같이 올라가기 때문인데, 이를 이용한 실내디자인에 포인트를 줄 때 매우 유용하게 사용되기도 한다.

⑦ **연변대비**

비슷한 색의 경계 부분에서 색이 대비되어 보이는 현상을 말하는데, 아래 그림과 같이 짙은 회색과 조금 옅은 회색 사이의 경계선이 매우 뚜렷해 보이는 현상을 말한다. 이런 현상은 명도의 기준에서 나타나는 현상으로, 색채로서 경계 부분을 나타낼 때 많이 사용된다.

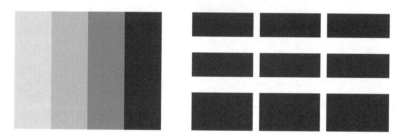

(2) 색의 느낌

색의 느낌은 난색(따뜻한 색)과 한색(차가운 색)으로 나눈다. 난색과 한색은 따뜻함과 차가움의 극명한 반대적 개념이 있어 쉽게 이해할 수 있다. 또한, 건축디자이너는 그 느낌을 사용해야 하는 바른 위치에 사용하는 것이 좋다. 예를 들어, 우리가 먹는 음식이 파란색이라고 가정했을 때, 아마도 식욕은 많이 떨어질 것이다.

식탁이나 주방 역시 마찬가지의 느낌이다. 한색 계열의 색상을 써서 식탁이나 주방을 계획했을 때는 아마도 이용하기 꺼려 할 것이므로 적절한 배치 및 사용을 위한 색채의 중요성을 배우는 것이 중요하다 하겠다.

■ 난색과 한색의 대비

구분	난색계	한색계
특성	• 얼핏 보기는 무거워 보이지만 가벼워 보이는 색상이다. • 후퇴되어 보인다.	• 진출되어 보인다. • 무거워 보인다.
느낌	따뜻함, 포근함, 즐거움, 만족, 정서적 느낌을 준다.	차가움, 슬픔, 지성적 느낌

색상		
주 사용 용도	식당, 병원, 아동용 건축물, 여학교, 한랭 산악지역	남학교, 중공업공장, 연구소

※ 건축물 실내 배색의 명도 : 바닥 4~6, 걸레받이 4~5, 징두리 6~7, 벽 7~8, 천장 8~9

(3) 건축의 색채

건축물에 색채를 입히는 대표적인 이유는 바로 주변 시설물과의 조화이다. 건축물 자체가 주변 경관과 어울리고, 또 그에 걸맞은 색채를 지니는 것이 바로 건축디자이너가 계획 단계에서 대지 조사를 하고 현장 조사와 기획 분석을 하는 가장 큰 이유 중에 하나란 사실을 잊어서는 안 되겠다.

건축물의 색채는 넓게 보았을 때 지역, 지구단위계획으로 그에 맞는 색상과 범위를 정할 수 있으며, 지구단위계획으로 정하는 건축물의 색채 구분은 다음과 같다.

보조색   강조색   주조색

주조색	주조색의 의미를 가장 간단히 말하면 건축물을 구성하고 있는 거의 전 부분의 색이라고 할 수 있다. 전체 건물배색에서 60~70%를 차지할 정도로 많은 부분을 차지하고 있는 부분으로 앞서 말한 바와 같이 주변 시설에 부응하는 색상인지 면밀한 검토가 이루어져야 한다.
보조색	건축물 색채계획에서 20~30%의 비율을 차지하는 부분으로, 주조색보다는 채도와 색상이 강하긴 하나 주조색과 비슷한 색상을 사용하여 색상과 채도의 대비 비율이 좋은 편이다.
강조색	강조색은 잘못 쓰면 주조색과 보조색을 한 번에 흐트러뜨리는 결정적인 계기가 되므로 매우 주의해서 사용해야 함을 명심하고 시작해야 한다. 강조색은 건물 전체의 분위기나 색상을 해치지 않는 범위 내에서 아주 극소량을 사용하여 표현하고자 하는 부분을 강하게 강조하는 색상이다. 예를 들면, 침실 침대 상부에 포인트 벽지를 사용하여 침실의 분위기를 화사하게 만드는 것과 같이 건물에도 강조되는 부분을 나타낼 때 사용하는 부분으로, 건물의 5~10%를 사용하는 것이 통상적이다.

(4) 건축의 색채 활용

건물의 색채계획은 앞서 말한 바와 같이 주변과의 조화로부터 시작된다. 그에 맞는 건축물을 계획할 때 각각의 통상적인 색상을 사용하는 데 기본적으로 알아두면 좋은 색채 활용의 예를 알아보겠다.

구분	사용 색채
천장	바닥보다는 명도가 높은 색상을 사용한다.(밝은색 계열 사용)
벽체	천장보다는 명도가 낮지만, 바닥보다는 높은 색을 사용한다.

바닥	천장과 바닥보다 명도를 낮게 한다.(중량감 있는 느낌)
복도	자유로운 색상으로 좋은 기분을 들게 한다.

(5) 색상별 사용의 의미

우리가 배운 색상대로 건축에서는 의미를 두고 사용하기도 한다. 특히, 주요 시설물이나 주의를 요하는 부분에서는 색상의 중요도가 굉장히 큰 범위를 차지하기 때문에 기본적인 색상별 사용 의미는 암기해야 한다.

색상	사용 의미	주요 사용처
	방화, 멈춤, 절대금지	소방기구
	위험표시	
	주의	안전표지
	안전, 구급, 구호	구급용품
	위험경고, 조심표시	
	방사능표시	방사능용기
	도로장애물이나 통로방향표시 (검정테두리 사용)	표시
	배경색으로 사용	배경색
	안전주의 경고표식	복합색채(노랑, 검정) 안전표지판

▲ 건축물 색상별 사용 의미

가) 빛의 용어 정리

① **현휘(glare)** : 현휘란 어두운 밤에 플래시 불빛을 눈에 직접 쬐게 되면 빛을 손으로 가리거나 인상을 찌푸리게 되는데, 이것이 바로 현휘다. 즉, 높은 광원의 빛이 눈 속으로 들어와 대상을 보기 어렵게 하거나 눈부심으로 불쾌감을 주는 현상을 말한다. 조명이 필요 이상으로 많이 설치되면 바로 이 현휘가 발생하므로, 적당한 조명 설치가 중요하다. 다르게 말해 조명은 많이 설치할 경우 인간에게 불쾌감을 초래한다는 것을 명심해야 한다.

② **조도(illuminance, 照度 – 단위 : 럭스, lux, lx)** : 아주 쉽게 설명하면 빛의 밝기 정도를 뜻한다. 촛불 1개가 1럭스라 한다. 즉, $1m^2$에 촛불 1개가 비추는 양의 정도라는 것이다. 다시 말해 1,000럭스라 하면 $1m^2$에 천개 촛불의 빛 정도라는 의미로 해석하면 이해가 쉬울 듯하다.

- **실생활에 참고되는 조도의 양**
  - 설계를 할 때 조도의 개념을 가장 많이 사용하기 때문에 기본적인 조도를 아래의 표와 같이 설명한다. 아래의 표는 참고적 자료일 뿐이지 실제 조명과는 차이가 있을 수 있다.

광원	조도
한낮의 태양	100,000럭스
촛불	1럭스
인공조명(사무실)	1,000럭스
거실	100럭스
길거리	30럭스

③ **광속(luminous flux, 光束 – 단위 : 루멘 lumen)** : 직접적으로 빛이 방출되는 빛의 총량(쉽게 생각하면 빛의 중량, 빛의 무게라고 이해하면 쉽다.)이다. 다시 말하면, 손전등 하나가 있는데 거기서 뿜어 나오는 빛의 총량이 얼마인가를 나타낼 수 있다. 1루멘이라 함은 초를 하나 켜두고 한발자국 뒤에 있는 빛의 양이라 생각하면 이해하기 쉽다.

④ **광도(luminous intensity, 光度 – 단위 : 칸델라 cd)** : 빛의 세기를 나타낸다. 쉽게 말하면 손전등이 직선으로 빛을 낼 때, 직선거리의 빛의 세기를 나타내는 것이다. 단위 입체각당 방사되는 빛의 양을 말한다.

⑤ **휘도(luminance, 輝度 – 단위 : 칸델라 cd/m^2)** : 사람이 느끼는 눈부심의 정도다. 앞서 말한 현휘와 비슷한데, 이 휘도는 반사광, 즉 빛이 바닥에 튕겨서 직사의 빛과 반사의 빛이 함께 보이는 것을 말한다. 그래서 단위에 cd와 m^{2}가 함께 있다.

⑥ **광원(light source, 光原)** : 손전등의 전구, 즉 빛이 시작되는 부분이며 자연적 광원은 태양과 달빛이 있고, 인공조명의 모든 부분은 광원이 된다.

- 실내건축기능사와 전산응용건축제도기능사에서 단위에 대한 출제빈도가 높다.

- **창을 이용한 자연채광 비교**

구분	장점	단점
천창채광	• 실내조도의 분포가 고르다. • 자연채광을 직접 느낄 수 있다. • 공간의 해방감이 크다.	• 통풍이 어렵다. • 프라이버시의 침해가 우려된다.
측창채광	• 통풍·차열에 유리하다. • 시공이 용이하며 비막이에 유리하다. • 투명 부분을 설치하면 해방감이 있다.	• 편측채광의 경우 실내의 조도 분포가 달라 음지가 발생한다.

과거의 조명은 밝기의 향상이 주목적이었으나, 현재는 실내환경의 보다 살기 좋은 환경을 위해서 분위기와 그에 맞는 질 좋은 조명이 요구되는 실정이다. 질 좋은 쾌적한 조명이란, 사용장소에 따라 다르지만 사용목적에 따라 분위기와 느낌까지도 주변의 여건과 정확히 맞는 것이어야 하고, 적당한 음영이 있어야 하며, 연색성이 좋은 것까지 통틀어서 말한다.

따라서 조명의 선택, 빛의 느낌이나 조명만이 가지고 있는 특징, 실내의 환경과 조화, 실외의 주변 여건과의 융화 등 모든 부분을 고려하고 결정해야 한다. 조명을 기존에 하던 방식대로 설계해서는 건축 이용자의 쾌적한 실내 요건에 큰 지장을 초래한다는 것이다.

그럼 지금부터 건축디자이너로서의 조명의 명확한 내용을 인지하고 시작해 보겠다. 조명은 그 가짓수로는 무수히 많은 개수가 있고 많은 자료가 있어 모두 알기 어렵지만, 우리가 사용하는 조명의 사용 방식 부분은 명확히 인지하고 가야 한다.

1) 인공조명의 분류 방법

가) 조명의 목적에 의한 분류

① **기능성조명(명시조명)** : 작업을 목적으로 원활한 작업이 이루어지도록 켜는 조명을 말한다. 주로 사무실, 공장, 학교 등 업무적 공간에서 사용한다.

② **분위기조명** : 공간 연출과 분위기 상승, 야간 주변경관과의 조화를 목적으로 한 조명으로써 레스토랑, 판매장, 호텔 등에서 사용한다.

③ **장식조명(분위기조명)** : 장식 및 분위기를 위주로 제작된 조명기구로써 빛의 환경적 제어가 필요하거나 조명으로 인한 쾌적한 실내 공간을 만들기 위해서 사용된다. 펜던트, 샹들리에, 브래킷, 스테인드, 글라스램프 등이 대표적인 장식조명이다.

나) 조명의 배광 방식에 따른 분류

① **직접조명**

- 광원으로부터 빛이 직접 쬐는 조명 방식을 말한다.
- 빛의 대부분(90~100%)이 작업 면을 직접 비추게 되는데 전력적 소모가 가장 덜 들고, 직사로 빛이 쬐어지다 보니 특정 부분을 강조하기 좋은데 반해, 밝은 곳만 밝고 그 주변은 어둡기 때문에 균일한 조도를 얻기 어려우며, 직사로 비치기 때문에 눈부심이 일어나기 쉽고 빛에 의한 그림자가 강하게 나타나는 특징이 있다.
- 일반적으로 설비비가 적게 들고 등갓이 아래로 향해 있어 먼지에 의한 감광[28]이 적고 전구의 손상도 적다.

---

28) 빛이 약해지거나 가늘어지는 현상. 빛의 감소.

■ 대표적으로 스테인드등이 있고 직사광이 작용하다 보니 눈부심, 즉 현휘가 발생하기 쉬운데, 이런 부분을 보강하기 위해 다른 조명과 함께 사용하는 것이 좋다.

② 반직접조명

■ 빛의 70~90%를 아래 방향으로 향해서 면을 비추고, 10~30%는 천장이나 윗쪽 부분을 향해서 직사와 분위기조명을 함께 사용한다는 장점이 있다.

■ 위아래가 개방되어 있으며 등갓을 이용해 빛을 비춘다. 통상적으로 사무실이나 주택 등에서 사용된다.

③ 전반확산조명

■ 조명 전체가 마치 태양처럼 둥근 모양을 하고 전체를 다 비추는 방식이다.

■ 전체적으로 밝아지는 장점이 있으나 직접적 광원을 볼 때 현휘의 발생이 야기될 수 있다.

④ 반간접조명

■ 빛의 10~30%만 직접 비추고, 70~90%를 위로 향하게 만든 조명이다.

■ 반직접조명의 정반대 개념으로 생각하면 된다. 간접조명의 느낌을 가지고 있기 때문에 분위기 연출에 보다 더 많은 부분을 차지한다.

■ 간접조명의 단점을 보완하고자 만든 조명으로, 광원 아래쪽의 빛을 내기 때문에 어둡다는 간접조명 방식의 결점을 보완했다고 평가된다.

⑤ 간접조명

■ 빛의 90~100%를 천장이나 윗부분에 비추어 반사되어 퍼져 나오는 빛을 표현한다.

■ 은은한 불빛이 나타나기 때문에 분위기조명으로 각광받는다. 그러나, 전체적 분위기를 어둡게 만들고 전력소모가 많이 든다는 점이나, 설비비나 먼지에 의한 감광으로 인한 결점이 단점으로 꼽힌다.

■ 주로 분위기조명이나 직접조명과 함께 병행하여 보조하는 역할로 사용되기도 한다.

구분	직접조명	전반확산조명	간접조명
조명 방식			

▲ 조명배광 방식에 의한 분류

다) 조명 방식에 따른 분류

(1) 기구에 의한 조명

① **매입등(down light)** : 조명기구를 천장 면 속으로 집어넣어 내장시키는 건축화조명 방식이며, 조명기구는 표면적으로만 살짝 보이며 직접조명 방식이다. 매입등, 할로겐 램프 등이 있다.

② **천장등(ceiling light)** : 조명기구를 천장 면에 직접 부착시키는 조명이다. 직접적으로 빛이 내리기 때문에 직부등이라고도 한다. 일반적으로 많이 쓰는 주택의 방등이나 거실등으로 많이 사용한다.

③ **펜던트조명** : 천장에 줄을 달아 늘어 뜨려 매단 조명 방식이다. 보통 식탁조명에서 많이 볼 수 있고 커피숍이나 레스토랑 등 분위기를 이용할 필요가 있는 장소에서 많이 이용된다.

> **Point**
>
> 펜던트를 설치할 때 가장 중요한 것은 천장의 높이이다. 식탁의 경우 의자에 앉았을 때, 빛이 눈에 직접 들어오지 않기 때문이고, 또 앉은 자세에서 음식을 주로 보기 때문에 많이 사용한다.

④ **벽 부착등(bracket)** : 벽면에 부착하는 모든 조명기구를 통칭하여 말하며, 브래킷등으로 불린다. 벽에 부착되기 때문에 천장과 벽에 동시에 반사되어 은은하고 부드러운 빛을 내는 것이 특징이다.

> **Point**
>
> ■ **브래킷을 설치할 때 중요한 것은 위치이다.**
>
> 너무 높게 설치하면 빛이 천장으로만 반사되어 조명의 흔들림에 의한 그림자가 남아 불안해 보일수 있고, 너무 낮은 위치에 달면 아래에서 올라오는 빛이 시야를 방해할 수 있기 때문에 위치 선정이 매우 중요하다.

⑤ **스테인드조명** : 이동이 가능하며, 소품의 효과가 매우 큰 조명이다. 직사광이 커서 현휘가 발생할 수 있기 때문에 다른 조명과 병행해서 사용하는 것이 좋다.

라) 조명의 종류와 사용목적에 의한 분류

① **베이스라이트(base light)** : 일반 형광등이나 사각형의 등박스에 형광등이 매입된 것을 말하며, 일반적으로 분위기 전체를 밝게 비추는 용도로 사용하는 일반등이다.

② **다운라이트(down light)** : 원형으로 천장 면에 인입하여 건축화조명으로 사용되며, 아래쪽을 집중적으로 조명을 비출 때 사용한다.

③ **스포트라이트(spot light)** : 특정 대상물을 집중적으로 비추거나 사물의 특정 부분을 드러나 보이도록 만드는 조명으로, 미술관의 그림이나 예술작품 등을 드러나 보이게 할 때 사용하는 조명이다.

④ **플로어 스탠드(floor stand)** : 영어식 그대로 마루에 놓인 스탠드등으로 거실이나 마루에 높이 1~1.5m의 통상적인 높이 정도로 설치되고 이동이 가능한 조명을 말한다. 보통 실내의 분위기를 은은하게 만드는 데 사용된다.

⑤ **테이블스탠드** : 테이블 위에 놓여서 이동이 가능한 등을 말하며, 소품에도 좋고 보조적 요소의 조명으로 많이 사용된다.

⑥ **백라이트(back light)** : 간접조명 방식으로 벽면 뒤에서 빛을 비추거나 가림판 뒤에서 빛을 내서 분위기를 살리는 조명으로, 은은한 불빛과 느낌을 살리는 데 아주 효과적인 조명이다.

2) 건축화조명

책상 위나 테이블 위에 있는 스탠드등과 다르게 천장 속에 있는 형광등이나 거실천장 속에 있는 사각등 등은 이사를 가거나 가구를 이동할 때 가져가지 못한다. 이런 것처럼 건물의 초기 건설 당시 또는 리모델링 시 만들어져 쉽게 이동하거나 위치를 바꾸기 어려운 조명기구를 건축화조명이라 한다. 즉, 건물과 일체(一體)되어 있는 등기구라는 의미이다.

이번 내용은 건축디자이너가 꾸며야 할 건축화조명에 대해 보다 구체적이고 명확한 방법으로 공부해보고자 한다.

가) 이동식조명과 건축화조명의 비교

구분	장점	단점
이동식조명	• 설치 및 구입 비용이 적게 든다. • 이동이 간편하고 교체 및 보수가 쉽다. • 이동 배치가 간편하다.	• 발광면이 제한적이다. • 집중 조명되어 피로도가 증가한다. • 건축 당시의 주변상황과 맞지 않고 구매를 하는 것이므로 어울리지 않을 수가 있다.
건축화조명	• 거의 천장 전체 면에서 매입, 노출되어 하부로 비추는 면이 넓고 현휘가 적다. • 실 전체를 비추므로 밝은 느낌을 준다. • 분위기와 효과 발휘에 좋다.	• 설치비용이 많이 든다. • 설치 및 재설치가 어렵다. • 등기구 교체가 어렵다. • 오염 시 소재 및 청소가 어렵다.

나) 건축화조명의 종류 및 특징

① **광천장조명**

■ 천장 면 내부 조명을 설치하고 그 밖으로 FRP 소재나 유리 소재 등으로 꾸며진 확산커버를 씌우고 거의 천장 전체 면에서 빛을 하부쪽으로 내리는 조명 방식으로써, 조명 방식 중 가장 효율이 높은 방식이다.

■ 전체적으로 밝고 깔끔한 내부환경이 되는 가장 효율 좋은 조명 방식이기는 하나, 광도가 너무 높으면 현휘의 발생 우려가 매우 높기 때문에 램프의 종류 선택이나 배열 방식에 주의를 요하고, 조도에 많은 신경을 쓰며 설계해야 하는 기법이다.

■ 천장 전체 면이 밝아지다 보면 모서리 및 구석진 곳에는 조도의 차이가 크게 날 우려가 있기 때문에 그런 부분이 발생할 우려가 있거나, 발생 시에는 부분적으로 보조조명 설치를 함께 포함하여 계획하는 것이 좋다.

② **Down Light조명**

■ 천장 면에 50~100mm의 원형 구멍을 뚫고 조명을 설치하여 비추는 조명 방식이다.

■ 현대 건축물에서 가장 많이 쓰이는 기법이며, 지름의 크기에 따라 조도가 달라지고, 또 배치와 배열에 따라 규칙성이 존재하는 조명이다.

■ 구멍 지름의 대·소에 따라 빛의 밝기에 대한 차이가 있고, 재료마감 및 의장, 전체 구멍 수, 배치 등에 따라 분위기를 변화시킬 수 있다.

■ 각 조명마다 안정기가 설치되기도 하며, 전력 소모가 많이 드는 단점이 있다. 광천장조명과 같이 천장 전체에서 빛이 내리쬐지 않아 현휘가 적으나, 조도 계산을 하는 것이 반드시 이루어져야 하며, 조도 계산 후 등의 배치 및 배열을 산출해 내야 하는 방식이다.

■ 등의 배열 시, 간섭물(화재, 환기, 감지기, 스프링클러 등)에 의해 배열이 흔들릴 수 있으므로 간섭물에 대한 조사도 필요하다.

③ Line Light조명

- 매입형조명 방식으로 가로, 세로, 대각선 등 라인(line) 방식으로 되어 있는 조명을 말하며, 장식용으로 많이 사용되는 조명 방식이다.
- 근래 들어서는 건축물의 외관까지 라인조명 방식을 사용하는 추세이기도 하다.

④ Troffer조명

- 연속열 등기구를 천장 면에 매입하거나 들보에 설치하는 방식으로서, 천장매입형의 조명방식으로 사무실 등에 널리 사용되며 개방형, 확산형, 반매입형 등의 방식이 있다.

⑤ Cornice조명

- Cornice란 어원은 상부의 코너 부분에 들어가는 몰딩으로, 고딕양식이나 르네상스 양식으로 꾸며진 상부몰딩을 지칭하는데서 유래되었다고 추측한다. 즉, 천장이나 벽면 상부에 면을 돌출시켜 만들고, 그 안쪽 면에 조명기구를 배치하여 윗면 또는 아랫면으로 직사해서 내리는, 다시 말해 조명이 보이지 않고 직사하는 조명 방식으로 은은하게 빛을 발하는 느낌을 주기 때문에 실내의 공간효과를 내는 근래의 건축물에 많이 사용되는 방법이다.

⑥ Cove조명

■ Cornice조명과는 그 의미가 비슷하기 때문에 많이 착각하는 조명 방식일 수 있다.

■ 이 조명 방식 역시 벽, 천장 면을 이용하여 조명을 감춘다는 데서는 그 설치 방식이 비슷하다. 그러나 Cornice조명과 다른 점은 벽체의 상부 코너 부분이 아닌 천장 면 중앙부든 벽면의 중앙부든 돌출 면 속에 조명을 감추고 간접조명으로 만들어 그 반사광으로 조명의 빛을 발하는 조명 방식으로, 건축화조명 방식으로 가장 대표적인 방식이다.

■ 천장과 벽이 2차 광원 면이 되기 때문에 명도가 높은 흰색 바탕을 주로 많이 사용한다.

■ 간접조명 방식이다 보니 조명의 효율은 뒤떨어지나 방 전체가 부드럽고 차분한 분위기가 조성된다.

⑦ Corner조명

■ 천장이나 벽면의 구석에 조명기구를 설치하여 조명하는 방식이다.

■ 천장과 벽면의 모서리 부분에 설치되다 보니, 구석진 사각의 어두운 부분을 해결할 수 있고, 코니스나 코브조명의 특징을 가지고 있으나 조명기구가 코니스와 코브조명처럼 숨어 있는 것이 아니고 노출되어 있다는 것이 특징이다. 따라서, 조명기구의 선택과 조명기구의 오염에 대한 해결책이 있어야 한다.

■ 주로 터널 안이나 지하철 보도의 입구에 많이 사용되는 조명 방식이다.

⑧ Coffer조명

■ 천장 면을 여러 형태로 잘라내어 다양한 표면 변화를 통해 이지적 공간을 형성하고, 여러 기구의 다양한 조명기구를 부착하여 실내의 변화를 파격적으로 이루어낸 조명 방식이다.

■ 여러 가지 기형적 면이 형성되기 때문에 1층의 홀이나 표면적 인상을 깊게 주어야 하는 공간에서 많이 사용되는 기법이다.

■ 공간적 지루함을 덜어주는 장점이 있으나, 지나치면 혼란을 주거나 산만함을 초래하는 단점을 지니고 있다.

⑨ 루버 천장조명

■ 조명등 박스의 표면에 루버판을 부착하고 천장 내부로 등박스를 삽입하여 직접조명하는 방식으로, 광천장조명 방식이 현휘로 인한 눈부심이 발생하는 부분에 대한 보완책으로 나왔다고 할 수 있다.

■ 적은 등기구로 루버판 자체를 알루미늄등으로 반사광을 높게 설치하여 작은 조명에도 빛이 확산되도록 되어 있기 때문에 그릴망에 의한 현휘가 없고, 조도면이 반사에 의해 좀 더 밝은 직사광을 나타내는 효과가 있어 사무실 및 업무용 시설에서 많이 사용된다.

■ 루버 면에 얼룩짐이 없도록 해야 하기 때문에 주기적 청소가 필요하고, 직접조명이 시야에 노출되어 현휘가 발생되지 않도록 루버의 각도를 사전에 계획해서 배치해야 한다.

⑩ **인공창 벽면 매입조명**

- 주변이 막힌 실내 공간이나 지하실 등과 같이 답답함을 느낄 수 있는 공간에 마치 자연광이 채광되어 들어오는 듯한 느낌을 주도록 설계하는 조명 방식을 말한다.
- 벽면 일부분이나 전체에 조명기구를 매입시키고 표면에 창과 같은 느낌을 주도록 조명갓을 설치하거나 벽면의 인테리어 효과를 위해 여러 가지 문양을 삽입하기도 한다.

▲ 벽면조명   ▲ 브라켓조명

⑪ **Sky Light조명**

인공창조명과 비슷한 용도로 사용되는 조명인데, 인공창조명이 벽면에서 채광되는 느낌이라면 스카이라이트는 천장에서 마치 자연채광이 되는 듯한 느낌이 일어나도록 하는 채광 방식이다.

▲ 스카이라이트 조명 – 하늘이 아니고 인공으로 만든 천장

⑫ **Balance조명(분위기조명)**

■ 간접조명 방식으로 벽면을 2차원적 광원으로 조명하는 방식으로, 숨겨진 램프의 벽면이나 천장 면에 반사되도록 조명하는 방식이다.

■ 벽면은 흰색 바탕으로 많이 사용하고, 분위기에 맞는 조명기구의 색상 변화로 내부 공간에 대한 색상 변화를 나타내는 것이 특징이다.

⑬ **바닥조명**

조명기구가 바닥 아래에 매입되고 상부에 강화유리 및 강화FRP를 이용하여 바닥에서 은은하게 조명이 나오는 조명 방식이다.

다) 건축화조명의 시공 시 주의사항

건축화조명은 단순히 건축설계자만이 계획하고 시공하는 분야가 아니다. 건축설계자와 조명설계자의 협의 및 계획이 있어야 명확한 설계 방향이 서는 것을 인지하고, 기술적 지식 교류와 협력이 반드시 있어야 한다는 것을 인지하고 있어야 할 것이다.

가장 좋은 조명의 시공 방법은 현휘의 발생을 낮추고, 자연적인 느낌을 최대한 살리는 조도를 설치하고, 공간에 맞는 조도와 휘도를 구획하며, 건축주의 의도를 명확히 파악하고 인지하여 그에 맞는 분위기와 멋을 연출하는 데 있다.

일반적으로 건축 분야는 건축 기술자가, 조명은 조명 기술자가라는 인식을 하기 쉬운데, 건축은 건축 기술자 뿐만이 아니라 조명, 전기, 설비 외 모든 기술자가 하나의 기술력으로 협력해야만 좋은 건축이 나올 수 있다는 점을 늘 명심해야 한다.

Section 05 음향효과

1 음향의 개요

"음"이란 물리적인 진동에 의해 발생한 파동이 사람의 청각기관을 통해 전달되는 것이라 정의할 수 있다. 음은 자신이 가지고 있는 기본 성질인 압력과 시간의 축을 가진 음파, 즉 소리의 크기(볼륨, volume)에 의해 결정되고, 그 소리의 높낮이를 기계적 의미로 조절 가능하도록 발전되어 왔다.

우리가 흔히 말하는 라디오의 주파수인 Hz(헤르츠)로 말하는데, 이는 음이 1초 동안에 몇 번 진동을 하는지에 대한 파동의 횟수를 의미한다. 다시 말해 사람의 귀에 1초에 몇 번 들리는지에 대한 내용이며, 1Hz란 1초 동안 한 번 음이 들리는 것을 의미한다 할 수 있다.

이런 음향에 대한 이론은 너무 광범위하기 때문에 본문에서는 건축과 관련된 범위에 한정지어 건축적 필수 요소에 대해서만 서술하도록 한다.

2 음의 역사

가장 오래된 학설은 기원전 6세기에서 기원전 1세기 사이 고대 그리스와 로마에서 시작된 것으로 보고 있으나 초기에는 예술로서 음악으로만 사용되었고, 이후 학문적 연구로서는 피타고라스의 음파에 대한 학문적 음계 이론이 그 시작으로 보는 것이 정설이다. 피타고라스는 자신의 이론에서 일현금으로 실험하여 일정한 비율로 현을 분할하여 음계를 형성하는 것을 알아내어 연구를 기록함으로써 음이 학문적 연구로 시작되게 되었다.

이후 17세기~18세기경 음에 대한 연구를 본격적으로 진행하기 시작하였으며 음률 이론과 악기를 제작하는 연구를 수행하였다. 과학기술의 발달과 기계기술의 발전으로 현대에서는 음향학을 하나의 학문으로 인지하고 체계적인 학문과 음파, 음의 압력에 대한 수학적 수치 산정까지 이르게 되었다.

3 음의 분류

음은 크게 세 가지로 분류할 수 있다. 음의 높이, 크기, 색깔(음색)로 표현하는데, 음의 높이는 말그대로 볼륨의 크기를 나타낸다. 즉 Hz를 의미하며, 크기는 dB, 음색은 악기를 예를 들어 피아노 소리와 트럼펫 소리 등 각기 다른 소리를 의미한다.

① 음의 높이

음의 높이는 1초당 발생되는 음의 진동수를 파형으로 분석하여 반복되는 횟수를 나타내는데, 그 단위를 위에서 언급한 바와 같이 Hz(헤르츠)로 나타내며, 1초당 파형의 반복 횟수가 많을수록 소리가 높고, 반대로 반복 횟수가 적을수록 낮은 저주파 음역대가 된다.

② 음의 크기

음의 크기의 기본 단위는 dB(Decibel-데시벨)로 표기한다. 음은 소리와 진동에 의해 발생되는 압력을 나타내는데, 음압의 수치화를 나타내기 위해서 대부분의 경우 음위가 사용된다. 음위는 관계음압과 측정된 음압의 20배로 된 비율을 나타내는데, 그것이 우리가 아는 dB(데시벨)이다. 이 dB로 청각이 인간에 미치는 영향을 분석하여 규제 기준을 정하였는데, 그 기준은 다음과 같다.

대상 지역	시간대별 소음원		아침 05:00~07:00	저녁 18:00~22:00	낮시간 07:00~18:00	심야시간 22:00~05:00
• 주거지역 • 녹지지역 • 관리지역 및 취락지구 • 관광휴양 개발진흥지구 • 자연환경 보전지역 • 그 밖의 지역에 있는 학교 종합병원 공공도서관	확성기	옥외 설치	60dB 이하	60dB 이하	65dB 이하	60dB 이하
		옥내에서 옥외로 소음 유출	50dB 이하	50dB 이하	55dB 이하	45dB 이하
	공장		50dB 이하	50dB 이하	55dB 이하	45dB 이하
	사업장	동일 건물	45dB 이하	45dB 이하	50dB 이하	40dB 이하
		기타	50dB 이하	50dB 이하	55dB 이하	45dB 이하
	공사장		60dB 이하	60dB 이하	65dB 이하	50dB 이하
그 밖의 지역	확성기	옥외 설치	65dB 이하	65dB 이하	70dB 이하	60dB 이하
		옥내에서 옥외로 소음 유출	60dB 이하	60dB 이하	65dB 이하	55dB 이하
	공장		60dB 이하	60dB 이하	65dB 이하	55dB 이하
	사업장	동일 건물	50dB 이하	50dB 이하	55dB 이하	45dB 이하
		기타	60dB 이하	60dB 이하	65dB 이하	55dB 이하
	공사장		65dB 이하	65dB 이하	70dB 이하	50dB 이하

■ dB의 기준

국가소음정보시스템에서는 데시벨을 20dB부터 120dB까지 분류하지만 본 표에서는 dB의 크기에 대한 이해를 돕기 위해 10dB을 포함하여 설명한다.

음량	소음 비교	음량	소음 비교
120dB	전투기 이착륙 소음	60dB	일상적 대화
110dB	자동차 경적음	50dB	조용한 사무실
100dB	철도변 소음	40dB	도서관
90dB	소음이 심한 공장 내부	30dB	속삭이는 소리
80dB	지하철 실내 소음	20dB	시계초침 소리
70dB	전화벨 소리	10dB	잔잔한 바람소리

■ 소음이 인체에 미치는 영향

소음은 개인별로 느껴지는 기준이 다르다. 다만 어느 정도의 dB에 도달하여 장기간 그 소음에 노출되었을 경우 인체에 미치는 영향은 매우 크다. 통상적으로 60dB 이상일 경우 수면장애가 발생하기 쉽고, 70dB 이상부터는 신체적 변화가 직접적으로 나타나기 시작하는데, 말초혈관이 수축하거나 80dB 이상에서는 청력장애 및 난청이 발생하기 시작한다. 100dB 이상의 소음에 장시간 노출되었을 경우 사람이나 가축이 유산되거나 심각한 심리적 고통감이 발생한다.

■ 소음 규제 법률 기준

우리가 생활하는 데는 많은 소음이 발생하는데, 그 대표적인 것이 아파트의 층간소음이라 할 수 있다. 아파트 층간소음은 최근 사회적 문제로 많이 대두되고 있어 법률적 제한을 두고 있지만, 앞서 설명한 바와 같이 인간이 느끼는 개인별 소음의 차가 있어 아직도 극복하기 어려운 난제이다.

다음은 현재 기준 소음규제 법률기준을 정리하였다.

(단위 : dB)

층간소음의 구분		층간소음의 기준	
		주간 (06:00~22:00)	야간 (22:00~06:00)
층간소음기준 제2조 1호에 따른 직접 충격 소음	1분간 등가 소음도	43	38
	최고 소음도	57	52
제2조 2호에 따른 공기전달 소음	5분간 등가 소음도	45	40
고성방가	형법 적용	음주소란, 인근소란 관련 규정에 준함.	

③ 음의 색깔(음색)

사람이 각각 다른 목소리를 내듯 악기나 사물도 각각의 다른 소리를 표현하는데, 그것을 우리는 음의 색 또는 음색이라고 표현한다. 주로 음악에서 사용하는 오케스트라와 같이 각기 다른 악기의 소리를 조합하여 화음의 조화를 이루어내는 것은 고대부터 내려온 가장 아름다운 음의 기법으로 표현된다. 반대로 거북하게 들리는 경우도 음색이 나쁘다는 표현으로 이에 속한다.

4 음의 전파

① **거리비례 감쇠법칙** : 음이 도달하는 소리에 따라 넓게 퍼져나가지만 점차 소음원이 외부의 원인에 의해 감소되는 원리

② **굴절 및 반사** : 음이 다른 재료의 경계면에 부딪혀 튕겨지거나 소리가 꺾여서 방향을 회전하는 원리

③ **회절** : 음은 파동의 하나이기 때문에 물체가 진행 방향을 가로막고 있다고 해도 그 물체의 후면에도 전달되는 원리

④ **간섭** : 다른 두 개의 음이 섞여서 서로 강해지거나 서로 약해지는 원리

⑤ **정재파** : 영화에서 보듯이 방해전파를 생각하면 이해가 쉬운데, 원음이 다른 재료에 부딪혀 묻혀 버리는 원리

⑥ **양이효과** : 소위 스테레오라고 생각하면 이해가 쉬운데, 음을 귀 뒤로 들음으로서 방향성과 입체감을 가지는 원리

⑦ **칵테일 효과** : 여러 사람들이 모여 시끄러운 와중에도 자신이 관심을 갖는 이야기를 (**예** 자신의 험담 등) 골라서 추려 듣는 원리

Point

■ **기출문제 사례**

음파는 파동의 하나이기 때문에 물체가 진행 방향을 가로막고 있다고 해도 그 물체의 후면에도 전달되는 현상은?

❶ 회절   ② 반사

③ 간섭   ④ 굴절

---

5 잔향이론

음원에서 소리가 끝난 후 실내에 음의 에너지가 백만분의 일(약 60dB)이 될 때까지의 시간, 잔향시간은 실(room) 용적에 비례하고 흡음력에 반비례한다. 일종의 메아리 및 에코[1]현상을 말하면 이해하기가 쉽다.

건축물에서는 잔향 설비를 이용하여 음의 전파를 용이하게 하며, 코펜하겐리브[2]라는 음의 떨림을 도와주는 벽면 자재를 이용하여 강당 및 오케스트라의 음악실 등과 같은 장소에 사용하면 음의 잔향 효과를 증진시키는 데 도움을 준다.

---

1) 음의 떨림 현상(바이브레이션)
2) 코펜하겐리브는 건축재료에서도 나오지만 강당, 극장 및 음악실과 같은 벽의 내벽에 붙이는 굴곡진 나무 판재로, 음향조절효과 및 장식효과가 있다.
   5×10㎝의 두꺼운 판에다 표면을 자유곡선으로 파내 리브를 만들어 내어 잔향효과를 최대한으로 살린 재료이다.

① 잔향효과를 높이는 건축재료

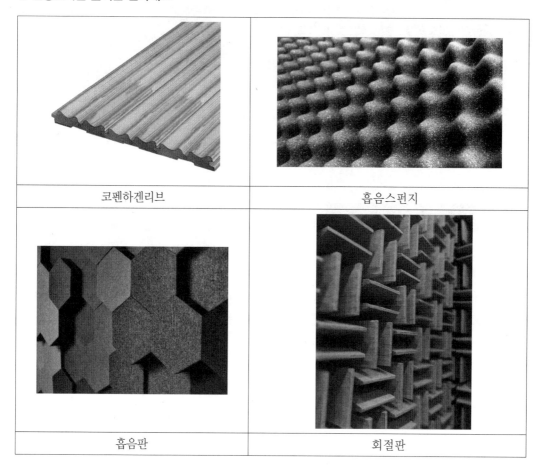

코펜하겐리브	흡음스펀지
흡음판	회절판

Chapter 02

건축제도

Section 01 | **건축제도 일반**

1) 기초제도 이론

기초제도란, 건축만을 특정 하는 제도의 이론을 말하는 것이 아니라 기계, 전기, 설비, 건축까지 포함된 모든 제도의 기초를 의미하는 것이므로, 우리가 생각하는 건축도면과는 약간의 차이가 있다. 건축제도의 기본적 정의에 대해서는 2장에서 공부를 하겠지만, 기초제도에 대해서는 반드시 인지해야 하는 부분이 있으므로 알고 넘어가야 하겠다.

가) 제도의 정의

설계자가 설계한 기계나 구조물의 형상이나 크기를 정해진 규칙에 따라 점, 선, 문자, 부호, 점선 등을 사용하여 도면 위에 나타내는 것을 말한다.

나) 도면의 크기 및 종류

(1) 도면의 크기

- 제도 용지 또는 인쇄 용지의 크기를 표현하는 것으로써 도면의 크기는 한국산업규격(⒦)제도 통칙으로 규정한다.
- 제도 용지의 크기는 폭과 길이로 나타내는데, 그 비율은 $1 : \sqrt{2}$ 가 되며, A0~A5를 사용한다.
- 제도 용지에 도면을 그릴 때 도면은 그 길이 방향을 좌우 방향에 놓아야 하는데, 이를 정위치라 한다.
- 도면을 접었을 경우에는 그 접은 부분의 크기는 원칙적으로 A4로 한다. 이때, 표제란이 겉으로 나오도록 도면 정리가 되어야 하며, 오른쪽 아래 부분에 두어야 한다.

(2) 도면의 크기 비교 (단위 : mm)

호칭		A0	A1	A2	A3	A4
치수		841×1189	594×841	420×594	297×420	210×297
도면의 윤곽	c	20	20	10	10	10
	d 철하지 않을 때	20	20	10	10	10
	철할 때	20	20	20	20	20

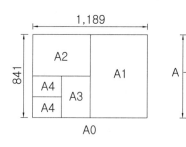

▲ 도면의 크기

(3) 척도

척도란 실제 물체의 크기를 도면에 넣지 못하거나 더욱 자세히 그려야 할 경우, 물체의 실제 치수에 대한 도면의 비율을 말한다. 즉, 100m 높이의 건물을 도면에는 $\frac{1}{100}$로 줄여서 1mm로 그리고, 치수는 100m의 치수를 그대로 사용한 것이 바로 실물 비율에 따른 척도를 적용한 것이라 할 수 있다.

① 물체는 크기에 따라 제도 용지에 알맞은 크기로 나타내야 한다.

② 시계와 같은 작은 부품은 크게 그리고, 큰 부품은 실물보다 작게 그린다.

③ 척도의 종류

- **축척** : 도면상의 물체를 실물보다 작게 그리는 방법이다.
- **현척** : 도면상의 물체를 실물의 크기와 같이 나타내는 방법이다.

■ **배척 :** 도면상의 물체를 실물보다 크게 그리는 방법이다.

척도	사용 부위
1/1,1/2,1/5,1/10	부분상세도
1/5,1/10,1/20,1/30	부분상세도, 단면상세도
1/50,1/100,1/200,1/300	평면도, 입면도 등 일반도와 기초평면도 등 구조설비도
1/500,1/600,1/1000,1/1200	배치도

▲ 척도별 표기 및 사용처

다) 제도의 선(線)

한국산업표준(KS)[33]의 도면에서 선 굵기의 기준을 0.13, 0.18, 0.25, 0.35, 0.5, 0.7, 1.0, 1.4, 2mm의 9가지로 규정하고 있다. 선의 굵기는 도면의 척도와 사용 크기, 중요도 및 요점에 대한 알맞은 두께를 사용해야 하나, 같은 테두리 내의 도면에서 같은 목적으로 쓰이는 선의 굵기는 모두 같아야 한다.

구분		선의 모양 설명
종류	모양	
실선	────────────	끊김 없이 연속되는 선
파선	------------------------	일정한 간격으로 짧은 선이 규칙적으로 반복되는 선
1점 쇄선	-·-·-·-·-·-·-·-	길고 짧은 선이 반복적으로 이루어지는 선
2점 쇄선	-··-··-··-··-··-	긴 선 한 번, 짧은 선 두 번이 반복적으로 이루어지는 선

▲ 선의 규격 및 모양

Point

■ **국제 표준(International Standard)**

각기 다른 규격의 제품이 그 나라의 표준 규격에 맞추어 제작되다 보니 상호 교류 및 자유무역에 많은 지장을 초래하게 되었다. 그래서 세계 각국에서 생산되는 제품의 호환성을 확보하고 상호 교역을 촉진시키기 위해 각종 규격, 기술, 용어 등에 대해 일정한 기준과 표준 형태를 국제 간 합의를 통해 규정해 놓은 것을 말한다.

---

33) 한국산업표준(KS : Korean Industrial Standards)은 산업표준화법에 의거하여 산업표준심의회의 심의를 거쳐 기술표준원장이 고시함으로써 확정되는 국가 표준으로, 약칭하여 KS로 표시한다.

구분		용도별 이름	용도
종류	모양		
외형선	——————	굵은 실선	물체의 보이는 부분을 나타내는 외곽선(0.8mm)
지시선	—————	가는 실선	지시하기 위하여 쓰는 선(0.2mm)
숨은선(은선)	--------------	굵은 실선 또는 가는 파선	물체의 보이지 않는 부분을 나타내는 선(외형선의 $\frac{1}{2}$)
가는 1점 쇄선	—-—-—-—	중심선	물체 및 도형의 중심을 나타내는 선
가는 2점 쇄선	—--—--—--	가상선	물체가 움직인 상태를 가상하여 나타내는 선
파단선	～～～	가는 실선	도형의 일부 파단한 곳을 표시하는 선, 프리핸드가 가능하다.
치수선, 치수 보조선, 지시선	—————	가는 실선	치수, 각도, 기호 등을 나타내는 선 (0.2mm 이하)
해칭선	▨	가는 실선	전단면 등을 표시하기 위해서 쓰는 선 (0.2mm 이하)
피치선	—-—-—-—	가는 1점 쇄선	물체가 움직인 상태를 가상하여 나타내는 선
가는 실선	—————	특수용도선	외형선과 은선의 연장선 평면이라는 것을 표시하는 선
굵은 1점 쇄선	—-—-—-	특수용도선	특수한 가공을 실시하는 부분을 나타내는 선(0.3~0.8mm)

▲ 선의 굵기와 용도

라) 투상법

투상법이란 2차원적 도면만으로 나타낼 수 있는 표현의 한계를 느끼거나, 좀 더 여러 각도의 모습으로 다각적 차원으로 도면에 대한 이해도를 높이고자 할 때 주로 사용한다.

(1) 정투상법

- 직선상으로 그어지는 평행선에 의해 물체가 투상면에 그대로 비쳐서 나타나는 투상을 말한다.
- 투상도는 제3각법과 제1각법이 있다.

■ 일반적으로 도면의 배치가 위쪽과 좌우측이냐, 아래쪽과 좌우측이냐에 따라서 제3각법이나 제1각법이라고 불리기도 하는데, 특별한 경우 도면에 3각법이나 1각법을 기입하기도 한다.

(2) 투상도 보기

정면도	물체의 어느 한쪽 면을 기준으로 삼아 그 물체를 똑바로 바라보고서 정면도로 표현되는 물체의 기준이 되는 도면이다.
좌·우측면도	물체의 정면을 기준으로 좌측과 우측면 방향에서 바라 본 도면이다.
평면도	물체의 정면을 기준으로 위쪽 방향에서 내려다본 도면이다.
배면도	물체의 정면을 기준으로 뒤쪽 방향에서 바라본 도면이다.
저면도	물체의 정면을 기준으로 아래 방향에서 바라본 도면이다.

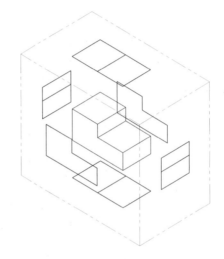

(3) 3각법과 1각법 표현

① **제3각법** : 물체를 제3각 안에 두고 투상하는 방법이며, 정면도를 중심으로 하여 평면도, 좌, 우 1개의 도면을 좌측면도 또는 우측면도로 배열한다.

② **제1각법** : 물체를 제1각 안에 놓고 투상하는 방법으로, 각도 면은 정면도를 중심으로 아래는 평면, 좌, 우측으로 도면이 배열된다. 측면도와 평면도의 위치가 제3각법과 다른 것이 특징이다.

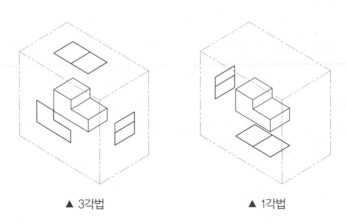

▲ 3각법   ▲ 1각법

마) 투시도법(투시 투상법)

- 투시도란 2차원적으로 설명하기 어려운 도면을 좀 더 이해하기 쉽도록 3차원의 실체를 그대로 평면에 옮겨 그리는 기법을 말한다.

- 투시도는 사람의 눈, 즉 시각의 높이를 기준으로 우리가 보는 그대로를 도면에 옮겨 넣었기 때문에 화면적 비율이 다르다. 예를 들어, 교실 복도에서 보는 것처럼 멀리 있는 반대쪽 복도는 작게 보이고 가까이 있는 모습은 크게 보이며, 사각의 모서리는 사선으로 보이는 것과 같이 우리가 보는 모습 그대로를 도면에 나타내는 것이라고 말할 수 있다. 그런 이유로 투시도법을 '원근법'이라고도 한다.

 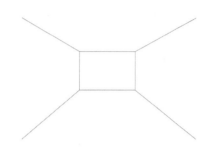

▲ 실제 복도와 1소점 투시도상 표현기법

- 투시도법은 레오나르도 다빈치가 최초로 연구하였다는 가설이 있으며, 후에 많은 화가들에 의해서 지속적으로 계승 발전되었다.

- 투시도의 큰 특징은 소점(v.p)을 갖는 것인데, 여기서 소점이란 인간의 시각 기준에서 뻗어 나가는 시각의 기준선, 또는 시각의 평행선이라고 할 수 있다. 그 기준선이 몇 개이냐에 따라서 소점으로 분리된다. 물론 이 소점은 실존하는 점은 아니다.

- 투시도법은 1소점부터 3소점 투시 투상법을 사용하는데, 1소점은 실내건축의 내부 부분을 그리는 데 많이 사용하고, 2소점 투시는 내·외부의 사용이 가능하며, 3소점은 건물의 외부 투시도를 그리는 데 많이 사용한다.

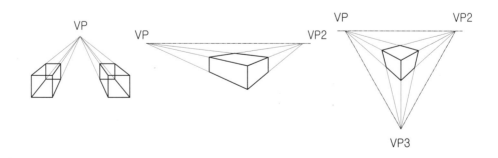

(1) 투시도 용어

① **소점(Vanishing Point, 消點, VP)** : 인간의 시각 기준에서 뻗어 나가는 물체에 대한 시각의 평행선, 즉 기면과 평행으로 뻗어 나가는 사선으로 무한대로 가면 하나의 수평선상의 점으로 모이는 부분을 소점이라 한다.

② **화면(Picture Plane, PP)** : 사물의 객체와 시선의 중간지점, 즉 도면의 지점을 말한다.

③ **기면(Ground Plane, GP)** : 사람이 서 있는 바닥면, 화면과 대각선이 되는 바닥면을 말한다.

④ **기선(Ground Line, GL)** : 지반선이라고 하며, 화면과 지반면과의 교차되는 선을 의미한다.

⑤ **수평선(Horizontal Line, HL)** : 수평적으로 놓여진 선을 말하며, GL과 평행한 선이다. 2소점의 VP라인처럼 수평적으로 그어져 눈높이와 동일선으로 그어진다.

⑥ **시점(Eye Point, EP)** : 사람이 서 있는 시선의 지점을 말한다.

⑦ **정점(Station Point, SP)** : 사람이 서 있는 발 아래의 시작점을 의미한다.

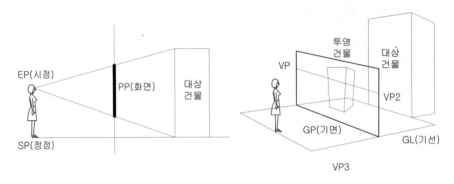

▲ 투시도의 기하학적 용어

(2) 투시도의 종류

① 소점에 의한 투시

■ **1소점 투시도** : 앞서 복도 그림에서 보듯, 물체의 어느 한 소점에서 선이 나와 물체를 넓게 보이게 만든 1개의 소점을 가진 투시도를 말한다. 보통 실내투시도에서 내부를 표현하는 기법으로 많이 사용된다.

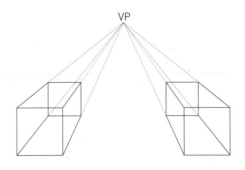

■ **2소점 투시도** : 사물을 비스듬하게 볼 때, 즉 어느 건물의 모서리를 기준으로 물체를 보고 있을 때 좌측과 우측이 기울어져 보인다. 이때 시선을 기준으로 수평선을 그어서 양쪽으로 무한히 가면 좌·우측 두 개의 소점으로 선이 모이게 된다. 2소점 투시도는 실내·외 투시도 모두에서 사용 가능하다.

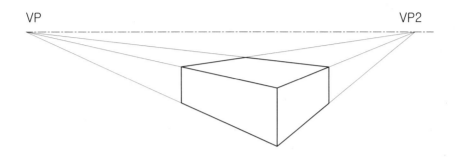

■ **3소점 투시도** : 마치 하늘을 날고 있으면서 아래로 대상물을 아래로 내려다보듯이 쳐다볼 때 건물의 모서리를 기준으로 쳐다보면 시각의 소점이 세 개로 모이는 것을 알 수 있다. 이것이 바로 사각투시 또는 경사투시라고 하며, 3소점에 의해서 그려지는 투시도를 말한다. 3소점 투시도는 건물의 외곽 투시도에서 많이 사용한다.

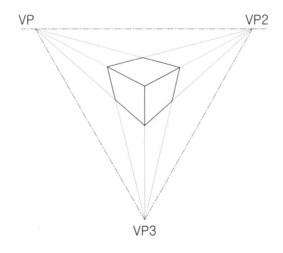

② 시점 위치에 의한 투시

일반투시도	우리가 사용하는 일반적인 투시도를 말한다. 즉, 사람이 직접 사물을 볼 때 느껴지는 복도의 예처럼, 보이는 그대로의 모습을 그리는 투시도를 말한다. 보통 객체 사물을 볼 때의 각도는 30°를 기준으로 한다.

조감투시도	• 어떻게 보면 투시도의 상상도라고 할 수 있을 것 같다. 사람이 비행기나 헬리콥터를 타지 않는 이상 건물의 위에서 내려다보는 느낌은 알기 어렵기 때문이다. 조감투시도는 마치 내가 건물을 공중에서 내려다보고 있는 것처럼 그려진 도면을 말한다. • 일반투시도만으로 알기 힘든 부분, 예를 들면 아파트단지 전체나 넓은 대지 등의 투시에 사용한다. • 표현하고자 하는 건물은 가장 사실적으로 표현하고, 그 외의 건물은 회색빛이나 외형만을 표현하는 등 단순하게 표현한다. • 사람과 조경, 자동차 등과 같은 주변 시설물 또는 주변 사항을 표현하는 것은 건물의 크기 및 축척에 대한 감을 관찰자가 구성하기 위해서이다.

(3) 사투상법/특수 사투상도

① **사투상법** : 정투상도로 표현 시 선이 겹치거나 후면에 의해 보기 어려운 부분 등에서 표현할 때 사용하는 투상도이다. 경사각을 30°, 45°, 60° 등으로 사물을 비틀어서 그리는 방법을 말한다.

(4) 등각 투상법(ISO metic)

투시도법을 제외한 투상법 중 가장 안정적으로 물체를 그리는 투상법으로, 각각의 면이 모두 120° 를 이루며 표현되는 기법이다.

 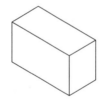 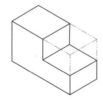

(5) 전개도법

물체를 제작 및 가공하기 위해서 물체 자체를 넓게 펴서 고루 면을 만들어 보이게 하는 기법으로, 전개한 도면에 의해 조립하면 표현하고자 하는 사물의 모습이 나타난다. 실내건축에서는 입면상 의 표현이 어찌보면 전개도의 표현과 같다고 볼 수 있는데, 내부입면 또는 Elevation이라고 불리 며 전개도의 방식을 따르는 입면을 사용하고 있다.

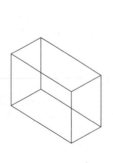 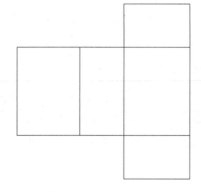

바) 치수와 기입

(1) 치수의 단위

- 도면에는 실제 치수를 기입하는 것을 원칙으로 한다.
- 도면의 단위는 밀리미터(mm)를 사용하며 치수에 단위는 붙이지 않는다.
- 각도의 단위는 도(°)로 기입하고 분('), 초(")까지 필요에 의해 사용한다.

실제 각도	기입 각도	실제 길이	기입 치수
30도	30°	478.3cm	4,783
30도 15초	30° 15″	9.7cm	97
30도 5분	30° 5′	37.523cm	3752.$_{30}$

▲ 도면 치수기입 방법

(2) 치수 기입 방법

① 치수는 객체의 실제 치수를 기입해야 한다.

② 치수 기입 종류

치수선	• 치수를 나타내는 선으로 도면의 외형면과 수평적으로 나란하게 긋는다. • 치수선의 양끝에 점이나 화살표로 마감표시를 한다. • 치수선과 치수선 사이의 간격은 같아야 한다.
치수 보조선	• 치수선을 보조하기 위해 치수 표기를 위한 모서리 또는 치수 표기의 끝선에서부터 치수선까지 수직으로 연장한 선을 말한다. • 치수선으로부터 2~3mm 정도 지나도록 긋는다.
지시선	• 주요사항 및 표시사항과 첨부 내용 등을 표시할 때 사용하는 선을 말한다. • 60°로 긋는 것을 원칙으로 하나 부득이 할 때는 30~45°로 긋는다. • 수평, 수직으로는 선을 긋지 않는다. • 점과 화살표 두 가지 모두 사용할 수 있다. • 지시되는 쪽의 화살표는 점으로 대신 할 수 있다. • 두 개 이상의 선을 그을 때는 수평이 되도록 나란히 긋는다. • 지시가 시작되는 곳에 점이나 화살표를 넣고, 반대되는 쪽의 끝을 수평으로 꺾어서, 이 수평선 위에 필요한 사항을 문자로 기입한다.

③ 치수 기입 세부내용

- 치수 문자는 높이로 표시되며, 수직 또는 15°의 경사각도로 써야 한다.
- 치수 숫자는 치수선 위의 중앙에 기입하며, 중복된 치수는 기입을 피한다.
- 가로 방향의 치수는 치수선 위쪽, 세로 방향은 왼쪽 치수선 위의 중앙부에 기입한다.
- 치수 문자는 오른쪽에서 읽을 수 있는 방향으로 치수를 기입한다.

■ 한 면에서 나눠지는 치수 중 아래쪽 큰 치수는 위쪽에 기입한다.

■ 기준면을 중심으로 정면도에 집중하여 기입하고, 추가 계산이 필요 없도록 한다.
  (**예** 200+200 =등) 가로 숫자를 기입한 다음에 세로 숫자를 기입한다.

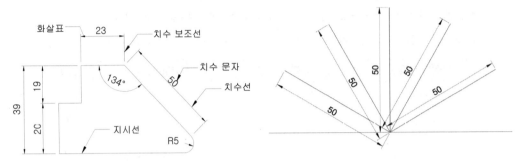

▲ 치수 및 각도 기입법

사) 도면 내 기호 사용

(1) 기호

도면에 사용되는 기호는 하나의 약속어로서 분야별로 같이 사용하는 기호와 다르게 사용하는 기호로 되어 있는데, 우리는 건축과정을 다루기 때문에 건축적 기호를 중심으로 도면 기호에 대해서 공부해 보겠다.

(2) 기호의 종류

① 기초 도면 기호

통상적으로 도면에 통합적으로 사용하는 기호로 건축 분야에서 많이 다뤄지는 기호는 지름(ø), 반지름(R), 정사각형의 변(ㅁ), 물체의 두께(t) 등으로 표현된다. 이 기호들은 치수 숫자 앞에 기입하고 숫자의 크기와 도면의 크기를 같게 그려야 한다.

기호	내용	기호	내용
ø 50	지름이 50mm인 원	V	용적
드릴 ø 50	지름이 50mm인 드릴 구멍	A	면적
R50	반지름이 50mm인 호	W	폭
ㅁ 50	한 변이 50mm인 정사각형	H	높이
THK 50	두께가 50mm인 판	L	길이
WT	무게		

▲ 기계 기호 및 내용

② 강재 표시 기호

명칭	기호	명칭	기호	명칭	기호
SS	구조용압연강재	SM	기계 구조용탄소강	GC	회 주철품

PW	피아노 선	SPS	스프링강재	GCD	구상흑연 주철품
SCr	크롬강재	SKH	고속도공구강	BMC	흑심가단 주철품
SNC	니켈크롬강	STC	탄소공구강	PMC	펄라이트 가단 주철품
SNCM	니켈크롬몰리브덴	SF	탄소강단강품	WMC	백심가단 주철품
SCM	크롬몰리브덴	SC	탄소주강품		
SS 400이란? • S(Steel) : 강, S : 일반 구조용 압연재(general structural purposes) • 400 : 최저 인장강도(400N/mm², 41kgf/mm²)					

③ 건축 기호

도면을 보는 시공자 및 건축주, 설계자 모두가 통상적으로 약속된 기호를 사용함으로써 그때 그때 도면을 일일이 다 그려 넣지 않아도 특정 기호를 보면 그 부분이 의미하는 것을 쉽게 이해할 수 있다.

■ 창호 기호

$\dfrac{1}{PW}$	세탁실, 다락방			900×1200 900 1200
	900×1200 플라스틱 창호			
2개소	THK16 일반유리 내부 백색			
$\dfrac{1}{WW}$	$\dfrac{1}{WD}$	$\dfrac{1}{SW}$	$\dfrac{1}{SD}$	$\dfrac{1}{AW}$
목재창	목재문	철재창	철재문	알루미늄창
$\dfrac{1}{PW}$	$\dfrac{1}{PD}$	$\dfrac{1}{SsW}$	$\dfrac{1}{SsD}$	$\dfrac{1}{AD}$
플라스틱창	플라스틱문	스테인리스창	스테인리스문	알루미늄문

■ 출입문 기호

명칭	도면	명칭	도면
출입구 일반		미서기문	
바닥 차 있을 때		주름문	

회전문	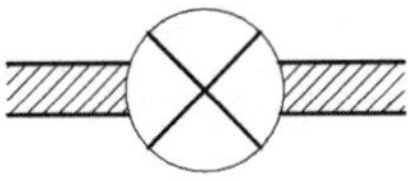	셔터문	
쌍여닫이문	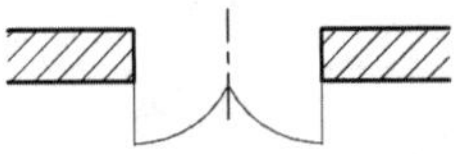	미서기창	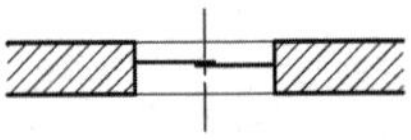
접이문		미닫이창	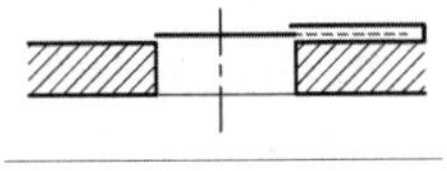
미닫이문		쌍여닫이창	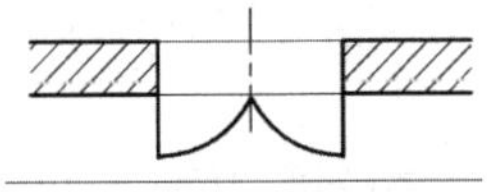
외여닫이문	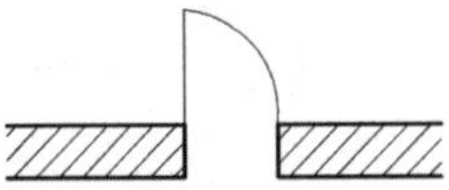	여닫이창	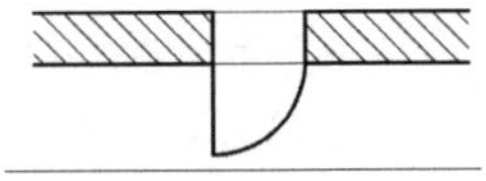
자재문	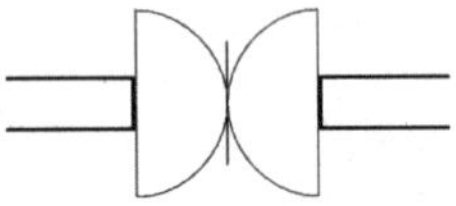	계단	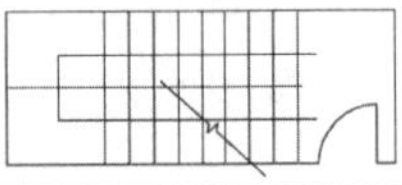

■ 벽체 평면 기호

구분	축척 1/100 또는 1/200일 때	축척 1/20 또는 1/50일 때
벽 일반	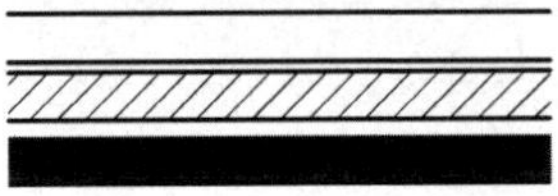	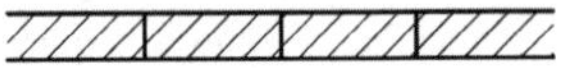
블록벽		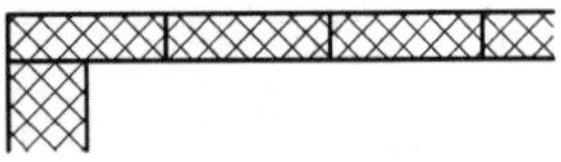
철근콘크리트 기둥 및 장막벽	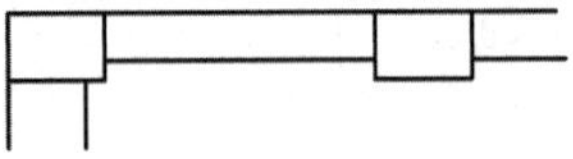	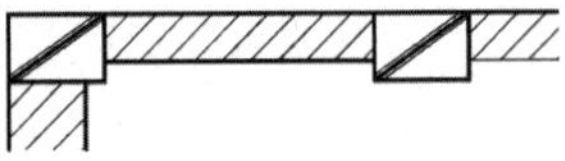
벽돌벽	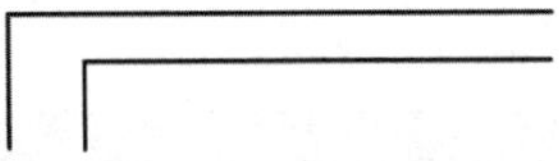	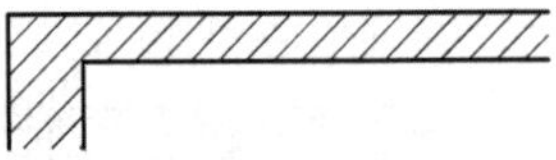

■ 바닥 평면 기호

구분	단면도	구분	단면도
지반		잡석다짐	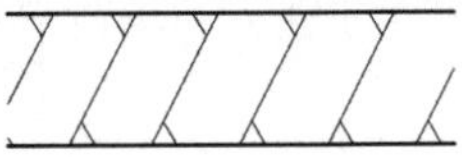

콘크리트		벽돌	

▲ 바닥 평면 기호

아) 스케치(sketch)

스케치는 건축적 시각으로 봤을 때 어떤 설계 작품을 만들기 전에 예비적으로 떠오르는 아이디어를 기록하기 위해서 때로는 단순하게, 때로는 아주 정밀하게, 또는 색채를 포함하거나 음영으로 표현하는 방법 등을 이용하여 디자인 아이디어를 수집, 검토, 협의, 평가하기 위한 목적으로 사용된다.

(1) 스케치의 종류

① **아이디어 스케치(섬네일 스케치)** : 현장이나 그 외의 설계실이 아닌 장소에서 포스트잇 등과 같은 메모지에 급하게 떠오르는 아이디어를 신속하게 그려서 즉흥적 기획을 놓치지 않는 스케치이다.

② **스크래치 스케치** : 설계실 등지에서 초기에 섬네일 스케치로 수집된 아이디어나, 기초 기획분석된 자료를 통한 생각을 큰 틀의 그림으로 이미지 구성이나 연구하기 위해 프리핸드로 대략적으로 표현하는 스케치이다.

③ **러프 스케치** : 스크래치 스케치와 비슷한 개념을 가지고 있으나 여러 개의 도면을 그려 비교 검토하고 조정 및 수정하는 스케치이다.

④ **스타일 스케치** : 스케치 기법 중 가장 정밀한 스케치로 외관의 형태, 질감, 색채, 패턴 등을 설계실에서 여러 가지 스케치 도구를 사용해서 정확하게 그리는 스케치이다.

(2) 스케치 묘사 도구

스케치 묘사 도구는 정말 많은 재료가 있지만, 본 장에서는 기능사에서 많이 사용되는 기본적인 스케치 묘사 도구만을 다뤄보기 위해 연필, 잉크, 물감, 마커에 대해 알아보기로 한다.

① **연필**

- 연필은 굵기에 따라 8B, 7B, 6B, 5B, 4B, 3B, 2B, B , F, HB, H, 2H, 3H, 4H, 5H, 6H의 총 16단계로 구분되는데, H가 흐리고 B로 갈수록 진하고 물러지는 특징을 가지고 있다.
- 연필은 지울 수 있고, 밝고 어두운 명암의 느낌과 다양한 질감 표현이 매우 좋다.
- 그러나 번지거나 더러워지는 단점도 있다.

② **잉크**

- 잉크는 일상적으로 사용하는 부분이므로 크게 설명할 것은 없다.
- 잉크를 사용하는 스케치는 느낌이 아주 선명하고 선이 가늘어 매우 아름답다.

■ 그러나 잉크는 지울 수 없는 단점을 가지고 있다.

③ 물감

■ 색채 표현에 있어 수채화적 기법을 나타내고 몽환적 느낌까지 나타내는 재료로써는 매우 탁월한 효과를 나타내는 도구로 사용된다.

■ 물감만이 가지고 있는 특유의 부드러움과 색채의 도드라짐이 표현될 수 있다.

④ 마커

■ 마커는 형광펜 같은 느낌이 난다.

■ 마커의 색감은 아주 좋으나 번지는 단점을 가지고 있어 사용상 주의가 필요하고 지워지지 않으므로 신속한 작업이 필요하다.

(3) 스케치의 묘사 방법

① **선에 의한 묘사** : 스케치는 여러 가지 선을 이용한 기법에 의해 그 느낌이 다르다. 하나의 선으로 그려진 단선에 의한 묘사, 여러 개의 선을 잇거나 중복시켜 만든 여러 선에 의한 묘사, 단선과 번짐효과를 사용하는 명암에 의한 묘사, 선을 그어 틀을 만들고 점만을 찍는 점에 의한 묘사 등이 있다.

② **모눈을 이용한 묘사(esquisse, 에스키스)** : 모눈 용지를 이용하거나 손으로 직접 사각형의 격자를 흐리게 그려놓고, 그 위에 한 번 더 진한 선을 그어 넣어 표현하는 묘사 방법이다.

③ **트레싱지를 이용한 묘사(drawing)** : 투명하게 비치는 기름종이와 같은 느낌의 트레싱지를 표현하고자 하는 대상물 위에 올려놓고 그려내는 묘사 방법으로, 같은 대상물이 아래 있기 때문에 여러 가지 컬러를 표현하거나 여러 장을 반복해서 그릴 때 아주 좋은 장점을 가지고 있는 표현기법이다.

자) 표제란

도면을 나타내는 가장 중요한 요소로서 표제란은 도번(도면번호), 도명(도면이름), 척도, 투상법, 작성자 및 작성일자 등을 기입하고 설계자의 지위, 공사의 인가된 정식 명칭, 축척, 설계일자 등이 기록된다.

Section **02** 건축 도면

1) 도면 읽기

가) 설계 개요 읽기

설계 개요는 설계도면을 시작하기 위해서 그 도면에 대한 전체적 개요를 나타낸 도면이다. 건물이 건축될 대지는 어디에 위치해 있고, 어떤 지역적 조건을 구비하였으며, 어느 정도의 면적과 도로사항 등 주변 대지여건 등에 대한 내용으로 구성된 건물의 시작을 알리는 도면이기도 하다.

① **대지 조건** : 대지 조건은 건축법적 부분과 연계된 부분이 많이 있어 설계자가 지역지구 및 면적에 대한 합법적 시설물의 내용을 기록한다. 대지 위치는 지번도에 올라 있는 해당 대지의 지번수를 말한다.

② **지역지구** : 지역지구란 앞서 건축법규에서 배웠듯이 도시계획상 또는 그 상위법률상 지역 구분에 계획적 토지의 원칙적 법제도에 부합되었는지를 말하기 위해 구획된 부분이므로, 설계 개요에 기재해서 당해 건물의 내용을 한 번 더 인지하는 것이 좋다.

대 지 조 건	위 치	서울시 중구 다동 52번지		
	지 역	일반상업지역	지 구	
	면 적	61.10 m^2	전면 도로 폭	6M 도로(15M 도시계획도로)
건 물 개 요	용 도	제1종근린생활시설(소매점)	세 대 수	
	구 조	조적조	규 모	지상2층
	건 축 면 적	36.21 m^2		
	연 면 적	72.42 m^2	용적률산정면적	72.42 m^2
	건 폐 율	59.26 %	용 적 율	118.53 %

층 별 면 적	구분			
층별		면 적	용 도	비 고
	1 층	36.21 m^2	제1종근린생활시설(소매점)	
	2 층	36.21 m^2	제1종근린생활시설(소매점)	
	합 계	72.42 m^2		

▲ 설계 개요

③ **대지면적** : 지적도상에 나와 있는 면적을 의미한다.

④ **건축면적과 연면적** : 건축의 배치면적과 연면적을 기입한다.

⑤ **건폐율** : $\dfrac{건축면적}{대지면적}$ 의 비율을 기록한다.

⑥ **용적률** : $\dfrac{연면적}{대지면적}$ 의 비율을 기록한다.

⑦ **주요 마감** : 당해 건축물에 대한 마감 표시는 건물의 외관을 나타내기도 하지만, 미관지역일 경우 미관의 기준이 합법적 제한에 위배됨이 없는지를 나타내기도 한다.

⑧ **안내도 및 위치도** : 건물 안내도는 당해 건축물의 위치가 어려울 경우 사용되는데, 대지의 소재지를 명시한 도면으로 도로 및 제반시설에 대한 순서를 표시한 도면이다.

⑨ **면적(구적도)** : 지적도에 의한 도면을 구획으로 나누고 설계면적을 산출한 도면 및 도식으로 만든 도면이다.

나) 배치도

대지에 건물을 배치한 도면으로 도로의 위치, 폭, 인접경계선에서 건물까지의 거리, 방위가 표시되며 조경계획을 포함한 도면이다.

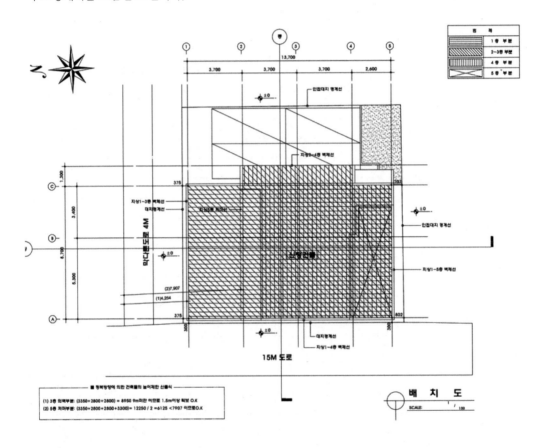

다) 평면도

당해 건축물을 바닥에서부터 1,200mm~1,500mm에서 수평으로 자르고, 위에서 내려다보고 그린 도면이며, 개구부 및 출입구의 구별, 벽의 단면과 실의 구분을 표시한 도면이다.

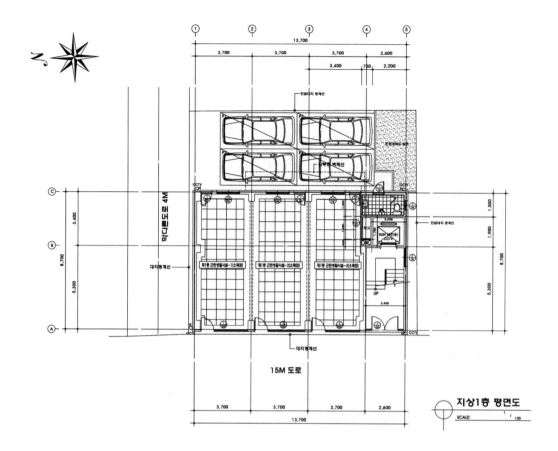

지상1층 평면도

SCALE: 1/100

ⓟPoint

■ 조적조 벽체의 도면 작도순서

• 축척과 구도를 정한다.

• 지반선과 벽체의 중심선을 긋는다.

• 벽체와 연결부분을 그린다.

• 재료 표시를 한다.

• 치수와 인출선을 표시하고 긋는다.

라) 입면도

■ 당해 건물 밖에서 동서남북의 사면을 그대로 그린 도면을 말한다. 따라서 배경이나 처마 높이, 창문 형태, 마감 재료 및 지붕의 경사각까지 모두 표현한다.

■ 배경을 넣거나 부분 조경을 넣어 이미지를 강조하고, 치수는 기입하지 않는다.

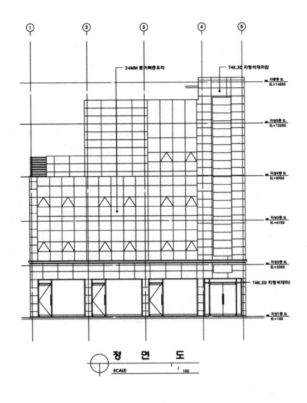

정 면 도

SCALE: 1 / 100

마) 단면도

평면도와는 반대로 건물이 서 있는 상태에서 수직으로 잘라, 그 잘라진 면과 직각이 되게 보이는
방향에서 본 것을 그린 도면으로 지붕물매, 층 높이, 천장 높이, 창 높이 등의 높이와 외부의 돌출
치수 등을 기입한 도면이다.

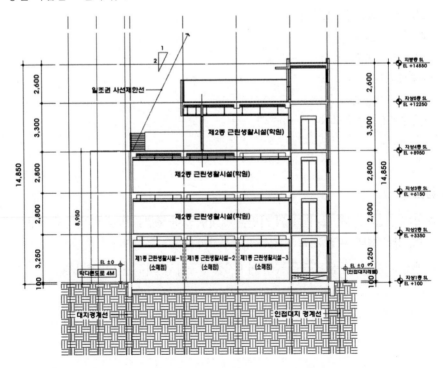

바) 단면상세도

당해 건축물의 단면 중 주요 부분을 확대해서 추가로 도면의 척도를 달리 그려 확대한 도면을 말한다.

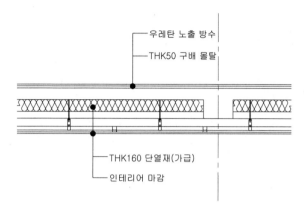

사) 그 외 도면

① **부분상세도** : 단면상세도 등에서 표현되기 힘든 부분이나 별도의 도면까지 그릴 필요는 없고, 모서리 등과 같이 부분적으로 필요할 때는 기존 도면에서 원이나 타원을 이용하여 인출선으로 뽑아내어 그 부분만을 디테일하게 그리는 도면을 말한다.

② **전개도** : 실내 건축에서 많이 사용하며 건물 내부의 벽면을 상세하게 보여주기 위해 내부 벽면을 펼쳐 전개한 입면도로서 실내의 단면형상, 천장·창고 등의 높이, 바닥·벽·천장 등의 마무리 명칭을 기입한다.

③ **창호도** : 평면상에 창호 기호를 입력하고 각 창호 및 개구부의 위치에 대한 재료, 형상, 치수, 개수, 부속품을 표시한 도면이다.

④ **구조도** : 건축물의 구조 부분만을 별도로 그려 표현한 도면으로, 각 부분의 구조 및 철근 배근의 형식을 구체적으로 표현한 도면을 말한다.

⑤ **설비도** : 건축물에 들어가는 모든 건축설비에 관련된 도면을 의미한다.

　　예 전기, 위생, 냉·난방, 환기, 승강기, 소화설비도 등

2) 도면의 분류

가) 계획설계도

구상도	구상도는 사람이 머릿속으로 생각해 낸 최초의 아이디어를 프리핸드로 즉흥적으로 스케치한 도면을 말한다.
동선도	동선도는 사람이나 차량 또는 대규모 아파트 단지 내의 이동경로 등을 나타낸 도면을 말한다.
조직도	각각의 실의 구성 및 용도와 사용처에 따라 서식 도표로 정리한 도면을 말한다.
면적도표	계획설계를 할 때 필요한 도면으로 소요 부지의 면적 비율을 산출하여 검토작업을 하는 데 쓰인다.

나) 기본설계도

클라이언트에게 설계계획과 기획의도를 비교적 명확히 설명하기 위해 그린 도면을 말한다.

건축계획서	개요(위치, 대지면적 등), 지역, 지구 및 도시계획 사항과 건축물의 규모(건축면적, 연면적, 높이, 층수 등), 건축물의 층별 면적 및 주차장 규모를 나타내는 도면을 말한다.
배치도	대지와 건물, 조경의 배치 현황을 나타내는 도면을 말한다.
평면도	지상에서부터 1,200mm~1,500mm에서 수평으로 자른 수평투영도를 말한다.
입면도	건물을 외부에서 봤을 때 서 있는 도면을 말한다.
단면도	건물을 수직으로 자른 수직투영도를 말한다.

다) 실시설계도

기본설계 이후 공사 시공이 명확해진 시점, 즉 계약이 완료되거나 공사가 명확히 시작됨을 확인한 시점에서 해당 공사에 대해 더욱 상세히 그리는 도면을 말한다.

창호도	평면에 등장하는 창문의 크기 및 재료, 수량, 치수, 특이사항에 대한 도면을 말한다.
구조도	구조의 내용만을 나타낸 도면으로 각 철근일람표 및 기둥과 보의 단면을 포함하는 도면을 말한다.
배근도	철근의 양, 철근의 배근 모양, 적정 위치의 배치까지 모두 포함하는 도면을 말한다.
단면일람표	철근콘크리트 구조 도면에서만 사용되는 도면으로 주로 배근이 되는 도면을 말한다.
전기, 설비계통도	전기 및 설비시설의 도면을 모두 포함한다.
창호도	평면에 등장하는 창문의 크기 및 재료, 수량, 치수, 특이사항에 대한 도면을 말한다.
시방서 및 설명서	시공 부분을 글자로 표현하거나 설계를 글로써 표현하는 설계도서를 의미한다.
실내마감도	벽, 반자의 마감재료, 상세도면을 말한다.(품명, 규격 기재)

Point

■ **면적 계산법(m² ↔ 평)**

- 면적을 나타내는 표준단위로 '평' 대신 'm²(제곱미터)'를 쓰고 있다.
- 1km의 $\frac{1}{1000}$ 이 1m이며, 사방 1m의 면적을 m²라 한다.
- m² ↔ 평으로 바꾸는 정확한 계산을 원한다면 1m²=0.3025평, 1평=3.3058m²이므로 대입하여 사용하면 된다.
- 즉, m²×0.3025=평수, 평수×3.3058=m²로 계산한다.

❶ 실내 건축도면 개요

건축제도 통칙과 제도의 원칙은 건축도면과 인테리어 도면 사이에서 차이점이 크지 않다. 다만 인테리어 제도와 건축제도의 차이점은 구조에 초점을 맞춘 도면 구성과 인테리어와 마감재에 초점을 맞춘 도면의 차이점이 존재하는데, 그 내용은 다음과 같다.

크게 구분하여 건축제도가 건축 구조에 초점을 맞춘 제도라면 인테리어 제도는 디자인과 가구 배치 등 실내 구조물에 대해 초점을 맞춘 제도라고 할 수 있다. 따라서 인테리어 제도는 도면을 아름답게 꾸미고 적절한 배치와 공간 구성 및 조닝(zoining)에 초점을 맞추어 설계하는 디자인 제도라고 할 수 있다.

❷ 건축도면과 인테리어 도면의 차이

건축도면은 대지측량을 중심으로 배치도에 중심을 기준으로 벽체를 세워서 구조적으로 안정된 도면을 구성하는 데 그 목적성을 가지고 있는 반면, 인테리어 도면은 이미 세워진 벽체 안에서 완성된 구조물을 실측하고 실측된 도면을 통해 정확한 내부 도면을 작도하는 데 그 차이가 있다.

그 세부사항은 아래의 도표와 같다.

구분	건축도면	인테리어 도면
설계 순서	대지측량 → 배치도 작성 → 평입단면 작성 → 구조도 및 부대도면 작성	내부측량 → 평면 작성 → 조닝(Zoning) 도면 구획 → 전개도 작성 → 투시도 작성
중요 사항	구조 및 안정성	디자인 및 배치
설계 측면	외장재 및 건축 구성 주요 부품 설계	내장재 및 인테리어 배치 설계
사용 측면	최초 건물 시공 또는 증축, 개축, 재축 및 대수선 시 사용	기존 건축물에 리모델링 또는 신규 건축물의 클라이언트의 요구조건에 맞는 내장 마감으로 사용
설계 반영 조건	건축주 및 시행사의 용도에 맞도록 설계 반영	내부의 건축도 또는 임대자의 사용 용도에 맞도록 설계 반영
조건 분석	인근의 조건 및 건축 관련 법규 검토	인근의 조건 및 사용 용도에 관련된 용도 검토

❸ 건축평면과 인테리어 평면의 차이

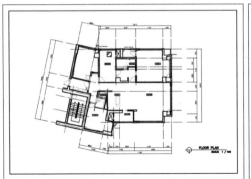

▲ 건축평면도(좌), 인테리어 평면도(우)

위의 왼쪽 그림과 같이 건축도면은 구조와 기본 설비에 치중되고 기본적인 마감 표현에 대한 내용이 주를 이루는 반면, 오른쪽 그림과 같이 인테리어 도면은 내장에 들어가는 자재의 재질 및 가구와 집기의 배치, 그리고 사용 실의 용도에 대한 다양한 내용이 그림을 보고 표현 느낌까지 평면에 구성된 것을 알 수 있다.

❹ 건축입면과 인테리어 입면의 차이

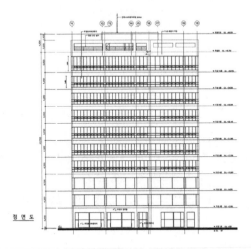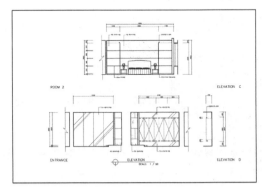

▲ 건축 입면도(좌), 인테리어 전개도(우)

위의 왼쪽 그림과 같이 건축도면은 건물 전체의 외형 및 바닥의 높이와 건물 외형 전체의 높이(층고)가 표현된 반면, 오른쪽 그림과 같이 인테리어 입면(전개) 도면은 내부에 표현된 인테리어의 마감재 및 재질, 설치되어 있는 디자인 구성 등이 입면에 표현되어 있다.

5 건축 구조도와 단면도 인테리어 천장도

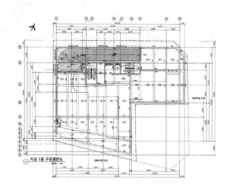 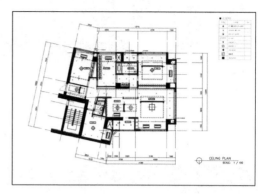

▲ 건축 구조도(좌), 인테리어 천장도(우)

건축도면에서는 사실상 천장도의 의미는 필요성에 의해 그려진다. 오히려 구조도, 창호도, 오배수 설비계통도와 같은 구조 중심의 도면이 그려지는 것이다. 오른쪽 그림과 같이 인테리어 도면은 내부를 아래서 위로 올려다보는 실내의 전반적인 천장의 표현이 천장도에 구성되며, 천장의 등기구, 등기구의 크기 및 위치까지 고려되어 조명에 의한 표현 방법을 구체적으로 명기하고 있다.

6 조감도와 인테리어 투시도

▲ 건축 조감도(좌), 인테리어 투시도(우)

위의 그림과 같이 건축의 투시도 기법은 주로 3소점 투시도로 건축물의 외형 및 주변의 도로시설과 지리적 여건 등을 나타내어 전반적인 내용을 가늠해 볼 수 있는 표현기법을 사용하고, 오른쪽 그림과 같이 인테리어의 컬러링은 평면부터 각 도면별 컬러링을 통하여 실제와 유사하게 도면을 표현하여 클라이언트에게 이해도를 증진시키며, 투시도는 1소점과 2소점 투시의 기법을 가장 많이 사용한다.

최근 들어 사실감 있는 표현을 위해 다양한 소프트웨어의 3차원 기법을 활용하여 진짜 완성된 건물 내부를 보는 것처럼 표현하는 기술이 중요시 되고 있다.

Section **01** 건축재료 총론

건축물을 구성하고 있는 구성물은 각각의 건축재료들이다. 우리 몸으로 보면 신체의 장기와 마찬가지라고 할 수 있다. 신체의 장기는 각각의 이름과 그 역할들이 있지만, 궁극적인 목표는 우리 몸이 제 역할을 할 수 있게 만든다는 것이다.

건축도 마찬가지다. 각기 다른 재질과 재료로 되어 있지만 궁극적으로는 건축물 하나의 모습으로 그 건물을 지탱하고 있다라는 것이다. 이처럼 건축물을 구성하고 있는 각기 다른 특성의 재료들을 익히고 사용했을 때, 적합한 건축물이 탄생하게 되므로 건축을 위한 가장 기초적이자 중요한 단계가 바로 재료학이라 할 수 있다.

현대는 많은 건축재료가 있고, 지금 이 시간에도 건축재료는 만들어지고 있으므로 가장 많이 사용하는 건축재료이자, 건축재료의 기초사항이 되는 부분에 대해서 공부하고자 한다.

1) 건축재료 용어

건축재료 용어는 우리가 건축재료의 특성을 파악하는 데, 아주 중요한 부분이라 할 수 있다. 재료의 특성에 사용되는 용어는 쉽게 이해하기 매우 어려운 단어로 구성되어 있어, 재료의 특성을 쉽게 이해하기 위해서는 그 재료의 용어를 명확히 이해해야 한다.

또한, 재료의 용어는 기능사 기출문제로 출제되므로 반드시 기억해야 한다.

압축강도	건축재료에 외부에서 누르는 압축의 힘이 가해졌을 때, 그 재료가 외부의 힘에 대해서 어느 정도 견디어 낼 수 있는지의 한도를 나타내는 수치를 말한다.
인장강도	건축재료에 외부에서 잡아당기는 인장의 힘이 가해졌을 때, 그 재료가 외부의 힘에 대해서 어느 정도 견디어 낼 수 있는지의 한도를 나타내는 수치를 말한다.
휨강도	건축재료에 외부에서 비트는 비틀의 힘이 가해졌을 때, 그 재료가 외부의 힘에 대해서 어느 정도 견디어 낼 수 있는지의 한도를 나타내는 수치를 말한다.
전단강도	어떤 판에 상하좌우로 흔들거나 당겼을 때, 그 작용하는 힘의 한도치를 나타낸 것을 말한다.

| 압축강도 | 인장강도 | 휨강도 | 전단강도 |

▲ 강도별 힘의 방향

가) 재료의 발달

20세기 건축의 발달에 있어 세계 1,2차 대전과 과학의 발달로 인해서 많은 변화가 있었다. 전쟁을 겪으면서 아픔도 있었지만 과학이나 건축 발달에는 아주 큰 변화가 있었다. 근대 건축에 이바지 한 건축재료를 꼽는다면 유리와 철, 시멘트라고 할 수 있다. 빠르고 신속하게 그리고 효율적으로라는 내용으로 발전과 발전을 거듭해서 현대 건축을 보다 더 튼튼하고, 실용적이며, 아름답게 만들어 줄 수 있는 재료로 탄생할 수 있었다.

현대는 그 재료를 더욱 발전시켜 조립식 기법까지 다양하게 이루고 있지만, 원천적인 뿌리는 바로 유리와 철, 그리고 시멘트에 있다고 해도 과언은 아니다. 또한, 이 재료들이 현대의 고층건물에 이바지했다고 할 수 있다. 그런 건축재료를 기반으로 공부를 시작하는 것이 목표이기도 하다.

나) 재료의 일반적 조건(재료의 단위 : kg/cm²)

- 재료 각각이 가지는 재료의 내구성이 균일해야 한다.
- 쉽게 구하고 많은 양을 필요한 부분에 정확한 공급이 이루어져야 한다.
- 구입가격이 저렴하고 시공 시 규격이 정확해야 한다.(예 사각형 모양의 바닥재를 시공하고 난 후 그 오차가 생겨 삐뚤하게 보일 경우)

다) 건축재료의 일반적 용어

건축재료의 일반적 용어는 재료의 특성에도 많이 등장하고 기능사에도 종종 출제되므로 정확히 이해해야 한다.

① **응력** : 건축재료에 외부의 힘이 가해졌을 때, 재료가 그 힘에 대해 저항하는 내부의 힘을 말하며, 변형력이라고도 불린다.

② **강도(强度)** : 건축재료가 외부의 힘에 대항할 수 있는 능력을 나타내는 수치적 기준을 말한다.

③ **재료의 특성에 의한 용어 분류**

강성(rigidity)	건축재료가 외부의 힘에 대하여 모양이나 형태가 변하지 않고 견디어 내는 성질을 말한다.
탄성(elasticity)	당겼다가 놓았을 때 다시 원위치로 돌아가는 고무줄과 같이 건축재료가 외부의 힘에 의해 변형(變形)을 일으킨 재료가 그 힘을 제거했을 때 원래의 모양으로 복귀하는 성질을 말한다.
소성(firing)	쭉 늘렸다가 놓았을 때 원상태로 돌아가지 않는 엿가락과 같이 건축재료가 외부의 힘에 의해 변형(變形)을 일으킨 재료가 그 힘을 제거했을 때, 원래의 모양으로 복귀하지 못하고 변형된 형태를 그대로 유지하는 성질을 말한다.
인성(toughness)	외부의 힘에 의해 변형(變形)을 일으킨 재료가 그 힘을 제거했을 때, 원래의 모양으로 복귀하지 못하면서 변형된 상태에도 그 강도를 그대로 유지하는 성질을 말한다.
연성(ductile)	플라스틱 자를 흔들었을 때 자는 아래위로 크게 흔들리면서 큰 휘어짐을 보이는데, 이런 큰 변형인 상태를 말한다.
전성(malleability)	건축재료가 압력이나 타격에 의해 파괴됨이 없이 수직방향으로 힘이 이동하는 성질을 말한다. 금속으로 보면 두드리거나 압착하면 넓게 퍼지면서 얇아지는 성질이 대표적이다.
취성(brittle)	건축재료가 특정 하중을 받았을 때 물체가 변형하지 않고 파괴되는 성질을 말한다. 버틸 수 있는 한계까지 버틴 후 변형되지 않고 완전히 부서지는 성질이다.
점성(viscosity)	유체가 유동하고 있을 때 유체의 내부에 흐름을 저지하려고 하는 내부 마찰 저항이 발생하는 성질에 해당하는 역학적 성질이다.

④ **재료의 구조적 성질에 대한 용어 분류**

내구성(耐久性)	구조적으로 단단하다고 보는 상태로서 재료 자체가 파손, 노후 등에 변형되거나 변질되지 않고 오래 견디는 성질을 말한다.
내화성(耐火性)	재료 자체가 불에 강한 성질을 말한다.
내풍성(耐風性)	재료 자체가 바람(풍력)에 강한 성질을 말한다.
내진성(耐震性)	재료 자체가 좌우로 수평적으로 흔들리거나 지진에 강한 성질을 말한다.
내마모성(耐磨耗性)	재료 자체가 파손이나 마모되는 부분에 대한 강한 성질을 말한다.

⑤ **경도(hardness)** : 물체의 단단한 정도를 말하며, 긁히는 데에 대한 저항도, 새김질에 대한 저항도 등에 따라 그 표시방법이 다르다.(금속, 목재에는 유압을 이용한 경도를 측정

하는 브리넬경도[34]를 쓴다.)

⑥ **균질성(均質性)** : 재료의 어느 부분을 잘라내어 검사를 해도 그 구조적 특성이나 성분이 똑같은 것을 말한다.

⑦ **재료의 유동(quick condition)현상** : 철광석과 같은 고체 재료가 고온에서 점차 액체상태로 물러지며 물처럼 진한 점성액의 상태로 되는 것을 말한다. 콘크리트를 부을 때 이 유동현상이 가장 많이 일어난다.

⑧ **파열강도** : 구조물 혹은 재료가 견디는 최대 응력도이다.

⑨ **충격강도** : 순간적으로 끝나는 힘의 작용에 의한 강도이다.

⑩ **방향성(方向性)** : 목재의 결을 따라서 강도의 차이가 발생하는데, 그런 부분들을 재료의 방향성이라 한다. 이방향성(異方向性) 재료라고도 한다.

▲ 목재의 방향성에 따른 파손

Section **02** 목재

1) 목재

가) 목재의 종류, 특성 및 용도

(1) 목재의 형태별 분류

① 외생수

- 목재의 나뭇잎 생김새로 분류한 나무를 말한다.

- 잎이 바늘처럼 뾰족한 침엽수가 있고 잎이 넓은 활엽수가 있다.

- 일반적으로 구조적으로 강한 침엽수는 가구의 구조재로, 활엽수는 곱고 무늬가 아름다워 가

---

34) 브리넬경도시험의 측정원리는 시험재료의 바닥에 강철구슬을 놓고 유압을 이용하여 일정한 압력으로 힘을 주었을 때, 우묵하게 파인 굵기를 측정하는 원리이다.

구의 장식재로 많이 사용된다.

구분	침엽수	활엽수
장점	• 구조적으로 강하다. • 건조가 빠르다. • 취재율(65%)이 좋다. • 가공이 용이하다. • 곧게 뻗은 재료의 취득이 용이하다.	• 무늬와 색깔이 고와서 장식재로 많이 사용한다. • 단단해서 병충해에 강하다.
단점	• 결이 단조롭다. • 병충해에 약하다. • 강도의 차이가 심하다.	• 뒤틀림 및 변형이 심하다. • 곧고 긴 부재를 얻기가 어렵다. • 취재율(50%)이 낮다.

② 내생수

목재가 자란 생물학, 환경적 특성으로 나무를 구분한 것을 말한다.

③ 침엽수와 활엽수

■ **침엽수** : 침엽수는 바늘처럼 가늘고 길며 끝이 뾰족한 겉씨식물(씨가 밖으로 나온 식물—**예** 솔방울)을 말한다. 목질의 물을 운반하는 세포의 대부분이 가도관(헛물관)으로 되어 있으며, 나무의 수형(입면)이 정아우세(끝눈인 정아가 높이 생장을 주도하는 형상)의 원형으로 원뿔형으로 되어 있는 것이 특징이다. 나무의 구조가 일자형으로 자라기 때문에 건축 구조용 목재로 사용하기 좋다.(소나무, 가문비나무, 전나무, 벚나무, 은행나무, 야자수 등)

■ **활엽수** : 잎이 넓고 목관과 목섬유가 대부분을 차지하고 목질의 물을 운반하는 세포의 대부분이 도관으로 되었다. 나무의 수형(입면)이 정아우세가 둥근 모양(구형)으로 되어 있는 것이 특징이다.(감나무, 느티나무, 단풍나무, 벚나무, 자작나무, 회양목 등)

(2) 목재의 특성

① 장·단점 비교

구분	장점	단점
목재	• 비중에 비해 강도가 강하다. • 가공이 용이하다. • 인장강도, 압축강도가 크다. • 열전도율이 작아 방한, 방서에 좋다.	• 병충해 및 변형이 크다. • 뒤틀림이나 변형에 의한 하자가 발생한다. • 길이에 제한을 받아 고층건물에 사용이 어렵다.

(3) 목재질 재료의 종류, 특성 및 용도

① 목재의 무게와 비중

전건비중(전건상태)	• 목재가 공기 중에 완전 건조된 상태를 말한다. 강도가 가장 크다. • 함수율이 0%인 상태를 의미한다.

기건비중(기건상태)	목재가 자연 건조되어 적당한 수분을 흡입한 상태를 말한다.
생재비중	제대를 마친 목재가 자연적으로 수분을 흡수한 상태를 말한다.
생비중	목재의 공극을 포함하지 않은 실제 부분의 비중으로 대부분의 목재가 1.54 정도를 가지고 있다.

② 함수율

■ 목재가 가지고 있는 수분의 양을 $\dfrac{\text{목재 함유 수분의 중량}}{\text{목재의 생비중}}$ 으로 나타낸 것을 말한다.

■ 평균 함수율은 12% 정도이며, 포화 함수율은 25~30% 정도이다.

■ 함수율이 30% 이상일 경우는 포화수분 상태이며, 더 이상 강도의 변화는 없다.

Point

■ 목재의 함수율(含水率)

• 수분이 들어 있는 비율을 의미한다.

• 생나무를 건조하면 강도가 증가하기 시작하는데, 함수율 30%부터 강도의 변화가 거의 없다.

• 목재의 기건상태(공기 중 건조상태) 함수율 : 15%

• 가구재의 함수율 : 10~ 12% 정도이다.

③ 인위적 목재의 가공

목재를 자연상태로 채집한 상태가 아닌 인위적으로 가공방법을 거쳐 생산되는 것을 합성목재라 하는데, 자연상태의 목재의 단점을 보완한 목재로 가장 많이 사용되는 방법이다.

■ **집성목재** : 목재의 강도를 인공적으로 조절하거나 굽은 용재로 만들 수 있는 장점을 가지고 있는 목재로써, 길고 단면이 큰 부재를 간단히 만들 수 있다. 두께가 15~50mm의 판자를 여러 장으로 겹쳐서 접착시킨 것으로, 합판과 달리 홀수로 붙이지 않아도 되는 것이 특징이다.

■ **합판** : 얇은 단판을 3장, 5장, 7장 등과 같이 홀수로 서로 좌우 교차시켜 만든 재료로, 목재의 이방향성에 대한 보완을 목적으로 만들었다. 가격이 저렴하며 목재 활용과 장식효과가 좋다.

■ **파티클 보드** : 목재를 잘게 조각내어 접착제로 결합시킨 것으로 합판에 비해 강성이 크나 휨강도가 낮아 내장재, 가구재, 방화재 등의 용도로 사용한다.

■ **OSB 패널** : 목조주택의 건축용 외장재로 많이 사용되고 있으나, 표면의 독특한 질감과 문양으로 인해 그 자체가 최종 마감재로 사용되는 경우도 있고, 직사각형 모양의 얇은 나뭇조각을 서로 직각으로 겹쳐지게 배열하고 내수수지로 압착 가공한 패널이다.

■ **압축목재** : 목재를 프레스 등의 기계를 이용해 압축하여 목재 자체의 비중을 진비중에 가깝게 제작한 목재이나, 파편을 모아 압축한 것이라 내마모성이 크다는 단점이 있다.

- **섬유판(FIBER board)** : 조각 낸 목재, 톱밥, 대패밥, 볏집, 나무 부스러기 등 식물성 재료를 펄프로 만든 다음 접착제, 방부재를 넣어 압축하여 만든 판을 말한다(일명 MDF). 밀도가 균일하고 측면의 가공성이 좋으며 표면에 무늬인쇄가 가능하여 내장재로 많이 사용되며, 가구 제조용 판상재료로 사용된다.
- **코펜하겐리브** : 5×10cm의 두꺼운 판에다 표면을 자유곡선으로 파내어 리브를 만든 판을 말하며, 파여진 곡면으로 음의 떨림 및 잔향효과를 내어 음악실 및 강당, 오페라하우스 등의 극장 내벽에 붙이는 재료로써 건축의 음향효과에 가장 적절히 사용되는 자재이다.
- **로우터리베니어** : 목재의 중심부를 기준으로 회전시키며 얇게 따내어 얇은 단판을 만들어 내는 방식이다.

집성목재	합판
파티클보드	OSB합판
압축목재	섬유판(MDF)
코펜하겐리브	로터리베니어합판

▲ 합성목재의 종류 - 기출문제 유형으로 가장 많이 출제됨

④ **합판의 가공 종류**

- **화장합판** : 합판의 표면을 무늬목으로 덧입혀 만든 무늬목 합판을 말한다.
- **멜라민 화장합판** : 합판의 표면에 얇은 무늬목이나 프린트된 종이를 붙이고, 그 위에 멜라민 수지를 입혀 가공한 제품을 말한다.
- **염화비닐합판** : 합판의 표면에 인쇄 가공한 비닐 시트를 접착한 합판을 말한다.
- **도장합판** : 합판의 표면에 투명하게 도장하거나 채색하여 가공한 합판을 말한다.

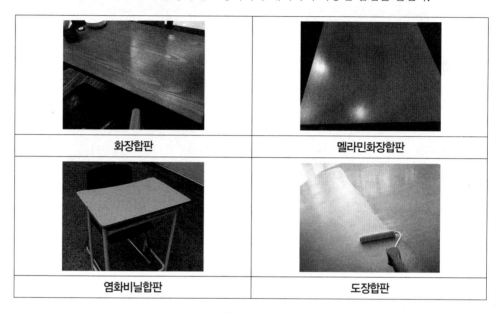

▲ 합판의 종류

(4) 목재의 건조법

① **수액제거법** : 제재한 원목을 현장에서 그대로 1년 이상 방치해 두면 비와 이슬에 의하여 자연적으로 목재 속에 있던 수액이 빠지면서 건조되는 방법을 말한다.

② **자연건조법** : 제재한 목재를 옥내나 옥외에 쌓아 두고 천막이나 천을 덮어 햇빛에 의한 직사광선을 막고 자연적 통풍만을 이용해 건조시키는 방법을 말한다.

③ **공기건조법**

- **증기법** : 열을 이용해 강제로 증기를 뿜어 건조시키는 방법을 말한다.
- **열기법** : 화력 열을 이용하여 건조시키는 방법을 말한다.
- **훈열법** : 풀잎을 태워 그 연기로 건조시키는 방법을 말한다.
- **진공법** : 진공을 이용하여 수분을 강제로 밖으로 배출시키는 방법을 말한다.

Point

- **목재의 인공건조법**
  - 단시간 내 건조할 수 있다.
  - 자연건조에 비해 변형이 적다.
  - 1~3개월 자연건조 후 인공건조가 바람직하다.
  - 시설비용이 많이 든다.

2) 목재의 구조

가) 목재의 내부 조직

① **섬유세포**

- 주로 수액의 통로로 이용되는 부분이며, 전체의 90~98%를 차지한다.
- 목재에 강도를 주는 역할을 한다. 침엽수에서는 헛물관이라고도 한다.

② **수선세포** : 목재의 물이 이동되는 통로가 되는 줄기세포로, 수심에서 직각방향으로 사방으로 뻗어 나가는 세포로 아름다운 무늬가 나타난다.

③ **도관** : 도관은 활엽수에만 있는 것으로 수분과 양분의 통로이다. 나무의 종류를 구별하는 데 쓰인다.

④ **수지선** : 수지의 이동이나 저장하는 곳으로, 이 부분이 목재의 흠으로 목재의 가공이나 용도에 지장을 많이 주는 부분으로 작용한다.

Point

- **수지(樹脂)선**

  소나무나 전나무 등의 나무에서 나오는 점도(粘度)가 높은 액체나 혹은 그것이 공기에 닿아 산화하여 굳어진 것을 말한다.

⑤ **연륜(나이테)** : 나무를 수평적으로 자르면 목재의 가운데 수심을 중심으로 겹겹이 싸인 둥근 형태의 띠가 있는데, 이를 나이테라고 한다. 나이테는 수분을 공급받는 여름철에는 연한 갈색으로, 수분을 공급받기 어려운 추운 겨울에는 진한 갈색으로 나타나는데, 이렇게 생긴 색깔의 띠로 나이를 구분할 수 있다고 하여 나이테란 이름으로 불린다.

⑥ **심재와 변재**

- **심재** : 수심에 가깝고 색깔이 짙은 부분이며, 강도와 내구성이 커서 목재에서 가장 질이 좋은 부분이다. 목질이 단단하고 윤기가 나며 건조하여도 변화가 적어 구조재로 사용하기 좋다.

■ **변재** : 목재의 껍질에 가까운 부분으로 색깔이 옅은 부분이다. 물과 양분의 유통과 저장을 담당하는 부분으로 목질 자체가 무르고 연하여 수축률이 매우 큰 부분이다. 고목으로는 심재보다 변재가 목재로의 가치가 크다.

⑦ **나뭇결(목리)**

■ **곧은결** : 그림과 같이 나무의 중심축으로부터 수평방향으로 직각으로 자른 목재 면이다.

■ **널결** : 그림과 같이 나무의 바깥쪽 부분으로부터 직각방향으로 자른 목재 면이며, 무늬가 아름다워 내장재로 많이 사용된다.

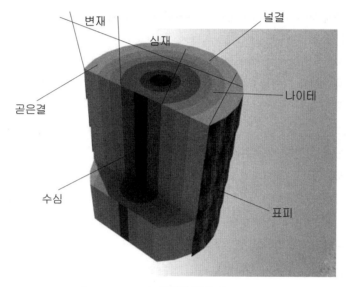

▲ 목재의 구조

나) 목재의 구조적 특성

① **비중** : 목재의 일반적 비중은 1.54kg/cm²이며, 특별한 경우의 재료를 제외하고는 비중에서 큰 차이가 없다.

② **목재의 벌목 시기[35]** : 우리나라는 겨울에 벌목을 하는 것이 강도 면에서 좋다.

③ **목재의 특징** : 목재료는 건조가 잘 되어 있을수록 강도가 커지는 특징이 있으며, 섬유방향의 인장강도는 압축강도 보다 크다.

---

35) 우리나라의 벌목 시기는 낙엽이 다 떨어진 늦가을 이후에 해야 한다. 즉, 11월 말부터 2월 말까지, 절기로는 우수까지가 가능한 벌목 시기이며, 과거의 건축재료학 논문과 책을 보면 가을로 되어 있는데, 가을이란 기준은 북미 및 캐나다의 기준이다. 실제로 목재의 거의 대부분을 북미와 캐나다에서 수입하기 때문에 가을로 보는 사람들도 있는데, 우리나라 기준으로 판단하는 게 보다 정확하다 할 수 있다.

④ 목재의 강도

인장강도 〉 압축강도 〉 휨강도 〉 전단강도

(인장강도가 가장 높고 전단강도가 가장 낮다.)

▲ 목재의 강도 순서

다) 목재의 흠

목재는 목재 자신이 가지고 있는 흠이 있다. 나무가 자라면서 입은 상처나 자연적 환경 조건에 의한 결함이 우리 눈에 보이지 않고, 제재 후 나무제품을 만들 때 나타나기 때문에 그에 대한 문제를 충분히 인식해야 한다.

① **옹이** : 나무가 어린 시절 가지에 상처를 입거나, 다친 흉터라고 생각하면 이해하기 쉽다. 줄기에서 가지가 뻗어 나가는 부분이 딱딱하게 굳어 그 부위만 강도가 달라지거나, 그 부위의 강도가 달라 떨어져 나가 구멍이 생길 수도 있다.

② **갈라짐** : 자연조건상에 가뭄이나 수분 공급이 원활하지 않아 나무 자신이 말라서 갈라진 현상을 말하는데, 고른 목질을 얻기가 어렵다.

③ **지선** : 목재 내부의 수지선이 계속 흘러나와서 그 부분에 줄이 가는 것을 말한다. 역시 고른 목질을 얻기가 어렵다.

④ **썩정이** : 나무에 균이 침투하여 그 부분만을 썩게 만들어 목재 자체를 검게 만들고, 그 부분의 강도를 현저히 떨어뜨리는 것을 말한다.

⑤ **껍질박이(입피)** : 나무가 성장하는 동안 상처를 입은 부분만 성장을 못하여 다른 부분이 성장을 하며 그 흉터가 안쪽으로 말려들어가 생기는 흠집을 말한다.

■ 목재의 흠

| 옹이 | 갈라짐 | 지선 | 썩정이 | 껍질박이 |

Point

■ **목재의 정척재**

과거에 목재는 우리나라에서 자의 단위로 사용하였는데, 현재는 거의 사용하지 않는다.

6자, 9자, 12자

※ 1자 - 30.3cm, 정척재는 제제소에서 일정하게 제재하는 치수로 값이 싸다.

라) 목재의 착화시점

우리가 흔히 불이 붙는 시점을 100℃라고 생각하는데, 그건 물이 끓는 온도지 목재가 발화되는 온도는 아니다. 건축설계자는 목재의 발화점을 알아야 화기 및 유해시설 옆으로 목재를 시공하는 오류를 범하지 않기 때문에 기억해 두는 것이 좋다.

① **목재의 인화점(180℃)** : 목재가 가스 등에 의해 불이 붙기 시작하는 온도를 말한다.

② **착화점(260~270℃)** : 화재 등 주변의 화기에 의해 목재의 표면에 불이 붙는 온도를 말한다.

③ **발화점(400~450℃)** : 발화온도가 되면 불을 붙이지 않아도 자연적으로 목재가 발화되는 온도를 말한다.

마) 목재의 방부재 종류

목재는 자연적으로 오랜 시간 노출되었을 때 부패 및 변색, 병충해 등을 입을 우려가 있기 때문에 건축재료로 사용하기 위해서는 목재 부분에 방부작업을 해야 하며, 방부재는 다음과 같은 4가지 종류가 있다.

① **크로오소트** : 목재의 방부제 중에서 방부력은 뛰어나지만 냄새가 강하여 실내 사용이 어렵다는 단점이 있다.

② **P.C.P(펜타클로로 페놀)** : 무색무취 제품이며 방부력이 우수하며, 페인트를 덧칠할 수 있기 때문에 가장 많이 사용되는 목재의 방부제품이다. 또한, 자격증 시험에도 가장 많이 나오는 재료이다.

③ **황산동, 황산아연** : 방부력이 있으나 철을 부식시키는 단점을 가지고 있어 목재만을 사용하는 부분에 사용하는데, 내부에서 사용은 어렵다.

④ **생리적 주입법** : 제재 전에 미리 나무뿌리에 약을 주입하는 것인데, 그 효과는 없는 것으로 알려져 있다.

[목재 방부재의 분류]

유성 방부재	크로오소트, 콜타르, 아스팔트, PCP(펜타클로로 페놀)
수성 방부재	황산구리 용액, 염화아연 용액, 염화제2수은 용액, 플르오르화 나트륨 용액

Section 03 석재

1) 석재의 종류

석재는 인위적으로 구분한 것으로 크게 세 가지로 구분된다. 화성암, 수성암, 변성암 등이 그 분류인데 워낙 많고 어려운 돌의 명칭과 그에 대한 특성이 있지만 건축에서 가장 많이 사용하는 재료가 석재이다. 따라서, 이번 장은 건축설계자 및 관리자가 반드시 알아야 할 내용 위주로만 설명하고자 한다. 어렵고 난이도가 있더라도 포인트를 중심으로 공부하면 큰 어려움이 없을거라 생각된다.

가) 화성암

화성암(火成岩)은 화산이 터지고 마그마가 식으면서 형성된 암석이다. 즉, 열기로 인해 돌이 녹아서 흐르다가 굳어져서 돌이 되었다는 것이다. 그로 인해 탄 재의 성분이 있기 때문에 어두운색을 띠는 염기성암이 있고, 그에 비해 밝은 산성암은 두 가지 종류로 나뉜다.

① 화강암(granite)

■ 심성암에 속해 있는 석재로 견고하고 대형재가 생산되므로 구조재, 바탕색과 반점이 미려한 내·외장재, 자갈·쇄석 등의 콘크리트용 골재로 사용된다.

■ 압축강도가 대단히 크며, 열에는 대단히 취약하다는 단점을 가지고 있다.

Point

■ **화강암의 명칭**

포천석과 문경석(지역명을 따서 석재의 이름을 붙인다.)

② 안산암(andesite)

■ 안산암은 치밀한 석질로 구성되어 있어, 구조재나 판석 및 장식재로 사용된다.

■ 석영은 안산암의 종류로 백색인데 종류가 많지 않다.

■ 석영은 강도, 경도, 비중이 크며, 내화적이고 석질이 극히 치밀하여 구조용 석재로 많이 쓰인다.

③ 감람석(serpentine)

감람석은 화산 분출로 인해 돌이 급랭, 응고된 것으로 건축 장식재로 사용되는데, 회백색, 담청, 담홍색의 내화도가 높은 다공질석으로 경량골재나 내화재료로 사용된다.

④ 화산암(pumice stone)

화산에서 분출된 마그마가 급랭, 응고되어 열기가 빠져나간 구멍이 보이는 석재로, 공기 구멍으로 인한 경량골재나 내화재로 사용된다.

■ 화성암의 용도 및 모양

| 화강암 | 안산암 |
| 화산암 | 감람석 |

나) 수성암

수성암은 바닷물에 오랜 세월 동안 천연적인 요인으로 응고되어 덩어리가 돌이 된 것을 말한다. 오랜 세월 쌓여 돌이 되었다 해도 각기의 객체가 하나의 덩어리가 된 것이다 보니, 구조적으로 많이 약한 편이다.

① 사암(sand stone)
- 오랜 세월 돌이 깨져 가루가 되고 그 가루가 다시 쌓여 모래 덩어리가 되어 경화된 암석이다.
- 모래의 질에 따라 석영질 사암, 화강암질 사암, 운모질 사암 등으로 구분된다.
- 사암은 블루스톤이나 브라운스톤이라고 하는데, 사암이 가지고 있는 색상에 의한 분류로 명칭되었다.
- 블루스톤은 강하고 견고하여 도로의 경계석이나 계단, 기둥의 주춧돌로 사용되며, 브라운스톤은 주로 건축용 외장재 등으로 사용되고 있다.

② 이판암(clay stone)
- 점토분이 지압과 지열로 변질, 응고된 것을 말한다.
- 층층이 쌓여진 구조를 가지고 있다 보니 판재로 사용 가능하기 때문에 슬레이트 지붕재로 많이 사용되기도 한다.

■ 샌드스톤 사용　　　　　　　　　　　　　　　■ 이판암 사용

③ 응회암(tuff)

■ 화산회 또는 화산사 등이 퇴적되어 응고된 것을 말하며, 연하고 다공질로서 흡수율이 크기 때문에 내화성이 우수하고 강도는 크지 않으므로 장식재로 많이 사용된다.

■ 동해(凍害)에 약하기 때문에 외장재보다는 내장재 및 내화재로 쓰이는 석재이다.

■ 응회암 사용

④ 석회석(lime stone)

■ 석회석은 마블의 주재료이며, 시멘트의 주원료가 되는 석재이다.

■ 마블은 건축에서 많이 사용하는 재료이며, 색이 곱고 아름다워 장식재로 큰 호응을 얻는 자재이다.

■ 석회석은 본래 백색을 띠고 있지만 동물 및 조개의 껍질류 등 수많은 원인으로 인해 함유된 불순물에 따라 그 색상이 회색, 녹색, 갈색, 적색, 흑색 등의 다양한 색상을 나타내고 있는 것이 특징이다.

■ 수성암의 용도 및 모양

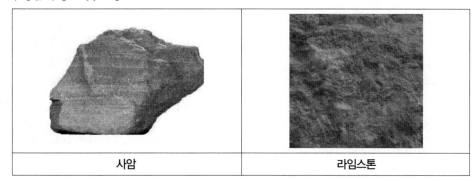

사암	라임스톤

■ 라임스톤 사용

다) 변성암의 종류

변성암은 지진 등과 같은 지반의 충돌과 이동, 화산 마그마의 증기로 인한 고온의 용액이 기존의 암석을 녹여 만들어진 석재를 말한다.

① 대리석 : 건축 내장재로 가장 많이 쓰이는 재료이며 석회암이 변화되어 결정화한 것으로, 주성분은 탄산석회이며, 치밀 견고하고 색채와 반점이 아름답고, 갈면 광택이 나는 것이 특징이다. 그러나, 대리석은 산성에 약하므로 빗물에 의한 마모 및 변색이 많다. 그렇기 때문에 외장재로 사용해서는 안 된다.

■ 대리석의 두께

대리석판의 표준 두께는 2cm, 2.5cm, 4cm, 5cm가 있다. 대각선이 2cm 이상 도면에 표기되면 두께와 전체 크기의 비율과 보강제의 사용을 고려해야 한다.

■ 대리석 사용

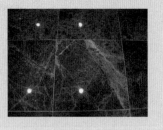

② **트래버틴** : 대리석과 동일한 성질을 가지고 있지만 다공질이며 불균질하다. 또, 대리석과 달리 다갈색의 색깔이 있어 장식재로 많이 사용되는 재료이다.

Point

■ 트래버틴 사용

③ **석면** : 석면은 섬유질로 되어있는 특이한 석재로, 사문암과 각석암이 열과 압력에 의해 변질된 것으로 변성암의 일종이다. 내화성이 매우 뛰어나 내화재로 각광 받는 재료이며, 단열재 및 석면 시멘트판, 석면판, 마루마감 재료 등으로 많이 사용된다.

■ 수성암의 용도 및 모양

변성암	대리석

2) 건축용 석재

석재가 건축재로서 올바른 역할을 하기 위해서는 석재의 특징을 아는 것이 매우 중요하다고 할 수 있다. 석재의 특징과 용도를 명확히 구분해서 재료의 용도와 사용 방식을 명확히 이해하고 사용해야 할 것이다.

가) 석재의 강도

- 석재의 인장강도는 압축강도의 $\dfrac{1}{10} \sim \dfrac{1}{20}$ 이다.
- 화강암의 강도가 제일 강하지만, 내화도는 제일 낮다.

화강암 〉 대리석 〉 안산암 〉 사암

▲ 석재의 강도 순서

Point

- **석재의 특징**
  - 화강암 : 마그마가 굳은 화성암의 일종으로 압축강도가 대단히 크며, 열에는 대단히 취약하다.
  - 석회암 : 치밀하지 못하여 건축재료로 거의 사용할 곳이 없고, 시멘트의 주원료로 사용된다.
  - 응회암 : 화산재가 퇴적되어 만들어진 암석이며, 매우 연하여 조각용으로 사용된다. 또한, 내화력이 우수해서 불연재로 사용되기도 한다.
  - 점판암 : 판상 형태로 생산되어 지붕의 재료로 사용된다.
  - 대리석 : 주성분은 탄산석회(C_aCo_2)이며, 치밀 견고하고, 색체와 무늬가 다양하고, 열과 산에 약해서 외장재로 사용하기 부적합하다.
  - 트레버틴 : 대리석의 일종으로 다공질이며 갈색무늬가 있다. 갈면 광택이 나며 무늬가 미려해서 실내 장식재료로 많이 사용된다.
  - 실내용 : 사문암, 대리석, 트레버틴(대리석의 일종, 다갈색이며 갈색무늬)
  - 실외용 : 화강암

- **석재의 가공 순서**
  - 혹두기(쇠메나 망치) – 정다듬(정) – 도드락다듬(도드락 망치) – 잔다듬(날망치) – 물갈기
  - 전산응용건축제도기능사의 기출문제를 분석해 보면 석재가공 시 잔다듬에 사용하는 (날망치)라는 공구를 기준으로 하는 문제가 출제되기도 한다.

나) 석재의 가공품

목재와 마찬가지로 천연적인 석재를 인위적인 방법으로 그 사용과 용도에 맞게 가공한 제품을 가공품이라 하는데, 석재의 가공품은 주로 보온 단열의 역할재로 많이 사용하며, 우리가 눈으로 보기는 어렵기 때문에 낯선 제품에 대해서 암기를 해두는 것이 좋다.

① 암면(巖綿, rock wool 또는 mineral wool)
- 현무암, 안산암 등을 녹여 분출하여 마치 솜사탕을 만들 듯이 실처럼 뽑아 낸 방식으로 만든 제품이다.
- 발암물질인 석면의 대체재로 개발되어 그 특징을 가지고 있으며 단열재나 방화재, 흡음재로 널리 이용된다.

Point
- **암면의 사용처**

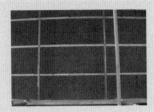  

② 질석
- 벽 속에 들어가 있는 보온 및 차음재로 사용되는 재료로 돌을 가열하여 부피를 5~6배 팽창시킨 다공질 경석을 말한다.
- 밀도가 높아 건축의 보온재 및 차음재로 사용되며, 우리 눈에는 보이지 않지만 주로 칸막이 벽면 속에 넣어 사용된다.

③ 펄라이트
- 돌을 갈아낸 가루를 합성수지와 합쳐 스프레이로 뿜칠을 하는 방법을 사용하는 재료이다.
- 보온재로 많이 사용되며, 층간 소음 및 단열과 방음에 매우 효과적이다.

Point
- **펄라이트의 사용처**

④ 테라죠
- 백시멘트, 대리석, 종석, 안료 등을 섞어서 표면을 물갈기 한 인조대리석을 말한다.

■ 대리석 금액 자체가 워낙 고가이다 보니, 인조로 만든 대리석을 대체하는 재료로 개발되었으나, 가격 면에서 저렴한 것을 제외하고는 대리석보다 못하다.

Point

■ 테라죠의 사용처

Point

■ 비슷한 이름, 다른 사용처

테라코타, 테라죠, 테라초는 그 이름이 비슷해서 많이 헷갈려 하는데, 테라죠와 테라초, 테라코타는 같은 재료를 의미한다. 과거에는 테라초라 많이 불렸는데, 현재는 영문식 표기를 사용하여 보통 테라죠라 한다. 그림을 보면 그 역할과 용도를 쉽게 인지할 수 있을 것이다.

▲ 테라코타와 테라죠

다) 인조석 바름

인조석 바름은 모르타르를 이용하여 벽체는 배합비가 1:1인 모르타르를 3mm 정도 바르고, 바닥은 1:3 모르타르로 두께 약 15mm의 초벌바름을 하고 정벌바름을 실시한다. 줄눈은 줄눈 나누기를 하여 줄눈대를 시멘트풀 또는 모르타르로 고정시킨다.

라) 인조석 바르기 마감

인조석 바르기 마감은 인조석 바름 씻어내기 마감, 인조석 갈아내기 마감, 인조석 바름 두들겨 마감, 치장 줄눈마감, 콩자갈 깔기 바닥마감 등이 있다.

Point

■ 바름면 갈기 방법

바름면 씻어내기, 바름면 잔다듬(바름면 메우기가 있다면 오답이다. 명칭이 비슷하나 전혀 다른 시공방법이라는 것을 기억해야 한다.)

마) 인조석 작업 후 보양

인조석 작업을 완료한 후 신문지나 종이, 톱밥가루 등을 사용하여 시공 완료 후 표면 파손 및 접착재의 강도 증가를 위해 뿌려준다.

Section 04 / 벽돌

1) 벽돌의 종류

건축의 조적(조적)공사에서 가장 많이 쓰이는 재료가 바로 벽돌이다. 벽돌은 쌓는 방법도 중요하지만 어느 부분에 어떤 벽돌을 쌓아야 하는지도 중요한 사항으로 보기 때문에, 이번 장에서는 벽돌재료의 특성에 대해 알아보기로 한다.

또한, 종류별 벽돌의 사용처 및 특성을 인지하고 있다가, 필요 부분에 그에 맞는 벽돌을 사용하는 것도 매우 효율적인 공사의 설계방법이라 할 수 있다.

구분	190×90×57	구분	190×90×57
단위중량(kg)	1.7~2.0	1m²당 소요량(장)	75
평균압축강도[N/cm²]	3,100~4,900	1PLT(팰릿) 소요량(장)	1,200~1,300
1m²당 평균무게	152	점토벽돌 압축강도 [N/mm²]	24.50 [N/mm²]

▲ 벽돌의 평균 재원

가) 보통벽돌의 종류

① 붉은벽돌

붉은벽돌은 우리가 쓰는 벽돌 중에서 색조 조절용 석회석 때문에 붉은색이 나온다고 해서 붉은벽돌이라 하는데, 그냥 통상적으로 사용하는 보통벽돌을 의미한다.

② 시멘트 벽돌

시멘트와 골재(모래, 왕모래, 잔자갈)를 배합하여 성형·제작한 것(KS F 4004)으로, 구조용으로 많이 사용되기 때문에 압축강도는 80kgf/cm² 이상이어야 한다.

③ 내화벽돌

■ 고온을 사용하는 가마나 사우나의 열기를 받을 수 있는 고열을 사용하는 곳에 내화벽돌을 사용한다.

■ 내화벽돌은 일반 벽돌과 그 크기를 달리하므로(230×114×65mm) 설계에 주의해야 하며, 내화벽돌에 사용하는 내화용 모르타르도 벽돌과 같은 성능을 보유한 것이어야 한다.

■ 내화벽돌 중 굴뚝이나 페치카용 벽돌의 소성온도는 SK26~SK29(SK는 소성온도[36])로 규정되어 있다.

④ 과소벽돌(과소품 벽돌)

■ 벽돌을 일부러 많이 구워 내어 벽돌 자체의 강도를 매우 크게 만든 벽돌이다.

■ 강도가 크므로 기초쌓기용으로 많이 사용되며, 흡수율이 매우 적고, 모양이 바르지 않다는 단점을 지니고 있다.

■ 보통벽돌의 종류

보통벽돌	시멘트 벽돌
내화벽돌	과소벽돌

⑤ 경량벽돌

■ 앞으로 나올 재료 중에 경량이란 말이 들어가면 같은 재료 중에서 가장 가볍다는 특징을 가지고 있으나, 다공질 또는 구멍이 있어 구조용 재료로 사용하기 어렵다는 점이 있다는 것이다.

■ 모든 재료가 경량이란 말이 붙을 땐 그 점이 단점이란 것을 꼭 기억해야 한다.

■ 경량벽돌이란 저급점토, 목탄가루, 톱밥 등으로 혼합·성형한 후 소성한 것으로, 보통벽돌보다 가벼운 벽돌을 말하며, 구멍벽돌과 다공(多孔)벽돌이 있다.

■ 단열과 방음성이 우수하나 구조적인 용도로는 사용이 어렵다는 단점이 있다.

다공질 벽돌	점토에 분탄, 톱밥 등을 혼합하여 구운 제품으로 단열 및 방음성이 뛰어나고 톱질과 못박음이 가능하다는 것이 특징이다.
중공벽돌	벽돌 내부에 마치 연탄과 같이 여러 개의 구멍을 가진 벽돌로서 단열, 방음이 좋으며, 가볍기 때문에 실내의 칸막이벽에 주로 사용된다.

36) 소성온도란 결정온도 이상으로 열을 가하여 가공하는 온도를 말한다.

	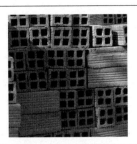
다공질 벽돌	중공벽돌(속빈공중 벽돌)

⑥ 그 외 벽돌

벽돌은 다양한 종류가 있으며, 기능사 시험에도 벽돌의 종류가 출제되는 경향이 매우 높으므로 벽돌의 특성과 특징을 잘 기억하고 있어야 한다.

- **파벽돌** : 파벽돌이란 깨지고 낡은 벽돌을 말하지만, 우리 건축에서는 실내 내장재의 장식적 의미로 인위적으로 쪼개 벽돌의 문양을 낸 제품을 의미한다. 파벽돌의 크기는 20.5cm × 6.5cm × 1.2cm로 거의 동일하게 사용되고 있지만, 실내장식의 필요에 의해서 제품의 크기가 다른 경우가 있으므로 반드시 설계 전에 확인하고 설계를 해야 한다.

- **고벽돌** : 70~80년 이상 된 중국 건물에서 철거한 재료를 실내의 내장 및 장식을 위해 수입해서 다시 사용하는 벽돌이다.

- **포도벽돌** : 보통 인도용 보도블록으로 많이 사용되는 벽돌로, 마모와 충격에 강하고 흡수율이 적으며 내산, 내알칼리성을 가지고 있어 옥외재료로 많이 사용되는 벽돌이다.

- **오지벽돌(釉藥)** : 벽돌의 한 면을 오지물[37]을 칠해 구운 치장벽돌이다.

- **이형벽돌** : 치장용으로 만든 벽돌로 그 형태와 모양이 매우 특이한 벽돌이다. 아치벽돌, 팔모벽돌, 둥근모벽돌, 원형벽돌 등이 있다.

- **검정벽돌** : 흑색안료를 섞지 않고 연소 시에 검게 만들어진 벽돌로서, 흑색이라는 특징적 요소로 인해 실내 장식용으로 많이 사용된다.

- **황토벽돌** : 최근 건강과 자연으로 돌아가자는 친환경적 영향을 받아 우리 전통의 황토집을 개량해서 만든 벽돌을 황토벽돌이라 한다. 친환경적이고 자연적이며 습도와 환기조절 능력이 뛰어나고 단열효과도 좋다.

---

37) 불에 굽는 도자기에 보호용이거나 장식용으로 유리질을 부착시키는 것으로, 보통 유약(釉藥)으로 불린다. 흙으로 만든 기와, 벽돌 등을 올려서 구우면 윤이 나는 잿물을 의미한다.

■ 특수벽돌의 종류

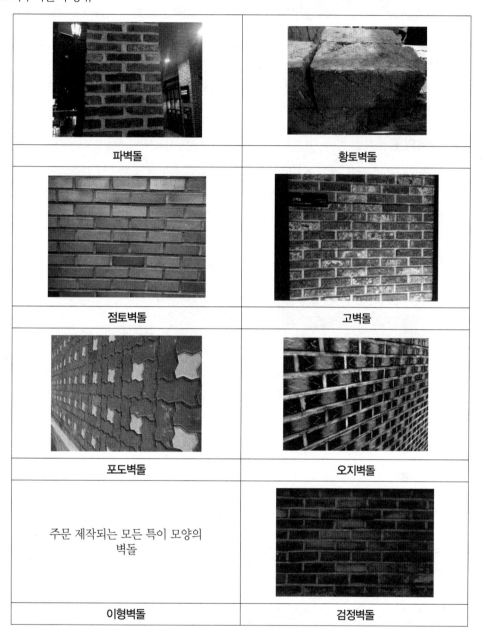

파벽돌	황토벽돌
점토벽돌	고벽돌
포도벽돌	오지벽돌
주문 제작되는 모든 특이 모양의 벽돌	
이형벽돌	검정벽돌

1) 블록의 구분

블록은 보통 외부에 벽을 설치하거나 창고 등에서 많이 사용하는 재료이며, 시멘트 벽돌의 재료와 비슷한 재료이다.

가) 블록의 종류

① BI형 : 우리나라에서 가장 많이 쓰이는 블록의 종류이며 공장에서 제작되어 사용되며, 390×190×190, 390×190×150, 390×190×100 등의 세 종류가 많이 사용된다.

② BM형 : BI형보다 줄눈이 덜 들어가게 안으로 들어가 있고, 줄눈이 발라지는 부분만을 강조해서 만들어 놓은 블록이다.

③ BS형 : BI형보다 두께가 크고, L자형, ㄷ자형 등과 같이 사용된다.

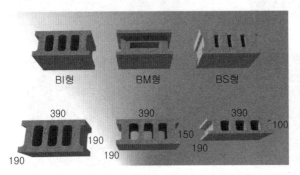
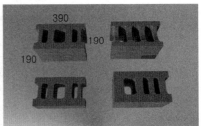

1) 시멘트 및 콘크리트의 재료학

가) 시멘트

시멘트의 역사는 그리스 로마까지 거슬러 올라가 석회로 건물을 짓는 데 활용하였다는 역사적 근거가 있는 매우 전통있는 재료이다. 시멘트는 19세기 초 영국인 애습딘이 특허를 딴 포틀랜드시멘트로 현대의 건물까지 사용하게 되었는데, 현재는 초기의 포틀랜드시멘트와는 화학적 반응을 많이 바꾼 제품을 사용하고 있다. 현재도 매우 많이 사용하는 재료이다 보니, 시멘트의 재료적 특성을 알아야 철근 콘크리트 구조를 이해하는 데 많은 도움이 된다는 점을 명확히 기억해야겠다.

나) 시멘트 구성

시멘트는 원료(석회석, CaO), 점토, 석고(석회석이 주성분(65%)이다.)로 구성되어 있다. 석회석이 주성분이며, 석고는 경화를 늦추는 재료로 소량 첨가한다.

다) 시멘트의 종류

(1) 포틀랜드시멘트

포틀랜드시멘트는 화학적 희석재에 따라 그 배합을 달리하며, 그 시멘트의 배합 비율에 따라 그 사용 용도와 사용 장소가 구분된다. 포틀랜드시멘트의 명확한 특성을 반드시 인지해야 한다.

① **보통 포틀랜드시멘트** : 일반적인 공사용으로 사용되고 있으며, 다양한 용도로 사용되는 시멘트이다. 혼합시멘트용의 모체 시멘트로도 사용되고 있다.

② **중용열 포틀랜드시멘트** : 중용열 포틀랜드시멘트는 배합 비율을 조정하여 발열량을 조절한 시멘트로서, 초기 강도가 매우 떨어지는 시멘트이다.

- 1년 이상의 장기강도가 매우 높다.
- 화학적 저항성이 매우 강하다.
- 발열량이 적고 방사선 차폐효과가 있다.

③ **조강 포틀랜드시멘트** : C_3S 함유량이 높고 조기강도(압축강도 : 1일, 초기강도 : 3일)의 발현이 매우 뛰어나, 수밀성이 높고 경화에 따른 수화열이 크므로 낮은 온도에서도 강도 발생이 큰 시멘트이다.

④ **내황산염 포틀랜드시멘트** : 황산염 침입에 대한 저항성을 높이기 위해서 C_3A 함유율을 4% 이하로 한 시멘트이다.

- 감수제, 계면활성제[38] 및 내황산염성에 강하다.
- 보통 포틀랜드시멘트보다 수화열이 낮은 특징이 있다.

⑤ 백색 포틀랜드시멘트

- 백색의 시멘트이며, 시멘트보다는 석고에 가깝다.
- 구조 용도로는 사용이 어렵고 타일의 줄눈과 같이 치장재로서의 역할을 할 때 주로 사용되는 시멘트이다.
- 안료를 희석할 수도 있다.

---

38) 액체와 액체, 액체와 고체, 고체와 고체 등 서로 각기 다른 재료의 표면을 얇게 해주어 서로의 결집을 도와주는 혼화재를 말한다.

■ 종류별 시멘트의 특성 및 주요 용도

품명	특성	주요 용도
1종 보통 포틀랜드시멘트	일반 시멘트	일반 콘크리트 제품
2종 중용열시멘트	적은 수화열	댐, 터널, 도로 포장
3종 조강시멘트	수화 신속	보수, 긴급공사
4종 저열시멘트	중용열보다 적은 수화열	댐, 매스콘크리트
5종 내황산염시멘트	내화학성, 내구성 향상	해양공사, 지하수 배수로 등

(2) 혼합 포틀랜드시멘트

포틀랜드시멘트가 일반적인 배합 비율을 이용한 제품이라면 혼합 포틀랜드시멘트는 타설 시 첨가물을 넣어 만드는 시멘트 제품이다. 어떤 첨가물을 넣는가에 따라 그 성분과 특징이 달라지기 때문에 중요한 부분이기도 하며, 시험에 많이 등장하는 내용이기도 하다.

① **고로시멘트(용광로 슬러그혼합)** : 고로(용광로)에서 고온의 철 부산물을 물에 급냉하여 수쇄(水碎)시킨 것을 고로 슬래그라 하는데, 이를 잘개 부수어 배합한 시멘트를 말한다. 고로시멘트의 장기강도는 시멘트 중 으뜸으로 여겨지지만 3개월 미만의 강도는 현저히 떨어지는 약점이 있다. 그러므로, 고로시멘트는 현장 시공 시 계절적, 기후적, 환경적 요소를 모두 체크하고 시공해야 한다.

■ 내해수성 및 내화학성이 크다.

■ 열량이 적고 염분에 대한 저항성이 크다.

■ 3개월 이상의 장기강도가 매우 크다.

■ 알칼리 골재반응이 일어나지 않는다.

Point

■ **고로시멘트의 특징**

- 댐공사에 좋다. 보통 포틀랜드시멘트보다 비중이 적다.
- 바닷물에 대한 저항이 크고, 콘크리트에서 블리딩이 적어진다.

② **플라이 애시(Fly-ash)시멘트**

■ 플라이 애시[39]란 포틀랜드시멘트에 fly-ash를 혼합한 시멘트이다.

---

39) 화산재에서 나오는 그을림 가루나 석유 및 화학제품을 태웠을 때 나오는 연기의 그을림을 의미한다.

- 플라이 애시의 미분말이 콘크리트 안으로 스며들어 석회의 밀착을 도와 희석 시 밀도를 낮추며, 공극을 작게 하여 건조수축이 작고, 수화열이 적으며, 장기강도를 좋게 하며, 골재반응을 일어나게 하지 않는다.

- 실리카시멘트 또는 포촐란시멘트라고도 하며, 강도 발현속도가 크기 때문에 긴급 공사용으로 사용한다. 다만 재설 시 온도 변화에 민감하여 강도가 변하는 것에 주의해야 한다.

③ **초속경시멘트 :** 경화속도를 빠르게 하도록 배합조건을 생성하여 만든 시멘트로서, 보통 2~3시간 내에 굳어지는 시멘트이다. 긴급공사 및 급히 양생되어야 하는 장소에서 사용된다.

(3) 기타 시멘트

① 레미탈

- 한일시멘트가 전략적으로 육성하고 있는 '레미탈'은 건축물 외부 마감자재로 시멘트, 모래, 특성강화제 등을 미리 혼합해 건축현장에 공급하는 시멘트 2차 제품이다.

- 기존 시멘트를 사용한 공사에 비해 품질이 월등하고 공기 단축은 물론 인건비 절감효과가 높아 건설 경기와 관계없이 98년부터 매년 20% 이상 매출이 확대되고 있을 정도이다.

- 레미탈이 인기를 끄는 이유는 기존 시멘트 작업에 비해 품질과 경제성이 뛰어나고 작업이 한층 편리하기 때문이다.

- 이 제품은 시멘트와 모래, 용도에 적합한 특성강화제를 생산단계에서 미리 혼합해 현장에서 물만 섞어 사용하는 방식을 취하고 있다.

- 시멘트와 모래를 따로 구입하고 모래를 체로 치는 등 복잡한 수작업을 거쳐야 하는 재래 방법에 비해 품질이나 작업시간 등에서 훨씬 뛰어나다.

- 현대의 모듈화에 따른 공사기간 단축에 매우 뛰어난 효과가 있다.

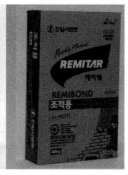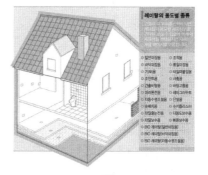

▲ 레미탈의 사용 용도별 분류(자료 : 한일시멘트[40])

---

40) 이 자료는 한일시멘트에서 건축이론을 시작하는 학생들에게 도움이 되라고 사용허가를 해주신 자료입니다.

② 레디믹스트 콘크리트(레미콘)

레디믹스트 콘크리트(Ready Mixed Concrete)는 현장에서 비벼서 사용하던 종래의 방식을 떠나서 직접 공장에서 시멘트, 모래, 자갈을 섞어서 굳지 않은 상태로 만든 콘크리트를 믹서트럭으로 운반, 배달하는 콘크리트 제품이다.

시멘트	1종 포틀랜드시멘트
골재	구조에 맞는 용도의 골재를 종류별로 나눠서 사용한다.
물	지하수, 공업용수나 상수도 물
혼화재료	제품의 사용처와 용도에 맞는 비율을 가진 혼화제를 주문에 맞춰 종류별로 희석하여 사용한다.

▲ 레미콘 제작재료

라) 시멘트의 주요 특징

① **시멘트의 비중** : 시멘트의 비중은 $3.05ton/m^3$~$3.15ton/m^3$이며, 공극을 계산하지 않은 자기 자신의 순수한 몸무게라 생각하면 이해가 쉽다. 시멘트의 비중, 즉 공극을 계산하지 않은 순수한 진비중에서 공극을 더한 단위용적중량은 $1,500kg/m^3$이고, 이것이 시멘트의 중량이라고 할 수 있다. 다시 말해, $1m^3$에 $1,500kg$의 시멘트를 담을 수 있다는 의미이다. 이 부분은 시멘트가 만들어졌을 때, 골재와 모래의 중량까지 생각하게 되면, 실제 현장에 들어가는 콘크리트의 중량을 계산해 낼 수 있으며, 레미콘 1대에 $6m^3$가 실리기 때문에 레미콘 대수까지 산정이 가능하다는 점에서 매우 중요한 포인트라고 할 수 있다.

② **시멘트 한 포의 무게** : 시멘트 한 포의 무게는 40kg이다. 적재 중량을 알아야 정확한 이동과 이동 시 안전수칙을 지킬 수 있으므로 기억해 두는 것이 좋다.

마) 시멘트 혼화제

시멘트 혼화제는 시멘트의 강도를 높이기 위해 혼화하는 재료로써, 만들어진 포틀랜드시멘트에 희석 시 넣어 그 효과를 증대시키는 재료이다.

① **AE(air entraining agent)제**
- 콘크리트와 시멘트 등의 재료에서 공기와 기포가 발생되는 모든 제품은 시멘트를 희석시키는 데 매우 좋으나, 기포가 생겨 구멍이 나므로 구조적으로는 사용하기 어렵다는 것을 인지해야 한다.
- AE제는 계면활성제로써 콘크리트 내부에 미세기포를 발생시켜서 공기의 분출로 인해 시멘트를 희석시키는 효과를 만들어 내며, 이 효과가 시멘트의 시공연도[41]를 개선시키며, 단위수량의 저감과 동결융해 저항성이 있다. 그러나, 철근과 콘크리트의 부착력을 약화시키는 단점을 가지고 있다.

---

41) 물과 시멘트의 비율을 말한다.

② **응결촉진제** : 추운 겨울철 같이 온도가 낮은 여건에서 묽은 콘크리트 시공 시 콘크리트가 얼어 시멘트의 강도가 현저히 저하될 수 있는 현장에서 시멘트의 응결을 촉진시킬 수 있는 혼화제로 사용된다.

③ **응결지연제** : 응결촉진제와는 반대로 여름철 더위로 인한 묽은 콘크리트 내의 수분 증발로 강도가 떨어지는 현상을 막을 수 있도록 응결을 지연시키는 데 사용하는 혼화제이다. 장거리 콘크리트의 운반에도 사용된다.

④ **감수제** : 물을 먹은 시멘트가 급격히 서로 엉겨 붙으려는 것을 지연시켜 초기 강도 발현을 낮추는 원리를 가지고 있으며, 콘크리트의 단위수량을 낮게 하면서도 시공연도를 개선시킬 수 있어서 콘크리트의 강도 개선이 가능한 혼화제이다.

⑤ **유동화제** : 감수제와 비슷한 효과를 볼 수 있는 혼화제로써 콘크리트 자체의 유동성을 크게 해서, 구석이나 모서리진 부분까지 충분히 콘크리트가 침투할 수 있도록 하는 혼화재이다.

⑥ **포졸란(pozzolan)** : 시멘트 절약, 해수 등에 대한 화학적 저항성, 수밀성 개선 및 장기 강도를 증대시키는 혼화제이다.

⑦ **팽창제** : 콘크리트가 급격히 경화되면 균열이 발생하는데, 이를 억제하고자 균열을 막는 데 사용되는 혼화제이다.

⑧ **방청제** : 철근 등 철재료가 노출에 의해 부식되는 것을 방지하기 위해서 사용하는 혼화제이다.

바) 특수 혼화재

① 고로 슬래그(高爐, slag) 분말

■ 고로 방식의 제철소에서 발생되는 슬래그를 물, 공기 등으로 급냉시켜 이를 미분쇄한 것이다.

■ 앞서 말한 고로슬래그시멘트와 그 성질이 같으며, 초기 강도가 낮기 때문에 현장 주변의 여건을 충분히 고려해야 한다.

■ 동결융해가 적고, 장기 강도가 강하며, 내해수성 및 내화학성이 우수하다.

② 플라이 애시(fly ash)

■ 둥근 형태의 미립자인 플라이 애시는 묽은 콘크리트 상태에서 분말이 시멘트 안으로 스며들어 석회의 밀착을 도와 밀도를 낮추며 공극을 작게 하는 역할을 한다.

■ 실리카시멘트 또는 포졸란시멘트라고도 하며, 강도 발현속도가 크기 때문에 긴급 공사용으로 사용한다.

③ 실리카흄(silica fume)

■ 실리콘 제조 시 발생하는 아주 미세한 분자를 시멘트에 넣어 혼화 시 공극을 채우는 용도로 사용되는 혼화재이다.

■ 혼화 시 콘크리트가 많이 굳어지기 때문에 고성능 감수제 등을 사용해야 하는 단점이 있다.

사) 표면활성제, 시공연도활성제

① **경화촉진제**

- 눈이 올 때 눈을 녹이기 위해 거리에 염화칼슘을 뿌리는 이유는 염화칼슘 자신이 열을 발생시키기 때문이다.
- 시멘트 역시 경화속도를 높이기 위해 염화칼슘을 사용하는데, 염화칼슘은 쇠를 부식시키므로 절대 철근 콘크리트에 사용해서는 안 된다.

② **응결지연제**

경화촉진제와는 반대로 시멘트를 굳지 않게 하는 역할을 하는 화학적 특성의 혼화재이다.

아) 골재

골재는 콘크리트 전체의 약 70~75%를 차지하고 있으며, 콘크리트의 강도에 매우 큰 영향력을 미치기 때문에 적절한 골재의 사용이 반드시 필요하겠다. 골재는 강자갈, 콩자갈, 모래 등과 같이 자연에서 직접 수거한 천연골재가 있고, 수거한 천연골재를 인위적으로 깨서 만든 깬자갈 등이 있다.

① **잔골재(fine aggregate)**

- 잔골재는 5mm 체를 거의 다 통과하고, 0.08mm 체에 남겨지는 골재를 말한다.
- 잔골재의 조립률[42]은 일반적으로 2.3~3.1mm 정도의 것을 사용하며, 고강도 콘크리트를 생산할 경우에는 조립률이 큰 것을 사용하는 것이 바람직하다.

② **굵은골재(coarse aggregate)**

- 체가름의 5mm 체에 거의 다 남는 골재를 굵은골재라 한다.
- 굵은골재의 석질은 강하고 단단한 것으로서 기상 작용에 대하여 내구적인 것이어야 한다.

자) 물

물은 음용수로 사용 가능하면 대부분 콘크리트 제조용으로 가장 적절하다. 이때, 물속에 불순물이 섞이면 콘크리트나 강재의 품질에 나쁜 영향을 미칠 수 있기 때문에 불순물이 없는 물을 사용해야 한다. 특히, 바닷물은 염분을 보유하고 있으므로 강재를 부식시킬 수 있기 때문에 콘크리트 공사를 할 때 절대 사용하지 않아야 한다.

차) 콘크리트(Con'c) 재료의 특성

앞서 재료에서 배웠듯이 시멘트의 주성분은 석회석이다. 석고는 그저 시멘트의 경화속도를 늦춰주

---

[42] 조립률(fineness modulus)이란 10개의 서로 다른 크기를 가진 체인 80, 40, 20, 10, 5, 2.5, 1.2, 0.6, 0.3, 0.15mm 체를 사용하여 체가름 시험을 수행한 후에 각 체에 남아 있는 골재량을 구하여 그 체보다 큰 체에 남아 있는 모든 값을 더한 것을 또다시 합한 것의 백분율을 의미한다.

는 재료인데, 통상적으로 시멘트(석회분+물=경화)가 경화를 시작하는 시간은 수화열 발생 10시간 후이다.

시멘트, 즉 석회석과 석고 그리고 물이 섞인 상태에서 강도를 증대시키기 위해 자갈을 포함시켜 순 강도 자체를 높인 것을 콘크리트라 한다. 콘크리트를 배우기 위해서 골재와 공극에 대한 기초적인 지식 습득 후 콘크리트의 주 내용을 배우기로 한다.

① 비중(specific gravity, 比重)

- 비중이란 어떤 물질의 질량과, 이것과 같은 부피를 가진 표준물질의 질량과의 비율이다.
- 비중은 기체의 경우 온도와 압력에 따라 달라지며, 대부분의 경우 밀도와 같은 개념으로 생각해도 무방하다.

② 단위용적중량

- 시멘트(보통 포틀랜드시멘트)의 비중이 3.05라 함은 시멘트 입자 사이의 공기 간극을 고려하지 않은 순시멘트의 비중(진비중(眞比重))을 말한다.
- 레미콘 제조사의 경우 이 비중을 이용하여 투입량과 중량을 계산한다. 즉, 단위용적중량이라 함은 부피에 대한 무게로 보면 된다. 중량을 계산하기 위함이고, 구조적인 계산을 하기 위해서는 반드시 필요한 것이라 할 수 있다.
- 단위용적중량이 1,500kg/m³일 경우는 공기 간극을 포함한 시멘트의 순수 중량이란 의미이다. 다시 말해, 일정 용기 등에 시멘트를 담을 경우 1m³에 1,500kg의 시멘트를 담을 수 있다는 뜻이기도 하다.
- 레미콘 제조사의 중량, 부피 등은 순비중을 이용하고, 시멘트의 저장창고 등을 계획할 경우에는 단위용적중량을 이용한다.

③ 공극률

- 토양이나 암석의 전체 부피에 대한 공극의 부피 비율을 공극률(porosity)이라 한다. 즉, 자갈 사이의 빈틈에 대한 비율을 측정한 것이 공극률이라 할 수 있다.
- 공극률이란 골재의 단위 용적(m³) 중의 공극을 백분율(%)로 나타낸 값을 말한다.
- 공극률 산식[43]

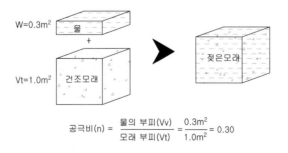

$$공극비(n) = \frac{물의\ 부피(Vv)}{모래\ 부피(Vt)} = \frac{0.3m^2}{1.0m^2} = 0.30$$

---

43) 자료 출처 : Basic Ground–Water Hydrology, 미국지질조사소(USGS), 1998

④ 실적률

■ 골재의 실적률(骨材—實積率, solid volume percentage of aggregate) : 실제 공극과 단위중량을 모두 포함해서 어떤 용기에 채워진 적재비율을 말한다. 100%가 채워졌다는 것은 공극을 포함해서 다 채워진 상태란 의미라고 해석해도 된다.

■ 실적률(d)＝$(\frac{W}{g})$100(%)(W＝단위용적중량(kg/l), g＝골재의 비중)
즉, 실적률이란 골재의 단위 용적(m^3) 중의 실적 용적을 백분율(%)로 나타낸 값을 말한다.

(1) 콘크리트의 구조적 특성

시멘트의 응결시간은 1시간 이후부터 굳기 시작하여 10시간 이내 끝난다.

① 분말도가 높은 시멘트의 특징

■ 시공연도[44]가 좋다.

■ 재료의 분리현상이 감소한다.

■ 수화반응이 빠르다.

■ 조기강도가 높다.

■ 풍화되기 쉽다.

■ 수축균열이 크다.

② 콘크리트의 강도(kgf/cm²)와 배합

콘크리트의 강도에 결정적 역할을 하는 것은 물과 시멘트 그리고 자갈의 배합비율에 좌우된다. 따라서 강도, 내구성, 수밀성과 적정한 워커빌리티의 요소를 면밀히 따져서 콘크리트의 배합을 결정해야 한다.

(2) 콘크리트 클리프(creep)현상[45]의 원인

■ 압축철근이 증가하면 감소한다.

■ $\frac{W}{C}$[46]가 증가하면 증가한다.

■ 보 길이에 비해 춤 높이가 작으면 증가한다.

카) 콘크리트 시험 및 테스트

콘크리트는 건물의 구조와 밀접한 연관이 있고, 눈으로 확인하기 어렵기 때문에 여러 가지 시험 및 테스트 방법이 있다. 콘크리트 자체의 테스트가 건물의 안전도와 밀접한 연관이 있기 때문에 중요하기도 하며, 시험에 종종 출제되는 문제이기도 하다. 콘크리트 시험은 타설 전과 타설 후로 나눈다.

---

44) 시멘트의 묽기 정도
45) 콘크리트 구조물에 하중이 가해지면 즉시 탄성 변형이 일어나며, 하중 증가 없이 일정 하중이 지속적으로 작용하면 시간 경과에 따라 구조물은 계속적으로 변형이 증가하는데, 이러한 현상을 크리프(creep)라고 한다.
46) 물과 시멘트의 혼합비

- **타설 전** : 강도시험, 슬럼프시험, 탬핑(tamping), 공기량시험, 단위용적 중량시험
- **타설 후** : 슈미트해머시험, 방사선법, 초음파속도법, 인발법, 진동법, 철근탐사법 등이 있다.
- 테스트별 구분

① 타설 전 시험

타설 전 시험은 콘크리트를 실제 현장에서 붓기 전에 사용하는 시험으로, 콘크리트를 직접 만지거나 밀도의 측정 등을 토대로 좀 더 정확한 시험을 할 수 있다는 장점이 있다.

- **강도시험** : 해머, 망치 등으로 부분적으로 떼어내어 타격을 해보는 시험방법이다.
- **슬럼프 테스트** : 그림과 같이 연통을 이용하여 콘크리트 타설 전에 부어, 흘러내림의 부분을 측정하여 시공연도를 측정하기 위해 실시하는 것으로 반죽의 질기 정도를 정량적으로 가늠할 수 있다.
- **탬핑(tamping) 공기량시험** : 타설 직후 콘크리트 속에 포함되어 있는 공기량의 콘크리트에 대한 용적 백분율을 측정하는 시험 방법이다. 그 측정법에는 중량법, 공기실 압력법, 용적법 등이 있다.
- **골재 채가름시험** : 골재를 철망이 달린 채 위에 쏟아 흔들어 그 채를 통과한 골재는 잔골재, 망에 걸린 골재는 굵은 골재 등으로 구분할 때 사용하는 시험방법이다.
- **타설 전 측정법**

강도시험	슬럼프 테스트
공기량시험	골재 체가름시험

Point

■ **슬럼프 증대 방법**

① 모래율을 감하거나 굵고 거친 모래를 사용한다.

② 표면 활성제를 사용한다.

③ 자갈은 둥글고 가는 것을 사용한다.

■ 단위용적 중량시험

본다짐시험	시료를 용기의 $\frac{1}{3}$ 정도 채우고 상면을 손가락으로 고른 후 다짐대로서 25회 균등하게 다져 중량을 다는 시험방법이다. 골재가 40 이하인 경우에 행하는 시험방법이다.
지깅(Jigging)시험	골재의 최대 치수가 50 이상 100 이하일 때, 경량골재인 경우에 행한다. 용기의 한쪽을 들었다가 낙하시키는 것을 전체 50회 낙하시킨 다음 흔들어 다지며 중량을 다는 시험방법이다.
쇼벨(삽)시험	골재의 최대 치수가 100 이하일 경우 행한다. 삽으로 용기의 윗면에서부터 약 5의 높이에서 시료를 용기에 채워 중량을 다는 시험 방법이다.

■ **중성화시험** : 콘크리트를 천공하고 내부에서 약품성 반응 실험을 실시하는 방법이다. 리트머스 종이 실험이라고 생각하면 이해하기 쉬울 듯하다.

② **타설 후 시험**

타설 후 시험은 이미 설치된 건물을 파괴해서 검사할 수 없기 때문에 일부분을 발췌하거나 약품성 테스트를 이용하여 시험을 하는 방법으로, 타설 전 시험방법보다는 다소 정확도는 떨어진다고 할 수 있다.

■ **슈미트 해머시험** : 비파괴시험으로 굳은 콘크리트에 대한 압축강도와 반발도의 상관관계를 규명하는 시험으로 타격할 부분에 종횡으로 3cm 간격으로 5열의 선을 그어서 직교되는 25점을 표시하고, 슈미트 해머를 콘크리트 타설 시의 측면에 수직으로 해서 천천히 밀어 넣고 표면에 충격을 가해 측정값을 내는 시험방법이다. 반드시 시험 앤빌(test anvil)을 통해 기기 검증을 해야 한다.

■ **방사선법** : X-ray 등 방사선을 투과하여 내부의 결함을 파악하는 방법이다.

■ **초음파 속도법** : 초음파는 물성에 따라 전달속도가 다르다는 것을 이용하는 방법이다. 초음파 속도법은 전달되는 속도에 의한 것이기 때문에 기록성이 없다.

■ **기타** : 진동법, 인발법, 철근탐사법 등이 있다.

■ 타설 후 측정법

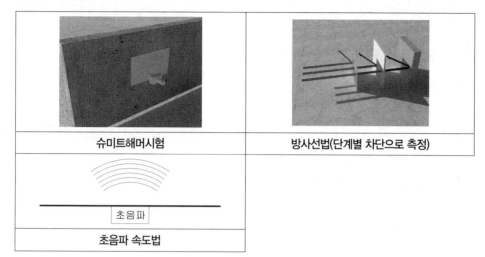

슈미트해머시험	방사선법(단계별 차단으로 측정)

초음파

초음파 속도법

타) 시공연도 및 강도에 영향을 주는 요인

- 단위(kg/m³) 수량이 높을수록 골재의 입도분포가 좋고, 입형이 둥글 때 시공연도가 좋다.
- 콘크리트 온도가 높을수록 시공연도는 감소된다.
- 단위시멘트량을 증가시키면 시공연도는 증가하며, 콘크리트 강도도 증가한다.
- 골재의 입도 및 입형, 즉 가는 모래(롬)는 시공연도가 감소한다.
- 골재 입형이 구형일수록 시공연도는 증가한다.
- 공기량, 혼화재의 배합 비율에 따라 시공연도가 다르다.

파) 콘크리트 결함

블리딩(bleeding)	물을 많이 사용하여 생콘크리트에서 물, 미세물질들이 상승하는 현상
콘시스턴시(consistency)	반죽질기, 콘크리트의 유동성 정도를 의미한다.
크리프(creep)	장기간 하중을 재하(載荷, loading)하면 하중의 증가 없이도 시간 경과에 따라 변형이 증가하는 현상(보 : 처짐)
레이턴스(laitance) 백화현상	블리딩현상으로 인한 잉여수 증발로 표면에 형성된 흰 빛의 얇은 막을 지칭한다.
체적 변화	콘크리트 표면온도와 그 내부 온도 차는 인장응력을 발생시켜 균열을 유발하는 것을 말한다.
중성화	원인 : 탄산가스↑, 습도↓, $\dfrac{W}{C}$↑, 온도↑(실내가 더 심하다.)

1) 점토의 재료학

가) 점토의 개요

점토는 각종 암석이 오랜 세월 동안 열과 지압 및 풍화로 인해 잘게 분해된 것으로 물을 섞어 반죽하면 찰흙과 같이 점성이 생기고, 성형제작이 용이하다. 또한 불에 소성하면 자기 자신, 즉 인성의 변화가 생겨 강성까지 나타내는 재료이다. 이번 장에서는 점토의 미술적 시각보다는 건축적 제품을 위주로 점토의 특성을 공부해 보기로 한다.

나) 점토의 종류

① 잔류점토

- 암석이 풍화분해 또는 지중의 고열작용에 의하여 분해된 암석이 점토화 되어 처음 암석이 있던 자리의 주변에 남아있는 점토를 말한다.
- 잔류점토는 입자가 크고 가소성이 작다.

② 퇴적점토

- 바람이나 물에 의해 멀리 운반되어 퇴적된 점토이다.
- 입자가 미세하고 가소성이 크다. 모래, 실트[47], 진흙 등으로 나뉜다.

다) 점토제품의 문제점

① **점토제품의 강도** : 점토제품은 압축강도와 휨강도의 문제가 있고, 모르타르의 강도를 벽돌과 같게 해야 하는 구조적 문제가 있다.

② **백화현상** : 백화란 타일, 벽돌, 콘크리트의 표면에 흰색으로 흘러내린 듯한 부분을 말하는데, 알칼리성으로 화학적 변화가 일어났다는 것을 의미하며, 강도가 약해졌다는 것을 말한다. 즉, 구조적 결함이 생겼다는 것을 의미하며, 백화가 점토제품의 안정성을 저해하는 요인으로 기인된다. 백화현상을 막기 위해서는 수시로 청소와 제품의 흡수성, 시공현장에서의 적용 부위, 계절 조건 등을 충분히 고려해야 한다.

③ **내동결성** : 겨울철에 만들어지는 재료는 강도가 현저히 떨어지는 성향을 보이므로 동결성을 높이는 것이 중요하다.

④ **화학적 변화** : 점토재료는 시멘트재료에 비하면 현저히 화학적 변화에 약하다. 각 재료가 현장 여건에 맞게 화학적 저항성을 지녀야 하는 문제점이 있다.

---

47) 실트(silt)란 모래보다 작고 점토보다 큰 토양입자이다. 지질학에서는 진흙(입경이 $\frac{1}{16}$ mm 이하의 것) 중에서 점토(입경이 $\frac{1}{256}$ mm 이하)보다 알갱이가 크고 성긴 것(입경 $\frac{1}{16}$ mm~$\frac{1}{256}$ mm)을 실트라고 부른다. 실트가 속성작용에 의해서 퇴적암이 된 것을 실트암(siltstone)이라고 한다.

⑤ **수화팽창** : 점토재료는 물을 흡수하는 재료이기 때문에 물에 의한 균열이 가장 많이 발생하는 재료이다. 표면의 도포 등으로 수화팽창을 줄이는 데 사용한다.

라) 점토재료의 원료

① **주원료**

가소성 조절용	점토재료는 가소성이 매우 높기 때문에 가소성을 조절하기 위한 재료로 샤모토[48], 규사, 규석, 모래 등을 적절하게 사용한다.
용융성 조절용	재료가 건조되면서 서로 희석을 빨리 시키는 용도로 사용하기 위한 재료로 장석, 석회석, 알칼리성 물질 등을 적절하게 사용한다.
내화성 증대용	내화성 증대를 위해 고령토질 재료 등을 적절하게 사용한다.

② **표면사유제** : 표면의 부식 및 화학적 저항성의 증대를 위해 식염, 아연화, 연단, 석회석, 고토, 붕사, 붕산 등으로 표면을 도포한다.

마) 점토재료의 소성

점토재료의 소성이란 점토를 고온으로 가열했을 때, 색의 변화(도자기를 생각하면 이해가 쉽다) 및 성분의 변화를 말한다. 소성온도는 점토마다 차이가 있지만 보통 800℃~1,500℃이다.

바) 점토재료의 온도측정법

점토의 온도에 따라 그 강도가 달라지므로 고온에서의 온도측정이 매우 중요한 부분이다.

점토제품의 온도 측정방법은 제게르 콘(seger cone : 60~2,000℃), 복사고온계(600~2,000℃), 광고온계(300~1600℃), 열전대고온계(−200~1,600℃), 전위차고온계, 저항온도지시계(−185~500℃) 등이 있다. 일반적으로 제게르 콘을 가장 많이 사용하고 있다.

(1) 점토 관련 용어

① **제게르 추** : 내화물, 내화도를 비교 측정하는 일종의 고온계로, 제게르 콘이라고도 불린다. 이미 측정된 연화점을 가지고 삼각뿔을 그림과 같이 세워 노 속에 넣고 구워서 처지는 것과 그렇지 않은 것과의 비교온도를 조사하여 미지의 추의 연화온도를 측정하는 방법이다. 표준 제게르 추는 자토(磁土)[49], 규사, 장석, 탄산석회 등을 적당한 양으로 혼합한 것으로 만든다.

---

48) 어떤 목적을 위하여 구운 내화점토류를 말한다. 즉, 샤모트는 점토를 한 번 소성하여 분쇄하여 놓은 가루인 소분(燒粉)을 말한다. 이렇게 점토를 구워 안정된 형으로 만든 것을 샤모트라 하며, 샤모트는 선가마 또는 벽돌소성가마를 써서 점토를 그대로 소성한 후 분쇄하는 샤모트가 있고, 각종 점토를 혼합분쇄하여 벽돌형으로 만들어 소성하는 샤모트가 있으며, 이외에도 파(破)벽돌 샤모트 등이 있다. 도자기 재료 중 점토를 고온소성한 후 조분쇄하고 다시 점토에 배합하여 사용하는 재료로써 점토에 배합할 경우 소성 수축률을 줄이는 역할을 한다.

49) 도자기 원료로 사용되는 점토의 총칭을 말한다.

■ 제게르 콘을 이용한 측정 상태

▲ 좌 : 소성하기 전, 우 : 소성 후

② **머플(muffle)** : 머플로의 머플은 화염을 직접 피가열물에 접촉시키지 않기 위해, 또 가열을 균일하게 하기 위해 소성 가마 속에서 물품 주위에 설치한 내화물제 벽 또는 방이다. 중(中)가마라고도 한다.

사) 소성 방법

① **등요** : 과거부터 가장 많이 쓰이던 방법으로 경사지 최상부에 굴뚝을 두고 제일 아래 요실에 불을 대는 방식으로, 각각 10여 개의 방으로 각 방마다 아궁이를 가지고 있도록 축조된 요이다. 각 방에 붙어 있는 아궁이에 장작을 태워 차례로 연소시키는 방법의 요이다.

② **터널요** : 점토재료를 실은 차가 기계적으로 이동하면서 요실 안을 돌아다니며 굽는 방법이다. 소성온도가 동일하다는 장점을 가지고 있다.

등요	터널요

▲ 등요와 터널요의 모습

아) 건축 점토재료(벽돌은 점토제품이나 벽돌에서 설명했으므로 제외한다.)

(1) 기와

기와는 진흙으로 빚어 구워 만들며 오지기와, 청기와, 암키와, 수키와, 막새, 내림새 등이 있다.

종별	암키와		수키와	
	길이	너비	길이	너비
보통기와	300	270	270	120

고급기와	330	300	300	135
고건축 큰기와	330	315	315	150

▲ 기와의 치수 비교

(2) 타일

타일은 점토 또는 암석의 분말을 성형 소성하여 만든 판재료 모두를 의미한다. 즉, 벽타일이 아주 작은 것부터 바닥타일까지 모두 타일의 소성과 재료에 의해 이름만 주어질 뿐 그 이름은 타일로 사용한다는 것이다.

① 시공 방식에 의한 분류

- **떠붙임 공법** : 타일의 시공 방식에 따라 모르타르를 타일의 뒷면에 마치 주걱으로 밥을 퍼서 올려놓듯 모르타르를 떠놓아 붙이는 방식이다.
- **압착공법** : 타일 뒷면에 본드를 이용하여 접착하는 방식을 의미한다.

② 타일의 사용처에 따른 분류

내장타일, 외장타일, 바닥타일, 모자이크 타일 등으로 구분된다.

③ 타일의 특성에 의한 분류

자기질 타일, 석기질 타일, 도기질 타일 등으로 구분된다.

④ 타일의 유약 유·무에 따른 분류

- **시유타일(ceramic tlie)** : 재료를 한 번 구운 후에 다시 유약을 바르고 구워낸 타일을 말한다.
- **무유타일(porcelain tile)** : 한 번만 굽는 타일로, 유약이 없어 무유타일이라 한다.

⑤ 형상 및 특수용도 타일에 따른 분류

- **일반타일** : 정사각형, 직사각형, 정육각형, 팔각형 등의 보통 타일을 말한다.
- **표면처리 타일** : 미끄럼 방지 타일, 클링커 타일 등을 말한다.
- **특수형상 타일** : 보더타일, 모자이크 타일 등과 같이 특수한 형태를 띠고 있는 타일을 말한다.
- **수용도 타일** : 벽화타일, 창문 상하부용 타일, 논슬립 타일, 벽화타일 등을 말한다.
- 타일의 표준 두께 기준 – 한국산업규격(KS L1001)

타일명	표준 두께	타일명	표준 두께
외장타일	5~15mm	바닥타일	7~20mm
내장타일	4~8mm	모자이크 타일	4~8mm

■ 타일의 종류와 용도

호칭명	타일의 구성물질	주용도
내장타일	자기질, 석기질, 도기질	내장벽재
외장타일	자기질, 도기질	외장벽재
바닥타일	자기질, 석기질	내·외장 바닥재
모자이크 타일	자기질	내·외장벽 및 바닥재

■ 타일의 종류

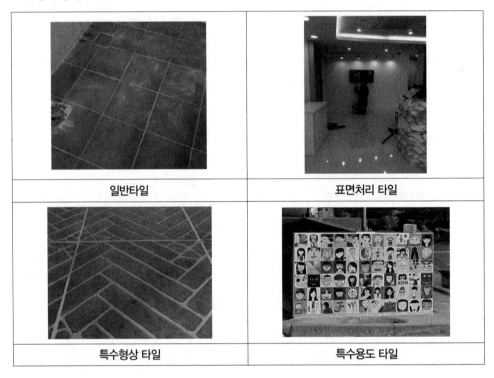

일반타일	표면처리 타일
특수형상 타일	특수용도 타일

(3) 테라코타(terra-cotta)

테라코타란 이탈리아어로 구운흙이라는 뜻을 의미하며, 흙으로 구워 소성된 타일을 의미한다. 강도가 좋고 풍화에 강한 특징을 가지고 있으며, 내화도도 좋다.

■ 테라코타의 종류

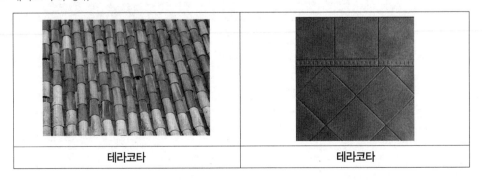

테라코타	테라코타

(4) 토관 및 도관

상·하수도를 묻을 때 수도의 오염을 방지하기 위해 사용하는 관으로써, 토관(clay pipe)은 진흙으로 빚어 소성한 관을 의미한다. 도관(ceramic pipe)은 토관보다 높은 온도에서 구워내어 흡수율이 좋은 것이 특징이며, 마치 도자기와 같은 느낌을 갖는 관이다.

(5) 위생도기

위생도기는 각종 위생설비에 쓰이는 점토제품 기구류인 대변기, 소변기, 세면기둥을 통칭한 점토에 유약을 발라 구워 광택이 나는 소재를 말한다.

자) 점토의 일반적 성질

① **점토의 비중** : 점토가 가진 비중은 2.5~2.6ton/m³이다. 점토의 함수율이 40~60%일 때 가소성이 가장 크고, 약 30%일 때, 최대의 수축률을 나타낸다.

② **점토의 강도** : 인장강도는 3~10kg/cm², 압축강도는 인장강도의 약 5배 정도이다.

③ **점토의 가소성**

종류	소성온도	비고
토기	790~1,000℃	주로 토관 및 도관으로 쓰고 기와로 사용된다.
도기	1,100~1,230℃	위생도기 및 타일로 사용되며, 실내 장식재로도 사용된다.
석기	1,160~1,350℃	석기라고 해서 우리가 앞서 배운 석기가 아니고 돌을 갈아 점토로 빚은 재료를 말하며, 마루타일이나 클링거 타일로 사용된다.
자기	1,230~1,460℃	가장 강도가 크고 단단하여, 화장실 및 벽체의 타일로 많이 사용된다.

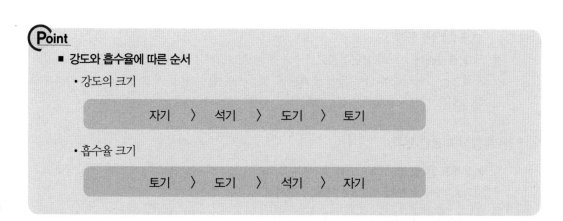

Point

■ **강도와 흡수율에 따른 순서**

• 강도의 크기

자기 〉 석기 〉 도기 〉 토기

• 흡수율 크기

토기 〉 도기 〉 석기 〉 자기

미장재료는 점토 및 돌가루를 이용하여 반죽해서 시공하는 방법을 의미하며, 반죽하여 바르는 모든 재료를 의미하기 때문에 그 분량이 매우 많다. 따라서 본 도서에서는 현재 가장 많이 사용하는 미장재료와 기능사 기출문제에서 가장 많이 출제되는 재료를 기준으로 구성하였다.

가) 미장재료의 분류

미장재료는 대표적으로 수경성과 기경성으로 나누는데, 그 분류는 다음과 같다.

① **기경성 재료** : 공기 중에서 경화되는 재료, 즉 이산화탄소와 결합하는 재료로써 통풍이 필요하고 경화시간이 긴 특징을 가지고 있다. 돌로마이터 플라스터와 회반죽 바름, 흙벽바름 등이 대표적이다.

② **수경성 재료** : 공기나 물속에서 경화되는 미장재료, 즉 물과 반응하여 경화되는 재료를 말하며, 쉽게 말해 반죽해서 말리는 재료를 의미한다. 경화시간이 짧은 것이 특징이며, 시멘트 모르타르와 석고 플라스터가 그 대표적이라 할 수 있다.

나) 기경성 재료별 분류

① **돌로마이트 플라스터** : 돌로마이트(dolomite)는 백운석과 고회석을 섞은 회색의 광물로, 마그네시아를 희석하여 소석회와 같은 공정을 거쳐 만든다. 소석회보다 점도가 높고 교착력이 우수하며 해초풀 없이 사용 가능하다는 것이 특징이다. 그러나 회반죽에 비하여 조기 강도가 크나 최종강도가 약하고, 경화가 늦고 수축이 크기 때문에 균열이 생기기 쉽다는 단점을 가지고 있다.

② **회반죽 바름** : 소석회에 균열을 방지하기 위해 여물, 모래, 해초풀을 넣고 반죽해서 만든 재료로, 초벌 후 10일이 지나 재벌을 해야 할 정도로 그 건조시간이 매우 느린 반죽이다.

다) 수경성 재료별 분류

① **석고 플라스터** : 소석고와 경석고를 사용하는 플라스터로 킨즈시멘트라고 불리기도 한다. 소석고는 경화시간이 너무 짧아 혼화재를 섞어 시공해야 하며, 석고 플라스터는 미리 건조한 석회유 분말을 혼합하고 물, 모래, 섬유 등을 첨가하여 바로 사용한다.

라) 혼합성 재료별 분류

① **혼합석고 플라스터** : 소석고와 소석회, 돌로마이트의 세 가지를 섞어 혼합한 미장재로써 콘크리트 바탕의 초벌, 정벌용으로 사용된다.

② **보드용 석고 플라스터** : 혼합석고 플라스터에 석고분을 많이 넣어 접착력의 강도를 크게 만든 재료로 석고보드의 바탕재료로 사용된다.

③ **경석고 플라스터** : 석고 원석을 소성한 재료로써 강도가 크고 응결수축에 따른 수축이 거의

없다는 것이 특징이며, 동절기 공사에 적당하다. 그러나 산성을 띠고 있어 철을 부식시키는 단점이 있으므로 시공 시 주의해야 한다

현대에서 사용되는 금속재료는 그 양과 범위가 너무 많고 크기 때문에 모두를 다 표현할 수가 없다. 또한, 가공 방법이나 구성 요소에 대해 이 장에서 설명하기는 어려운 부분이 많다. 그래서 이번 장에서는 전산응용건축제도기능사와 실내건축기능사에 그 초점을 맞추고, 또 우리가 가장 많이 사용하는 건축에서의 기초적인 금속재료 수준으로 공부하도록 구성하였다.

금속을 적절히 잘 이용하면, 건축의 질을 높일 뿐만 아니라 건축의 디자인적 요소를 획기적으로 바꿀 수도 있기 때문에 공부해두면 많은 도움이 될 것이라 생각된다.

1) 금속재료학

가) 금속재료의 성질 및 개요

금속의 주원료는 철광석이라는 돌이다. 철광석을 녹여 철을 생산하고, 그 생산된 철을 틀 속에 넣고 주물과정을 거쳐 금속재료로 탄생된다. 금속재료가 탄생될 때 시멘트와 마찬가지로 자기 자신의 모습인 주철부터 첨가물 또는 첨가 금속에 따른 합금이 된다.

금속은 앞으로도 어떤 첨가물을 희석하느냐에 따라 그 사용 용도 및 강도, 재료의 변화 수준이 무한한 재료이기 때문에 늘 새로운 재료가 나타날 수 있다. 또한, 금속을 접했을 때 건축에서 적절한 용도로 사용하거나 금속의 부식을 이용한 건물 외장을 꾸미는 등에 기법을 접목시켜 건축 분야에서도 지속적 발전이 있어야 하겠다.

Point

- **금속재료의 특성**

장점	단점
열과 전기의 양도체이다.	비중이 크다.
경도와 내마멸성이 크다.	녹슬기 쉽다.
소성 변형을 할 수 있다.	색채가 단조롭다.
금속 광택을 나타낸다.	가설 공사비가 많이 든다.

(1) 금속재료의 구분

금속을 크게 구분 지으면 다음 그림과 같다. 금속이 가지고 있는 특성과 합금의 분류를 보고 앞으로 배울 금속의 개념을 정립하면 좋을 듯하다.

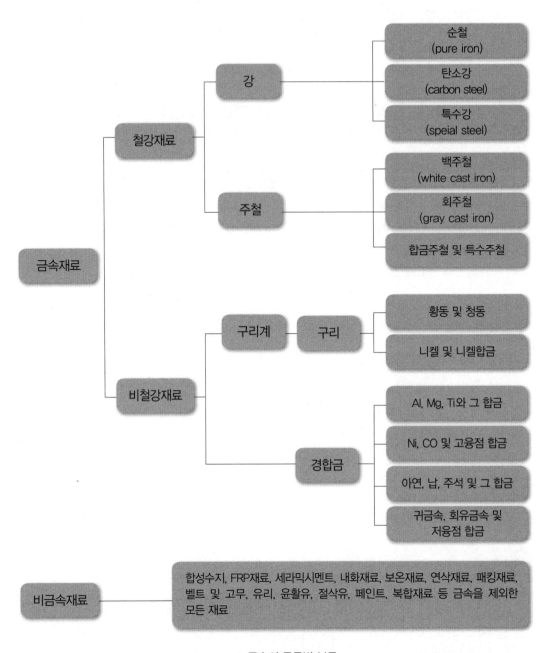

▲ 금속의 종류별 분류

나) 금속의 종류

(1) 철강

금속재료는 철의 생산단계에서 탄소의 함유량에 따라 명칭이 달라진다.

① 강(탄소강)의 탄소 함유량은 0.04~1.7%이며, 사용 용도는 워낙 다양해서 여기서 모두 거론하기는 어렵다. 건축에서 주로 사용되는 부분은 H빔과 철근, 철강 시설물의 거의 모든 분야에서 사용된다고 봐도 틀린 것은 아니다.

② 순철은 철광석에서 철을 녹인 현 상태와 가장 가까운 상태의 강으로서, 탄소의 함유량이 0.04% 이하이다. 순철은 가격이 매우 고가이기 때문에 건축재의 재료로 사용이 어렵다.

(2) 주철(선철)

- 주철은 탄소의 함유량이 1.7% 이상인 강을 말한다.
- 주철은 백금철, 회금철, 특수주철 등으로 구분되며, 탄소의 함유량에 따라 주철의 명칭이 구분된다.

(3) 특수강(합금강)

특수강은 개요에서 말한 바와 같이 기존의 강에 다른 성분을 인위적으로 섞어 철의 특성을 강화시킨 강으로 많은 종류가 있지만, 대표적으로 산업용도에서 가장 많이 사용하는 강으로만 압축해 보았다.

① 니켈강(nickel steel)

- 화학원소인 니켈을 섞은 강으로서 강도와 경도를 높인 특수강이다.
- 점성이 좋으며, 담금질이 매우 잘 되며, 전열성이 좋아 전열재로 사용된다.

② 크롬강(chrome steel)

- 니켈이 워낙 고가이다 보니, 니켈을 대신해 크롬을 섞어 만든 강이다.
- 담금질을 한 것은 마멸저항, 경도가 매우 크다는 장점을 가지고 있다. 절삭공구 재료로 사용된다.

③ 망간강(manganese steel)

망간을 넣은 강으로 니켈강이나 크롬강보다 강도가 세서 철도차량, 궤도, 용수철 등 힘을 많이 받는 곳에 사용되는 강이다.

④ 스테인리스강(stainless steel)

- 얼룩이 없다는 뜻의 스테인은 녹이 슬지 않는 쇠라는 의미를 가지고 있는 강이다.
- SUS(서스)라고 불리기도 하는 스테인리스강은 크롬 함량을 높여 부식도를 낮춘 재료이다.
- 녹이 슬지 않는다는 강점 때문에 산업체 거의 모든 분야에서 사용되는 강이다.

⑤ 텅스텐강(tungsten steel)

- 스테인리스강에 8% 정도의 니켈을 첨가한 것으로 탄화텅스텐강 같은 경우는 다이아몬드급 강도를 가지고 있다.
- 일반적인 텅스텐강은 파이프, 식기 또는 실내장식재로 사용된다.

⑥ 고속도강(high-speed tool steel)

- 보통 하이스강이라 불리는 고속도강은 고온에서 경도와 내연화[50]를 강화시키기 위해서 텅스텐, 크롬, 몰리브덴, 코발트, 바나듐 등을 함유시킨 강이다.
- 강도가 매우 커서 큰 절삭공구 등에 많이 사용한다.

⑦ 규소강

- 강에 규소를 함유시켜 만든 강으로서 강도가 약하다는 단점을 가지고 있다.
- 전열 자체가 매우 좋고 가벼워, 전기공구재의 주재료로 사용한다.

⑧ 주석, 아연, 납

납	• 무르고 무겁고 열에 매우 약한 단점과 중독성을 가지고 있지만, 부식이 잘 되지 않는 점과 방사선을 차폐할 수 있다는 장점을 지니고 있다. • 건축에서는 병원의 방사선실이나 소방시설(감지기) 등으로 사용되고 있다.
주석	• 전성과 연성이 매우 뛰어난 은색의 금속이며, 강도가 매우 낮다는 단점을 가지고 있다. • 자기 자신의 사용보다는 다른 철강의 희석재로 많이 사용된다.
아연	• 전성과 연성이 매우 강하며, 산과 알칼리성에 약하다는 단점을 가지고 있다. • 주석과 마찬가지로 다른 철강의 희석재나 건전지 등으로 사용된다.

(4) 비철금속

① 구리와 구리계열 합금

구리	• 원소인 구리는 전기, 열의 양도체이며 내식성이 매우 강하다는 특징이 있다. • 전기기기, 식품, 산업특화에 사용된다.
황동	• 구리와 아연의 합금으로서 금빛이 나서 미관상 매우 고급스럽고 아름답다. • 화학적, 대기의 불순물에 의한 변색이 쉬워 지속적인 소제(掃除)를 필요로 하는 재료이다. • 계단의 논슬립이나 마감재, 소화용 기구 등에서 많이 사용된다.
청동	• 구리와 주석을 주성분으로 한 합금으로 강하고 단단한 것이 특징이다. • 주석의 성분으로 인해 청색 빛이 나서 클래식한 느낌의 재료로 많이 사용된다. • 건축에서는 난간, 계단 및 구조적 특성을 가진 부분에 많이 사용한다.
포동	구리에 주석과 아연, 납을 섞은 재료로 건축용 철물로 많이 사용된다.
양은	• 구리와 아연, 니켈을 합금한 재료의 합금이다. • 내식성과 내열성이 뛰어난 장점을 지니고 있다. • 건축에서는 장식재로 많이 사용된다.

---

50) 연성을 강화시키는 것을 의미한다.

■ 구리합금의 특성 및 용도

종류	주성분	건축물 사용처
구리	원광석을 녹여서 만든다.	홈통, 철사, 못, 철망
황동	구리+아연	논슬립, 소화기구, 창호철물
청동	구리+주석	계단, 난간동자, 장식철물, 공예재료
포동	주석+아연, 납, 구리	건축용 철물
양은	구리+니켈+아연	문, 장식, 전기기구

② 알루미늄과 알루미늄계열 합금

알루미늄 (aluminium)	• 철반석(보크사이트)에서 전기분해로 얻어지는 재료로써, 은백색을 띠고 있는 가벼운 합금으로 가장 잘 알려져 있다. • 전성[51]과 연성을 가지고 있어 많은 산업체 분야에서 사용된다. • 건축에서는 마감재로 많이 사용되며, 알루미늄캔을 생각하면 이해가 쉽다.
두랄미늄 (duralumin)	• 알루미늄에 구리와 마그네슘을 넣은 합금으로 알루미늄보다 강도를 강화시켰다. • 가벼운 합금재로 주로 항공기에서 많이 사용된다.

■ 비철금속의 특성 및 용도

종류	주성분	건축물 사용처
알루미늄	철반석을 전기 분해하여 생산	실내장식재, 가구, 창호, 커튼레일 외 많은 개소(個所)
두랄루민	알루미늄+구리+마그네슘+망간	건축용 판재

다) 금속처리 가공법

금속을 철광석 상태에서 녹여 제련하는 방법을 의미하는데 담금질, 뜨임, 풀림, 불림 등 4가지로 가공하는 방법을 설명하고자 한다. 쉽게 설명하면 공장에서 철을 녹여서 제작할 때, 순수한 철의 상태에서 화학적 조합을 시켜 4가지 각기 다른 철의 가공과정을 나타내는 과정을 설명한 것이라 생각하면 되겠다.

금속은 이 가공 방법을 거쳐 성질이 변화된다.

① **담금질(quenching)** : 금속을 뜨겁게 가열한 다음 물이나 기름 등에 넣어 급속히 냉각시키는 방법을 말한다. 급속 냉각으로 인해 철의 원소들이 급히 서로 엉겨 붙는 효과로 인해 단단해 지고 강도가 세지지만 충격에 약하다는 단점을 가지고 있다.

---

51) 두드리면 펴지는 성질을 말한다.

② **뜨임(tempering)** : 담금질한 재료는 강도가 좋지만 충격에 약한 단점을 보완하기 위해 담금질한 금속을 200~600℃로 재가열한 후 공기 중에서 서서히 냉각시키는 방법이다. 충격에 강한 인성을 가지게 된다.

③ **풀림(annealing)** : 가공한 금속을 노 안에서 서서히 냉각시키는 방법으로, 800~1,000℃로 가열한 후 서서히 냉각시키는 방법을 말한다. 급냉을 시키지 않는 방법이기 때문에 서서히 응집되어 강도를 높이고, 가공의 성능을 개선시키는 데 이용되는 방법이다.

④ **불림(normalizing)** : 금속을 가열 후 공기 중에서 서서히 냉각시키는 방법으로, 풀림보다 단단함과 강도가 우수하고 불림처리를 한 후에 풀림처리를 하기도 한다.

⑤ **표면 경화법** : 표면을 경화시키는 방법으로 내마찰성을 높이고 충격 등에 견딜 수 있도록 인성을 높여주는 열처리 방법을 말한다.

⒫Point

■ **금속처리법**

분류	열처리 방법
담금질	가열된 강을 물 또는 기름 속에서 급속히 냉각시키는 것
뜨임	담금질한 강을 200~600℃로 가열한 다음 공기 중에서 천천히 냉각시키는 것
풀림	강을 800~1,000℃로 가열한 다음 노 속에서 천천히 냉각시키는 것
불림	강을 800~1,000℃로 가열한 다음 공기 중에서 천천히 냉각시키는 것

라) 금속의 표면 화학처리법

금속을 가공하고 난 후 금속 표면의 변화를 방지하고자 화학적 방법을 이용하여 표면을 처리한다.

① **도금** : 금속의 표면에 다른 금속을 사용하여 피막을 형성하는 방법이다.

② **화성처리** : 금속의 표면에 도료를 바르는 방법이다.

③ **양극산화피막** : 금속의 전기전도를 이용한 방법으로, 금속을 양극화 시켜 전기 화학적으로 산화 피막을 만드는 방법이다.

④ **라이닝** : 금속 면에 고무 및 합성수지를 이용한 표면 도포를 하는 방법이다.

⑤ **연마** : 금속 면 자체의 평활과 광택을 높여주기 위한 방법이다.

⒫Point

■ **금속의 부식방지 처리법**

① 표면 화학처리법

② 부분적인 녹은 즉시 제거

③ 다른 종류의 금속을 서로 잇대어 사용하지 말 것

④ 표면을 깨끗이 하고 물기나 습기 제거

마) 금속의 제강 방법

① **전로법(베세머법)** : 선철을 넣고 산소 도입관을 통하여 불어 넣어 철 이외의 불순물을 산화 연소시키는 방법을 말하며, 제강시간이 짧고 비용이 싼 편인데 반해, 품질이 낮은 단점이 있다.

② **평로법(지멘스 마틴법)** : 평로 속에 선철과 함께 고철, 철광석, 석회석 등을 넣고 좌, 우의 축 열실에서 번갈아 가열된 가스와 공기의 혼합된 연료를 보내어 불순물을 제거시키는 방법이 다. 원료나 제품의 조정이 자유롭고 품질이 우수하다.

③ **전기로법** : 전열을 이용하여 원료를 용융시켜 불순물을 제거하는 방법으로, 합금강 제조 방 법으로 적합하다.

④ **도가니법** : 과거에 망치와 공구를 이용해 손으로 제련하는 방법으로, 좋은 강을 얻을 수 있 지만, 대량생산이 어렵고 인건비가 많이 든다.

2) 건축금속 제품

건축물 속, 건축의 시공 공정 중 부속물, 부속 철물에 사용되는 부품까지 포함하여 관련된 부분을 알아 보자.

가) 이형철근

■ 압축력이 약한 콘크리트 내부에 넣어 보강하는 철물로서, 원형의 철로 된 봉에 마디를 주어 결속력을 보강시킨 금속재료이다.

■ 온도 조절 철근 : 하절기와 동절기 공사나 온도차가 심한 장소에서 열에 약한 철근을 보완하 기 위하여 온도 조절 철근을 사용한다. 온도 조절 철근의 기능은 주근의 간격을 유지하고, 응 력을 분산시키며, 콘크리트의 균열을 방지한다.

나) 구조형 긴결철물

① **듀벨** : 목재와 목재 사이에 끼워 전단력을 보강한 철물을 말한다.

② **클램프** : 띠철근을 굽혀 갈퀴를 붙인 모양으로 못과 병행한다.

③ **꺾쇠** : 목 구조의 접합 또는 보강용으로 목재와 목재 사이를 꼽아서 연결할 때 사용한다.

④ **인서트** : 콘크리트를 타설한 후 천장 달대용 볼트 등을 달기 위한 콘크리트 속에 미리 매입 하는 철제 부품이다.

⑤ **리벳** : 리벳 지름은 6~40mm까지 있으나 건축용으로는 16, 19, 22mm인 것이 많이 쓰인다.

⑥ **못** : 길이가 널 두께의 2.0~2.5배 이상의 것을 쓴다.

⑦ **나사와 볼트** : 잘 빠질 수 있는 못의 단점을 보완하기 위해 표면에 스크류를 주어 회전시켜 고정하는 철물을 말하며, 못과 마찬가지로 길이가 널 두께의 2.0~2.5배 이상의 것을 쓴다.

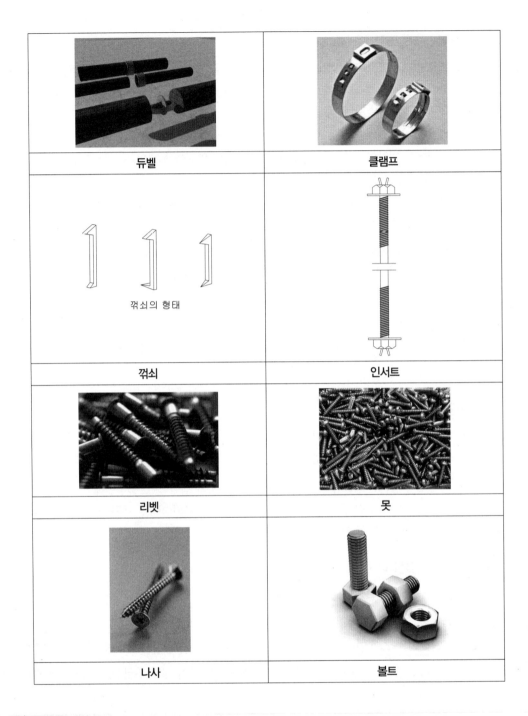

듀벨	클램프
꺾쇠의 형태 꺾쇠	인서트
리벳	못
나사	볼트

다) 박판 및 가공품

① **박강판** : 강판을 냉각시킨 후 압력을 이용하여 압연한 판으로, 냉각압연강판 또는 압연판이라고 한다.

② **아연철판** : 박강판에 아연도금을 한 것으로 흔히 함석판이라고 불리며, 골이 진 판은 골함석이라 한다.

③ **펀칭메탈** : 금속재에 원형 모양으로 타공하여 반대편 부분이 요철로 돌출되게 보이는 금속판으로, 환기나 에어컨 커버 등과 같이 바람이나 공기 또는 공조시설의 앞쪽 금속판에 원형 또는 사각 외의 문양을 뚫어 사용하는 강판이다.

④ **메탈라스** : 연강판에 일정한 간격으로 금을 내고 늘려서 그물코 모양으로 만든 금속으로 사각의 철판 띠를 두르고 그물 모양의 철재 모양을 찍어서 만든 것을 말한다.

⑤ **코너비드** : 벽, 기둥 등의 모서리를 보호하기 위하여 미장 바름질을 할 때 붙이는 보호용 철망을 말한다.

⑥ **알루미늄판** : 알루미늄으로 만들어진 판으로 바닥면에 요철을 주고 미끄러지지 않도록 만든 판을 말한다.

⑦ **구리판** : 치장재의 역할 또는 금속 판재의 역할로 가공 성형하여 구릿빛 느낌의 재료로 사용되는 판을 말한다.

라) 와이어 재료

① **와이어 라스** : 일반적으로 철조망이라 불리는 와이어 라스는 아연도금 철사를 꼬아 만들어 롤처럼 말려서 나온다.

② **와이어 메시** : 철사를 가로와 세로로 교차되게 하여 ㅁ자 형으로 만드는 것으로, 무근 콘크리트의 바닥 갈라짐의 보강을 위해 사용되는 와이어 메시로 보통 #8 등의 기호를 써서 가로 세로가 8cm를 나타내는 기호로 사용된다.

③ **와이어 로프** : 가는 철사를 여러 번 꼬아서 그 강도를 증대시킨 재료로써, 다리의 케이블 또는 엘리베이터, 크레인 등 힘을 많이 받은 곳에 주로 사용된다.

마) 경첩 및 기타 창호 철물

① **플로어 힌지** : 정첩으로 지탱할 수 없는 무거운 자재여닫이 문에 사용하는 철물이다.

② **피벗힌지** : 용수철을 쓰지 않고 문장부식으로 된 힌지로, 무게가 가장 많이 나가는 문에 사용하는 철물이다.

③ **자유경첩** : 안팎으로 개폐할 수 있는 정첩으로 주로 자재문에 사용하는 철물이다. 자유경첩을 사용한 제품은 유사 제품으로 여러 가지가 있다.

④ **도어홀더, 도어스토퍼** : 도어홀더(문열림 방지), 도어스톱(벽, 문짝보호)에 사용하는 철물이다.

⑤ **도어클로저, 도어체크** : 주로 강화도어의 문윗틀과 문짝에 설치하여 자동으로 문을 닫는 장치로, 자유경첩과 같이 문을 안팎으로 열고 닫을 수 있다.

⑥ **크레센트** : 오르내리창이나 미서기창의 잠금장치(자물쇠)로 사용하는 철물이다.

⑦ **호차** : 미서기창 하부에 문의 열고 닫힘을 도와주는 기능을 하는 바퀴를 말한다.

⑧ **오르내리꽂이쇠** : 쌍여닫이(주로 현관문)에 상하 고정용으로 달아서 개폐 방지 용도로 사용하는 철물이다.

⑨ **나이트런치** : 밖에서는 열쇠, 안에서는 손잡이로 여는 실린더 장치로 사용하는 철물이다.

⑩ **엘보우런치** : 팔꿈치 조작문 개폐장치, 병원, 수술실, 현관 등에서 사용하는 철물이다.

⑪ **실린더자물쇠** : 자물통이 실린더로 된 것으로, 텀블러 대신 핀을 넣은 실린더 록으로 고정하는 데 사용하는 철물이다.

⑫ **함자물쇠** : 래지볼트(손잡이를 돌리면 열리는 자물통)와 열쇠로 회전시켜 잠그는 C볼트가 함께 있다.

Section **10** / 유리

20세기 건축 발달에 이바지 한 3대 건축 중 하나인 유리는 지금도 우리가 고개만 돌려도 바로 볼 수 있는 흔한 건축자재이다. 유리(琉璃)는 단단하고 깨지기 쉬운 재료이며, 파손 시 조각이 나며, 안전도에 위험성까지 있는 재료이기도 하다. 창문, 병, 안경 등을 만드는 데 쓰이지만 깨지기 쉽다는 단점이 있다. 모래나 수정 속에 반짝거리는 화학물질인 이산화규소, 운모, 알루미늄 옥시니트라이드 등이 유리에 포함되는 화학원소이다.

이번 장은 유리가 건축에 사용되는 부분에 대한 특성과 용도에 대해서 배우고자 한다.

1) 유리재료학

가) 유리의 성분

유리는 석영과 규소, 붕사, 석회석, 탄산나트륨 등을 녹기 쉽도록 해서 주물로 제작된 것이다. 강도의 강화 및 별도의 첨가물을 희석하여 강도를 높이기도 한다.

나) 유리의 강도

유리는 재료가 가진 강도 면에서 휨강도가 가장 강해서 건물 외벽에 마감재로 많이 사용된다.

다) 유리의 종류

① **보통판유리(steel glass, flat glass)**
  ■ 보통판유리는 건축물 등의 창유리에 사용되는 유리를 말한다.
  ■ 제작 당시 면 자체를 평활하게 만든 유리를 말하며, 기본적인 판유리에 화학적 배율을 조정하면 여러 가지 유리가 만들어진다.
  ■ 유리의 규격은 최대 3m×10m의 규격까지 제작되며 3mm, 5mm, 8mm, 10mm, 12mm, 15mm, 19mm의 두께로 생산된다.

② 무늬유리(embossed glass)

■ 판유리의 한쪽 표면에 문양 및 요철을 넣어 장식적인 효과를 준 유리를 말한다.

■ 빛이 무늬에 따라 분산되는 특징을 가지고 있고, 프라이버시에 도움이 되는 유리이다.

■ 유리의 규격은 최대 1,219mm×1,829mm, 1829mm×2,134mm 규격까지 제작되며, 2.2mm, 3mm, 4mm, 5mm, 6mm의 두께로 생산된다.

③ 마판유리(polished plaste glass)

유리의 양면 또는 한 면을 부드럽게 가공 처리하여 만든 판유리로써, 투시성 및 투명성이 우수하다.

④ 망입유리(wire glass)

■ 망입유리는 유리 내부에 금속망을 넣어 압착으로 가공한 판유리로써, 철망유리나 그물유리라고 불리기도 한다.

■ 화재나 열기에 의한 압력에 유리가 깨져 파편으로 인해 인명손실을 가져올 것을 대비해서 만든 유리이다. 따라서 망입유리는 화재에 위험한 곳이나 전기시설 및 대규모 산업안전 시설에서 주로 사용되는 유리이다.

⑤ 강화유리(tempered glass)

■ 우리 주변에서 가장 많이 사용하는 재료이기도 한 강화유리는 표면 자체의 강도를 강화하여 안전도를 높이고 파손 시 여러 조각으로 깨져 사고 발생을 줄인 유리이다.

■ 약 600℃까지 가열한 후 냉각된 찬 공기로 급랭시켜 일반유리의 5배로 강도를 높인 유리이다. 그러나 현장에서 열처리된 유리를 제작하기도, 또 현장에서 가공하기도 어렵다는 단점이 있어 반드시 공장에서 사전 제작되어 현장에서는 설치만 해야 하는 유리이다.

■ 국내에서 생산 가능한 유리의 규격

두께	규격	두께	규격
5mm 이하	914mm×1,219mm	8mm	1,219mm×7 2,438mm
6mm	1,219mm×1,524mm	10~15mm	1,499mm×2,387mm

※ 두께는 4mm, 5mm, 6mm, 8mm, 10mm, 12mm, 15mm의 7종으로 생산된다.

⑥ 배강도유리

■ 보통 판유리와 파손상태는 거의 비슷하지만 공장에서 가공 시 강도를 두 배로 올렸다 해서 배강도유리라 한다.

■ 고층건물의 외벽에 사용한다.

⑦ 접합유리

■ 접합유리는 두 장 이상의 판유리에 접착성이 강한 필름을 넣고, 진공상태에서 판유리 사이에 있는 공기를 완전하게 제거해 완전 밀착시킨 유리이다.

- 내충격도가 매우 강하며, 쉽게 파손되지 않는 장점을 가지고 있다.
- 주로 고층건물에서 많이 사용하는데, 공기의 밀착 부분에 파손이 생기면 유리의 표면 자체가 오염되는 단점을 가지고 있다.

⑧ 복층 유리(pair glass)
- 복층유리는 2장 또는 3장의 유리를 일정한 간격을 두고 건조공기를 넣어 알루미늄 테두리로 마감을 한 판유리이다. 겹유리라 불리기도 한다.
- 일반 유리에 비해 방음, 차폐, 단열효과가 매우 뛰어나서 건물의 유리 외벽재로 많이 사용되는 유리이다.
- 접합유리보다 유리 내부에 공기 흡입이 살되어 표면이 쉽게 오염되고, 또 오염 시 교체가 어렵다는 단점이다.
- 복층유리의 두께 및 최대 크기

두께	유리의 구성	최대 크기	최소 크기	평균 무게(kg/m²)
12mm	3	1,219mm×830mm	48×72	15.3
16mm	5	1,830mm×2,440mm	72×96	25.3
18mm	6	2,440mm×2,743mm	96×108	30.3
22mm	5	1,830mm×2,440mm	72×96	25.5
22mm	8	2,500mm×3,500mm	98×138	40.3
24mm	6	2,440mm×2,743mm	96×108	30.5

⑨ 색 유리(color glass)
- 판유리에 착색제를 넣어 만든 유리로 색이 들어 있는 유리를 말한다.
- 유리 자체에 색이 들어있어 직사광선으로 인한 현휘를 줄여주며, 복사열에 의한 냉·난방 효과와 장식 기능을 모두 가지고 있다.

두께	규격	두께	규격
3mm	1,828mm×3,048mm	10mm, 12mm	3,048mm×6,096mm
4mm	3,048×4,572mm		

※ 두께는 3mm, 4mm, 5mm, 6mm, 8mm, 10mm, 12mm 등이 있다.

⑩ 스팬드럴 유리(spandrel glass)
- 판유리의 한쪽 면에 세라믹질의 도료를 코팅한 다음 고온에서 소성한 강화유리의 한 종류로, 금속성의 반사형 색이 나오는 것이 특징이다.
- 유리의 규격은 최대 2,134mm×3,048mm이며, 두께 6mm가 생산된다.
- 강화유리와 마찬가지로 공장에서만 생산되며, 현장에서는 가공 및 절단이 안 된다.

⑪ **착색유리(stained glass)**

■ 색유리와 비슷한 개념이지만, 색유리처럼 공장에서 희석재를 사용해서 만든 재료가 아니라 현장에서도 유리 표면에 색을 칠하거나 문양을 나타낼 수 있다는 것이 색유리와는 다른 개념이다. 즉, 착색유리는 각종 색유리를 틀 안에 직접 조립해서 넣을 수 있다는 것이다.

■ 주로, 장식재로 많이 사용되며 성당 건축물의 창에서 많이 볼 수 있다.

⑫ **매직유리(magic glass)**

■ 판유리 표면에 은 등의 반사성 금속피막을 아주 얇게 입혀 만든 유리이다.

■ 유리에 전기질을 넣으면 은 등이 반응해서 표면이 흐려지거나 불투명한 요소로 바뀌는 특수 유리이다.

⑬ **반사유리(reflective glass)**

■ 반사유리를 쉽게 설명하자면, 자동차의 창문에 썬팅지를 입혀 내부가 잘 보이지 않게 하며, 직사광선을 막아 실내의 냉·난방 기능을 올린 유리라고 생각하면 이해하기 쉽다.

■ 반사유리는 금속성 막을 띠기 때문에 태양이 반사될 때 반사광이 너무 강한 것을 사용하면 복사광선의 현휘로 인한 주변 건물 또는 인근 도로에 영향을 심하게 주므로, 인접 지역의 현황을 고려해서 시공되어야 한다.

■ 유리의 규격은 최대 2,540mm×3,658mm와 최소 305mm×914mm로 하고, 두께는 최대 6mm로 생산된다.

⑭ **에칭유리(etching glass)**

■ 무늬유리와 사용 용도 및 특징이 같지만 유리의 제작공정에서 불화수소에 부식되는 성질을 이용한 것이 무늬유리와의 차이점이다.

■ 주로, 장식용으로 많이 사용된다.

⑮ **베벨드유리(beveld glass)**

■ 베벨드유리는 두께 5mm 정도의 판유리에 가공 시 문양을 조각과 같이 암각하여 문양에 입체적인 볼륨을 준 유리를 말한다.

■ 고급장식 유리로 많이 사용된다.

⑯ **거울**

■ 거울은 금, 은, 백금 등을 가열 부착시키거나 착색한 유리를 말한다.

■ 거울은 우리 주변에서 흔히 볼 수 있기에 더 많은 설명은 하지 않는다.

⑰ **곡면유리(bending glass)**

■ 판유리를 열처리하여 곡면으로 된 유리이다.

■ 유리의 두께가 5mm 이상, 반지름 300mm 이상이어야만 곡면제작이 가능하다.

⑱ 유리블록

유리블록은 치장재로서 장식 효과를 얻을 수 있으며 정방형, 장방형, 둥근형 등의 형태가 있다. 블록한 특성을 이용하므로 대형 건물 지붕 및 지하층 천장 등 자연광이 필요한 것에 적합하며, 단열성과 방음 등 구조적 부분이 취약하다.

⑲ 내열유리

내열유리는 외부 충격에는 약하지만 유리의 원료가 붕규산염으로 열팽창률이 적어 열 충격에 강한 유리다.

Point

■ 유리 자평 계산 방법(3,600×2,100의 면적일 때 기준)
  • 1평(坪)은 한 변이 30cm인 정사각형을 말한다(1자=약 30.3cm)
  • 따라서, 3,600×2,100=12×7= 84평(坪)을 나타낸다.

Section **11** / 합성수지

1) 합성수지 재료학

플라스틱이란 합성수지란 말과 같다. 국제표준규격인 ISO 472에 플라스틱 전문위원회의 전문에서는 "플라스틱이라는 의미에서 폴리와 같은 언어와 고분자 합성수지라는 점에서 접착제 등과 같은 고체형의 분자 구조를 띠고 있지 않아도 같이 보는 것이다."라고 정의되어 있다.

합성수지(여기서 폴리 계열, 플라스틱 계열은 모두 합성수지라고 기입하기로 하겠다.)는 합성고분자 재료를 총칭하여 흔히 플라스틱(plastic)이라고 하며, 열경화성수지 및 열가소성수지의 두 가지로 구분한다.

가) 합성수지의 역사

고분자화합물이라는 개념이 나온 것은 1839년 독일의 화학자인 시몬이 폴리스틸렌 합성에 성공하고, 1865년 프랑스의 슈츠엥바거가 셀룰로이드 아세테이트의 합성에 성공하고 부터이다. 산업화가된 것은 1920년 미국의 스탠다드 오일사가 석유를 합성수지에 적용하면서부터 산업화 제품으로 생산되었고, 1936년 영국의 ICI사가 아크릴수지를 개발하게 되었다. 합성수지는 그 후에도 지속적인 개발과 발전을 거듭해 왔고, 여러 분야에서 사용되고 있다.

이번 합성수지는 앞 장과 마찬가지로 건축에 그 초점을 둔다.

나) 합성수지의 특징

합성수지는 비중이 낮아 매우 가볍고, 전기저항이 크며, 내식성이 뛰어나서 부식의 걱정이 없다. 다만, 직사광선에 의해 변색되며, 유해물질 및 공해를 유발시키는 치명적인 단점도 동시에 보유하고 있다.

다) 합성수지의 종류

(1) 열가소성수지

열가소성수지란 불을 붙이면 녹으면서 자기 자신의 모양이 변하고 쉽게 타며, 다시 굳어지면 본래의 상태처럼 딱딱해지는 성질의 수지를 말한다. 즉, 열에 취약한 수지라는 것이다.

아크릴수지, 염화비닐수지, 스티롤수지, 폴리에틸렌수지, 폴리아미드수지, 셀룰로이드수지 등이 있다.

① 아크릴수지

- 메타크릴산 메틸을 주성분으로 하는 모노머류를 중합시켜 얻어지는 메타크릴산수지를 아크릴수지라고 지칭한다.
- 아크릴수지는 일반적으로 아크릴이라 불리는 플라스틱의 한 종류로서, 단단하지만 내열성이 낮고 열에 의한 변형과 함께 자기 자신의 모양 변화를 일으킨다.
- 아크릴계 수지는 비교적 값이 비싸기 때문에 사용이 제한되고 있다.

② 염화비닐수지

- 내열성이 매우 낮으며 큰 고온이 아니더라도 열에 의한 신축 변형이 크게 일어난다.
- 염화비닐수지의 주 제품으로 전기테이프가 가장 대표적이라 할 수 있다.
- 투명성이 좋고 표면 광택이 좋으며, 진공 성형성이 좋다는 장점이 있다.

③ 스티롤수지

- 스타이렌을 합성시켜 만든 합성수지이다. 역시 내열성이 낮은 단점이 있으며, 전기절연성과 내약품성이 매우 뛰어난 장점이 있다.
- 어린이들의 장난감에 많이 사용되는 수지이다.

④ 폴리에틸렌수지

- 석유화합물에서 에틸렌을 분해한 후 에틸렌을 합성시켜 만든 수지이다.
- 내열성에 약하며, 내약품성, 내용제성, 내수, 내습성이 매우 뛰어난 장점을 가지고 있다.
- 주방기구의 플라스틱 용품으로 많이 사용된다.

⑤ 폴리아미드수지

- 나일론이라 불리는 대표적인 수지로서 아미드산을 합성시켜 만든 합성수지이다.
- 인장강도와 내마모성이 매우 뛰어나며, 내마찰, 내약품성, 내유성도 뛰어난 제품이다.
- 특히, 저온 충격에 강하여 겨울스포츠 의류에 많이 사용된다.

⑥ 셀룰로이드수지

■ 미국 하야트 형제가 개발한 가장 오래된 수지로 우리가 통상적으로 부르는 플라스틱을 셀룰로이드수지라 할 수 있다.

■ 가공성과 성형성이 매우 좋아 산업체 전반에서 사용되지만, 강도가 낮고 변색이 잘되는 단점과 내열성에 매우 약하다는 단점을 가지고 있다.

■ 보통의 가공된 플라스틱 산업제품에 많이 사용되고 있는 수지라고 할 수 있다.

■ 열가소성수지의 종류

아크릴수지	염화비닐수지	스티롤수지
폴리에틸렌수지	폴리아미드수지	셀룰로이드수지

■ 열가소성수지의 건축적 사용 용도

종류		건축 사용 용도
열가소성수지	아크릴수지	유리 대용품 및 우체통, 차임벨 보호커버, 채광판
	염화비닐수지	전기테이프, 바닥용 타일, 시트, 조인트 재료, 접착제, 도료
	스티롤수지	창유리, 파이프, 발포 보온판, 벽용타일, 채광용
	폴리에틸렌수지	건축용 성형품, 방수필름, 벽재, 발포 보온판
	폴리아미드수지	건축용 장식용품
	셀룰로이드수지	대용유리, 수동파이프

(2) 열경화성수지

열경화성수지는 쉽게 설명하면 불에 태워도 타지 않는 합성수지 제품이다. 즉, 가열하면서 가압 및 성형하면 다시 가열해도 용융되지 않는 성질을 보유하고 있다.

페놀수지, 요소수지, 멜라민수지, 폴리에스테르수지, 실리콘수지, 에폭시수지, 폴리우레탄수지 등이 대표적이다.

① 페놀수지(베이클라이트)

■ 1872년에 개발되고 1909년 베이크랜드에 의해 공업화 된 오랜 역사가 있는 합성수지이다.

■ 합성수지 제품 중 열경화성 제품의 내열성은 모두 우수하다고 보면 된다.

■ 페놀수지는 전열성, 내약품성, 내수성이 매우 좋은 장점을 지녔다.

■ 건축재의 멜라민 화장판, 내수 합판의 접착재로 사용된다.

② 요소수지

■ 요소와 포르말린을 합성시킨 합성수지로서 완전 무색이고, 색을 넣어 표현하기가 매우 좋다.

■ 강도와 내열성이 뛰어나고 자체 열을 내는 성질이 있어 접착제로 많이 사용된다.

③ 멜라민수지

■ 멜라민을 합성시킨 합성수지로서 내약품성과 내열성이 매우 뛰어나다.

■ 표면에 광택이 나고 미관이 화려해 많은 합성수지 제품으로 사용된다.

④ 폴리에스테르수지

■ 글리콜과 모노머를 합성시켜 만든 수지로서 내수성이 매우 탁월한 것이 가장 큰 장점이다.

■ 내후성과 강도까지 강하기 때문에 해양산업에서 많이 쓰이고, 우리 건축에서는 루버 용도로 많이 사용되는 합성수지이다.

■ 직사광선을 오래 받을 경우 변색되고 강도가 떨어지는 단점이 있다.

⑤ 실리콘수지

■ 염화메틸과 디메틸디클로로실란을 합성한 합성수지로 무색 무취이며, 내수성, 내알칼리성, 전열성, 내후성이 매우 좋다는 장점이 있다.

■ 주로 성형품, 규사와 섞은 실리콘 접착제, 전기 절연 재료에 사용된다.

⑥ 에폭시수지

■ 에피클로로히드린과 비스페놀A를 합성시킨 합성수지로, 우리 건축에서 가장 많이 사용되고 또 가장 많이 시공되는 재료이다.

■ 자체 경화성이 약해 경화제를 희석해야 하는 단점이 있으나, 경화제 희석 시 접착성이 매우 좋고 내약품성이 크다.

■ 옥상 및 지하실의 녹색으로 된 페인트를 에폭시 도장이라고 보면 된다.

⑦ 폴리우레탄수지

■ 에폭시와 마찬가지로 건축에서 가장 많이 사용하는 합성수지로서, 이소시아네이트와 하이드록시를 합성시킨 합성수지이다.

■ 전열도가 적고 기름에 강하며, 내노화성, 내약품성이 매우 좋다.

■ 에폭시와 마찬가지로 경화제를 투입해야 하며, 경질과 연질 두 가지 종류가 있다.

■ 열경화성수지의 종류

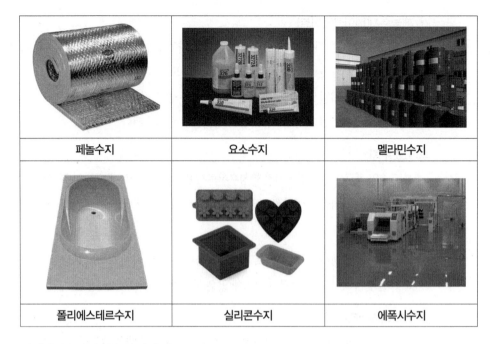

페놀수지	요소수지	멜라민수지
폴리에스테르수지	실리콘수지	에폭시수지

■ 열경화성수지의 건축적 사용 용도

종류		건축 사용 용도
열경화성수지	페놀수지	벽, 덕트, 파이프, 발포 보온판, 접착제, 배전판
	요소수지	마감재, 조작재, 가구재, 도료, 접착제
	멜라민수지	마감재, 조작재, 가구재, 도료, 접착제
	폴리에스테르수지	커튼월, 창틀, 덕트, 파이프, 도료, 욕조, 대형 성형품, 접착제, 글라스 섬유로 강화된 평판 또는 판상제품
	실리콘수지	방수피막, 발포 보온판, 도료, 접착제
	에폭시수지	금속도료, 접착제, 보온보냉제, 내수피막
	폴리우레탄수지	보온보냉제, 접착제, 내수피막, 도료, 방수제, 실링제

라) 열가소성수지와 열경화성수지의 장·단점

구분	장점	단점
열가소성수지	• 착색이 용이하다. • 가볍고 적정한 변형이 쉽다. • 가공이 용이하다. • 전기절연성이 우수하다.	• 열에 약하다. • 변형이 쉽다. • 강도가 약해 파손이 쉽다. • 자외선에 약하다. • 내후성이 약하다.

열경화성수지	• 열에 비교적 강한 편이다. • 내식성, 내후성이 좋다. • 강도가 강하다. • 전기절연성이 우수하다. • 방습성이 우수하다.	• 가공이 어렵다. • 자외선에 약하다. • 다른 재료에 비해 강도가 약하다.

2) 복합재료(composite material)

가) 복합재료의 정의

복합재료는 합성수지와 같이 다른 재질 또는 재료를 혼합하여 그 성질을 강화시킨 재료를 말한다. 예를 들면, 합성수지와 고무의 합성 등을 말할 수 있고, 대표적인 예가 FRP라 할 수 있다.
복합재료를 분산 형태에 따라 분류하면 다음과 같다.

나) 복합재 종류

① FRP(Fiber Reinforced Plastic)

■ 폴리에스테르수지, 에폭시수지, 페놀수지에 지름 5~8micro의 유리섬유를 섞어 가공, 성형한 합성수지 제품계의 종류를 말한다.

■ 유리섬유 지름이 가늘어질수록 인장강도는 커진다.

② 유리섬유(glass fiber)

■ 유리섬유는 합성수지로 만든 솜 안에 잘게 부순 유리조각의 알맹이를 희석시킨 재료이다.

■ 단열효과가 매우 우수하나, 발암을 유발하는 것으로 알려져 근래는 많이 사용하지 않는다.

③ 합성수지 Lining

■ 앞서 배운 금속 표면을 도포하기 위한 재료로써, 표면을 코팅하는 재료라 생각하면 이해가 쉽다.

■ 내식성이 매우 뛰어나서 강의 부식을 방지한다.

④ 금속접합 복합재

■ 전선 등과 같이 전선 밖으로 코팅 및 피복되는 재료를 말한다.

■ 전선은 구리계의 합금을 사용하기 때문에 부식의 우려와 절연성이 낮아 합성수지계의 피복재로 안전하게 도포를 해서 사용한다.

다) 세라믹스

① 세라믹스 : 내열재료, 내마모성재료, 내식재료 등의 신소재로 사용된다. 1개 이상의 금속원소와 금속이 아닌 원소의 조합으로 만들어지며, 보통 산소로 산화시키는 경우가 많은 재료이다.

② 세라믹 코팅 : 금속소지(구성물질)에 대한 산화 보호를 위해 표면에 코팅한 것을 말한다.

라) 아스팔트계 재료

아스팔트는 석유를 만들고 난 후 남은 찌꺼기인 탄화수소화합물을 의미한다. 이 물질은 가소성과 접착성이 뛰어나 방수제 또는 코팅재로 활용되는 부분에 대해 열거하겠다.

① 아스팔트 펠트

- 양털, 무명, 삼 등을 혼합하여 만든 원지에 스트레이트 아스팔트를 침투시켜 만든 두루마리 제품을 말한다.
- 아스팔트가 가진 방수력으로 방수 천 등에 많이 사용된다.

② 아스팔트 루핑

- 아스팔트 펠트지에 아스팔트를 피복하고 다시 그 표면에 운모를 뿌려낸 것을 말한다.
- 아스팔트 재료 자체가 가진 방수성에 보강까지 한 재료로, 방수재로 매우 널리 사용된다.
- 통상적으로 건물의 지하에 많이 사용되는 재료이다.
- 천처럼 두루말이를 풀어 시공하고 그 위에 다시 에폭시계 방수재를 도포하는 방식을 사용한다.

③ 아스팔트 쉬글

- 특수 아스팔트에 강한 유리섬유를 넣어 만든 재료이다.
- 다양한 색상 연출이 가능해 외장재료로 사용되며, 기와에 비해 무게가 $\frac{1}{5}$밖에 되지 않아 지붕재로 많이 사용되는 재료이다.

④ 아스팔트 타일 : 아스팔트와 운모를 섞은 재료를 고압 성형시킨 타일로, 사람이 다니는 인도에 많이 사용된다.

⑤ 아스팔트 프라이머

- 아스팔트 용액을 바르기 전 바닥면에 강도와 점성을 높이기 위해 바르는 투명한 용제로써, 아스팔트를 유기용제에 용해시킨 액상 재료이다.
- 아스팔트를 휘발성 용제로 녹인 것으로, 작업 전 바탕과 접착력의 증대를 위해 도포하는 재료이다.
- 일반적으로 액상으로 되어 있으며, 항상 1차 공정에서 사용된다.

⑥ 아스팔트 컴파운드

- 아스팔트계 씰링제로 실리콘의 역할이라 하면 이해가 쉽다. 합성수지와 광물성 첨가제를 희석하여 주입 융착시키는 재료이다.
- 내충격성과 신축성이 매우 강해 균열부에 보강재로 사용된다.

마) 아스팔트의 분류

아스팔트는 천연 아스팔트와 석유 아스팔트로 구분되는데, 천연 아스팔트는 석유의 경질분이 자연의 힘에 의해 증발된 후 잔류로 남겨진 것을 생산하는 것으로 채취되는 양이 극히 적으며, 채취되는 형태에 따라 아래의 도표와 같이 분류된다.

석유 아스팔트는 천연 아스팔트의 채취가 어려운 점을 고려하고, 아스팔트 자체의 성질을 강화시켜 시공하기에 적합하게 만든 제품으로 석유 정제와 같은 석유제품 제조과정에서 얻어지는 제품이다.

구분	명칭	특징
천연 아스팔트	레이크(Lake)아스팔트	아스팔트가 호수 같은 모양으로 생겨서 레이크 아스팔트로 불리며, 주로 남미에서 생산된다.
	록(Rock) 아스팔트	다공성 석회암과 사암에서 아스팔트가 스며들어 생긴 것이다.
	샌드(Sand) 아스팔트	모래층 속에 아스팔트가 스며들어 생긴 것이다.
	아스팔트 타이트(Aspaltite)	암석 등의 균열 틈으로 석유가 스며들어 생긴 아스팔트이다.
석유 아스팔트	스트레이트 아스팔트	원유를 증류 후 상압시켜 만든 아스팔트이다. 주로 석유계 아스팔트의 원료 역할을 한다.
	아스팔트 시멘트	도로포장용으로 사용되며 고온상태에서 시공되면 압착력이 커지는 것이 특징이다.
	컷백 아스팔트	도로포장용 아스팔트와 달리 고온에서 사용하지 않는 것이 특징이다.
	유화 아스팔트	아스팔트 입자를 물에 분산시켜 만든 것으로 블리딩 현상이 없다.
	블로운 아스팔트	스트레이트 아스팔트를 가열하여 만든 재료로 분자량을 증대시켜 내열성 및 내구성을 강화한 제품이다.
	개질 아스팔트	고무 및 합성수지를 섞어 개량한 아스팔트로, 주로 배수 및 오물관로의 방수 용도로 사용된다.

Point

■ 건축재료의 장·단점 비교표

구분	장점	단점
목재	• 구입, 가공이 용이하다. • 마감처리가 용이하다. • 비중이 적다. • 인장강도, 압축강도가 크다. • 열전도율이 작다.(방한, 방서에 좋음)	• 수축, 팽창으로 인한 하자가 발생한다. • 크기에 제한을 받는다.

석재	• 강도가 다른 재료에 비해 크다. • 불연성이다. • 내구성이다. • 외관이 장중하고 미려하다.	• 중량이 크다. • 가공이 어렵다. • 내화도가 낮다. • 인장강도가 작다.(압축강도의 $\frac{1}{10} \sim \frac{1}{20}$)
콘크리트	• 압축강도가 크다. • 내화, 내구, 내수적이다. • 강재와 접착이 잘되고 방청력이 크다.	• 무게가 크다. • 인장강도가 작다(압축강도의 $\frac{1}{10}$) • 경화할 때 수축에 의한 균열이 발생하기 쉽다.
금속재료	• 열과 전기의 양도체이다. • 경도와 내마멸성이 크다. • 소성 변형을 할 수 있다. • 금속광택을 나타낸다.	• 비중이 크다. • 녹슬기 쉽다. • 색채가 단조롭다. • 가설공사비가 많이 든다.
유리	• 내구성이 크고 불연재료이다. • 광선의 투과율이 커서 건축채광 재료로 좋다.	• 충격에 약하며, 깨지기 쉽다. • 단열, 차음효과가 적다.
합성수지	• 경량이다. • 비중은 1~2 정도이다. • 전성이 크고, 피막이 튼튼하며, 광택이 있어 도료로서 좋은 성질을 가진다. • 접착성, 안전성이 큰 것이 많고 흡수율, 투과율이 적어 접착제, 코킹제, 퍼티재로 우수하다. • 내산성, 내알칼리성이 크다. • 온도, 습도에 의한 변형이 크다. • 소성, 방직성이 크다. • 형태와 표면이 매끈하고 미관이 좋다. • 가공이 쉬우며, 공업적 대량생산이 가능하다.	• 경도가 낮아서 잘 긁힌다. • 마모되기가 쉽다.(유리의 $\frac{1}{2} \sim \frac{1}{3}$) • 내열성, 내화성이 부족하여 150도 이상의 온도에 견디는 것이 드물다. • 온도, 습도에 의한 변형이 크고, 습도와 관계없이 시간이 지나면 약간씩 수축되는 성질도 있다.

Chapter 04 건축 구조

Section 01 건축 구조 총론

각종 건축재료를 사용하여 각 건축이 가지는 목적에 적합한 건축물을 형성하는 일 또는 그 구조물을 말한다. 즉, 건물의 뼈대가 되는 축부구조(軸部構造)로부터 안팎의 마무리에 이르는 세부 구조까지 포함한다. 지구상에 존재하는 모든 사물에게는 다 자기 자신의 형태와 기능을 유지하게 끔 해주는 "구조"가 있다. 우리 사람에게도 뼈라는 것이 있고, 피부도 세포조직이라는 "구조"로 되어 있으며, 아무리 작은 물질이라도 원자 구조로 이루어져 있다. 건물에도 자신의 형태를 유지하고, 각 부분이 어떤 특정한 기능을 수행할 수 있도록 해주는 "구조"가 존재하는데, 이렇듯 건물이 제 기능을 다 하도록 지탱해 주는 뼈대를 건축 구조라 한다.

이번 장에서는 건축의 뼈대가 되는, 또한 뼈대가 쓰러지면 건물은 무너지기에 아마도 건축에서 가장 중요한 분야를 배우는 장이 될 것이다. 물론 우리 몸을 생각해보면 뼈만 있다고 사람이 다 있는 건 아니듯, 인체에서 장기의 역할을 하는 건축재료 같은 각기의 부분이 모두 합쳐져야 완벽한 건축물이 탄생하기 때문에 건축은 어느 하나 중요하지 않은 것이 없다고 보는 것이 맞는 표현일 것이다.

1) 건축 구조의 역사

옛날에는 건축재료로써 통나무나 돌 등을 자연상태 그대로 사용하였으며, 석기시대에는 나무를 자르고 풀을 베어 집을 지었기 때문에 구조는 목 구조(木構造)로서 여러 개의 부재(部材)를 엮어서 집을 지었다. 그 후 철기문명의 발전으로 목재의 가공이 용이해졌고, 못 등의 체결용(締結用) 철물도 만들어지면서 건축물은 더욱 단단해지기 시작하였다.

산업화 시대와 세계 대전을 겪으면서 철 산업이 급성장하여 철에 의한 구조체의 구조법이 연구되어, 18세기 말에는 철골 트러스 구조가 만들어졌으며, 19세기 초에는 공장, 철도역, 교량 등 많은 건축물이 철재로 지어지게 되었다. 19세기 후반에 발명된 철근 콘크리트 구조는 건축계로서는 혁명일 정도로 많은 붐을 일으켰고, 지속적으로 발전을 거듭하여 현대 건축의 가장 대표적인 구조법이 되었다.

최근에는 여러 가지 공법과 재료가 개발되면서 구조도 발전되고 있다. 건축 구조는 이러한 각종 재료와 구조의 역학적 지식을 결합하여 더욱 튼튼하고 안전한 건물을 구성히는 것이 그 목적이라 할 수 있다. 그러므로 건축설계자는 오랜 구조의 역사와 전통을 바탕으로 신기술에 맞는 공법의 지속적인 연구를 통하여 자연재해 및 인위적 사고에 대비해 더욱 강하고 튼튼한 건축설계가 이루어지도록 해야 할 것이다.

2) 건축 구조의 구조적 계획

가) 자연재해의 대비

건축 구조물은 자연적 조건에서 강인함을 보유하고 있어야 한다. 예를 들면, 지진과 같은 횡하중이 작용했을 때 내진 구조 설계를 통해 자연재해를 대비하는 건축물 설계가 필요하다고 할 수 있다.

예를 들은 것과 같이 여러 가지 자연적 조건에 대해 버틸 수 있고, 지진과 같은 큰 자연재해가 아니더라도 여름철 태풍에 의한 벽체의 손실, 겨울철 재설에 의한 지붕 붕괴 등과 같은 일상적 재해에도 대비하는 구조적 계획이 필요하다. 또한 화재, 낙뢰 등에 대한 방호와 부식, 풍화 등에 대해서 대책을 세워야 한다.

나) 환경의 조건 파악

기후적 여건 및 환경적 조건을 파악해서 그에 맞는 구조적 대비를 계획해야 한다. 예를 들면, 지진이 많은 일본 지형에서는 내진 구조 설계 같은 것을 의미한다. 또한, 내륙분지 지역인 대구지역에서는 온도 변화에 대해 강한 구조를 구상하고 그에 맞는 조건 등에 대한 대책도 강구해야 한다.

다) 경제적 조건에의 적합

건축 구조는 그 당해 건축물의 기본이 되기 때문에 어쩌면 건축 전반에 대한 비용의 시작점이라 할 수도 있다. 기후와 환경조건에 맞는 조건 외에 무조건 강성하게 만든다고 불필요한 구조를 보강하는 것은 건축비의 증대와 건축계획 요구조건에 불합치 하는 것임을 고려해서 계획되어야 한다.

라) 건축법규 계획

구조를 진행함에 있어 강인한 건축물만을 고집하여 건축법에 어긋나는, 또는 규정에 어긋나는 건축물을 진행하게 되면 건축물의 강인함은 결정될지 몰라도, 주변 건물에 대한 프라이버시 침해 및 건축법적 제한을 받게 된다는 것을 건축설계자는 충분히 인지하고 있어야겠다.

1) 건축 구조 일반

건축 구조는 크게 3요소로 나눌 수 있는데, 건물이 어떤 형식으로 지어졌는지의 구조와 건물이 가진 기능을 다하였는가, 그리고 미적 아름다운 감각을 지녔는가로 나눌 수 있다.

현대에 들어와서는 경제적 부분을 고려하여 4요소라고 얘기를 하기도 한다.

> **Point**
>
> ■ 건축 구조의 요소
> • 건축 구조의 3요소 : 구조, 기능, 미
> • 건축 구조의 4요소 : 구조, 기능, 미, 경제성

가) 건축 구조의 용어

① **기초(foundation)** : 건축물 지반 하부에서 건물을 안전하게 지탱하는 역할을 하는 부분을 말한다.

② **기둥(column)** : 수직적 구조에서 가장 중요한 부재로서 바닥, 지붕 등 상부하중을 지지하고 토대에 수직하중을 내려주는 역할을 전담하는 부재를 말한다. 조적 구조에는 벽체 자체(내력벽)도 수직하중을 지탱하는 기반이 된다.

③ **벽(wall)** : 판상으로 되어 있고 공간을 구획 짓는 입면적 요소를 총칭하며, 내력벽과 장막벽으로 분류되고 안벽과 바깥벽으로 나눈다.

④ **바닥(floor, slab)** : 판상으로 되어 있고 바닥을 지탱해주는 평면적 요소를 총칭하며, 상부에서 발생되는 전단력을 보와 기둥에 전달하는 구조체를 말한다.

⑤ **지붕(roof)** : 건물의 최상부를 한서(寒暑) 및 설하중에 견디도록 수평 또는 경사지게 축조한 구조체이며, 지붕의 모양과 형태에 따라 각각의 지붕 이름으로 불린다.

⑥ **반자(ceiling)** : 실내의 천장 면이라 할 수 있고 바닥부터 지붕 아래의 차단 부분까지를 의미하며, 온도 조절 및 방음, 장식을 겸하고 있는 천장이다.

⑦ **계단(stairs, stairway)** : 층과 층 사이 또는 높이가 서로 다른 바닥을 이어주는 연결 매체의 구조체로서 층단식이 아닌 경사면은 슬럼프라고 한다.

⑧ **수장(fixture)** : 건축의장(建築意匠)이라고도 하며, 외장마감을 말한다.(목재, 석재 기타 거의 모든 인테리어 마감 구조체)

⑨ **창호(windows & door)** : 채광, 통풍, 출입 등이 목적으로 벽체 또는 지붕 등에 대는 것을 말한다.

2) 건축 구조 분류

건축 구조는 방식과 방법에 의해 크게 세 가지로 분류된다. 구조적 특징이 시공되는 부분이 어떤 형식으로 시공되는지에 그 초점이 맞추어져 있기 때문에 분류 방법에 의해 시공 방식을 알 수 있다.

가) 구조 형식에 의한 분류

(1) 구성 방식에 의한 분류

① **조적식 구조(組積式構造)** : 벽돌, 돌, 시멘트 블록 등을 모르타르 등으로 결합하여 구성하는 구조 방식으로, 대표적인 구성 방식으로는 벽돌 구조, 블록 구조, 돌 구조가 있다.

② **일체식 구조(一體式構造)** : 전체 구조체를 하나의 구조체로 만든 구조 방식이다. 철근콘크리트 구조가 대표적이다.

③ **가구식 구조(架構式構造)** : 목재, 철재 등 비교적 가늘고 긴 부재를 가구의 조립처럼 짜서 맞춘 구조체 방식으로, 대표적인 구성 방식으로는 목 구조와 철골 구조가 있다.

④ **복합식 구조** : 두 가지 이상의 구조를 복합적으로 만든 구조를 말하며, 대표적인 구성 방식으로는 철골철근콘크리트 구조가 있다.

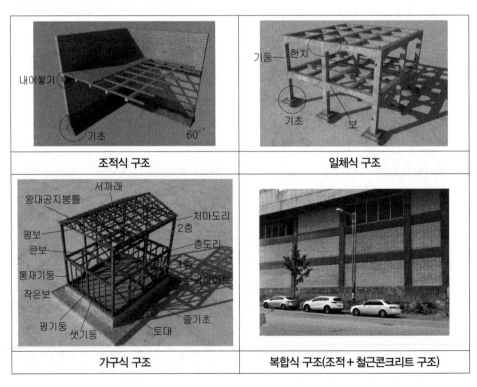

| 조적식 구조 | 일체식 구조 |
| 가구식 구조 | 복합식 구조(조적 + 철근콘크리트 구조) |

(2) 시공상의 분류

① 건식 구조

- 시공 시 물을 사용하지 않는 시공 방법을 말한다.
- 물을 사용하지 않고 미리 제작되어 있는 기성재를 조립하여 짜 맞추는 구조 방식이다.
- 시공이 간편하고, 공기가 단축되고 대량생산이 가능해 모듈[52]을 이용하는 현대 방식으로 많이 사용하는 구조 방식이나, 접합부 강성이 불안한 단점을 가지고 있다.

② 습식 구조

- 시공 시 물을 사용하는 공정을 포함한 시공 방법이다. 재료에 물을 섞어 비비거나 시공 후 양생[53] 기간을 필요로 하는 시공 방식이다.
- 형태가 자유롭고 세밀한 부재의 형상이 가능하나, 현장시공 공법으로 인한 공기가 길어지며 복잡한 시공 방식을 가지고 있다.

③ 현장 구조

- 구조체 시공을 위한 부재를 현장에서 제작, 가공, 조립, 설치하는 구조이다.
- 습식 구조가 현장 구조이기도 한데, 현장에서 시공되기 때문에 재료의 소모가 적고 현장 여건에 맞게 시공되는 장점이 있으나, 현장 작업 공간이 따로 필요하고, 공기가 길어지는 단점이 있다.

④ 조립 구조

- 현대의 모듈화된 공법으로 최근 가장 많이 사용되는 방법이다.
- 공장에서 건축 자재를 제작하고 현장으로 이동하여 가공, 조립, 설치하는 구조로 모듈공법이라고도 한다.
- 대량생산에 따른 시공비 절감과 균일한 품질 확보 및 공기 절감이 가능하고, 공정 자체가 기계화 시공으로 단기에 완성해서 공기가 빠르다는 장점이 있다.
- 접합된 부분이 약해 강성이 저하되고 건축 자재가 크고 무거운 부분을 고려하면, 현장까지 이동이 어렵다는 것과 건물의 모양이 단조롭고, 단순해져 지루함을 주는 단점이 있다.

---

52) 현상시공을 하지 않고 미리 공장에서 제작되어 현장에서는 짜맞추기만으로 사용하는 방식
53) 햇볕에 물기를 말리는 방법

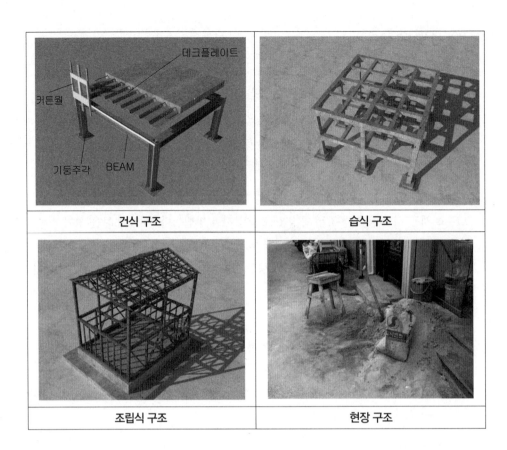

건식 구조	습식 구조
조립식 구조	현장 구조

(3) 구조 형식에 의한 분류

① **라멘(rahmen) 구조** : 기둥과 보, 바닥으로 구성되며 기둥과 보, 바닥이 하나의 구조로 엮이는 구조를 말하며, 철근콘크리트 구조와 철골 구조 등에 사용하는 구조이다.

② **벽식 구조** : 내력벽[54]과 바닥으로 구성되며 아파트 내부에 기둥 없이 벽체가 기둥 역할을 대신 하는 구조 방식으로 사용된다.

③ **트러스(truss) 구조** : 주로 삼각형 형태로 체육관 등 큰 공간의 천장 구조 방식으로 사용되며, 넓은 면의 구조물에 적합한 구조이다.

④ **아치(arch) 구조** : 상부에서 내려오는 수직 연중 하중을 기둥 없이 벽체나 하부의 지지하는 면 으로 내려보내는 구조로, 조적식 구조에 많이 사용된다.

---

54) 힘을 받는 벽, 벽 자체가 기둥과 같이 수직하중을 받는 벽을 말한다.

라멘 구조	벽식 구조
트러스 구조	아치 구조

⑤ **플랫 슬래브(plat slab) 구조** : 철근콘크리트 구조에서 건축물을 지탱하는 구조는 기초와 기둥 그리고 기둥이 벌어지지 않게 잡아주는 보가 있는데, 플랫 슬래브 구조는 보 없이 하중을 바닥 판이 부담하는 구조로 큰 내부 공간 조성이 가능한 구조이다. 큰 강당 및 교회, 백화점 등에서 사용되는 구조이다.

⑥ **절판(foled plate) 구조** : 요철로 접은 평면의 판은 일반 평면보다 전단력이 강한 부분을 이용한 구조형식으로, 주로 지붕 구조에 사용되는 구조이다.

⑦ **셀(sell) 구조** : 얇은 곡면의 판부재를 이용하여 곡면 내 응력으로 대(大)스판을 처리하는 방식 이다. 대표적인 건축물로는 시드니오페라 하우스라고 할 수 있다.

⑧ **스페이스 프레임(space frame) 구조** : 구성부재를 규칙적인 3각형으로 입체적으로 조합한 입 체 트러스 구조이다.

플랫 슬래브 구조	절판 구조

셀 구조	스페이스 프레임 구조

⑨ 현수식(suspension) 구조

- 케이블을 사용하여 상판을 매달게 하는 구조로, 인장응력에 의하여 하중을 지탱하고 대스판이 가능해 교량 등에 많이 이용되는 구조이다.
- 대표적인 건축물로는 제주월드컵경기장과 부산의 광안대교, 여수의 이순신대교 등이 있다.
- 현수식 구조는 교량에서 사장교와 현수교로 구분되는데, 그 구분되는 특징이 시험에 많이 출제되기 때문에 암기를 하고 있어야 하는 부분이다.

사장교 (斜張橋, cable stayed bridge)	• 교각 위에 세운 높은 주탑[55]에 여러 개의 케이블을 사선으로 교량 상판에 걸어 상반을 직접 지지하는 형태를 하고 있다. • 케이블이 교량을 직접 당기는 형식으로 힘을 주탑에서 받는다는 것이 특징이다. • 우리나라 최초의 사장교는 1984년 건설된 주경간장(주탑 사이의 거리)이 344m의 진도대교다. • 전남 해남군 문내면과 진도군 군내면 사이의 명량해협에 놓인 다리다. • 그 밖에 올림픽대교, 서해대교, 거금대교, 세계에서 두 번째 케이블 공법이 시행된 목포대교, 인천대교가 있다.(외국은 대표적인 사례로 금문교가 있다.)
현수교(懸垂橋, suspension bridge)	• 주탑과 주탑 사이에 지지를 하는 주축이 되는 메인 케이블을 연결하고 이 케이블과 교량을 수직의 행어로프로 매다는 형태를 띠고 있다. • 다리의 상판은 행어로프[56]에 지지를 받고, 행어로프는 다시 주축의 메인 케이블로, 메인케이블은 주탑과 주탑 사이에 걸려진 구조이다. • 사장교보다는 넓은 면을 제어할 수 있는 장점을 가지고 있으나 걸려 늘어져 있는 구조로 바람의 영향을 많이 받는 단점이 있다. • 우리나라 최초의 현수교는 남해대교이고, 그 밖에 영종대교, 광안대교와 세계 4위 규모이며 국내 최대 현수교로 2012년 준공된 이순신대교가 있다.

---

55) 케이블을 지탱하기 위해 높이 세운 구조물
56) 주케이블과 다리를 연결하는 케이블 또는 금속 막대

사장교	현수교

⑩ **막 구조(membrane structure, 상암월드컵경기장)**

■ 막 구조로 코팅된 직물(coated fabrics)을 주재료로 사용되는 구조를 말한다.

■ 막 구조는 넓은 공간을 덮을 수 있지만, 힘의 흐름이 불명확하여 구조 해석이 난해하고 응력이 집중되는 부위는 파손되지 않도록 조치해야 한다.

■ 특히 구조체로서 연성의 막을 이용, 이것에 초기 장력을 주어 강성을 늘림으로써 외부 하중에 대하여 안정된 형태를 유지하는 장점을 갖고 있으나 최대 풍속이 60m/sec를 넘나드는 태풍에 약하다는 단점이 있다.

truss membrane structure	구조적인 안정감이 크고 경제성이 뛰어나 다양하게 사용되는 구조이다.
suspension membrane structure	기복[57]이 풍부한 형태로 곡면 표현이 가장 좋은 것이 특징인 구조이다.
공기막 구조(air dome)	기둥이나 보 없이 공기압으로 지탱하는 돔 형태의 구조물로 광대한 공간 형성에 있어 높은 경제성, 시공성이 있는 구조 방식이다.

⑪ **돔 구조(dome, 고척동 스카이돔구장)**

■ 반구형 건물의 구조체로서 원형, 육각, 팔각 등의 다양한 평면 위에 만든 둥근 곡면의 천장이나 지붕을 말한다.

■ 돔 구조는 지붕 자체의 하중을 반구형 구조를 통해서 하부로 하중을 내려주는 구조물 중에서 가장 안정되고 단단한 구조물이며, 재료도 가장 적게 드는 구조물이라 경제성도 보유하고 있다.

■ 돔 구조는 부분적 집중하중에 약하므로 지붕 한 부분에 하중이 걸려야 하는 경우에는 돔 구조를 피해야 한다.

---

57) 높고 낮음

막 구조	돔 구조

⑫ **커튼 월 구조**

- 건물의 마감재에 속하는 구조로 하중을 받지 않고 철골콘크리트 구조나 철골조에서 바닥이 완성된 후에 벽체에 부착하여 마감하는 구조체이다.
- 외벽에 철물을 수직으로 매달아 유리를 부착하는 방식으로, 건물 외벽이 커튼식으로 부착된다고 하여 커튼월 구조라고 한다.
- 서울시청 외 거의 모든 현대식 건물에 사용된다.

⑬ **폴로돔 구조** : 건축현장에서 공사 중인 면을 막아 안전 및 미관 저해를 방지하는 역할을 하는 구조로서, 파이프를 사용하여 지주 없이 엄청난 넓이를 덮을 수 있는 구조이다.

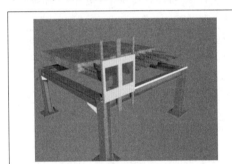

커튼월 구조	플로돔 구조

Section 03 건축 구조 기초

1) 하부 구조물

건축물에 있어 하부 구조물은 건물을 지지해 주는 아주 중요한 기반이다. 한 집안의 가장이 흔들리면 집안이 흔들린다는 말과 같이 기초는 건물에 있어 뿌리이자 생명이기도 하므로, 기초에 대해 정확한 지식을 보유하고 적정한 사용방법이 필요하다 하겠다.

가) 하부 구조물

(1) 지정과 기초

① **지정** : 기초판 밑면의 가장 아래 부분으로 기초판을 받치기 위해서 설치하는 구조물로서, 기초를 설치하기 전 가장 먼저 시행될 작업이다.

② **기초** : 지정 위에 설치되고 외부에서 작용하는 모든 힘을 받아 안전하게 지반에 전달하는 건축물의 하부 구조를 말한다.

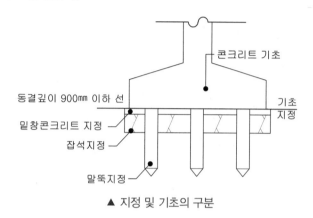

▲ 지정 및 기초의 구분

(2) 지정

① **직접 기초 지정**

■ **제물지정** : 지반 자체가 단단한 지반에 직접 기초를 구축하는 방법으로 제물다짐의 방법을 이용하여 바닥을 단단히 구성하는 것을 의미한다. 주로 소규모 주택에 사용되는 방법이다.

■ **모래지정** : 지반이 약하나 약한 지반 하부 2m 이내에 경질 지층이 있을 때, 그 연약층을 걷어내고 모래를 넣어 물다짐 하는 지정을 말한다. 물다짐은 30㎝마다 시행해야 한다.

■ **자갈지정** : 자갈을 이용하여 50~100mm 정도의 자갈을 60~100mm 정도 깔고 다지는 지정을 말하는데, 쇄석이 아니기 때문에 자갈 자체가 재료의 분리현상이 발생할 수 있는 단점을 가지고 있어 잘 사용하지 않는 지정 방법이다.

■ **잡석지정** : 쇄석 및 깬석 등을 지름 150~300mm 정도의 잡석을 세워서 깔고, 그 사이의 간극이 발생되는 부분에 사춤자갈을 채워 다지는 지정을 말한다.

■ **버림콘크리트 지정** : 밑창 콘크리트라고 불리며, 자갈이나 잡석 위의 기초 부분에 먹매김을 하기 위해 50~60mm 정도를 콘크리트로 무작위 타설하는 지정으로 바닥의 평탄을 위해서 하기도 한다. 기초 모르타르의 배합비는 보통 1:2:4~1:3:6으로 한다.

■ **긴 주춧돌 지정** : 주택 등과 같은 소규모 건물에 사용하는 지정으로, 소규모 연약층에 긴 주춧돌 혹은 콘크리트관을 넣고 지정을 하는 것을 말한다.

② 말뚝지정

말뚝지정이라 함은 지반 자체가 연약하거나 고층건물을 지어야 하는 상황이 발생했을 때, 연약지반을 더욱 단단하게 보강하고 기초를 더욱 튼튼히 해서 고층건물의 기초에 문제가 없도록 하는 방법이다. 말뚝지정의 원리는 땅에 커다란 못을 여러 곳에 박아서 흙의 밀도를 올리고, 서로 응집력을 더욱 키워 지반 자체를 튼튼히 하거나 땅속 깊은 곳에 경질지반까지 말뚝을 내려 보내 말뚝의 하부 지지를 견고히 하는 원리이다.

■ 나무말뚝지정

지지말뚝	연약지반 통과 후 경질지반에 말뚝을 도달시켜 하중을 지지하는 말뚝을 말한다.
마찰말뚝	말뚝과 지반의 마찰력에 의해 하중을 지지하는 말뚝을 말한다. 경질지반이 아주 깊을 때 사용한다.
다짐말뚝	다수의 말뚝을 지반에 박아 지반의 밀도를 증진시켜 지내력(하중을 받치는 지반의 능력)을 강화시키는 말뚝을 말한다.

■ 나무말뚝의 시공 기준
- 나무말뚝 1개당 허용 지내력은 보통 5~10t의 지내력을 보유해야만 한다.
- 말뚝의 중심 간격은 지름의 2.5배 이상, 600mm 이상으로 한다.
- 나무말뚝은 강도가 크고 수습에 견디는 육송, 미송, 낙엽송으로 해야 한다.

■ 나무말뚝의 시공방법
- 공기 공급으로 나무가 부패되는 것을 막기 위해 반드시 상수면 이하에서 생나무를 사용해 박아야 한다.
- 껍질을 벗겨 사용하고, 나무는 갈라짐이나 균열이 없는 것을 사용해야 한다.
- 타격 나무말뚝의 머리가 퍼지거나 나무의 갈라짐을 막기 위해 쇠가락지를 씌워 타격한다.
- 말뚝 아래는 빗깎아서 쇠로 만든 커버를 씌운다.
- 지반과 직각이 되게 박고, 1개를 박을 때마다 말뚝의 침하량을 측정한다.
- 곧은 목재를 사용해야 하고, 타격 공이의 높이는 3m 이하로 한다.

■ **기성철근콘크리트 말뚝지정** : 기성콘크리트 말뚝은 전봇대 모양의 말뚝을 지반에 박는다고 생각하면 이해가 쉬울 듯하다.

R.C말뚝 (공장제작된 철근콘크리트 말뚝)	• 공장제작으로 만들어진 둥글고 가운데 구멍이 뚫린 원통형 말뚝으로 기초말뚝으로 사용된다. • 보통 3~15m 정도의 길이를 가지고 있으며, 철근의 비율은 0.8% 이상 되게 한다. • 타격으로 인한 균열 발생의 우려가 있고, 균열부로 인한 철근의 부식이 있으며, 이음부가 약하다.

P.C말뚝 (경량 prestressed concrete pile)	• 말뚝의 휘어짐이 적고 단단한 지반에 사용 가능하며, 또 길이 조절과 이음부가 강한 강점이 있다. • 프리텐션 방식과 포스트텐션 방식이 있다.

- **강재 말뚝지정(H빔말뚝 외) :** 깊은 곳까지 침투시킬 수가 있고 길이 조절이 강한 것이 가장 큰 장점이다. 그러나 시공비가 고가이고 부식되기 쉽다는 단점이 있다.
- **제자리콘크리트 말뚝지정 :** 제자리콘크리트 말뚝은 현장 준공용 말뚝으로 파이프 또는 관을 박고 안쪽에 있는 흙을 빼낸 후 콘크리트를 부어 타설하는 방식을 말한다. 기성철근콘크리트 말뚝이 모듈화 공법이라면 제자리콘크리트 말뚝은 현장제작 구조라고 보면 된다.

③ **말뚝박기 기계와 공법**

수동식 공법	사람이 직접 쇠메, 몽둥달고, 손달고[58], 떨공이[59] 등을 이용하여 수동으로 내리치는 방법을 말한다.
타격식 공법	드롭해머, 디젤해머, 스팀해머[60] 등을 이용하여 사람이 기계를 손으로 조작하여 말뚝을 내리치는 방법이다.
진동식 공법	포크레인의 끝에 진동 말뚝박기 기계(vibro hammer)를 체결시켜 기계가 연속해서 타격하도록 하는 유압식 기계공법이다.
압입식 공법	포크레인의 끝에 트러스 모양으로 생긴 압입식 장비를 설치해서 유압으로 기계가 내리치는 공법이다.
프리보링 공법 (pre-boring)	타격 시 소음으로 인한 공해 발생 문제가 발생되어 주거구역에 기초를 만들어야 하는 공사를 하게 될 때, 커다란 드릴을 이용해 미리 지반에 구멍을 뚫고 그 구멍에 원통을 꼽아 제자리 말뚝박기를 하는 공법으로 무소음, 무진동 공법이다.
중굴식 공법	드릴로 PC말뚝의 가운데 구멍을 통해 지반을 뚫고 콘크리트를 타설하는 공법이다.

④ **말뚝박기 시공 시 주의사항**

- 정확한 위치에 수직으로 박는다.
- 말뚝박기는 중단하지 말고 연속적으로 최종까지 계속해서 박는다.
- 나무말뚝은 껍질을 벗겨서 상수면 이하에 박는다.
- 말뚝 지지력의 증가를 위해 주위의 말뚝을 먼저 박고 점차 중앙부에 말뚝을 박는다.
- 동일 건물에는 말뚝 길이를 달리하거나, 말뚝을 혼용하지 않는 것이 좋다.

---

58) 통나무의 원통에 사각으로 손잡이를 만들어 4명이 들고 나무 해머처럼 박는 것을 말한다.
59) 큰 쇠뭉치의 추에 줄을 매달아 사람들이 밧줄로 당겼다가 놓는 수동식 드롭해머 방식을 말한다.
60) 압력을 이용하거나 디젤 엔진, 증기를 이용해서 압력을 걸어 내리치게 하는 기계식 해머 방식을 말한다.

⑤ 시험 말뚝박기 시 주의사항

- 시험용 말뚝은 실제 사용한 말뚝과 동일한 조건으로 한다.

- 시험말뚝은 3개 이상을 사용한다.

- 말뚝을 수직으로 세워 휴식시간 없이 연속으로 박는다.

- 소정의 침하량에 도달하면 예정 위치에 도달시키려고 무리하게 박지 않는다.

- 최종 관입량은 5~10회 타격한 평균 침하량으로 한다.

- 타격횟수 5회에 총관입량이 6mm 이하인 경우에는 거부현상으로 본다.(소정의 최종 침하량에 도달하였을 경우에는 무리하여 박지 말 것)

- 설치완료 시 말뚝머리의 설계위치와 수평방향의 오차는 100mm 이하로 한다.

Point

- **지정의 시공 기준**
  - 지정의 종류에 따른 길이
    나무말뚝 : 600mm 이상, 기성콘크리트 말뚝 : 750mm 이상
  - 제자리콘크리트 말뚝 : 900mm 이상
  - 철제말뚝 : 900mm 이상

(3) 지반의 개량공법

① 사질토[61] 지반개량 공법

진동다짐 공법 (vibro floatation)	수평방향으로 진동하는 진동다짐 기계를 이용하여 사수와 진동을 동시에 일으켜 모래 지반 속에 밀도 및 공극을 줄여 지반층을 강화시키는 공법이다.
다짐모래말뚝 공법 (sand compaction pile)	파이프를 지중에 관입시켜 상부 호퍼에서 파이프 내에 일정량의 모래를 투입하고 진동에 의해 밀도 및 공극을 줄여 지반층을 강화하는 공법이다.
폭파다짐 공법	폭약을 이용하여 폭파 시 압력으로 느슨해진 지반을 다지는 공법이다.
약액주입 공법	지반 내에 주입관을 삽입하고 약액을 침투시켜 지반을 개량하는 공법을 말한다.
동압밀 공법 (동다짐 공법, dynamic compaction)	가장 많이 쓰는 방법 중 하나이며, 무거운 추를 지상 100~300mm 높이에서 자유낙하를 반복시켜 지반을 다지는 공법이다.

---

61) 모래 성분이 많은 흙을 말한다.

② 점성토[62] 지반개량 공법

치환공법	연약층의 흙을 양질의 흙으로 치환하는 공법으로 굴착, 미끄럼, 폭파치환 공법 등이 있다.
압밀공법(재하공법)	모래 대신 골판지를 박아 지반의 수분을 골판지가 흡수하게 만들어 지반 자체를 건조하는 드라이 공법이다. 선행재하 공법, 사면선단재하 공법, 압성토 공법 등이 있다.
탈수공법	모래, 종이, 팩드레인 등을 이용해서 수분을 스펀지처럼 강제로 뽑아내는 공법이다.
배수공법	파이프를 지반에 꼽고 압을 이용해서 수분을 뽑아내는 공법이다.
고결공법	지중의 수분을 액화가스 등을 이용하여 일시적으로 동결시켜 지반의 강도와 차수성을 향상시키는 공법이다.
동치환 공법 (dynamic replacement 공법)	점성토 지반을 쇄석이나 모래자갈 등으로 인위적인 방법으로 바꾸는 공법을 말한다.
전기침투 공법	연약한 점토지반에서 물이 양극에서 음극으로 흐르는 원리를 이용하여 흙 속의 물을 양극과 음극화 시켜 물이 강제로 배수하게끔 유도하는 공법이다.
제하공법	미리 연약지반의 상부에 하중을 가하여 흙을 압밀시켜 밀도를 향상시키는 공법이다.
언더피닝 공법 (underpinning)	기존 건물의 기초를 보강하거나 새로운 기초를 설치하여 기존 보호물을 보호하는 밑받이 공법을 말한다. 즉, 언더피닝은 노후되거나 파손된 기존 건물의 지반과 기초를 보강하는 공법이다.

③ **피어기초** : 단단한 경질층의 지반까지 굴착한 다음, 현장 콘크리트를 타설하여 구조물의 하중을 경질층에 전달하도록 만든 기초이다. 피어기초는 현장에서 타설한 하나의 주상 기초로서 말뚝기초와 구별되는데, 큰 차이점은 기성제품의 말뚝기초는 보통 파지 않고 지반 속에 때려 박지만, 피어기초는 시공 전에 굴착을 해야 한다는 것이 다르다.

- ■ 피어기초의 특징

  - 수평력에 대한 휨모멘트의 저항성이 크고, 무진동, 무소음 공법으로 도심지 공사에 좋으며, 말뚝으로 타입이 곤란한 곳도 기계굴착으로 시공이 가능하다.
  - 재하 시험이 가능하고, 동시에 많은 수의 기초를 할 수 있다는 장점이 있다.
  - 단점으로는 비싼 공사비가 있다.

④ **잠함기초(caisson foundation)**

- ■ 피어기초의 일종으로 케이슨 기초라고도 한다.

---

62) 찰지고 끈끈한 상태의 토양을 말한다.

■ 케이슨 기초는 연약한 지반을 관통하여 설치된 케이슨(통)을 통해 주로 무거운 상부 구조물로부터 전달되는 큰 하중을 그 아래의 큰 지지력을 갖는 층까지 전달하는 공법이다.

■ 우물통 기초(well caisson)와 공기케이슨 기초(뉴메틱 케이슨 기초, pneumatic caisson), 박스케이슨 구조(box caisson)가 있다.

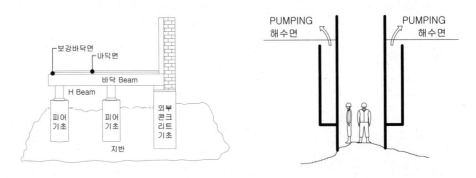

▲ 피어기초와 잠함기초

(4) 기초

기초는 앞서 말한 바와 같이 지정으로 토양을 단단히 굳힌 후 건물을 직접 올리기 위해 건축물의 가장 하부에 위치하는 구조체이다. 기초는 수직하중과 수평하중, 연직하중과 지내력을 모두 갖추어야 하기 때문에, 건물에서 가장 튼튼해야 하고, 또 가장 두꺼워야 하는 구조물이다. 따라서 기초는 계절의 변화에 흔들려서는 안 되며, 환경적 변화에 대응해야 한다. 그러므로 기초는 겨울철 얼어 있는 땅보다 더욱 아래에 위치하고 있어 해빙기 시기에도 흔들림이 있어서는 안 된다.

겨울철 땅이 얼어붙는 깊이선을 동결(凍結)선이라고 하는데, 우리나라 기준으로 중부지방의 동결선은 900~1,200mm이나 통상적으로 900mm의 깊이로 사용한다.(서울, 경기권 기준)

① 기초 판의 형식에 따른 분류

■ 독립기초 : 독립기초는 단일 기둥을 받치는 기초로 혼자서 독립적으로 대지에 접해 있는 기초로, 독립기초에서 주각을 고정하기 위한 방법은 기초보를 크게 하면 된다.

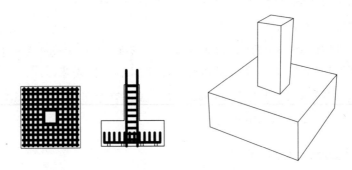

■ **복합기초(복합확대 기초, combined footing)** : 두 개 이상의 기둥이나 벽을 지지하는 기초판을 복합확대 기초라 하며, 주로 기초판이 토지경계선에 인접하거나 기초판의 간격이 매우 가까운 경우에 사용한다.

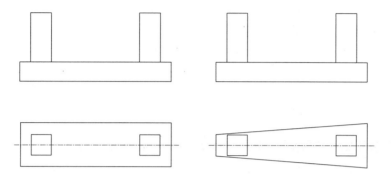

■ **연속기초(줄기초)** : 벽 또는 1열 기둥을 받치는 기초

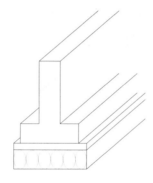

■ **온통기초** : 건물이 놓이는 전체 바닥을 통째로 기초화 하여 일체식으로 만든 기초를 말한다. 보통 연약기반에서 많이 사용한다.

■ **캔틸레버 기초** : 대지경계선 등에 인접한 경우 푸팅(footing)[63]의 돌출부를 적게 하기 위한 기초로서, 보통 출입구 계단 하부나 발코니 하부를 지지하는 기초이다.

---

63) 푸팅(footing) : 건물의 무게가 지반에 고루 퍼지게 하기 위하여 벽, 기둥, 교각 따위의 아래쪽을 넓게 만든 부분

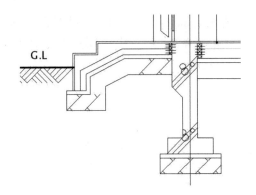

(5) 부등침하 또는 부동침하(differential settlement, 不等沈下)

지반이 고르지 못하거나 기초의 강성과 지반이 받는 힘의 분포가 다를 때나 기초지반에서 발생하는 침하가 서로 균등하지 않을 때 건물의 일부분이 침하되거나 균열이 발생하는데, 이를 두고 부등침하라 한다.

일반적으로 건물 전체의 침하량보다 부등침하가 일으키는 부분침하가 상부 구조물의 안정성에 더 큰 영향을 주기 때문에 매우 위험한 요소이다.

① 부등침하의 원인

부등침하는 흔히들 부동침하라고도 하는데, 구조물의 기초지반이 침하함에 따라 구조물의 여러 부분에서 불균등하게 침하를 일으키는 현상을 말한다. 부등침하는 다음과 같은 여러 가지 원인으로 일어난다.

- **지반이 연약한 경우** : 건축물을 지을 지반이 견고하지 못하고 무르면 침하되는 원인이 된다.

- **연약층의 두께가 다른 경우** : 연약층의 두께가 다르면 연약층을 뚫는 말뚝의 길이도 달라져 발생하는데, 약한 쪽으로 건물이 기울거나 무너지는 등의 중대 결함을 만들 수도 있다.

- **건물이 이질지층에 걸려 있을 경우** : 지반의 층이 이질지층, 예를 들어 한쪽이 연약지반이고 다른 한쪽은 경질지반일 경우, 연약지반 방향으로 건물이 기울어지는 현상을 말한다.

- **건물이 낭떠러지에 접근되어 있을 경우** : 낭떠러지에 건물을 짓게 된다면 시간이 지날수록 풍화와 비바람에 의해 깎여진 지반에서 낙석이 발생되며, 점차 건물이 낭떠러지 아래로 추락하는 결함을 발생시키는 것을 말한다.

- **일부 증축이 시행되었을 경우** : 완성된 건축물에 일부를 더 올리거나 일부분만을 증축해서 건물 전체의 무게중심이 깨졌을 때 건물이 기울어지거나 무너지는 결함을 발생시킨다.

- **지하수위가 변경되었을 경우** : 지하수의 흐름이 변경되었거나, 오랜 장마 또는 그 외의 사항으로 수위가 올라 지반을 쓸고 내려가서 공동이 발생했을 때, 기초가 수분에 노출되어 부식되거나 공동으로 인한 건물의 기울어짐을 발생시킨다.

■ **지하에 매설물이나 구멍이 있을 경우** : 기초공사 때 지하에 매설물이나 구멍을 발견하지 못해 기초의 공동에 의한 건축물의 기울어짐 또는 무너지는 결함을 발생시킨다.

■ **지반이 되메운 땅일 경우** : 지반이 구덩이를 되메운 땅일 경우 메운 땅속의 밀도와 공극이 달라서 한쪽이 연약지반으로 되어 그 하중을 못 이겨 침하가 발생하는 경우를 말한다.

■ **각 독립 기초판에 있어 지내력 여유의 차가 큰 경우** : 만약 독립 기초판에 지내력의 여유 차가 커지게 되면 건물의 하중을 잘 견디지 못하여 건축물이 무너질 수가 있다.

■ **기초 구조가 서로 다른 경우** : 일부분은 독립기초이고 일부분은 줄기초일 경우 줄기초와 독립기초의 강도가 다르기 때문에 건물 일부가 가라앉을 수 있다.

■ **일부 지정을 하였을 때** : 건물의 한부분만 연약지반이라 한쪽만 지정을 했을 때, 건물 일부가 가라앉을 수 있다.

② 부등침하의 의심 사항

■ 내·외부 벽체에서 침하방향으로 사선 또는 수직선 등 방향성 균열이 발생한 경우

■ 침하된 부위의 기둥 또는 벽체 등에 압축파괴 또는 취성파괴 현상이 발생한 경우

■ 바닥슬래브가 한쪽 방향으로의 기울어짐이 발생한 경우

■ 기둥의 상하부에 사선방향 균열이 발생한 경우

■ 유리창의 전단 파손 또는 개구부, 창틀, 문틀 변형이 심해 개폐가 불가한 경우

■ 기초와 바닥 슬래브 접합면에 취성 균열이 발생한 경우

③ 부등침하의 해결 방안

■ **건물의 경량화** : 건물 자체의 중량을 가볍게 해서 지반에 영향을 주지 않는다.

■ **건물의 길이를 너무 길게 하지 말 것** : 건물의 길이가 길면 이질지층에 걸릴 수 있으므로 너무 길게 하지 않는다.

■ **건물의 강성을 높일 것** : 건물을 구조적으로 강하게 한다.

■ **건물의 인동거리를 멀게 할 것** : 건물과 건물 간의 거리를 멀게 하여 공사 시기가 달라도 주변 건물에 영향을 최소화한다.

■ **경질지반에 기초판을 지지할 것** : 경질지반은 지지하는 기초보를 최대한 넓게 만들어 기초를 지지한다.

■ **마찰말뚝을 사용한다.** : 마찰말뚝을 이용하여 타설하고 흙의 마찰을 높인다.

■ **지하실을 설치할 것** : 건물의 지하실 자체가 기초 역할을 할 수 있도록 지하실을 설치한다.

■ 동일 건물의 기초에 이질지정을 두지 않을 것 : 같은 대지 내에 다른 지정을 두지 않는다.

■ 흙다지기, 물빼기, 고결, 치환(바꾸어 놓음) 등을 할 것 : 토양 시공 시 흙을 다지고, 지하수를 제거하고, 연약지반의 흙을 교체한다.

④ 연약지반의 상부 구조에 대한 대책

- 건물을 경량화한다.
- 건물의 강성을 높인다.
- 건물의 길이를 짧게 한다.
- 인접 건물과의 거리를 멀게 한다.

Section 04 / 목 구조

1) 목 구조

가) 목 구조 개요

(1) 일반 사항

장점	단점
• 자중이 가볍다. • 가공성이 좋고 공사기간이 단축된다. • 비중에 비해 강도가 크고 단열성이 좋다.	• 재질이 불균형하고 변형, 부식이 쉽다. • 내화성, 내구성이 적다. • 접합부의 강성이 약하다.

(2) 목재의 접합

① 목재 이음

목자재의 원료가 되는 나무는 자기 자신의 길이가 한정되어 있다. 즉, 길이가 짧아 긴 부재를 얻기 어렵기 때문에 짧은 단점을 보완하기 위해 나온 공법으로서 2개 이상의 목재를 재축방향 (수평)으로 하나로 연결하는 방법을 이음이라 한다.

- 이음 방법의 비교

이음 명칭	이음 방법	그림
맞댄이음	• 두 부재를 맞대고 철재 또는 합금재 등을 이용해 덧판을 대고 볼트 조임을 한 이음 방법이다. • 평보의 이음에서 사용한다.	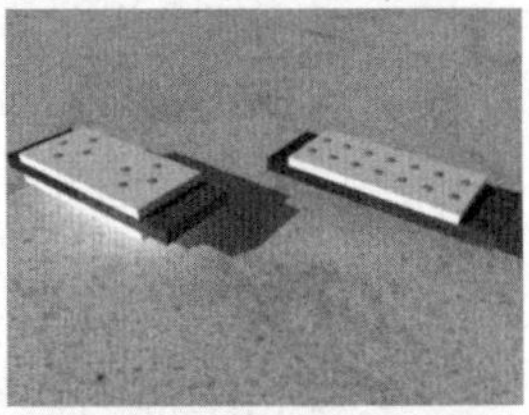
겹친이음	• 두 부재를 위아래로 겹쳐서 산지, 볼트, 큰 못 등으로 조이거나 박아서 보강하는 이음 방법이다. • 간단한 구조, 비계통나무 이음에 사용된다.	

따 낸 이 음	주먹장 이음	• 가장 많이 사용되는 이음 방법으로 매우 튼튼한 이음이다. • 토대, 멍에, 중도리 등에 사용된다. • 수평부재이다 보니 힘을 많이 받는 부위에 사용하기 어렵다.	
	메뚜기장 이음	• 주먹장 이음보다 좀 더 튼튼하게 이음의 앞면을 역삼각형으로 만든 이음 방법이다. • 토대, 멍에, 중도리 등에 사용된다. • 제작이 까다로운 단점이 있다.	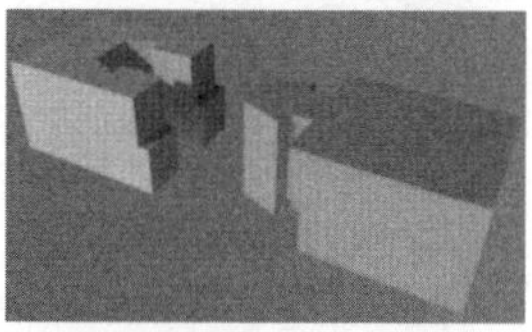
	빗걸이 이음	• 두 부재를 비스듬히 꼽도록 양쪽을 똑같이 파내어 밀듯이 꼽아 결속시킨 이음 방법이다. • 구조적으로 힘을 받는 기둥, 보, 칸막이 도리, 받침이 있는 보 등에 사용된다.	
	엇걸이 이음, 엇걸이 산지 이음	• 두 부재를 비스듬히 꼽도록 양쪽을 똑같이 파내어 비녀, 산지 등으로 결속시킨 이음 방법이다. • 구조적으로 힘을 가장 많이 받는 평보, 중도리, 기둥, 토대 등에 사용된다.	
기타 이음		• 빗지거나 반으로 턱을 내어 잇는 이음으로 시공이 용이하다는 장점이 있지만, 구조적으로 약한 이음 방법이다. • 빗이음, 엇빗이음, 반턱이음, 턱솔 이음 등이 있다.	

② 맞춤

이음이 수평부재 간의 연결이라면 맞춤이란 수직재과 수평재가 만나는 부분에 보다 강하고 정교하게 시공되어 가구식 구조의 단점인 흔들림을 최소화하고, 구조물의 강성을 높이고자 만들어진 구조이다. 맞춤은 두 목재를 직각 또는 경사지게 마주 댈 때 맞추는 방법이다.

맞춤 명칭		맞춤 방법	그림
장 부 맞 춤	짧은 장부	• 한쪽은 짧게 홈을 내고 다른 한쪽은 그림과 같이 사각의 홈을 내어 서로 맞추는 방법이다. • 왕대공과 평보의 맞춤에 사용된다.	

장 부 맞 춤	내다지 장부	• 서로 맞춤할 부재 중 한쪽에 장부 구멍을 내어 뚫고, 장부 구멍을 통해 다른 부재를 관통시켜 맞춤하는 방법이다. • 나온 부분에 쐐기 등을 박아 되빠짐을 방지하기도 한다. • 기둥의 상하맞춤에 사용된다.	
	턱장부	• 짧은 장부맞춤보다는 길게 사각 장부를 내고 그 장부의 절반에 한 번 더 턱솔을 내어 끼워 넣는 맞춤이다. • 토대, 칭호 등의 모서리 맞춤에 사용된다.	
	부채장부	• 짧은 장부맞춤 정도의 길이에 사다리꼴 모양이 되도록 모양을 내어 맞추는 방법이다. • 모서리 기둥이나 토대에 사용된다.	
	가름장 장부	• 두 갈래로 맞춤 부분을 파내어 다른 부재는 ㄷ자 모양으로 요철을 주어 서로 끼워 넣는 맞춤 방법이다. • 왕대공과 마룻대의 맞춤에 사용된다.	
	주먹장부	• 주먹 모양으로 장부를 만들어 직각이 되는 부재에 홈을 파내어 꼽아 넣는 방법이다. • 가공이 비교적 간단하여 많이 사용된다. • 토대 T부분, 토대-멍에, 달대공 등에 사용된다.	
장 부 이 외	걸침턱 맞춤	• 직각으로 교차되는 접합면을 따서 서로 물리게 하는 방법이다. • 좌우 이동방지 효과가 있다. • 횡력이 많이 작용하는 멍에와 토대 등에 사용된다.	
	반턱맞춤	• 부재춤을 반씩 따서 직각으로 교차시키는 방법이다. • 층도리 등에 사용된다.	

장 부 이 외	안장맞춤	• 비스듬하게 잘라 중간을 따서 두 갈래로 된 부분에 양 옆을 경사지게 딴 자리에 끼워 맞추는 방법이다. • 평보−ㅅ자 보 등에 사용된다.	
	연귀맞춤	• 마구리를 감추기 위해 45도로 잘라 맞추는 방법이다. • 창호 및 창틀에 사용된다.	
	기타 맞춤	• 홈을 파내어 각각의 모양으로 따내어 꼽아 넣는 맞춤 방법이다. • 통맞춤, 가름장 맞춤, 주먹장 맞춤 등이 있다.	

③ 쪽매[64]

쪽매란 목재판이나 널을 나란히 옆으로 붙여 끼워나가는 방법으로, 친환경건축시공 공법의 대표적 사례라고 할 수 있다. 쪽매공법으로 시공되면 접착제나 에폭시류 등 다른 오염적 요소가 가미된 시공방법이 아닌 목재 자체의 시공만으로 충분히 조립이 가능하기 때문이다.

대표적으로 우리가 쓰는 나무마루가 바로 이 쪽매 방식을 이용한 것이라 생각하면 이해하기 쉽다.

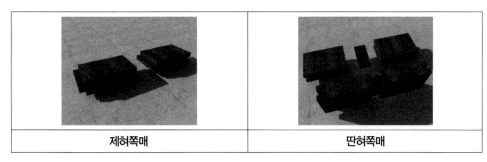

제혀쪽매	딴혀쪽매

---

64) 쪽매는 목 구조에서 사용되는 공법인데, 단순하고 이음하기 쉬워 돌 구조의 조립방법으로 더 많이 사용되고 있다.

오니쪽매

④ 목공 보강 철물

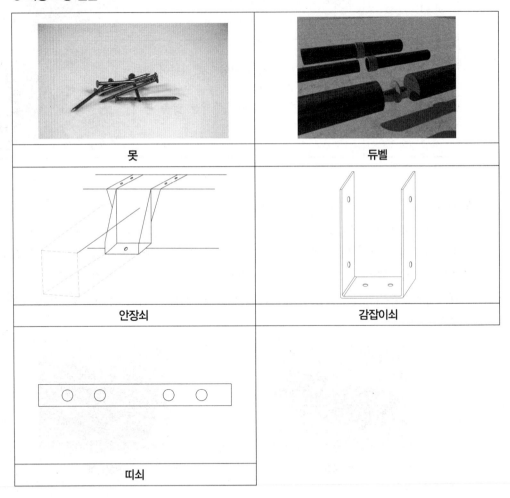

못	듀벨
안장쇠	감잡이쇠
띠쇠	

Point

■ **목재의 이음 및 맞춤 접합 시 유의사항**

- 접합부의 결손[65]은 최소화한다.
- 접합은 응력이 적은 곳, 즉 힘을 최대한 받지 않는 곳에서 접합한다.
- 간단한 형태로 가공하고 모양보다는 강도와 결합성에 중심을 둔다.
- 이음, 맞춤의 단면은 응력 방향에 직각이 되도록 맞춘다.
- 접합부는 가급적 철물로 보강해서 튼튼하게 만들도록 한다.

⑤ **목재연결 철물의 시공 방법**

못	• 못은 목재의 섬유방향(목재의 선)에 엇갈리게 박는다. • 부재 두께는 못 지름의 6배 이상으로 한다. • 못의 길이는 박는 나무 두께의 2.5~3배(마구리는 3~3.5배)로 한다. • 경미한 곳 외에는 1개소에 4개 이상 박는 것을 원칙으로 한다.
볼트	• 못보다는 더욱 강한 인장력이 작용하는 부분에 보강재로 사용한다. • 최소 지름 9mm 이상, 구조용 12mm 이상으로 시공한다. • 보통 볼트는 ㅅ자 보+평보나 달대공과 같이 수직력이 발생하는 곳에 사용된다. • 양나사 볼트는 처마도리+깔도리 등과 같이 수평재가 교차되는 부분에 홈을 뚫어 서로를 고정시켜 횡력에 흔들림을 보강하는 데 사용된다. • 주걱볼트는 보+처마도리 등과 같이 수직과 수평이 교차되는 부분에 흔들림 방지를 목적으로 사용된다.
듀벨	• 접합재 사이에 끼워 넣고 볼트로 죄어 부재 상호 간의 미끄럼을 막는다. • 볼트와 병행 사용하며, 듀벨은 전단력에 저항한다. • 배치는 동일, 섬유방향에 엇갈리게 한다.
띠쇠	철판을 띠모양으로 잘라 구멍을 내어 수직과 수평 또는 수평과 수평부재 간에 흔들림을 방지하기 위해서 사용되는 철물이다.
감잡이쇠	띠쇠를 ㄷ자형으로 구부려 왕대공과 평보같이 수직과 수평부재가 만나는 교차점에서 부재의 흔들림을 최소화 하기 위해서 사용되는 철물이다.
안장쇠	말의 안장과 같이 생겼다고 해서 안장쇠라 불리는데, 큰 보에 걸쳐놓고 구부린 쇠에 작은 보를 안착시켜 서로 못이나 볼트조임을 하는 데 사용되는 철물이다.

Point

■ **듀벨(다웰)**

목재를 이음할 때 목재와 목재 사이에 끼워서 전단에 대한 저항을 하는 철물이다. 이 듀벨이 전산응용건축제도기능사 필기시험에서 주로 출제되는데, 금속철물의 부속과 더불어 예제문제로 출제되는 경향이 많다.

---

65) 결손 : 어느 부분이 없거나 잘못되어서 완전하지 못함

나) 목재의 구조체

목재 구조로 만든 구조체는 크게 한식 구조와 양식 구조체로 나눈다. 한식 구조는 심벽식으로 기둥이 외부에 노출되어 보이는 구조를 가지고 있고, 양식 구조는 평벽식으로 기둥이 외부에 노출되지 않고 벽속으로 들어가 있다. 평벽식은 내진, 내풍성을 증대시키고, 기둥의 파손 및 산화부식이 한식보다는 덜하다.

■ 심벽식과 평벽식의 차이

심벽	평벽
• 뼈대 사이에 벽을 만들어 뼈대가 보이는 것이 특징이다. 전통 한옥에 사용된다. • 목재의 결이 보여 목재가 가지는 아름다운 표현이 가능하다. • 가새의 단면이 작아지고, 힘을 받는 부재가 노출되어 부패 및 강도가 저하될 우려가 있다.	• 뼈대를 감싸고 마감재를 대어 뼈대를 벽속으로 감추는 구조이다. • 벽 속에 침식되어 있어, 보온재의 보강이나 그 외의 실내 기밀성, 방한, 방습효과가 크다. • 가새의 단면이 커지고 철물로 횡력의 보강이 가능해진다.

(1) 한식 구조

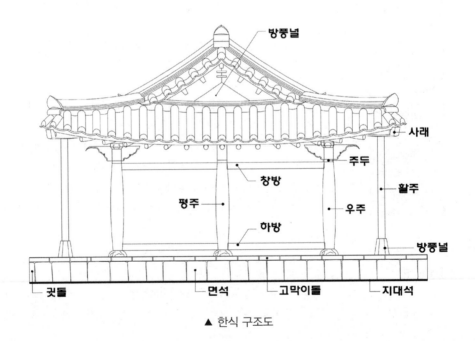

▲ 한식 구조도

한식 구조는 용머리에서부터 기와를 내리는 곳까지 수많은 용어들이 있지만, 기능사에서 주로 다뤄지고 있는 누주와 활주, 평주 및 면석과 고막이 널, 귓돌이 많이 나오기 때문에 위 그림의 명칭 정도는 기본적으로 알아야 한다.

① 한식 구조의 명칭

우주	한옥의 사면에 주 기둥으로 가장 힘을 많이 받는 기둥을 말한다.
고주(평주)	벽체의 중앙 또는 우주 사이에서 평보를 받쳐주는 역할을 하는 현대식의 평기둥 역할을 하는 기둥을 말한다.
활주	추녀가 길고 넓어 처짐을 방지하기 위해서 추녀의 끝에 보강 설치하는 기둥을 말한다.
고막이 돌 (고막이 널)	면석 위에 설치되어 마루의 평탄을 도와주고 이슬과 습기의 침투를 막아주며, 구들장의 온기를 전달하는 매개체로도 사용되는 돌이다.
면석	기초의 하부면 돌계단(층계)의 옆면에 세워진 사각의 평평하고 넓은 돌을 의미한다.
귓돌	고막이 돌의 모서리 면에 마감으로 들어가는 쪽돌을 말한다.
주두	기둥 상부의 돌로써 기둥과 평보 또는 층도리를 이어주는 역할을 하는 돌을 말하는데, 처마도리나 깔도리의 역할이라고 생각하면 이해가 쉬울 듯하다.
누주	누주는 한식의 다락기둥을 의미하는데, 현대식의 다락을 의미하는 것이 아니고, 식량을 넣어두고 보관하기 위해 부엌 위에 만든 조그만 공간을 위해 축대를 하나 더 넣은 것을 의미한다.
상량	상량은 한식공사에서 마룻대에 해당하는 종도리를 올리는 것으로써 집의 뼈대가 완성됨을 의미하기 때문에, 상량을 들어 올릴 때는 제를 지내고 그 음식을 나눠 먹으며 잠시 쉬었다 작업을 다시 하기도 했다.
풍소란	풍소란은 목조문에서 턱솔 또는 딴혀를 대어 방풍적으로 물리는 것으로, 개구부의 이음에서 외기에 의해 보온 및 난방에 목적을 두고 시행된 보강 방법을 의미한다.

■ 한식 부분 구조 명칭

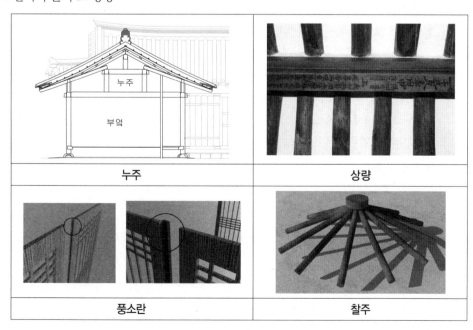

누주	상량
풍소란	찰주

앞으로 나올 목 구조, 벽돌 구조, 철근콘크리트 구조, 철골 구조는 기초, 기둥, 보, 벽체, 실내바닥순으로 나열하여 각 구조체별 특징에 대해서 순서적으로 공부하고, 그 구조의 특징에 대해 비교 검토해서 공부를 하면 많은 도움이 될 것이라 생각된다.

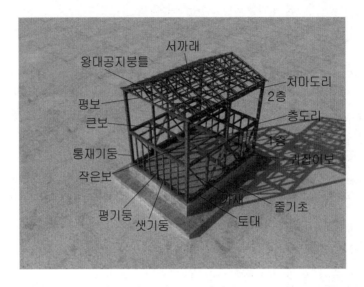

▲ 목재 전체 구조도

(2) 양식 구조(목 구조의 세부 구조)

양식 목 구조의 세부 구조를 알아보기 위해 바닥, 벽체(기둥), 지붕 순으로 각 부분의 구조를 분리해서 알아보려 한다. 세부 구조에서는 반드시 익혀야 하는 구조들이 나오므로 모두 숙지해야 한다.

① 기초 바닥

- **토대** : 토대는 목 구조의 바닥에 가장 기초가 되는 부재로서 양식 구조의 기초, 즉 콘크리트 기초 위의 가로재로서, 상부하중을 기초에 전달하는 매우 중요한 부재이다.

- **토대의 역할** : 토대는 기둥과 기둥을 고정하고 기초와 기둥의 하중을 기초에 전달하는 부재로 하중에 흔들리지 않게 앵커볼트로 기초에 완전 고정해야 한다. 토대는 기둥과 같거나 약간 크게 해서 위에서 내려오는 하중을 버틸 수 있도록 해야 하며, 기둥보다 얇거나 약하면 토대의 역할을 하지 못해서 무너진다.

- **귀잡이 토대** : 기존의 토대를 더욱 보강하기 위해 일본에서 주로 사용하는 방법으로, 한쪽 귀퉁이에 사선으로 된 부재를 빗통맞춤으로 하고, 빗통맞춤에는 큰 못, 빗턱통을 넣고 짧은 맞춤에 볼트죔으로 고정해서 설치하는 토대이다.

▲ 귀잡이 토대

② 기둥

통재기둥	• 1층과 2층을 한 개의 부재로 연결하는 기둥이다. • 각 건물의 사각 모서리에 배치해서 중간에 잘라지지 않고, 한 개의 긴 부재로 가장 주축이 되는 힘을 받는 기둥을 말한다. • 2층 이상 목조건물의 모서리 기둥은 반드시 통재기둥으로 해야 한다.
평기둥	• 한 층씩 나누어서 되어 있는 기둥을 말한다. • 주로 한 개 층의 구조적인 힘을 받는 구조재로서 적정 힘을 받기 위해서는 2,000mm 전후로 간격을 배치한다.
샛기둥	• 평기둥 사이에 세워서 벽체 구성과 가새의 옆 휨을 막는 역할을 하는 부재이다. • 수직력을 막는 데는 좋으나 수평력에 약하다는 단점을 가지고 있다. • 간격을 450mm 정도로 하여 상부에서 내려오는 수직력을 보강하고, 평기둥의 $\frac{1}{2} \sim \frac{1}{3}$로 하여 하중을 균등 분할한다. • 상하 가로재는 짧은 장부맞춤 강성을 높여야 한다.
가새	• 가새는 벽체의 수평력(횡력)을 보강하기 위해 토대와 기둥 사이에 45° 또는 60°로 대는 부재로서, 벽체의 횡력을 보강하는 구조재이다. • 기둥은 주로 수직력을 보강하는 부재인데 반해 가새는 수평력, 즉 횡력을 함께 보강하기 때문에 가장 많이 사용되는 부재이기도 하다.
버팀대	• 앞서 말한 바와 같이 기둥은 수직의 부재가 많기 때문에 수직하중에는 강하나 수평하중에는 약한 결점이 있는데, 이 부분을 보강하기 위해 덧대는 부재를 말한다. • 버팀대는 수평력에 대해 가새보다는 약하지만 가새를 댈 수 없는 곳에 설치가 가능하다.

귀잡이	• 여기서 말하는 귀잡이는 토대에 설치되는 귀잡이가 아닌 층간 설치 또는 큰 보와 작은 보 사이 등에 대한 보강재를 의미하므로 그 의미를 착각해서는 안 된다. • 귀잡이는 서로 수평 또는 직각이 되는 부분의 끝을 보강하는 부재이다. • 바닥 및 지붕틀의 수평보에 설치하는 빗재로 찌그러짐을 막는 횡력보강 부재이다.

▲ 가새의 설치

■ 가새
• 기둥이나 보의 중간에 설치하지 말아야 한다.
• 기둥, 보와 대칭이 되게 설치한다.
• 인장응력과 압축응력을 받을 수 있도록 X, V자형으로 배치한다.
• 설치 각도는 45°가 유리하며, 상부보다는 하부에 많이 배치한다.

③ 마루

■ 1층 마루

동바리 마루	• 동바리 마루는 마루 밑 땅바닥에 동바리돌을 놓고 그 위에 사각 나무틀로 짧은 기둥(동바리)을 세워 멍에를 지르고, 장선을 멍에와 직각 방향으로 걸치대고 마루널을 깐 것을 말한다. • 동바리의 크기는 100mm 내외, 간격은 1,000~1,800mm로 멍에의 크기와 같은 치수로 한다. • 장선은 멍에의 횡력을 보강해 주는 재료로써 크기는 60mm 정도로 하고, 간격은 멍에의 $\frac{1}{2}$ 정도로 한다. • 상판 역할을 하는 마루널은 두께 18~24mm 정도(밑바탕널은 12~18mm 합판 사용)로 하며 앞서 배운 이음 방식 중 제혀쪽매로 시공된다.
납작마루	• 납작마루는 동바리 마루에서 동바리만을 제외했다고 생각해도 된다. 즉, 동바리를 쓰지 않고 호박돌 위에 멍에, 장선을 대고 마루널을 깔거나 콘크리트 바닥에 바로 까는 마루로, 동바리가 없어 습기에 직접 노출될 수 있는 단점이 있다. • 주로 간단한 창고, 공장, 기타 임시건물에서 마루를 낮게 설치할 때 사용되는 마루이기도 하다.

귀틀마루	• 마루귀틀을 짜서 짧고 넓은 널을 끼워 놓은 마루를 말한다. • 우리가 흔히 말하는 대청마루라 생각하면 이해가 쉽다.
툇마루	건물의 방문 앞 또는 쪽 공간을 사용하여 놓은 마루를 말하며, 다용도 목적의 마루이다.

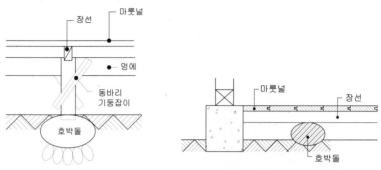

▲ 동바리 마루와 납작마루

귀틀마루	툇마루

■ 2층 마루

홑마루(장선마루)	• 보를 쓰지 않는 마루로 좁은 복도 등에 설치되는 마루이다. • 보통 2,400mm 미만의 작은 공간에 사용되고, 작은 보를 쓰지 않고 층도리에 장선만을 그대로 걸쳐 대기 때문에 구조적으로 매우 약한 마루이다. • 간 사이가 넓은 공간에서는 사용하기 어려운 단점이 있다.
보마루	• 층도리와 층도리 사이에 보를 걸어 장선을 위에 걸어 마룻널을 깐 마루이다. • 간격이 2,400mm~6,400mm 미만에서 주로 사용되는 마루이며, 보 간격은 1,800mm 미만으로 해야 안정적이다.
짠마루	• 큰 보 위에 작은 보를 깔고 장선과 마루널을 깐 마루를 말하며, 간격이 6,400mm 이상으로 넓은 곳에 주로 사용되는 마루이다.

홀마루(장선마루)

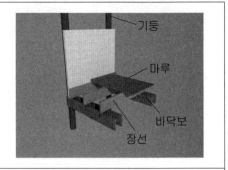

보마루

짠마루

④ 지붕

■ 지붕의 종류

– 지붕은 형상 및 물매의 모양에 따라 이름이 달리 불린다. 초기는 모임지붕이 많았으나 점차 고층으로 변경되면서 주택도 모임지붕이나 합각지붕에서 평지붕의 형태로 변형되었다.

– 근래 들어 친환경적인 부분이 대두되면서 자연과 함께하는 주택 등에서는 다시 지붕이 등장하기 시작하였다.

– 지붕 형태에 따른 명칭

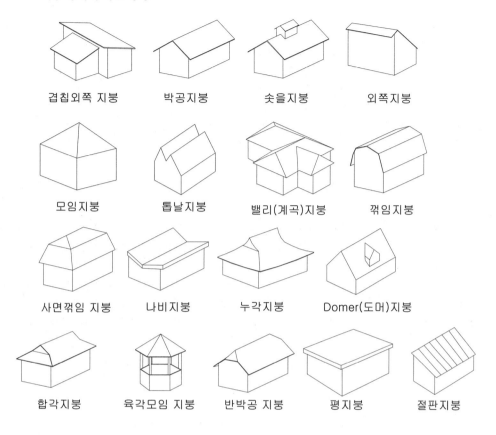

겹침외쪽 지붕	박공지붕	솟을지붕	외쪽지붕
모임지붕	톱날지붕	밸리(계곡)지붕	꺾임지붕
사면꺾임 지붕	나비지붕	누각지붕	Domer(도머)지붕
합각지붕	육각모임 지붕	반박공 지붕	평지붕	절판지붕

■ 지붕의 물매

– 물매란 빗물이나 눈이 흘러내리기 좋도록 한 지붕의 경사각을 의미한다.

– $1:\sqrt{2}$ 의 기울기를 적용해 직각삼각형의 수평선 부분을 100mm로 봤을 때, 높이가 40mm 이면 4/10라고 표기하고, 직각삼각형의 사선 부분과 같은 각도를 지닌 선을 경사각으로 잡는다.

– 물매의 경사각이 45°면 되물매, 그 이상이면 된물매라고 불리며, 재료별 물매의 통상적인 기준은 분모를 100mm로 봤을 때, 분자는 함석지붕이 25~35mm, 아스팔트 루핑지붕이 30~35mm, 골함석지붕이 30mm, 석면슬레이트 지붕이 50mm, 기와지붕이 40~50mm 등으로 잡는 것이 일반적이다.

– 시멘트 기와 잇기 지붕물매의 최소 한도는 4/10로 한다.

⑤ 절충식 지붕틀

절충식 지붕틀은 비교적 공작이 간단하고 간 사이가 작거나(600mm 이내) 간벽이 많은 건물, 즉 소규모 주택의 지붕으로 많이 사용되는 구조이다.

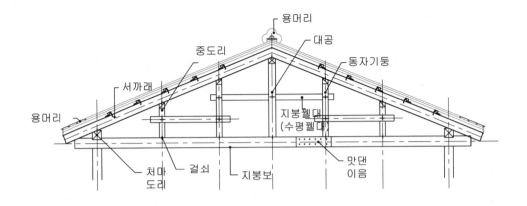

대공	• 대공과 동자기둥은 수직적 기둥으로서 대공은 기둥의 가장 가운데 위치하며, 지붕 전체를 수직으로 지지하는 메인이 되는 기둥으로 보조적 역할을 하는 동자기둥의 간격과 900mm 정도의 거리를 둔다. • 지붕의 모양과 형태가 다르기 때문에 실제 시공 시에는 설계치수와는 차이가 있을 수 있다.(개량형 절충식 지붕틀 – 전산응용건축제도기능사 실기시험 문제에 개량형 절충식 지붕틀로 단면도를 작성하는 문제가 출제된다.)
평면적 지붕	지붕을 평면적인 구성으로 보았을 때 지붕보가 지붕의 횡력을 막기 위해서 설치되고, 우미량이 보의 지지를 위해 지붕틀의 짧은 보로 설치된다.

▲ 평면의 절충식 지붕틀

⑥ 왕대공 지붕틀(king post roof truss)

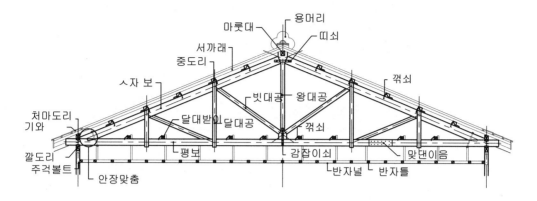

- 왕대공 지붕틀은 가장 많이 쓰이는 양식 지붕틀로서, 여러 부재를 삼각형으로 짜서 역학적으로 외력에 튼튼한 구조이다. 철골에서 다시 한번 트러스 구조로 등장하는 구조가 바로 왕대공 지붕틀 구조이기도 하다.

- 왕대공 지붕틀은 서양의 구조체에서 동양으로 넘어온 구조이므로, 철골과 목재가 융합된 구조라 할 수 있다.

- 왕대공 지붕틀은 구조적으로 매우 튼튼한 구조를 가지고 있다. 또한, 간 사이가 최대 20m까지 가능하기 때문에 큰 구조물에서 사용 가능하며, 평보 간격이 절충식 지붕틀의 지붕보다 길게 결속이 가능하다는 장점이 있다.

- 왕대공 지붕틀은 평보, ㅅ자 보, 빗대공, 달대공, 왕대공을 사용하며, 지붕보가 결속되는 부분의 강성을 높이기 위해 지붕보와 기둥의 배치 간격은 1,800mm~2,000mm로 한다.

- 왕대공 지붕틀에는 절충식 지붕틀에 없는 깔도리라는 부재가 있는데, 이 부재는 기둥의 맨 위 처마 부분에 수평으로 거는 것으로 기둥머리를 고정하고 지붕틀의 하중을 기둥에 전달하는 역할을 한다.

Point

- 지붕보와 평보는 이름만 다르지 그 용도가 같다. 그런 이유로 기능사 문제에서 종종 그 부분의 명칭을 바꿔 출제된다.

- 왕대공 지붕틀 부재의 강도

> ㅅ자보 > 평보 > 빗대공 > 달대공

ㅅ자 보가 강도를 가장 많이 받는 부분이므로 부재의 크기(단면)를 크게 한다.

⑦ 쌍대공 지붕틀

- 쌍대공 지붕틀은 넓은 지붕이나 다락방이 필요할 때 주로 사용하는 지붕틀로서, 간 사이가 10m 이상이거나 꺾임지붕일 때 쓰이는 구조방법이다.
- 일반적으로 지붕틀 간격은 1,800mm~3,000mm 정도로 한다.
- 쌍대공 지붕틀의 장·단점

장점	단점
• 내화, 내구, 방한, 방서 구조이다. • 시공이 비교적 간단하다. • 외관이 장중하다. • 질감이 다양하고 주위환경과 잘 어울린다.	• 수평력(풍압, 지진력)에 약하므로 고층이나 대형건물에는 적합하지 않다. • 벽체가 두꺼워 면적이 줄어든다. • 습기가 차기 쉽다.

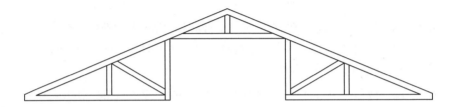

⑧ 목조 지붕재 보강 철물

- **주걱볼트** : 기둥과 처마도리의 접합에 사용된다.(평보와 ㅅ자 보의 맞춤은 안장맞춤으로 하고, 평보와 지붕의 하중은 주걱볼트로 한 번 더 체결되는 데 사용한다.)
- **감잡이쇠** : 왕대공과 평보의 연결에 사용된다.
- **띠쇠** : 토대와 지붕의 접합과 평기둥과 층도리에 사용된다.
- **안장쇠** : 작은 보와 큰 보의 접합에 사용된다.
- **꺾쇠** : ㅅ자 보와 중도리의 접합에 사용된다.
- **인서트** : 천장 달대와 반자 및 반자틀을 고정시키는 철물로 사용된다.
- **듀벨** : 목재 이음 시 목재와 목재 사이에 끼워 전단에 대한 저항을 목적으로 한다.

⑨ 반자

- 반자는 지붕의 구조가 실내에서 그대로 노출되지 않게 천장을 막는 것을 말하며, 지붕의 외기가 실내로 직접 침투되는 것을 막기 위해서 보온재를 사용한다.
- 반자는 쓰러지지 않게 지붕의 구조물에 인서트를 이용해서 고정하고, 아랫면에는 합판을 대고 합판 사이는 보온재를 넣고, 실내 등에 보이는 면은 도배 마감재로 마감하는 방식을 사용한다.
- 반자는 거실 등의 천장에 장식을 겸하는 구성반자와, 반자를 지붕틀이나 상층 바닥 판에 매달은 달반자, 바닥 판 밑을 마감재료(도배 등)로 직접 바르는 재물반자가 있다.

- **반자틀 간격**
  - 보통의 반자들은 반자틀의 간격을 450mm, 반자틀받이의 설치 간격을 900mm가 되도록 한다.
  - 우리가 제도시간에 흔히 그리는 반자틀받이가 있는 반자틀은 구조가 틀린 개량식 반자틀 구조를 말한다.

⑩ 계단

- 계단은 층과 층 사이로 나눠지는 구획을 연결하는 수직 연결 구조를 의미하며, 계단의 용도는 굳이 설명하지 않아도 다 알 정도로 많이 사용하고 눈에 보이는 구조이다.
- 사람의 손이 닿는 부분인 손스침이 되는 빗재의 명칭을 난간두겁이라 하고, 난간두겁을 고정하는 세로로 된 난간기둥이 되는 부재를 난간동자라 한다.
- 난간두겁의 높이는 통상 900mm~1,000mm 사이에 두나 보통 900mm로 잡으며, 난간동자와 난간두겁의 이음방법은 은장이음을 한다.
- 우리가 눈에 보이지 않는 계단 아래 힘을 지지하는 부분의 부재가 계단 멍에이고, 계단 나비가 1.2m일 때 디딤판의 처짐, 보행의 진동 등을 막기 위하여 계단의 중간에 댄 보강재이다.
- 계단의 멍에를 고정하고, 계단디딤판과 챌판(riser)을 지지해주는 계단장선이 있고, 계단장선은 멍에의 $\frac{1}{2}$ 정도로 간격을 배치한다.
- 계단의 발이 디뎌지는 부분을 디딤판이라 하고, 세로로 대는 판을 챌판, 걸레받이 형태의 옆면 부재를 옆판이라 불린다.
- 계단 높이는 통상적으로 디딤판이 300~320mm, 챌판이 150~200mm로 하는 것이 보통이다.

⑪ 목재창호의 구조

- 모든 창호의 기준이 목재창호에서 나왔다고 해도 과언이 아닐 정도로 목재창호에서 변형된 창호들이 거의 모두 목재창호의 규격을 그대로 사용하고 있다.
- 물론 현대에는 기술의 발달로 여러 가지 치수의 창호가 사용되지만, 그 원천은 목재창호가 될 것으로 생각해도 될 듯하다.
- 목재창호는 여러 가지가 있지만, 기능사에 맞춘 내용만 추려서 설명하도록 하겠다.

양판문	• 문의 올거미를 짜고 그 중간에 판자를 끼워 넣은 문으로, 옛날 한옥의 대문 및 주방에서 사용하는 나무문이라고 이해하면 쉬울 듯하다. • 양판문의 선대 크기는 1.5~2.5배로 해서 문 아랫부분의 흔들림을 보강해야 한다.

플러시문	올거미 안에 중간살을 250mm 이내로 배치하여 양면에 합판을 붙인 문으로, 현대식의 모든 주택 방문에 플러시문을 사용한다. 위에 조그만 유리를 넣기도 한다.
완자문	격자 모양으로 살을 대어 만든 문을 말한다.
아자문	한문 亞자의 모양과 닮은꼴로 살을 대어 만든 문을 말한다.
교살문	交籤 문으로, 살을 사선 교체식으로 엮은 문을 말한다.
세살문	細籤 문으로, 가는 살을 엮어서 만든 문을 말한다.
만자문	卍字 문으로, 불교의 만자 모양으로 살을 엮어 만든 문을 말한다.

⑫ 목재문의 시공 시 주의사항

■ 미서기문 윗홈대의 깊이는 150mm 정도로 파고, 문틀의 외관을 보기 좋게 하고, 벽과 문의 마무리를 깔끔하게 하기 위해 문선을 넣는다.

■ 문선은 문을 견실하게 고정시키기 위해 사용하는 것이 아니라는 점을 알아야 한다.

■ 문의 모양

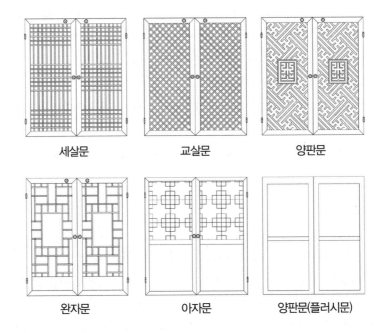

세살문   교살문   양판문

완자문   아자문   양판문(플러시문)

⑬ 징두리 판벽

■ 목 구조 실내에서 벽면의 오염을 방지하고, 아래서부터 올라오는 습기 및 곰팡이를 차단하며, 장식적 역할을 하기 위해 벽에 판을 댄 벽을 징두리 판벽이라 한다.

■ 징두리 판벽은 1,000~1,200mm 정도의 높이로 시공된다.

■ 징두리 판벽의 구성 : 띠장(상부몰딩), 두겁대(중간몰딩), 걸레받이로 구성된다.

⑭ 턱솔비늘 판벽

- 널판을 반턱으로 하여 기둥 및 샛기둥에 붙인 판벽으로 물고기의 비늘을 닮았다고 해서 비늘판벽이라 일컫는다.

- 빗물이나 오염물질을 위에서 아래로 흘러내리게 하여 벽체 자체의 오염도를 줄이는 효과적인 방법으로 사용된다.

- 널을 바깥면 경사지에 붙이지 않고 두께 20mm 이상 되는 널의 위, 아래, 옆을 반턱으로 하여 붙이고, 줄눈나비 6~18mm 정도의 오목줄눈이 생기게 하여 모서리 부분을 연귀맞춤으로 시공하는 판벽이다.

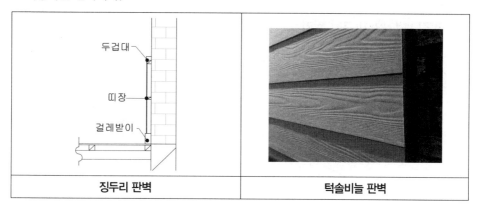

징두리 판벽	턱솔비늘 판벽

Section 05 / 벽돌 구조

1) 벽돌 구조 개요

가) 벽돌쌓기법

여러 가지 벽돌의 쌓기법은 다음의 표와 그림들을 보면 이해하기 쉽다. 쌓기 방법은 실내건축과 전산응용건축기능사·산업기사 등의 시험문제에서 반드시 한 문제는 출제되는 부분이고, 실무에서도 적산(building integration) 및 현장에서 많이 사용되는 구조기법으로서 반드시 기억하고 있어야 하겠다.

(1) 벽돌의 토막 명칭

현장에서 모자라는 부분이나, 빈 공간을 채우기 위해 하나의 벽돌을 적절하게 조각내어 사용하는데, 벽돌은 그 조각마다 명칭이 있다. 기본적인 명칭과 벽돌의 크기는 기억하고 있어야 한다.

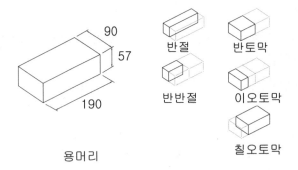

용머리

반절   반토막
반반절   이오토막
칠오토막

(2) 길이쌓기와 마구리 쌓기

벽돌이 보이는 긴 부분을 그대로 쌓는 방법을 길이쌓기라 하고, 벽돌의 짧은 부분으로 쌓는 부분을 마구리 쌓기라고 한다.

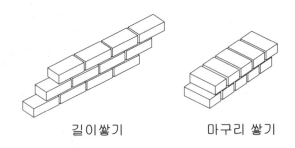

길이쌓기   마구리 쌓기

(3) 벽돌쌓기법

벽돌쌓기법은 그 방식에 따라 차이가 있으며, 구성적 특징이 있다. 다음의 표와 그림을 보고 그 차이와 특징을 반드시 기억하고 있어야 한다.

영식쌓기	• 길이와 마구리를 번갈아 쌓는다. • 반절, 이오토막 사용. 가장 튼튼하다.
화란식 쌓기 (네덜란드식)	• 칠오토막 사용. 길이, 마구리를 번갈아 쌓는다. • 시공이 쉽고 모서리가 튼튼하다.
불식쌓기 (프랑스식)	• 한 켜에서 길이, 마구리를 반복한다. • 통줄눈이 생기기 쉬워 구조에 약하고, 주로 장식용으로 많이 쓰인다.
미식쌓기	• 앞면 5켜는 길이쌓기, 6번째 켜 마구리 • 뒷면 영식쌓기로 물림
특수쌓기	• 영롱쌓기(구멍이 생김), 엇모쌓기(45° 모남) • 옆세워 쌓기(수직으로 세워 쌓음)

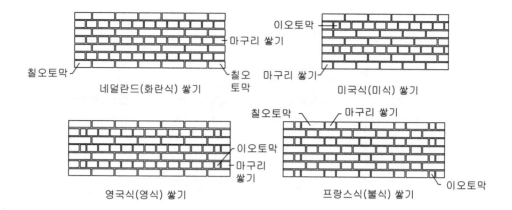

칠오토막 / 네덜란드(화란식) 쌓기 \ 칠오토막 / 마구리 쌓기

이오토막 / 마구리 쌓기 / 미국식(미식) 쌓기

영국식(영식) 쌓기 / 칠오토막 / 이오토막 / 마구리 쌓기

프랑스식(불식) 쌓기 / 칠오토막 / 마구리 쌓기 / 이오토막

(4) 줄눈

줄눈은 벽돌의 교착제[66]가 되는 모르타르 부분을 의미하며, 줄눈의 모양에 따라 벽돌 구조의 형상이 달리 보이기 때문에 줄눈은 접착의 구조적 부분과 보이는 치장 부분이 함께 하는 부분이다.

① **막힌줄눈** : 막힌줄눈은 상부에서 내려오는 수직하중을 고루 분산시키는 역할을 하므로 구조적으로 가장 튼튼한 구조이다. 주로 힘을 받는 내력벽에 사용된다.

② **통줄눈** : 통줄눈이라 함은 수직으로 줄눈이 교차되지 않고 하나의 줄로 보여져 수직하중에 절대적으로 약한 구조가 된다. 치장용으로만 사용되고, 절대 구조적으로 사용해서는 안 된다.

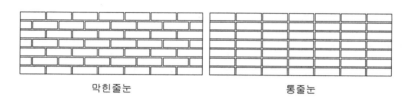

막힌줄눈

통줄눈

③ **치장줄눈** : 치장줄눈은 말 그대로 구조적 역할보다는 보이는 부분의 줄눈 형태가 직접 우리 눈에 보이는 마감 부분이므로 장식 기능을 갖춘 줄눈을 말한다. 기존의 접착 모르타르는 배합비의 형태로 시공되고 시공이 완료된 후 벽돌면에서 10mm 정도 깊이로 따낸 후, 1:1 배합 모르타르 바르기로 치장줄눈을 심는 방법이다.

■ **치장줄눈의 종류** : 민줄눈, 실오금 줄눈, 빗줄눈, 오목줄눈, 볼록줄눈, 내민줄눈, 둥근줄눈, 평줄눈, 오늬줄눈 등이 있다.

---

66) 벽돌과 벽돌의 접합제. 쉽게 생각하면 본드의 기능이라고 생각하면 쉽다.

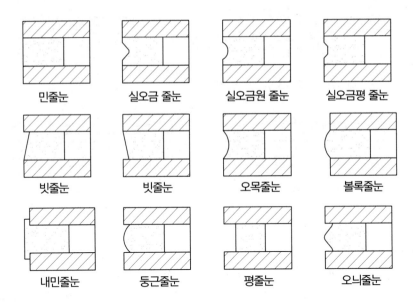

민줄눈	실오금 줄눈	실오금원 줄눈	실오금평 줄눈
빗줄눈	빗줄눈	오목줄눈	볼록줄눈
내민줄눈	둥근줄눈	평줄눈	오늬줄눈

(5) 모르타르

벽돌조의 줄눈이 되는 모르타르를 비빔 완료 후 1시간부터 응결이 시작되고, 10시간이면 응결이 완료된다. 즉, 비빔을 마치고 10시간이 지난 모르타르를 사용해서는 안 된다는 의미이다. 보통쌓기용 모르타르[67]는 시멘트와 모래의 비율을 1:3~1:5로, 아치용은 1:2로, 치장용은 1:1의 비율로 시공한다.

(6) 벽돌쌓기 시공 방법[68]

① 벽돌이 모르타르 안에 있는 수분을 빨아들여 강도를 저하시키지 못하도록 쌓기 전에 충분한 물 축임을 한다.

② 벽돌조 벽체의 두께는 벽 높이의 $\frac{1}{20}$로 한다.(블록 구조는 $\frac{1}{16}$)

③ 건물 최상층의 내력벽 높이는 4m 이하로 한다.

④ 내력벽의 최대 길이는 10m 이하로 한다.

⑤ 내력벽으로 둘러싸인 부분의 최대 바닥면적은 80m² 이하로 한다.

⑥ 하루 쌓는 높이는 1.2~1.5m(17~20켜) 이내로 한다.

⑦ 막힌 줄눈으로 하며, 벽면에 목재 등으로 수장할 때는 나무벽돌을 묻어 쌓는다.

⑧ 칸막이 벽의 두께는 9cm 이상(상부벽체가 있을 때는 19cm 이상)으로 한다.

---

67) 현장에서는 거의 미리 배합된 한일시멘트의 레미탈을 사용하고 있지만, 그래도 건축설계자로서 배합의 비율을 알고 있어야 한다.

68) KS L 5220 – 한국산업규격 기준

(7) 벽돌의 계산 방법

① 벽돌의 크기

벽돌의 물량을 계산하기 위해서는 먼저 벽돌의 규격을 정확히 인지하고 있어야 한다. 벽돌은 기존형 벽돌과 표준형 벽돌이 있지만 기존형 벽돌은 현재 거의 사용하지 않기 때문에 표준형 벽돌의 크기만 알아도 충분하다.

- **표준형 벽돌 규격** : $190 \times 90 \times 57mm$

② 벽돌의 계산 방법

벽돌의 폭을 계산하는 방법은 평면을 기준으로 계산된다. 따라서 벽돌을 위에서 본 모습, 즉 190×90(높이 57mm를 제외한다)의 모습인 상태에서 계산된다.

- **1.0B 쌓기** : 90+10+90
- **1.5B 쌓기** : 90+10+90+10+90
- **1.0B 공간쌓기** : 90+50+90(단열재의 두께가 50mm일 경우)
- **1.5B 공간쌓기** : 90+50+90+10+90(단열재의 두께가 50mm일 경우)

※ 공간쌓기는 단열재의 두께에 따라 달라진다.

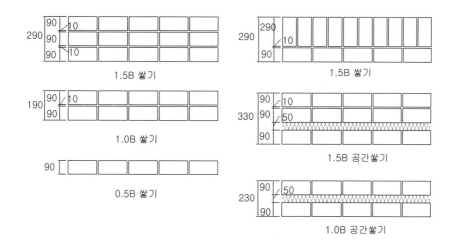

나) 벽돌 구조의 구조적 특성

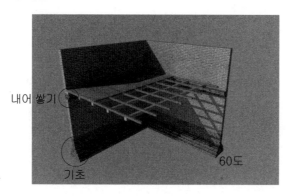

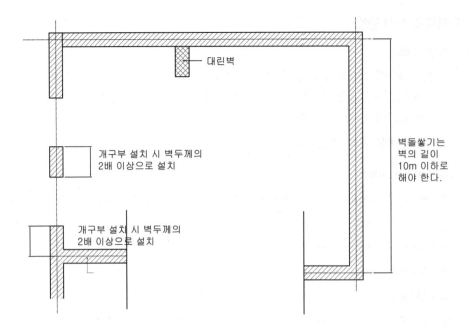

벽돌의 구조는 순수하게 벽돌만으로 기초를 만들어 건축물을 축조하는 구조를 기준으로 공부해 보 겠다. 벽돌구조는 콘크리트로 바닥면만을 고르고 벽돌로 만든 기초와 바닥을 만든 후 그 위까지 벽 돌로 만들며, 2층의 보를 걸기 위해 내어 쌓는 쌓기법까지 벽돌 구조에서 가장 필요하고 중요한 부분 이기 때문에 잘 기억하는 것이 중요하다.

다) 조적 기초

조적 기초는 현재 거의 사용하지 않으나 컴퓨터 Windows의 기초가 DOS이듯, 조적의 기초가 철근 콘크리트 줄기초의 조상뻘이 되는 부분이므로 그 의미를 정확히 알아두면 좋다.

조적 기초의 콘크리트 기초판의 두께는 기초판 폭의 $\frac{1}{3}$ 정도로 하고, 벽돌 기초에서 맨 밑의 나비는 벽 두께의 2배로 해야 한다. 또한 벽돌의 각은 60도를 이루어 수직하중이 땅 속까지 스며들게 해야 한다.

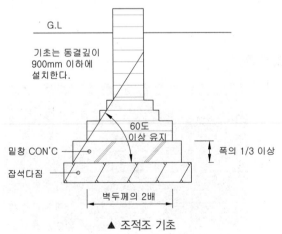

▲ 조적조 기초

라) 조적 벽체

(1) 내력벽

- 내력벽이라 함은 벽돌로 만들어진 벽체 중 상부의 하중을 받는 벽체를 의미한다. 구조적인 힘은 전혀 구애받지 않고 오로지 칸을 나누거나, 방음·차음을 목적으로 하는 칸막이벽[69]은 내력벽과는 다르다는 것을 알아야 한다.
- 내력벽은 길이 10m 이하(이상은 부축벽, 붙임기둥으로 보강)가 되어야 하고, 면적은 $80cm^2$ 이하여야 하중을 받는 데 큰 문제가 생기지 않는다.

(2) 테두리보

- 테두리보는 기초부터 벽돌벽체의 마지막 부분에서 벽돌이 횡하중이나 수직하중에 버틸 수 있도록 눌러 주는 역할을 하는 보이다. 예를 들면, 아이들이 블록쌓기를 한 후 흔들리지 않게 손으로 지그시 눌러주는 역할이 바로 테두리보의 역할이라 생각하면 이해가 쉽다.
- 테두리보는 그와 같이 각 층의 내력벽 위에 눌러댄 철근콘크리트보 또는 나무로 설치된다.
- 테두리보는 건물 강성을 높이고 하중을 고루 분산시키는 데 있어 아주 중요한 부재이다.
- 테두리보의 춤(높이)은 벽 두께의 1.5배 이상으로 해야 한다.(1층 250mm, 2층 300mm 이상)
- 목재로 만든 테두리보는 벽 두께의 1.5배 이상이 되게 하고, 1층 건물로 벽 두께가 벽 높이의 $\frac{1}{16}$ 이상 혹은 벽의 길이가 5m 이하가 되어야 한다.

테두리보는
벽두께의 1.5배 이상

(3) 부축벽

- 공책을 세웠을 때 바람이 불면 쉽게 쓰러지는 것처럼 벽돌벽체가 하나의 길고 높은 벽체로서 있을 때 흔들리거나 쓰러질 우려가 있을 때, 이를 보강하기 위한 구조용 벽체를 말한다. 즉, 벽돌벽체의 지지를 위해 벽의 수직방향으로 뒷부재를 덧대는 벽돌 구조체를 의미한다.

---

[69] 기출문제에서는 칸막이 벽이 장막벽이라는 의미로 등장하는데, 같은 의미임을 기억해두는 것이 좋다.

- 부축벽은 집중하중을 받게 되므로 1.5B 이상으로 쌓아야 하며, 횡력이나 충격에 대한 구조적 하중이 필요 이상으로 발생되었다면 부축벽을 추가로 설치할 수 있다.
- 조적벽에서 부축벽의 길이는 층 높이의 $\frac{1}{3}$ 정도로 한다.

(4) 대린벽

- 대린벽의 역할은 부축벽의 역할과 비슷하나, 대린벽은 벽체와 수직으로 덧대는 또 하나의 벽체라는 것이 조금 다르다.
- 또한, 개구부가 있을 시 개구부와 대린벽 사이가 최소 2배 이상이 되도록 떨어뜨려서 개구부를 설치해야 한다.

(5) 내어쌓기

- 내어쌓기란 벽돌의 벽면 부분을 내밀어서 2층 또는 그 상위층 바닥의 구조물을 설치하기 위해 벽돌을 부분적으로 내밀어서 쌓는 방식을 말한다.
- 벽돌 자체의 길이가 190mm로 짧기 때문에 내미는 길이의 폭이 한정되어 있다.
- 따라서 벽돌을 무작정 내밀면 구조적으로 약해져 2층 또는 층간 구분의 벽돌이 매우 불안정하기 때문에 파손 및 안전성에 매우 중대한 결함이 나타난다.
- 따라서 아래의 그림과 같이 1켜씩 내밀기(1/8B)를 2번 하고, 2켜를 1/4B로 내민다. 내밀기는 최대 한도 2.0B를 넘길 수 없다는 것을 반드시 기억해야 한다.

※ 내어쌓기는 마구리 쌓기로 해야 한다.

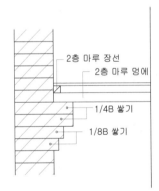

2층 마루 장선
2층 마루 멍에
1/4B 쌓기
1/8B 쌓기

(6) 공간쌓기

- 공간쌓기란 방음, 보온, 방습효과를 위해 벽을 이중으로 하고 중간에 공간을 비워두어 쌓는 쌓기법을 의미한다.
- 중간을 비워두는 부분은 습기 차단이 주목적이었으나, 현재는 보온재 및 흡음, 단열재를 채워 넣고 쌓아 단열 및 흡음, 차음 방법까지 사용하는 가장 많이 쓰이는 시공 방식이다.

- 공간은 단열재의 크기에 따라 달라지기도 하고, 단열재가 없는 경우는 보통 50~90mm(50mm가 표준적이다.)로 시공된다.
- 연결 철물은 벽과 벽 사이가 벌어지는 것을 방지하기 위해서 설치하며, 벽 면적 0.4m²마다 한 개씩 사용하고, 수직거리 45cm, 수평거리 90cm 이내로 설치한다.
- 벽돌조 공간벽의 연결 철물(#8번을 사용)을 사용한다.
- 벽돌구조에서 배관 설치를 위한 벽의 홈파기를 하는데, 조적 벽체의 구조적 결함을 방지하고자 벽의 홈은 벽 두께의 $\frac{1}{3}$ 을 넘어서는 안 된다.

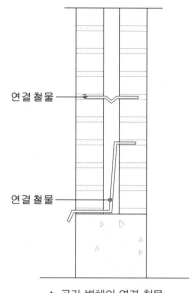

▲ 공간 벽체의 연결 철물

(7) 개구부 및 주위 구조

① 개구부 시공의 기준

- 각 층의 대린벽으로 구획된 벽에서 개구부 너비의 합계는 그 벽 길이의 $\frac{1}{2}$ 이하로 한다.
- 개구부와 바로 위에 있는 개구부와의 수직거리는 60cm 이상으로 한다.
- 개구부 상호 간 개구부와 대린벽 중심과의 수평거리는 그 벽 두께의 2배 이상으로 한다.

② 개구부 주위의 구조

벽돌벽체에 설치하는 창, 출입구의 상부에는 상부에서 오는 하중을 안전하게 지지하기 위하여 아치를 만들거나 인방보를 설치해야 한다.

③ 인방보(창인방, 창문인방)

문골 너비가 1.8m 이상 되는 문골 상부에는 철근콘크리트 구조의 웃인방을 설치하고, 양쪽 벽에 물리는 길이는 20cm 이상으로 한다.

▲ 개구부와 인방의 이격거리

④ 창대돌(window sill)

- 창의 하부에 설치되며, 돌이나 벽돌을 옆세워 쌓은 부분을 말한다.
- 창대돌은 양끝을 벽에 조금 물려서 시공하며, 빗물이 창 하부로 떨어지도록 하는 용도와 치장의 두 가지 목적을 가지고 있다.

⑤ 창쌤돌(창쌤돌)[70]

창쌤돌은 옆의 창틀이 위에서 내리는 하중에 의한 변형을 막고 뒤틀림이 없도록 보강하는 돌로써, 문틀 없이 문짝만 달거나 나중에 설치하려 할 때는 문짝을 달 철물을 미리 묻어두거나 나무벽돌을 철물이 달릴 위치에 묻어 쌓는 방법을 사용한다.

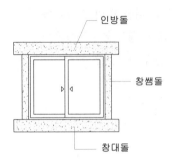

마) 아치(arch, 홍예[虹蜺])쌓기

아치는 개구부를 확보하며 상당한 하중을 압축 응력으로 지지할 수 있도록 만든 곡선 형태의 구조물로, 기원전 2,500년경 인더스문명에서 최초로 사용되었고 그 후 메소포타미아, 이집트, 아시리아, 에트루리아에서도 사용되었으며, 고대 로마에서 더욱 다듬어졌다. 아치는 성당 건설에서 중요한 기술이 되었으며, 현재도 교량 등의 구조물에 사용되고 있다.

아치는 인장응력이 작용하지 않도록 한 구조물로, 모든 하중은 압축응력이 작용한다. 이는 암석이나 주철, 콘크리트 등 압축에 강하지만 인장, 전단(층밀리기), 비틀림에는 약한 재료에 대해 유리하다. 아치의 가장 큰 장점은 상부에서 오는 수직압력이 아치의 축선에 따라 좌우로 나누어져 수직압력만으로 전달되게 한 것으로 부재의 하부에 인장력이 생기지 않는다는 것이다.

(1) 아치의 형태에 따른 분류

① **반원아치** : 자연스러우며 우아한 느낌을 준다.

② **궁형아치** : 이질적인 분위기를 연출하여 장엄한 느낌을 준다.

③ **말발굽형 아치** : 아치의 굽은 부분에 한 번 더 곡선을 주어 아치의 힘의 분배 및 장식을 한 아치로, 하중의 분산과 더불어 장식의 느낌을 준다.

④ **평아치** : 육안으로는 보이지 않지만 창문 안쪽에 아치가 있고 육안으로 볼 땐 사각형으로 보이는 아치이다. 창문의 너비가 1.2m 정도일 때는 평아치로 할 수 있다.

---

70) 돌 및 벽돌 등으로 창문틀의 옆 부분을 보강하기 위해 세로로 대거나 쌓는 돌을 창쌤돌이라 한다.

⑤ **타원아치** : 조화미를 곁들인 가운데 아담한 분위기의 느낌을 준다.

⑥ **포물선 아치** : 질감을 효율적으로 표현한다.

⑦ **결원아치** : 변화의 느낌을 준다.

⑧ **고딕(첨두)아치** : 경쾌한 반면 엄숙한 분위기를 연출한다.

⑨ **뾰족아치** : 부드러운 가운데 반복미를 연출한다.

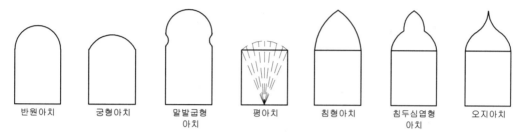

| 반원아치 | 궁형아치 | 말발굽형
아치 | 평아치 | 침형아치 | 침두심엽형
아치 | 오지아치 |

▲ 아치의 종류

(2) 아치 쌓기법에 따른 분류

아치는 쌓는 방법에 따라 분류가 가능한데, 그 내용은 다음과 같다.

① **본아치** : 아치벽돌을 사다리꼴 모양으로 제작하는 아치이며, 아치구조 중 유일하게 주문제작을 해야 하는 아치이다.

② **막만든 아치** : 벽돌을 쐐기 모양으로 현장에서 다듬어서 사용하는 아치로, 현장에서 직접 벽돌을 깨서 모양을 만드는 현장식 구조이다.

③ **거친아치** : 보통벽돌을 사용하고 줄눈을 쐐기 모양으로 현장에서 시공하는 아치이다.

④ **층두리 아치** : 아치 나비가 넓을 때 여러 겹으로 겹쳐 쌓는 아치를 말한다.

(3) 아치의 힘의 방향

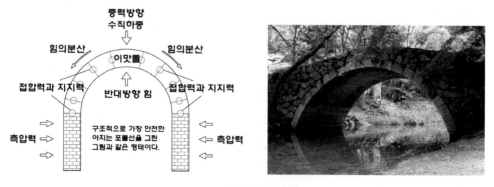

▲ 아치의 힘의 방향

바) 벽돌벽의 하자

벽돌벽의 하자 발생은 다른 시공과 마찬가지로 계획 및 설계상의 하자와 시공상의 결함이 있는데, 설계상의 하자는 도면을 미리 수정 및 조정할 수 있는 시간적 여유가 있다는 점에서 건축설계자의 많은 검토가 필요하다 하겠다. 또한, 시공상의 하자는 현장의 잦은 방문 및 관리자의 지도 관리가 지속적으로 이루어져야 발생이 적다.

(1) 설계 시 예상 발생 문제점

① 현장조사의 부족으로 기초의 부동침하 발생 예상

② 지반 자체의 불균형으로 인한 사면의 불균형 발생

③ 벽돌의 불균형 설계로 인한 집중하중과 횡력 발생으로 균열 및 안전도 저하

④ 벽돌벽의 길이, 높이, 두께와 벽돌벽체 강도의 불합리로 인한 강도 저하

⑤ 개구부의 위치 선정 불합치로 인한 개구부 불일치

(2) 시공상의 결함

① 기후 및 제반 여건의 부족으로 벽돌 및 모르타르의 강도 부족과 신축성 불균일

② 다른 재료와의 이질감 발생

③ 모르타르의 강도 변화 및 배합비 불일치로 인한 강도 저하

(3) 백화(白花)현상

① 벽돌벽을 쌓을 때 줄눈 모르타르에 수분이 침투해서 시멘트 모르타르 중 알칼리 성분이 벽돌에 스며들어 벽돌 중의 탄산소다(황산나트륨) 등과 화학반응을 하여 발생되는 결함이다.

② 백화현상의 대책은 잘 구워진 좋은 벽돌을 사용하거나, 모르타르를 충실히 채우고(방수모르타르 사용) 처마가 있도록 설계하거나 채양을 설치하는 것이 좋다.

사) 치장벽돌 쌓기 방법

치장 벽돌의 쌓기 방법은 벽돌을 이용한 외부 마감 용도이며, 구조적인 곳에는 사용하지 않는다.

① **엇모 쌓기** : 벽돌을 45도 각도로 모서리가 면에 나오도록 쌓는 치장 벽돌

② **영롱쌓기** : 벽돌에 장식적으로 구멍을 만들면서 쌓는 방식이다.

③ **무늬쌓기** : 벽돌의 외장재 사용 시 돋보이게 하기 위해 다이아몬드 문양 또는 패턴 등 다양한 방법으로 쌓는 방법이다.

④ **창대쌓기** : 창대돌과 같이 창문 하부에 빗물이 흘러내리는 용도로 15도 기울게 쌓는 방법이다.

1) 블록 구조 개요

블록 구조는 일반적으로 벽돌 구조와 매우 흡사하나, 블록의 타공 부분을 통해 철근콘크리트가 삽입 시공되는 방법이 벽돌조와는 구분되는 특징이다.

가) 블록 구조에 의한 분류

(1) 조적식 블록조

- 벽돌조와 마찬가지로 쌓아서 시공하는 방법으로 통줄눈이 발생하지 않도록 시공하는 방법 이다.
- 블록 구멍의 넓은 부분이 위로 가게 시공한다.

(2) 블록 장막벽

- 구조적인 부분이 안 들어가 있고, 칸막이 용도로 사용할 때 시공되는 블록이다.
- 칸막이 용도로만 사용되어야 한다.

(3) 보강블록조

- 블록 구조에서 가장 많이 사용되는 구조이기도 하다.
- 블록 구멍에 철근을 넣고 콘크리트를 부어서 튼튼하게 만든 구조로, 철근이 블록의 구멍에 들 어가 있기 때문에 유일하게 조적조에서 구조적으로 사용 가능한 통줄눈이 생기는 블록이다.
- 4~5층까지 시공이 가능하다.

① 보강블록 구조

- 보강블록 구조의 가로 철근은 벽체의 강성(일체성)을 높인다.
- 내력벽의 양이 많을수록 횡력에 대항하는 힘이 커진다.
- 철근은 굵은 것을 조금 넣는 것보다 가는 것을 많이 넣는 것이 좋다.
- 내력벽의 벽량은 최소 $15cm/m^2$ 이상으로 한다.
- 철근은 횡력보강, 접착력, 균열방지 등의 하중을 담당한다.
- 보강블록 구조는 조적조 중에서 유일하게 통줄눈이 발생하는 구조이다.

(4) 거푸집 블록조

- 거푸집의 용도로 사용하는 블록을 말한다.
- 거푸집의 용도로 사용하기는 하나 철거하지 않고 그대로 사용하는 경우도 있다.

나) 블록쌓기

블록쌓기는 벽돌쌓기와 큰 차이는 없으나, 살 두께가 두꺼운 부분이 위로 가고, 블록의 물축임방법과 보강블록조인지, 일반블록쌓기인지를 정확히 구분해야 한다. 보강블록조와 일반블록조는 줄눈의 방향이 다르기 때문에 블록쌓기에서는 가장 중요한 부분이라 할 수 있다.

① 하루쌓기의 높이는 1.2~1.5m(6~7켜 이내)로 시공한다.

② 모르타르 접착면에만 물축임을 한 후 시공을 하는 것이 조적조와 차이가 있다.

③ 일반적으로 막힌줄눈으로 하고 보강 블록조는 통줄눈으로 한다.

④ 블록살 두께가 두꺼운 쪽이 위로 가도록 쌓는다.

⑤ 줄눈은 10mm로 하고 줄눈 시공은 방수를 위해 줄눈을 파내고 방수제를 첨가한 모르타르로 치장줄눈을 한다.

다) 블록 구조의 구조적 특성

블록벽의 구조적 기준은 벽 길이 10m 이하, 높이 4m 이하, 평면상 내력벽 길이는 550mm 이하, 면적은 80m² 이하에서만 시공이 가능하다. 또한, 벽 두께는 150mm 이상이 되어야 하고, 블록의 기초 두께는 450mm 이상이 되어야 한다.

■ 블록조 기초

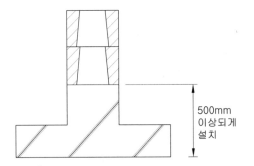

500mm
이상되게
설치

Section 07 / 돌 구조

1) 돌 구조 개요

건물을 무게 있고, 중량감 있게 보이게 하는 구조 중 하나가 바로 돌 구조이다. 무게가 나가는 구조인 만큼 중량 및 접합에 각별한 주의가 필요하고, 또한 석축 및 돌벽의 시공 시 쌓기법 또한 중요한 부분임을 기억해야 한다.

가) 돌 구조의 가공순서

혹두기 ▷ 정다듬 ▷ 도두락다듬 ▷ 잔다듬 ▷ 물갈기

나) 돌 구조 쌓기법의 분류

돌을 사용하여 벽을 축조하는 일을 돌쌓기라 하는데 성벽, 축대, 다리, 기단[71] 등을 마련할 때 반드시 필요하다. 돌쌓기는 돌의 형태와 쌓는 방법에 따라 다양한 명칭으로 분류되는데, 돌 구조의 유형은 기초건축을 공부하는 학생으로 보통쌓기법의 내용 정도면 충분하다고 판단된다.

바른층 쌓기	돌쌓기의 1켜 높이는 모두 동일한 것을 쓰고 수평줄눈이 일직선으로 통하게 쌓는 돌쌓기 방법으로, 돌을 수평 한 줄로 이어 쌓는 것을 켜라 하는데, 일직선으로 연속되게 쌓는 것을 바른층 쌓기라 한다.
허튼층 쌓기(허튼 쌓기)	바른층 쌓기와 반대적인 개념으로 된 시공법을 허튼층 쌓기라 한다. 돌의 생김에 따라 가로와 세로의 줄눈과 관계없이 마구잡이로 쌓는 방법이다.
막쌓기	돌의 생김새에 따라 쌓는 것을 막쌓기라 한다.
찰쌓기 (練積, wet masonry)	찰쌓기는 축대를 쌓을 때 돌과 돌 사이에 모르타르를 사용하여 연결하고 그 뒷면에 콘크리트를 채워 넣은 것을 말한다.
메쌓기 (空積, dry masonry)	메쌓기는 모르타르나 콘크리트를 사용하지 않고 돌만을 쌓은 것이다.
다듬돌 쌓기	돌을 다듬어서 정사각형 또는 직사각형 등으로 쌓은 것을 말한다.
거친돌 쌓기	다듬어지지 않은 상태에서 막 쌓은 쌓기법을 말한다.
층지어 쌓기	돌을 2,3켜 정도 막 쌓고, 일정 켜마다 수평줄눈이 생기도록 쌓는 방법을 말한다.

■ 돌쌓기 방법

바른층 쌓기	허튼층 쌓기(허튼 쌓기)

---

71) 기단은 건축물의 돌을 쌓아 지면보다 높게 만든 돌을 말한다. 습기 및 우천에 대비하고, 건물을 준엄하게 해주는 역할을 한다.

막쌓기	찰쌓기
메쌓기	다듬돌 쌓기
거친돌 쌓기	층지어 쌓기

다) 석재의 선택

① **기본 조건** : 돌쌓기 작업에 사용되는 모든 석재는 충분한 내구성과 강도를 지닌 것으로서 균열이나 상처, 얇은 석편, 풍화로 인한 변색 또는 변질된 광물을 함유하지 않은 것으로 해야 한다.

② **가공자연석(무늬 조경석)** : 무늬 조경석은 40×60×50cm 내외로 크기를 감안하여 자연석과 유사하고 모서리가 예리하지 않은 것으로 하면 좋다.

③ **디딤돌, 징검돌 및 계단돌** : 내구성과 강도를 지닌 것이어야 하며, 300mm 이상 되는 재료로 해야 하며, 디딤돌은 보행에 불편을 주지 않을 정도로 윗면이 편평하고 미끄럽지 않으며 물고임의 우려가 없는 형상의 것으로 해야 한다.

④ **경관용 깔기 자갈** : 입자의 크기가 고르고 이질재나 불순물을 포함하지 않은 것으로 한다.

라) 돌의 크기

석축의 높이에 따라 사용하는 돌의 크기를 정하는데, 높이가 높은 석축일수록 하층에 큰 돌을 사용한다.

마) 쌓기 공사 시 주의할 점

① 충분한 자재 확보가 이루어진 다음 시공해야 한다.

② 큰 돌을 아래로, 작은 돌을 위로 쌓아야 한다.

③ 가장 아랫부분에 놓이는 자연석은 높이의 $\frac{1}{3}$ 이상이 지표선 아래에 있어야 한다.

④ 부등침하를 막기 위해 연약지반은 말뚝박기 등으로 지반을 보강하고, 필요한 경우 콘크리트나 잡석 등으로 기초를 보완한다.

⑤ 자연석 하나하나의 크기, 형태, 색깔 등을 사면에서 쳐다보고 바른지 확인 후 가설치가 완료되면 본설치를 한다.

⑥ 아래윗 단을 서로 엇갈리게 쌓되 골쌓기가 되지 않도록 하고, 인접한 돌이 서로 맞물려 흔들림이 없도록 한다. 이때 자연석 사이에 작은 돌을 끼워 넣지 않아야 한다.

⑦ 1일 시공높이는 1.5m 이내로 한다.

바) 돌 조경공사 시공 시 주의점

① **돌틈식재** : 돌과 돌 사이의 수목을 식재할 때 수목의 뿌리가 햇빛에 직접 노출되어 건조하지 않도록 조치하여야 하며, 양질의 토사로 틈을 채워 식생의 활착을 돕도록 한다.

② **디딤돌 놓기** : 디딤돌의 크기가 300mm 내외일 경우 지표면보다 30mm 정도 높게 설치하고, 디딤돌의 크기가 500~600mm일 경우 지표면보다 60mm 정도 높게 설치한다.

③ **징검돌 놓기** : 징검돌은 수면보다 150mm 정도 높게 설치하며, 돌과 돌 사이 간격은 80~100mm로 한다.

④ **계단돌 놓기** : 아래 돌부터 놓고 윗돌을 놓는다. 흔들리지 않게 괴임돌을 설치하고 흙으로 메워 다지며, 상단 발돋움 돌은 평평하고 물이 고이지 않는 돌의 형상을 찾아 놓는다.

⑤ **경관용 자갈깔기** : 바닥의 높이를 고려해 평평하게 다짐을 실시하고, 그 위에 부직포를 깔아 습기를 차단한다. 또한 자갈깔기를 할 때 부직포가 육안으로 노출되지 않도록 처리한다. 자갈을 까는 높이는 주위의 지표보다 자갈의 평균입자 크기만큼 높게 마감선을 설정하고, 그 후 침하가 생기지 않도록 자갈을 잘 다짐하고 다짐 후의 높이가 마감선에 맞도록 한다.

Section 08 / 철근콘크리트 구조

1) 철근콘크리트 구조의 개요

■ 콘크리트는 우리가 지금도 눈을 돌리면 흔히 볼 수 있는 재료이다.

■ 아파트, 다리, 건축물, 고속도로 등과 같이 모든 분야에서 사용되고, 또 그만큼 중요한 부분이기도 하다.

■ 현대 콘크리트는 로마에서 그 유래가 시작됐다는 게 정설이다.

■ 콘크리트는 라틴어 concretus에서 유래하였는데, '결합하다'라는 의미를 가지고 있다. 즉, 콘크리트는 시멘트와 골재, 그리고 철근까지 결합된 복합체라고 할 수 있다.

■ 철근과 콘크리트가 만났을 때, 인장력이 약한 철근과 압축력이 약한 콘크리트가 서로 상호 보완을 해줌으로써 만난 최상의 궁합이라고 할 수 있다.

■ 철근콘크리트는 시험에 가장 많이 나오는 구조이기도 하지만, 건축을 하기 위해서 반드시 알아야 하는 구조라는 점을 인지하고, 어렵지만 내 것으로 만들어야겠다는 각오로 도전하기를 바란다.

■ 철근콘크리트 구조의 장·단점 비교

장점	단점
• 내구, 내화, 내진, 내풍적 구조	• 건물의 자중(自重)이 크다.
• 건물의 유지관리가 용이하다.	• 시공의 정밀도가 용이하다.
• 자유로운 설계가 가능하다.	• 공기가 길고 균열 발생이 쉽다.
• 공사비, 건물 유지비가 저렴하다.	• 철거가 곤란하다.

Point

■ **철근과 콘크리트의 인과관계**
- 철근과 콘크리트는 상호 보완 관계로 인장력에 약한 철근과 압축력에 약한 콘크리트 간의 상호 보완 관계를 구성하고 있다.
- 철근 콘크리트의 기본 중량은 $2.4t/m^2$이다.
- 철근콘크리트의 강도는 $150kg/cm^2$의 강도를 가지며, 4주 후 강도가 가장 강해진다.

■ 철근콘크리트는 아래의 그림과 같이 기초와 기둥, 보, 슬래브로 이루어진 일체형 구조이다. 철근콘크리트의 각 주요 구조 부분에 대해 명확한 인지가 필요하다.

▲ 철근콘크리트의 구조

가) 철근공사

(1) 철근의 종류

① **원형철근** : 철근의 표면이 매끄럽고, 부드럽고, 가늘고, 긴 봉으로 구성된 철근이다. 철근과 콘크리트의 부착력이 약하다는 단점을 가지고 있어 현대에서는 거의 사용하지 않는다.

② **이형철근** : 그림과 같이 표면에 리브가 있어 콘크리트와의 부착력을 증대시키며, 가장 많이 사용하는 철근이다.

③ **고장력 철근** : 인장력이 큰 고강도 철근을 의미한다.

④ **피아노 선** : 가늘고 긴 철근을 양쪽에 콘크리트로 고정시킨 후 최대한 당겨서 탄성을 이용해 강도를 높인 철근으로, 보통 프리케스트(pre-caste)콘크리트에 사용되며, 철근보다 5배 강한 인장강도를 갖는다.

(2) 철근과 콘크리트와의 부착력[72)]

① 콘크리트의 압축강도에 비례하고, 철근의 주장[73)]에 비례한다.

② 원형철근보다 표면의 요철이 심하고 거친 이형철근이 좋다.

③ 같은 단면적에서는 굵은 것보다 가는 철근 여러 개가 유리하다.

④ 철근의 배치는 수평철근보다 수직철근의 부착강도가 크다.

(3) 철근 정착을 하는 이유

철근의 정착은 철근과 철근을 잇는 부분을 말하는데, 정착을 하는 이유는 철근의 부착력을 확보하기 위함이다. 정착의 주요 강도는 콘크리트의 강도가 클수록 짧아지고 철근의 지름이 작을수록 짧아진다. 또한 철근의 항복 강도가 클수록 길어지는 특징을 가지고 있다.

(4) 철근의 정착[74)] 위치

① **바닥철근** : 보 또는 벽체에 정착한다.

---

72) 철근의 부착력이 부족할 때 콘크리트 단면을 바꾸지 않고 부착력을 증가시키는 방법은 인장철근의 주장을 증가시키거나, 균열 폭을 적게 해준다.

73) 周(둘레)장 : 철근의 둘레. 직경×3.14

74) 철근의 정착길이란 이음길이와 다른 개념이다. 철근배근 시 이음길이란 해당 부재에 배근되는 철근의 길이가 짧을 경우 일정 길이만큼 겹쳐지는 구간을 고려하여 새로운 철근을 배근하는 것을 말하며, 정착길이란 부재와 부재가 만나는 부분에서 부재끼리 서로 긴밀한 결속력을 가질 수 있도록 연결해 주는 철근을 말한다.

② **벽철근** : 보 또는 바닥판에 정착한다.

③ **지중보 철근** : 기초 또는 기둥에 정착한다.

④ **기둥주근** : 기초에 정착한다.

⑤ **보철근** : 기둥에 정착한다.

⑥ **작은 보주근** : 큰 보에 정착한다.

⑦ 직교하는 단보부 밑에 기둥이 없을 때는 상호 간에 정착한다.

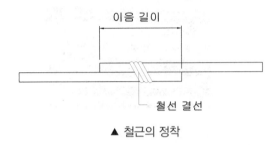

▲ 철근의 정착

Point
- 주근의 순간격 : 2.5cm 이상, 주근 지름의 1.5배 이상, 자갈 최대 지름의 1.25배
- 철근콘크리트의 단면 크기를 바꾸지 않고 부착강도를 높이는 방법
  - 가는 철근 여러 개를 사용한다.(즉, 주장(周長)을 늘리거나 철근의 표면적을 증가시킨다.)
- 건축에서 주로 사용하는 철근은 D10~D25의 철근이다.
- 원형철근은 ø로 이형철근은 D로 표시된다.

나) 철근 콘크리트의 각부 구조

(1) 기둥(column)

기둥은 건축 공간을 형성하는 기본 뼈대 중의 하나로서 지붕·바닥·보 등 상부하중을 지탱하는 수직의 모든 힘을 받는 부재이다.

① 기둥의 구성

- 기둥은 최소 단면치수 20cm 이상 또는 간 사이의 $\frac{1}{15}$ 이상으로 하고, 최소 단면적 600cm^{2}로 한다.

  - **주근** : D13 이상을 사용하고 사각기둥일 경우 주근은 4개 이상, 원형기둥일 경우 6개 이상으로 배근해야 한다.

  - **띠철근(원형기둥에서의 나선철근)** : 띠철근의 역할은 상부에서 오는 주근의 수직하중으로 인한 좌굴방지를 주목적으로 하며, 보의 늑근과 같은 역할을 한다. ø6 이상(보통 D10 이상)

을 사용하고 간격 300mm 이하, 종방향 철근 지름의 16배 이하, 띠철근 지름의 48배 이하
로 사용한다.

– 콘크리트 기둥 4개가 만드는 적당한 바닥면적의 크기는 30m²이다.

■ 기둥의 철근 배치도

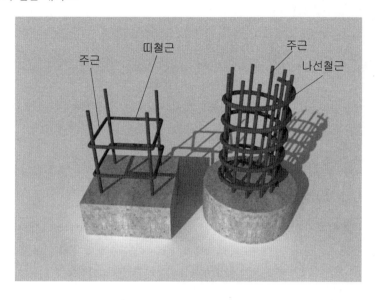

■ 기둥에서 철근의 역할

주요 역할	• 상하중을 기초에 전달하는 역할을 한다. • 보와 함께 힘을 지지하는 일체식 구조 요소이다. • 휨과 전단력에 저항하여 안전을 유지하는 요소이다.	
각 부재의 역할	주근	• 주근은 수직압축력을 받는 주요 부재이다.
	나선철근	• 원형기둥에서 나선형으로 둘러 감은 띠철근을 말한다. • 용도는 띠철근과 같다.
	띠철근	• 주근의 수직하중에 대한 좌굴을 방지하는 데 그 역할이 있다. • 전단력보강을 한다.
주요 내용	• 주근(사각형 : 4개 이상, 원형 : 6개 이상)을 배치한다. • 띠 혹은 나선철근의 피복 두께는 4cm 이상으로 한다.	

(2) 보(beam, girder)

가장 쉬운 보의 표현은 기둥이 누워 있는 것을 의미한다. 앞서 철근 콘크리트의 전체 그림에서 보
았듯이 기둥을 수평적으로 보강하기 위한 일체식 구조의 한 부분으로 기둥이 수직적 하중을 전담
한다면, 보는 수평적 하중을 전담하는 주요 부재이다.

기둥과 마찬가지로 주근이 있고, 띠철근의 역할을 하는 늑근이 있다. 기둥의 띠철근과 늑근은 같
은 역할을 하나 다른 이름을 가지고 있어 잘 기억하고 있어야 한다.

① 보의 구성

주근	• D13 이상을 사용하고 인장응력과 압축응력을 부담하는 역할을 한다. • 단순보는 단근의 배치만을, 주요보는 복근을 배치하는 방법을 사용한다.
늑근 (기둥에서 띠철근의 역할)	• 늑근의 역할은 보 하부의 압축력과 보 전체의 전단응력을 보강하여 보의 좌굴방지를 주목적으로 한다. • ø6 이상의 철근을 사용하고, 간격은 보춤(보의 높이)의 $\frac{3}{4}$ 이하 또는 45cm 이하로 한다.
굽힘철근	• 주요보에서 많이 사용되며, 늑근과 같은 용도로 보의 전단응력 및 압축응력을 보강하기 위한 재료로 사용된다. • 보 하부의 압축보강을 위해 반곡점을 두는데, 보의 $\frac{1}{4}$ 지점, 각도는 30~45°로 굽혀 사용한다.

■ 보에서의 철근 역할

주근	인장응력(보 하단)과 압축응력(보 상단)을 부담하기 위해 사용한다.
늑근 (스트럽)	보의 전단응력 보강을 위해서 양단부에 많이 넣는 철근으로 철근 위치 정착, 피복 두께 유지, 사인장 균열을 방지하는 데 사용된다.
굽힘철근	늑근과 병행하여 사용하고, 전단응력을 보강한다.

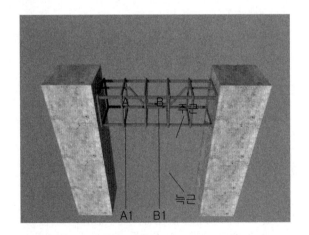

■ 보의 철근 배치 배근도

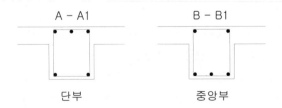

■ 굽힘철근의 늑근 보강 및 전단력하중

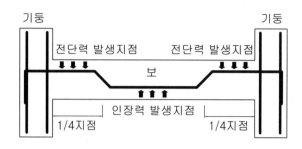

■ 굽힘철근의 보강 및 하중에 관한 전단력

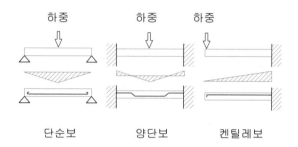

| 단순보 | 양단보 | 켄틸레보 |

■ 굽힘철근의 보강 및 하중에 관한 전단력

② 보(beam,girder)의 구조적 기준

- **보의 유효춤** : 보의 유효춤은 간 사이의 $\frac{1}{10} \sim \frac{1}{15}$ (보통 $\frac{1}{12}$)로 한다.

- **보의 나비(너비)** : 유효춤의 $\frac{1}{2} \sim \frac{2}{3}$ 범위 이내로 한다.

③ 보 처짐 증가 원인

- 고강도 철근을 사용하면 부재의 단면이 작아지므로 처짐 양이 증가한다.
- 콘크리트 강도가 떨어질 때, 보의 춤이 작을 때, 압축근이 부족할 때 생긴다.
- 콘크리트의 수축이나 Creep에 의해서 보의 장기 처짐현상이 발생한다.
- 취성파괴와 연성파괴의 발생
    - 고강도 철근을 배근하면 인장강도가 커져서 압축강도는 상대적으로 작아지므로 취성파괴 (갑자기)가 발생한다. 즉, 당기는 힘이 강하고 누르는 힘이 상대적으로 약해 약한 부분에 의한 파괴를 생각하면 이해가 쉽다.
    - 반대로 압축강도가 인장강도보다 크면 연성파괴(서서히)가 발생한다. 따라서 압축력과 인장력의 균형이 필요하다.

(3) 내력벽

내력벽이란 건물에서 기둥의 역할처럼 벽체가 기둥의 역할을 보조 또는 전담해서 수직하중을 받아 보 또는 슬래브로 전달하는 역할을 하는 벽체를 말한다. 내력벽은 연직하중과 수평하중을 받을 목적으로 만든 구조를 위한 벽체라 할 수 있다.

① 내력벽의 구성

- **내력벽 두께** : 내력벽의 두께는 벽의 15cm 이상이면 단근배근을, 25cm 이상이면 양면에 복근배근을 해야 한다.
- **내력벽의 사용 철근** : 사용 철근은 D10 이상으로 사용하며, 내력벽에는 개구부가 없도록 한다. 만약, 개구부가 있는 내력벽 구조라면 철근 자체를 D13 이상을 사용해 개구부 주위를 보강한다.
- 내력벽의 철근 배치

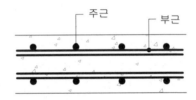

(4) 철근의 피복 두께[75]

철근의 피복 두께라 함은 콘크리트 표면에서 가장 가까운 철근까지의 두께를 말한다. 알칼리성의 콘크리트가 철근의 부식을 막고, 화재 시 열에 견디게 하기 때문에 피복 두께는 아주 중요한 사항이라 할 수 있다.

① 피복 두께의 기준

바닥(슬래브)/비(比)내력벽-3cm, 기둥/보/내력벽-4cm, 기초-7~10cm로 해야 한다.

- 피복 두께의 기준

부위			피복 두께(cm)
흙에 접하지 않는 곳	지붕 슬래브, 바닥 슬래브, 비내력벽	옥내	3
		옥외	4
흙에 접하지 않는 곳	기둥, 보, 내력벽	옥내	4
		옥외	5
	기둥, 보, 바닥 슬래브, 내력벽		5
흙에 접하는 곳	기둥, 보, 바닥 슬래브, 내력벽		5
	기초, 옹벽		7~10

---

75) 철근 피복의 장점 : 내화성+부착력+화학적 저항성+침식이 방지된다.

■ 철근의 피복 두께

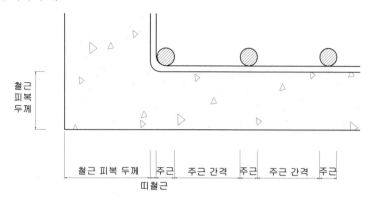

철근
피복
두께

철근 피복 두께 | 주근 | 주근 간격 | 주근 | 주근 간격 | 주근
띠철근

(5) 바닥판(slab)

우리가 슬래브라 말하는 부분은 건물의 바닥면 중 철근콘크리트 구조로 된 바닥면을 의미한다. 슬래브는 최소한 두께 8cm 이상, 법규상 두께 15cm 이상을 보유해야 한다. 몇 년 전 자료를 보면 12cm라고 나와 있는 자료도 있는데, 층간소음이 문제되면서 2005년도 이후부터는 변경된 법규를 적용받는다.

슬래브의 철근은 단변(짧은 변) 방향의 철근을 주근이라 하고, 장변(긴쪽) 방향 철근은 부근 또는 배력근이라 한다. 주근이나 배력근은 ø9 또는 D10 이상의 철근이나 6mm 이상의 용접철망(메시망)을 사용해야 한다. 또한, 주근의 간격은 단변 방향(짧은 변)에 배근을 더 많이 넣어 20cm 이하로 배근하고, 부근의 간격은 30cm 이하로 철근을 배근해야 한다.

① 1방향 슬래브

■ 한 방향 슬래브라 함은 한쪽 면만 강하게 철근을 보강한 바닥을 말한다. 즉, 짧은 변(단변)에 철근을 촘촘히 배치하여 주근이 들어가는 부분에 강성을 높이고, 긴변(장변)은 최소한의 버팀만 가능하도록 철근을 배치하는 슬래브이다.

■ 면이 크지 않고 주근의 배근만으로도 충분히 가능한(복도 등의 짧은 바닥) 바닥에 사용하는 슬래브의 배근방법이다.

* 철근콘크리트 1방향 슬래브의 최소 두께는 100mm이다.

② 2방향 슬래브

■ 두 방향의 철근을 앞서 말한 규정(단변 20cm 이하, 장변 30cm 이하)에 맞도록 넣는 철근을 말한다.

■ 가로세로의 비가 고루 바닥에 하중을 작용하도록 하는 슬래브를 말한다.

■ 단변 방향에 주근을 배치하고 장변 방향에 배력근을 배치한다.

■ $\lambda = \dfrac{Ly}{Lx} \leq 2$(즉, 장방향 길이는 단방향 길이의 2배까지)

■ 슬래브의 기준 요약

• 장변이 단변 길이의 두 배 이상일 때, 1방향 슬래브라고 한다.(복도와 같은 바닥)

• 주근 간격 20cm 이하, 배력근 간격 30cm 이하로 사용한다.

• 두께 최소 8cm 이상, 인장철근 D10 이상을 사용한다.

• 플랫 슬래브 구조[76]는 최소 15cm 이상으로 한다.

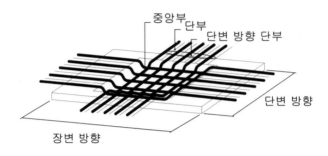

▲ 단변과 장변의 배치도

다) 특수 콘크리트의 구조적 특성

① 프리스트레스트 콘크리트(PSC : Prestressed Concrete)

■ 가늘고 긴선을 양쪽으로 고강도로 잡아당겼을 때 선은 팽팽한 간격을 유지하며, 그 강도
는 매우 강해지는 상태를 유지하게 된다. 그 위에 콘크리트를 시공하게 되면 이미 당겨져
있는 피아노 선은 콘크리트 속으로 묻혀 부식을 막을 수 있다. 이런 기능을 가진 콘크리트
가 프리텐션(pretension), 포스트텐션(posttension)이다. 즉, 콘크리트에 압축력을 주고
이 압축력이 인장력을 상쇄시키는 역할을 하는 콘크리트인데, 강한 힘으로 잡아당기기 때
문에 선이 끊어지면 곧바로 취성파괴가 생기기 쉽다는 단점이 있다.

■ 프리스트레스트 콘크리트 구조의 장·단점 비교

장점	단점
• 상용하중에서 인장, 휨, 균열이 없다. • 탄성이 좋고, 중량이 가볍다. • 공기 단축에 좋다. • 긴 스팬을 얻기 쉽다. • 콘크리트의 양을 줄일 수 있다.	• 공사비가 비싸다. • 고도의 기술력이 필요하다. • 접합부에 문제가 있다. • 열에 취약하다. • 구조계산의 오류 시 곧바로 취성파괴가 일 어난다.

---

76) 무량판 구조라고도 한다. 일반 라멘조의 경우 하중이 슬래브에서 보를 거쳐 기둥으로 전달되는 반면, 무량판 구조에서
는 슬래브의 하중이 직접적으로 기둥으로 전달되는 방식이다. 구조가 간단하고, 비용 감축과 건물 높이를 높게 할 수 있
는 강점이 있지만 강성이 약화된다는 단점을 가지고 있다. 삼풍백화점이 대표적인 무량판 구조라고 할 수 있다.

② 경량 콘크리트(ALC-Auto clave Light weight Con)

- 앞서 재료에서 말한 바와 같이 경량이라는 단어가 들어가게 되면 자체의 하중은 매우 가볍다라는 것이다.

- 재료가 가벼우면 자체의 중량이 가볍고 자중이 감소되고 경제적으로 안정적인 반면, 구조적으로 매우 불안정하다는 것을 우리는 재료를 통해서 이미 알고 있다. 즉, 구조적으로 약하기 때문에 주로 내·외벽판, 지붕판, 바닥판, 비내력벽 등 힘을 받지 않은 장소에 사용된다.

③ 플랫 슬래브(무량판 구조)

- 플랫 슬래브 구조는 무량판 구조라고도 불리며, 슬래브의 하중을 보가 지탱해주지 않고 기둥으로 직접 전달하는 구조이다.

- 바닥판의 두께는 15cm 이상, 층 높이 $\frac{1}{15}$ 이상, 바닥 장선 슬래브의 장선 나비는 10cm 이상으로 해야 한다.

- 구조가 비교적 간단하고, 넓은 공간에서 활용 가능해 강당, 교회에 사용 가능하며, 공사비가 저렴하다는 장점이 있지만, 건물의 강성이 약해진다는 단점도 있으며, 층고를 최소화할 수 있으나 바닥판이 두꺼워서 고정하중이 커지며, 뼈대의 강성을 기대하기 어려운 구조다.

- 붕괴된 삼풍백화점의 구조이기도 하지만, 삼풍백화점 같은 경우는 철근 부족으로 일어난 사태로 대표적인 부실공사이기 때문에 무량판 구조 자체는 하중에 불안을 느낄 필요는 없다.

④ 리브 슬래브 구조(Rib)

- 콘크리트 기둥에 헌치[77]를 내고 그 위에 미리 공장에서 제작된 슬래브를 거는 방식으로 슬래브의 바닥면에 리브를 두어 하중의 분산을 돕는 구조를 의미한다.

- PC조(조립식 구조)에 많이 사용되는 공법으로, 주로 공장에서 제작되어 현장에서 크레인 등의 장비를 이용하여 연결하는 구조이다.

---

77) 헌치란 기둥에 슬래브를 댈 수 있도록 튀어나오게 만드는 구조인데, 콘크리트 단부에 헌치를 두는 이유는 단부에는 전단력과 휨모멘트가 크기 때문에 헌치를 두어 보강한다.

Point

- **프리캐스트 콘크리트(PC)의 공사과정**

    PC설계(PC의 구조 계산, 접합부 설계) → 제작 : 몰드, PC부재 제작 → 운송 : 운송계획, → 현장반
    입검사 → 조립 : 부재 현장조립 → 접합 : 부재 접합 및 검사 → 타설 : 철근 배근 및 콘크리트 타설,
    따라서 PC설계 → 운송 → 조립 → 접합 → 배근 및 콘크리트 타설의 과정이다.

라) 콘크리트 균열 원인(휨 균열, 수축 균열, 화학적 균열, 전단 균열, 동결 균열 등)

콘크리트에 균열이 생기는 많은 원인 중 주요 부분만 요약하면 다음과 같다.

① 건조 수축에 의한 균열로써 벽, 바닥, 기둥에 수직 균열이 발생한다.(흔히 미장 균열, 즉 마감 균열을 콘크리트 균열로 많이 착각하는데, 미장 균열은 마감재이기에 구조적 영향을 미치지 않는다.)

② 콘크리트 양생 시 수화열에 의한 균열로써 기온 및 온도 차에 의해 발생된다.

③ 평상시 온도 차에 의한 균열로써 건물 최상층에서 많이 발생한다.

④ 부등침하에 의해 균열이 발생하는데 사선 균열로 많이 나타나는 편이다.

⑤ 해빙기에 지반의 해동에 의한 균열이 발생한다.

⑥ 지진력에 의한 균열로써 횡력에 의한 균열이 발생한다.

마) 균열 보수 및 보강방법

① **표면처리법** : 가장 많이 사용하는 처리방법으로 표면을 평평히 갈아 내고 퍼티 및 에폭시로 충진하는 방법이다. 보통 균열 폭이 0.2mm 이하의 경우에 주로 사용되고, 그 이상일 경우는 다른 보강방법을 구상하여야 한다.

② **표면 피막코팅법(섬유보강 공법)** : 콘크리트 표면에 피막을 형성하여 주는 공법으로 표면처리법과 마찬가지로 균열 폭이 0.2mm 이하의 경우에 주로 사용되고, 피막용 도료는 에폭시계 수지 또는 타르 에폭시(tar epoxy)를 사용하여 보강한다.

③ **충진보강 공법** : 균열부를 충분히 갈아내고 수지성 모르타르 또는 팽창성 모르타르 등을 채워 보수하는 방법이다.

④ **철판보강 공법** : 파손 또는 구조적 결함을 지니고 있는 기둥에 철판을 덧대고 그 안을 충진보강 공법을 이용하여 수지 또는 모르타르를 강제 압입하는 공법을 말한다.

⑤ **와이어텐션 보강공법** : 다리 및 교각 보수에 많이 쓰이는 전단력 보강공법으로 기울어진 보의 양 끝단에 철판을 고정한 후 와이어를 이용하여 양쪽을 잡아당기는 보강공법이다.

Point

■ 헌치와 커플러

■ 커플러는 단관비계의 철물이며, 헌치와는 전혀 다른 뜻이므로 기출 시 유의해야 한다.

Section 09 / 철골 구조

1) 철골 구조의 개요

철골 구조는 철의 가공방법 기술이 발전함에 따라 건축 구조에서 매우 중요한 재료로 사용되고 있고, 철골을 이용한 가공방법으로 건물의 고층화를 이루다 보니, 구조 역시 매우 중요한 사항이 되었다.

철골 구조는 그 구조만으로 사용되는 것이 아니라, 콘크리트 구조와 병합되어 최상의 조건으로 만들기 때문에 현대 건축에서 가장 중요한 구조 중 하나라 할 수 있다.

장점	단점
• 큰 스팬 구조 가능 • 내구·내진적 구조 • 강도가 커서 부재를 경량화할 수 있고, 균질도가 높다. • 연성 구조로 취성파괴를 방지할 수 있다.	• 좌굴 발생 • 고온에 약하고 접합부의 주의를 요한다. • 고가이다. • 부재가 가늘고 세장[78]하여 좌굴하기 쉽다.

---

78) 세장하다 : 가늘고 길다.

가) 리벳접합

리벳접합은 과거에 사용한 방법을 말하며, 현대식의 리벳공법과는 조금 차이가 있다. 즉, 가열한 리벳을 망치 등으로 수동 타격하여 머리를 만드는 것으로서, 리벳 자체가 가지는 강도는 큰 편이나 소음이 크고 작업 능률이 낮으며 숙련공이 부족하여 지금은 거의 쓰지 않는다.

둥근머리 리벳   납작머리 리벳   접시머리 리벳   둥근접시머리 리벳

▲ 리벳의 종류

① 리벳 철판 용어

- **게이지라인** : 리벳 배치 중심선을 말한다.
- **게이지** : 각 게이지라인 간 거리를 말한다.
- **피치** : 게이지라인 상의 리벳 중심 간격을 말한다.
- **클리어런스** : 리벳 중심과 수직재 면과의 거리를 말한다.
- **그립** : 리벳접합되는 판의 총 두께를 말한다.
- **연단거리** : 구멍부터 부재 모서리의 끝단까지 거리를 말한다.
- **리벳 구멍지름 기준** : 리벳 구멍지름은 16mm 이하일 때 지름 +1.0으로(16+1=지름 17) 하고, 19~28mm일 때 지름 +1.5(28+1.5=지름 29.5), 32mm 이상일 때 지름 +2.0(32+2=지름 34)으로 해야 한다.

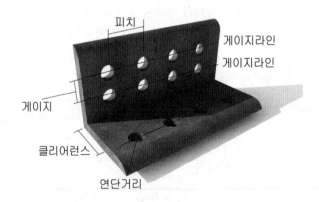

② **리벳 기준선** : 철골부재의 중심선은 부재 응력의 중심을 나타내며, 부재 간의 거리 및 크기를 측정하는 기준으로 삼는 선을 의미한다.

③ **리벳의 시공 방법** : 리벳 시공 시 2장 이상의 철판에 구멍을 뚫어 가열된 리벳을 박아 넣는 방법을 사용한다. 반드시 3인 1조로 시공하며 응력 방향으로는 한 줄에 8개 이상 배열하지 않는다.

④ **불량 리벳** : 타이타닉호를 침몰시킨 주원인이 되는 불량 리벳은 리벳공법의 위험함을 알리게 된 계기가 되었다. 불량 리벳은 리벳 자체가 불량한 경우와 리벳의 크기가 적합하지 않은 경우, 조임이나 시공 시 리벳이 한쪽으로 치우친 경우 등이 불량 리벳의 주원인이다.

나) 볼트접합

볼트접합은 일반적인 사람이 하는 볼트접합을 의미한다. 사람이 하는 작업이다 보니, 시공 시 정밀작업에서 사용하거나 일반 볼트는 경미한 부분만 사용 가능하다. 진동, 충격, 반복응력 부분에 일반볼트는 불가하고, 처마 높이 9m, 스팬 13m 초과 시에도 사용이 불가하다. 접합부의 구조물 변형 가능성이 있어 소규모 건물에 쓰인다.

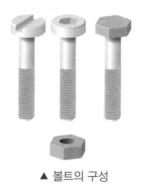

▲ 볼트의 구성

다) 고장력 볼트

일반 볼트접합이 사람이 하는 접합이라 하면, 고장력 볼트접합은 기계의 힘을 이용하여 강압으로 조임을 시공한 부분을 말한다. 접합부를 강력하게 죄어 접합면에 생기는 마찰력을 이용해 접합부의 강성을 올린 공법이다.

기계를 사용하기 때문에 시공할 때 소음이 적고, 작업이 쉬우며, 공기가 단축되어 현장작업에서 가장 많이 사용되는 방법이다. 그러나, 시공 부분의 강압조임으로 인한 부재의 피로강도가 상대적으로 높아지며, 시공 시 부재의 파손이 우려되기도 한다.

라) 용접

2차 세계대전 시 일본의 하와이공습으로 인해 긴급전함 축조를 위해 기존의 볼트 접합법 대신 용접 방법을 사용하여, 그 시기에 급속한 발전을 이루게 된 공법이다. 용접은 볼트와 같이 가구식 구조의 짜맞춤이 아닌, 일체식 구조를 만드는 일체식 구조이다.

장점	단점
• 높은 강성체이다. • 소음이 없고, 부재의 결손이 적다.	• 용접부에 결함의 발생이 쉽다. • 시공완료 후 검사가 불가능하다. • 하중에 의한 용접부 탈착의 우려가 있다.

(1) 용접의 접합 방법에 의한 분류

① **맞댐용접(butt welding)** : 두 부재를 평면에 나란히 놓고 한 용접이다. 이음의 강도가 가장 큰 용접이다.

② **겹침용접(lap welding)** : 두 부재를 겹치게 놓고 용접 부위를 상하로 겹쳐 하는 용접이다.

③ **티(T)용접(tee welding)** : 두 부재를 직각이 되도록 하고 용접하는 것을 말한다.

④ **덮개판 용접(strip welding)** : 두 부재 사이에 상하부로 다른 철판을 덧대어 부재와 본 부재를 용접하는 방법을 말한다.

⑤ **코너용접 또는 ㄱ자 용접(corner welding)** : 두 부재의 끝부분에 직각으로 연결되는 모서리 지점을 용접하는 것을 말한다.

⑥ **모서리 용접-끝단(edge welding)** : ㄱ자 앵글을 접합할 때 사용하는 방법으로 서로 등을 대고 맞댄 앵글부재의 상부에 둥글게 용융시키는 용접을 말한다.

⑦ **모살구멍 용접, 슬롯 또는 플러그 용접(plug welding)** : 겹친 두 장의 판 한쪽에 원형이나 긴 원형의 구멍을 뚫고 그 구멍 주위를 모살용접 하는 접합법을 말한다. 겹침이음의 전단응력을 전달할 때, 겹침 부분의 좌굴이나 분리를 막고자 할 때 또는 조립재의 집결에 사용된다.

⑧ **이음 – 필렛용접(fillet welding)** : 두 부재를 이을 때 플러그용접 상부에 둥글게 마감을 하는 용접으로 이해하면 쉽다.

⑨ **모살용접** : 겹침이음이나 T이음에서와 같이 부재의 면과 비드 두께 방향이 45°가 되는 용접이다.

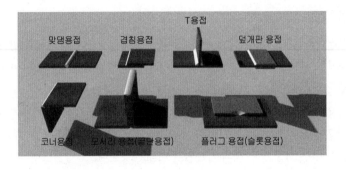

(2) 용접의 시공 방식에 의한 분류

① **아크용접** : 아크용접법은 열원으로 아크를 사용하는 용접 방법이며, 현재 가장 널리 이용되고 있는 접합 방법이다.

장점	단점
• 휴대가 간편하다. • 부재가 두꺼워도 용접이 가능하다. • 어디서든 사용이 가능하다.	• 용접봉의 소모가 크다. • 얇은 부재의 접합이 어렵다.

② **CO_2 용접** : 용접봉에 부재를 맞대고 CO_2 가스를 사용해 아크를 발생시켜 용접하는 방식이다.

장점	단점
• 용접봉의 소모가 없다. • 단시간에 용접이 가능하다.	• 휴대가 어렵다. • 수시로 물을 채워 넣어야 한다. • 용접봉을 갈아 끼기가 어렵다.

③ **피복아크용접** : 기다란 철심에 피복을 입힌 용접봉을 모재에 맞대어 아크를 발생해서 용접하는 방식이다.

④ **산소용접** : 산소용접은 산소, 아세틸렌을 이용하여 전기가 아닌 불꽃의 열을 이용해 용접하는 방식인데, 요즘은 많이 사용하지 않는다. 전기를 사용할 수 없는 곳에 많이 사용한다.

(3) 용접시공 용어 및 시공 시 유의사항

① **엔드탭(end tab)**

■ 부재의 양끝 전단면에 완전한 용접을 위해 모재 양쪽에 모재와 같은 형상을 가진 덧판을 대었다 용접이 끝난 후 제거하는 보조부재를 말한다. 용접의 시작점과 끝점에 아크가 불안정하여 블로우홀이나 크랙 등의 용접 결함이 발생하기 쉬워 이를 보조하는 역할을 한다.

■ 엔드탭 시공 시 주의사항

  − 엔드탭 위에서 50mm 이상으로 양단부를 처리한다.

  − 엔드탭 재료는 모재의 용접성 이상의 재료로 사용해야 한다.

② **스캘럽(scallop)**[79]

■ 용접선이 교차되는 지점에서는 용접열의 반복에 의한 모재의 변화가 발생하고 그에 의한 열성 결함이 발생되는데, 이를 방지하고자 용접 교차로 인한 열 영향을 피하기 위해 한쪽 부재에 부채꼴 모양의 모따기를 한 홈을 말한다.

---

79) Scallop : 가리비란 의미로 조개의 껍질을 연상하는 단어이다.

■ 스캘럽의 설치 목적

- 용접 시 열응력이 집중되는 것을 방지한다.

- 반복가열에 의한 모재의 재질 변화를 방지한다.

- 끝단부의 돌림용접을 원활하게 하는 역할을 한다.

- 용접 결함 및 용접 변형을 방지한다.

③ 뒷댐재(back strip)

■ 9mm 이상의 판을 엔드탭 하부에 엔드탭을 고정하기 위해 사용하는 받침쇠를 의미한다.

■ 뒷댐재 시공 시 유의사항

- 모재와 밀착하고, 모재 사이의 최대 간격은 2mm가 되도록 해야 한다.

- 응력 방향에 직각으로 설치한 뒷댐재와 이음은 완만하게 다듬 가공한다.

- 비드형상 유지 또는 용락방지[80] 목적으로 동판, 플러스, 유리테이프 등을 사용할 수 있으나 현장관리자의 승인을 받아야 함을 기억해야 한다.

- 뒷댐재는 용접부의 전 길이에 걸쳐 연속으로 사용한다.

- 용접금속이 받침대와 완전히 용융되도록 해야 한다.

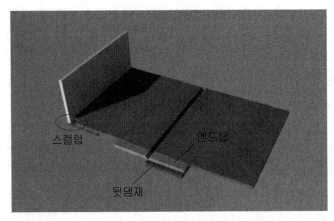

(4) 용접의 결함

① 슬래그 혼입(slag inclusion) : 용접봉 속에 이물질이나 슬래그가 완전히 표출되지 못하고 용착금속 속에 섞여 있는 상태로서 용접부를 취약하게 하며, 탈착을 일으키는 주원인이 된다.

② 블로우 홀(blow hole) : 용접온도가 너무 강해 용접부에 작은 구멍이 생기는 경우로 용접부를 굉장히 취약하게 만드는 역할을 하는 결함이다. 이런 경우 용접부를 완전히 제거한 후 재용접해야 한다.

---

80) 용락(burn through or melt through) : 아크의 발생에 의해 형성된 용융금속이 그루브의 반대측으로 녹아 떨어지는 현상을 말한다. 루트 간격이 너무 크거나 입열량이 과대한 경우에 주로 발생한다.

③ **언더컷**(undercut) : 모재가 과전류 등에 의해 모재가 녹아내린 경우로, 모재 자체가 가진 강도를 저해하고, 녹은 부분의 일부분 강도가 약해져 장기피로 강도의 증가 시 위험한 상태를 초래하게 된다.

④ **용입 불량**(incomplete fusion) : 모재의 깊이가 깊지 않거나 원하는 용입 깊이가 얻어지지 않은 용접 결함을 말한다.

⑤ **오버랩**(over lap) : 육안으로는 이음부에 용접이 된 것처럼 보이나, 실제 용접 하부는 모재의 틈새 사이로 용접액이 없는 상태를 발한다. 용접 결함 중 가장 잘 발생되며, 피로강도 증대 시 바로 융착금속의 탈착이 진행된다.

⑥ **크랙**(cracking) : 용접 후 냉각시키고 보니 실 모양의 균열이 형성되어 있는 상태로, 용접 후 외기 또는 기온차로 인한 급랭이 진행될 때 주로 발생한다.

⑦ **위이핑 홀**(피트, pit) : 용접봉이 강한 열로 인해 끓듯이 튕겨 나가 모재에 달라붙어 모재에 작고 오목하게 패이게 만드는 현상을 말한다. 모재 뿐 아니라 주변에 설치된 다른 재료에도 파편으로 인해 표면을 상하게 만들기도 한다.

⑧ **비이드**(bead, 줄용접) : 줄용접 시 곧은 줄 모양이 나와야 하는데, 용접의 강도 및 세기 조절의 미흡으로 인한 용접의 일률적이지 않은 상태의 결함을 말한다. 융착금속이 많은 들어간 부분과 적게 들어간 부분의 강도 차이로 인해 문제가 발생한다.

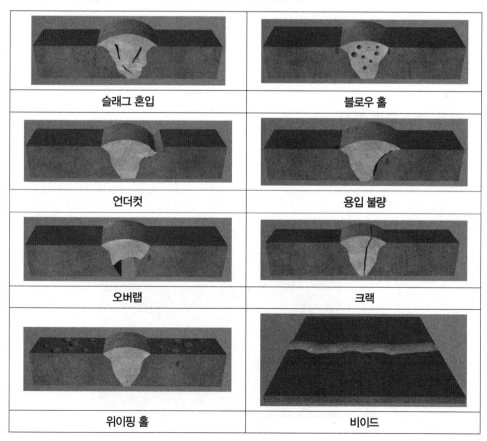

슬래그 혼입	블로우 홀
언더컷	용입 불량
오버랩	크랙
위이핑 홀	비이드

(5) 힘의 전달 방식에 의한 분류

① 마찰접합

- 수직 방향의 힘만 지지하고 수평과 회전은 자유로운 접합 방법을 말한다.

- 교량 또는 육교 등에서 많이 사용되는 접합 방법이다.

② 힌지(핀)접합

- 접합 핀에 의한 접합으로 회전되는 부분에 사용된다.

- 수직·수평 방향의 힘을 지지하고 회전만 자유로운 접합 방법으로서 놀이기구의 바이킹을 생각하면 이해가 쉬울 듯하다. 큰 보와 작은 보의 접합에서 많이 사용된다.

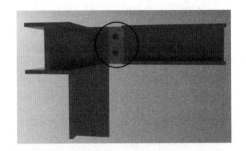

③ 강접합

- 수직·수평 방향의 응력과 회전 응력을 모두 고정하는 접합 방법을 말한다.

- 일체식 구조를 나타내기 때문에 모멘트 접합이라고도 불리며, 우리가 철골하면 떠올리는 접합 방법이 바로 여기에 해당된다. 기둥과 보의 접합에 많이 이용된다.

2) 철골 각 부분의 특징

철골은 기둥의 주각부터 기둥과 보, 바닥은 데크플레이트와 경량 콘크리트로 마감되고, 지붕은 앞서 배운 트러스 구조로 구성되는 구조를 가지고 있다. 아래 그림에서 트러스 지붕은 나타나 있지 않지만 전체적인 철골 구조를 나타내고 있는 그림으로, 부재의 위치를 눈여겨보고 시작하면 이해하기 쉬울 듯하다.

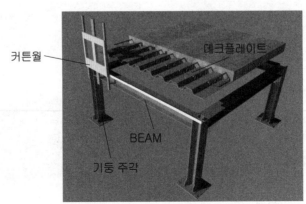

▲ 철골 구조 각 부의 결합도

가) 철골 기둥

(1) 주각

주각은 기둥이 받는 응력을 기초에 전달하는 부분, 즉 기둥의 최하단부를 말한다. 철골 기둥의 맨 아래 바닥 슬래브와 연결되는 부분이다. 인장응력과 압축응력을 동시에 받기 때문에 그에 맞는 보강 철판의 덧댐과 기둥의 하중이 기초에 고루 전달될 수 있도록 베이스 플레이트로 융착시키는 부분이다. 다시 말해 주각은 기초와 기둥의 매우 중요한 연결 부분이라고도 할 수 있다.

① 주각의 구조적 특징

철골기둥의 이음 위치는 바닥 위 1m 정도에서 한다.

② 철골조 주각 부분의 명칭

베이스 플레이트	기초와 틈새가 없도록 해야 하며, 에폭시 등을 이용한 충진 보강을 하기도 한다.
윙플레이트	날개 모양을 닮았다고 해서 윙플레이트이며, 기둥(H빔)의 웨브와 베이스 플레이트의 접합을 위해 사다리꼴 모양으로 접합된 부재이다.
사이드 앵글	사이드 앵글은 윙플레이트의 접합에 있어 보조부재의 역할로 윙플레이트와 베이스 플레이트와의 접합을 도와 인장력 및 압축력을 보조한다.
클립앵글	클립앵글은 웨브에 연결되어 웨브의 하단부 좌굴 방지 및 베이스 플레이트의 지지를 보강한다.

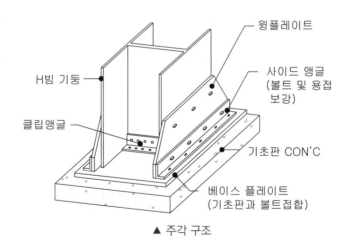

▲ 주각 구조

나) 보(Beam)

(1) 형강보(단일 형강보)

형강보는 단일 형강보와 복합 형강보로 나눈다. 형강보(단일)는 제작된 형강보 그대로를 보에 사용하는 보이며, 복합 형강보는 형강보에 철판을 덧대어 인장응력과 전단응력의 보조적 역할을 한 보를 의미한다.

형강보는 보중에서 가장 약한 보라 할 수 있어 간이 시설물이나 간이 창고 등에 많이 사용된다. 주로 I형강이나 H형강을 사용한다.

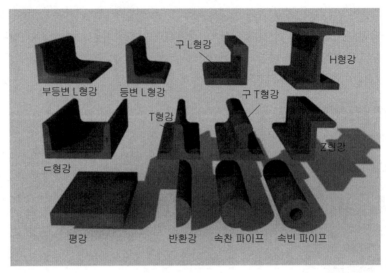

▲ 형강의 종류

① 형강보 이음의 구조적 특징
- 형강보의 춤은 간 사이의 $\frac{1}{30} \sim \frac{1}{15}$ 정도로 한다.
- 철골부재 단부에 박는 리벳의 최소 개수는 반드시 2개 이상이어야 한다.
- 리벳이나 볼트를 접합하는 판의 총 두께는 리벳 지름의 5배 이하이다.
- 볼트 구멍의 지름은 볼트 지름의 0.5mm를 더 한다.(**예** 볼트 지름 2mm일 때, 볼트 구멍은 2.5mm로 한다.)

(2) 플레이트 보(판보)

플레이트 보는 복합 형강보로서 기존의 형강보가 약하다 보니 형강을 보강하는 덧댐 철판을 사용하여 구조의 강성을 높인 보이다. 형강보로 사용할 수 없는 큰 보가 필요한 곳에 사용하는 조립보이다.

① 플레이트 보의 구조적 특징
- 플레이트 보의 춤은 간 사이의 $\frac{1}{18} \sim \frac{1}{15}$ 정도로 한다.
- 설계제작이 용이하고, 큰 하중이나 간 사이가 큰 구조물에 사용한다.
- 플레이트 보의 플랜지 플레이트(판보)는 4장 이하로 제한하며, I(H)자형 형강보에서 플랜지 플레이트(판보)를 여러 장 사용하여 보강하는 목적은 휨내력의 부족을 보강하기 위함이다.

② 플레이트 보의 부분별 명칭
- **플랜지** : 형강 상하 면의 두꺼운 부분을 말한다.
- **웨브** : 형강의 수직면 얇은 부분을 말한다.

- **플랜지 플레이트** : 플랜지의 상부에 인장력을 보강하기 위해서 덧댄 부재를 말한다.
- **플랜지 앵글** : 플랜지와 웨브의 좌굴을 방지하고 보강하기 위해 덧댄 부재를 말한다.
- **웨브플레이트** : 웨브의 좌굴을 방지하기 위해 덧댄 부재를 말한다.
- **스티프너** : 웨브에 좌굴을 방지하기 위해 웨브의 간격이 넓은 곳에 웨브플레이트와 같이 덧판을 대는 것은 같으나, 판부재를 덧대는 것이 아니라 ㄱ자 앵글을 덧댄다는 것에 그 차이가 있다.

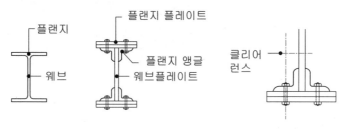

▲ 플레이트 보의 명칭

▲ 스티프너의 명칭

(3) 트러스 보(trussed girder)

부재(ㄱ자형 앵글이나 각파이프 등)를 삼각형으로 짜 맞추어 지붕의 구조나 교량 등에 사용되는 보를 의미한다. 트러스 보는 지붕재로도 사용되므로 보에서 트러스에 대해 정확한 인지를 하면 지붕도 쉽게 배울 수 있다.

강재나 목재로 삼각형을 기본으로 그물 모양으로 짜서 하중을 지탱하는 구조 방법으로, 부재의 결합 부분은 하중의 균열 분할이 가능하도록 설계되어 휘는 경우는 없으므로 재료의 낭비가 적고 짧은 막대를 조합해서 간 사이가 큰 공간에 사용이 가능하다.

① 트러스 보의 구조적 특징

- 트러스 보는 간 사이가 15m를 넘거나 보의 춤이 1m 이상 되는 보를 판보로 하기에는 비경제적일 때 사용하거나, 상부의 하중이 무거운 경우 또는 하부를 지탱하는 구조물이 불안정(**예** 다리, 교각)할 때 사용한다.

■ 한쪽 부재를 수직으로 세우고 고정한 후 다른 부재는 사선(40~60°)으로 눕혀 인장과 압축을 함께 지지하게 만들어야 한다.

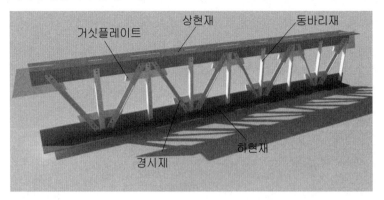

▲ 트러스 구조

(4) 래티스 보(lattice girder)

트러스 구조가 하나는 수직, 하나는 사선이라면 래티스 보는 두 부재가 모두 사선으로 되어 있는 구조체이다. 즉, 일체화된 삼각형의 트러스가 상·하현재에 고정되어 지그재그로 절곡된 웨브근과 용접으로 일체화되어 보 자체의 보강을 상승시킨 구조이다. 구조적으로 매우 뛰어나며 콘크리트의 손상 이후에도 구조적 성능을 유지할 수 있는 장점이 있다.

① 래티스 보의 구조적 특징

■ 상하의 플랜지에 ㄱ자 형강을 쓰고 웨브재로 평강을 지그재그로 용접한 보를 말한다.
■ 래티스 웨브판은 6~12mm를 사용해야 하고, 래티스와 플랜지의 각도는 40~60°를 유지한다.

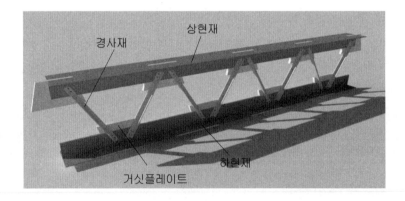

(5) 격자보(grid beam, 格子)

세로 방향의 주보(主桁)에 하중을 도와 보조적인 보를 직각으로 서로 용접 접합하여 일체화 시킨 구조로서, 구조적으로 짜임새가 튼튼하고 경제적으로 유리한 구조이다.

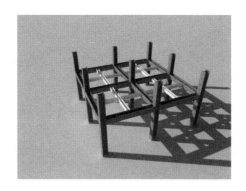

① **격자보의 구조적 특징**

■ 직각이 되게 보를 격자 모양으로 서로 엮듯이 짜서 일체화 시킨 보이다. 연직하중을 두 방향의 보에 부담시키기 때문에 하중이 증대한다.

■ 상하 플랜지에 ㄱ자 형강을 쓰고 웨브재로 평강을 90°로 댄 것이다.

■ 격자보는 콘크리트로 피복되어 주로 대(大) 스팬 구조에 사용된다.

다) 철골 지붕재

(1) 트러스 구조

트러스의 두 가지 기본 유형이 있다. 투구 또는 일반적인 트러스는 그 삼각형 모양이 특징이다.

대부분 지붕 건설에 사용되는데, 일반적인 트러스는 이러한 왕 포스트, 팬, 핑크 또는 하우트러스로 자신의 구성에 따라 이름이 지정된다. 화음의 크기와 구성 범위, 부하 및 간격에 의해 결정되는데, 모든 트러스 디자인은 가장 경제적인 구성을 갖추도록 그 짜임새가 맞추어져 있다.

(2) 트러스 종류

트러스는 너무 많은 종류가 있고, 그 시공 방식 및 설치 모양에 따라 각기 그 이름이 달리 불린다.

트러스의 종류는 전산응용건축제도기능사에서도 종종 출제되며, 통상적으로 우리나라에서 가장 많이 사용하는 4가지의 트러스 타입만 열거하고자 한다.

① **핑크트러스** : 간 사이가 넓어 구조적 보강이 어려운 지붕을 설치해야 할 때 사용하는 구조로서, 간 사이가 20m일 때 가장 합리적인 트러스 구조는 핑크트러스 구조이다.

② **하우트러스** : 가장 일반적인 트러스이기도 하고, 가장 많이 사용하는 구조이다. 지붕, 기둥, 보가 일체식인 구조에서 가장 많이 사용된다. 중앙에 지지대가 있고 그 옆으로 동자가 세워지고 사선이 대어지는 방법으로, 목재의 왕대공 지붕틀과 구조가 같다.

③ **래티스 복합식 구조** : 트러스와 달리 래티스 구조에서 트러스를 복합한 구조로서, 수직·수평 인장의 힘을 고루 받는 구조적으로 가장 튼튼한 지붕 구조이다.

④ **쌍대공 지붕틀** : 대공을 두 개로 나누어서 넣을 때 주로 사용하는 트러스 구조로서, 다락방을 설치하거나 상부에 저장창고 등을 필요로 할 때 사용하는 구조이다.

▲ 핑크 트러스 구조 하우트러스 구조

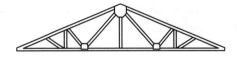

▲ 래티스 복힙식 구조 씽대공 지붕틀

라) 철골 바닥재

(1) 데크플레이트

철골조 고층건물의 바닥 철판으로 보와 보 사이에 데크플레이트를 깔고 경량 콘크리트 슬래브를 만들어 바닥을 만드는 것을 말한다. 바닥의 갈라짐을 방지하고 콘크리트의 성능을 강화하기 위해 철근을 배열해서 데크의 사이사이에 연결하여 보강하기도 한다.

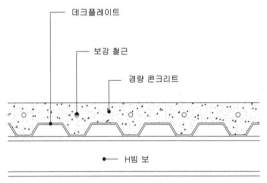

PART

04

기출문제(과목별 기출유형 분석)

기출문제 유형 중 가장 많이 출제되는 문제를 자세한 설명과 함께 제공하여 필기시험에
대비할 수 있는 능력을 기른다.

Chapter 1 기출문제(과목별 기출유형 분석)

* 본 기출문제의 풀이는 산업인력공단의 기출문제를 근거로 작성되었으며, 모든 문제의 권한은 산업인력공단에 있음.

 건축계획

01 배수트랩의 종류에 속하지 않는 것은?

① S트랩　　　　② 벨트랩
③ 버킷트랩　　　④ 드럼트랩

해설

트랩은 S, P, U트랩, 벨트랩, 드럼트랩, 구리스 트랩 등이 있다.

02 균형의 원리에 관한 설명으로 옳지 않은 것은?

① 크기가 큰 것이 작은 것보다 시각적 중량감이 크다.
② 기하학적 형태가 불규칙적인 형태보다 시각적 중량감이 크다.
③ 색의 중량감은 색의 속성 중 특히 명도, 채도에 따라 크게 작용한다.
④ 복잡하고 거친 질감이 단순하고 부드러운 것보다 시각적 중량감이 크다.

해설

건축적 측면으로 분류했을 때 기하학적 형태의 건물보다 불규칙한 형태의 건축물이 시각적 중량감이 크다고 볼 수 있다.

03 다음 주택단지의 단위 중 규모가 가장 작은 것은?

① 인보구　　　　② 근린분구
③ 근린주구　　　④ 근린지구

해설

가구호수별 필수 필요시설
• 인보구 40~50호 : 유아놀이터, 구멍가게, 세탁소
• 근린분구 400~500호 : 유치원, 파출소, 보육시설
• 근린주구 1,600~2,000호 : 초등학교, 병원, 어린이공원

04 아파트의 단면 형식 중 하나의 단위 주거가 2개 층에 걸쳐 있는 것은?

① 플랫형　　　　② 집중형
③ 듀플렉스형　　④ 트리플렉스형

해설

• 플랫형 : 한 개층 단면 구조
• 집중형 : 아파트의 평면 형식의 구분
• 듀플렉스형 : 하나의 단위 주거가 2개 층에 걸침
• 트리플렉스형 : 하나의 단위 주거가 3개 층에 걸침

05 다음과 같이 정의되는 전기설비 관련 용어는?

> 대지에 이상전류를 방류 또는 계통 구성을 위해 의도적이거나 우연하게 전기회로를 대지 또는 대지를 대신하는 전도체에 연결하는 전기적인 접속

① 접지　　　　② 절연
③ 피복　　　　④ 분기

해설

접지는 번개나 건물 내 전류를 지반으로 안전하게 전도시키는 전도체의 역할을 한다.

정답 01. ③　02. ②　03. ①　04. ③　05. ①

06 주택에서 식당의 배치 유형 중 주방의 일부에 간단한 식탁을 설치하거나 식당과 주방을 하나로 구성한 형태는?

① 리빙 키친　　② 리빙 다이닝
③ 다이닝 키친　　④ 다이닝 테라스

 해설

주방(K)+식당(D)=DK 주방

07 다음 설명에 알맞은 환기 방식은?

> 급기와 배기 측에 송풍기를 설치하여 정확한 환기량과 급기량 변화에 의해 실내압을 정압 또는 부압으로 유지할 수 있다.

① 제1종　　② 제2종
③ 제3종　　④ 제4종

해설

• 1종 : 급기+배기
• 2종 : 급기
• 3종 : 배기

08 건축 공간에 관한 설명으로 옳지 않은 것은?

① 인간은 건축공간을 조형적으로 인식한다.
② 건축 공간을 계획할 때 시각뿐만 아니라 그 밖의 감각 분야까지도 충분히 고려하여 계획한다.
③ 일반적으로 건축물이 많이 있을 때 건축물에 의해 둘러싸인 공간 전체를 내부 공간이라고 한다.
④ 외부 공간은 자연 발생적인 것이 아니라 인간에 의해 의도적, 인공적으로 만들어진 외부 환경을 말한다.

해설

인간은 건축을 조형적 공간으로 인식하며, 외부 공간 및 그 밖의 공간도 디자인적 요소로 봐야 한다. 그러므로 외부 공간도 인간에 의해 의도적으로 디자인된다.

09 건축법령상 아파트의 정의로 옳은 것은?

① 주택으로 쓰는 층수가 3개 층 이상인 주택
② 주택으로 쓰는 층수가 4개 층 이상인 주택
③ 주택으로 쓰는 층수가 5개 층 이상인 주택
④ 주택으로 쓰는 층수가 6개 층 이상인 주택

해설

주택으로 사용하는 지하층을 제외한 연면적과 상관없이 층수가 5개 층 이상인 것은 아파트이다.

10 주택의 동선계획에 관한 설명으로 옳지 않은 것은?

① 교통량이 많은 공간은 상호간 인접 배치하는 것이 좋다.
② 가사노동의 동선은 가능한 남측에 위치시키는 것이 좋다.
③ 개인, 사회, 가사노동권의 3개 동선은 상호간 분리하는 것이 좋다.
④ 화장실, 현관, 계단 등과 같이 사용빈도가 높은 공간의 동선을 길게 처리하는 것이 좋다.

해설

• 이동하는 동선은 가급적 단순하고 명쾌하게 계획한다.
• 화장실, 현관, 계단 등과 같이 사용빈도가 높은 동선은 가능한 짧게 처리한다.
• 생활권의 독립을 위해 서로 다른 종류의 동선이나 차량, 사람의 동선은 가능한 분리시킨다.
• 통행량이 많은 공간은 상호간 인접(근접) 배치하는 것이 좋다.
• 가사노동의 동선은 가능한 남측에 위치하는 것이 좋다.

11 동선의 3요소에 속하지 않는 것은?

① 속도　　② 빈도
③ 하중　　④ 방향

해설

동선의 3요소 : 속도(길이), 빈도, 하중이다.

12 주택의 현관에 관한 설명으로 옳지 않은 것은?

① 한 가정에 대한 첫 인상이 형성되는 공간이다.
② 현관의 위치는 도로와의 관계, 대지의 형태 등에 의해 결정된다.
③ 현관의 조명은 부드러운 확산광으로 구석까지 밝게 비추는 것이 좋다.
④ 현관의 벽체는 저명도, 저채도의 색채로 바닥은 고명도, 고채도의 색채로 계획하는 것이 좋다.

해설

• 현관은 한 가정에 대한 첫인상이 형성되는 공간으로 구성된다.
• 현관의 위치는 도로와의 관계, 대지의 형태, 주택의 평면상태, 건물의 배치를 고려해서 주택의 진입이 가장 수월하며, 외부와 연계되는 부분으로 설치된다.(방위와는 무관하게 배치한다.)
• 조명은 부드러운 확산광으로 구석까지 밝혀주며, 신발에 묻어 들어오는 먼지와 외기에 의한 모래먼지가 집안으로 유입되는 것을 방지하기 위해 현관의 바닥 차는 10~20cm가 적당하다.

13 소방시설은 소화설비, 경보설비, 피난설비, 소화활동설비 등으로 구분할 수 있다. 다음 중 소화활동설비에 속하지 않는 것은?

① 제연설비
② 옥내소화전설비
③ 연결송수관설비
④ 비상콘센트설비

해설

• 소화설비 : 소화와 관련된 설비(소화기구 옥내외 소화전설비, 스프링클러 설비 등 소규모 소화와 관련된 모든 설비)
• 소화활동설비 : 화재를 진입하거나 인명구조 활동을 위해 사용하는 설비(연결송수관설비, 연결살수설비, 연소방지설비, 무선통신보조설비, 제연설비, 비상콘센트설비)

14 소방시설은 소화설비, 경보설비, 피난설비, 소화용수설비, 소화활동설비로 구분할 수 있다. 다음 중 소화설비에 속하지 않는 것은?

① 연결살수설비
② 옥내소화전설비
③ 스프링클러설비
④ 물 분무 등 소화설비

해설

• 소화설비 : 소화와 관련된 설비(소화기구 옥내외 소화전설비, 스프링클러 설비 등 소규모 소화와 관련된 모든 설비)
• 경보설비 : 감지기 및 화재 시 화재를 인지하는 설비
• 피난설비 : 계단 및 피난 시설을 모두 포함하는 설비 (유도등 및 화재 조명설비 등 – 방화복은 피난설비가 아님)
• 소화용수설비 : 화재를 진입하는 데 필요한 물을 공급하거나 저장하는 설비로서 상수도 소화용수 설비, 소화수조, 저수조 등 건축 시설 시 사용되는 소화의 급수라인(배관) 설비
• 소화활동설비 : 화재를 진입하거나 인명구조 활동을 위해 사용하는 설비(연결송수관설비, 연결살수설비, 연소방지설비, 무선통신보조설비, 제연설비, 비상콘센트설비)

15 주거 단지의 단위 중 초등학교를 중심으로 한 단위는?

① 인보구　　　　② 근린지구
③ 근린분구　　　④ 근린주구

해설

가구호수별 필수 필요시설
• 인보구 40~50호 : 유아놀이터, 구멍가게, 세탁소
• 근린분구 400~500호 : 유치원, 파출소, 보육시설
• 근린주구 1,600~2,000호 : 초등학교, 병원, 어린이공원

16 통기방식 중 트랩마다 통기되기 때문에 가장 안정도가 높은 방식은?

① 루프 통기방식
② 결합 통기방식
③ 각개 통기방식
④ 신정 통기방식

해설

• 루프통기관 : 기구수 최대 8개, 길이 7.5m 이내 설치
• 결합통기관 : 5개 층마다 수직, 배수관을 접속하는 방식
• 신정통기관 : 최상층에 설치, 대기 중 개방되는 방식
  보기에 나온 통기관은 접속하는 방식으로 각개로 설치하는 통기 방식이 가장 안정도가 높은 통기방식이다.

17 거실의 가구배치 형식 중 서로 시선이 마주쳐 다소 딱딱하고 어색한 분위기를 만들 우려가 있고, 일반적으로 가구 자체가 차지하는 면적이 커지므로 실내가 협소해 보일 수 있는 것은?

① 대면형   ② 코너형
③ 직선형   ④ 자유형

해설

• 대면형 : 마주보고 대화하기에는 좋으나 시선에 부담을 주는 배치 방식
• 코너형 : 마주보는 시선을 차단하여 시선의 유도를 피할 수 있는 배치 방식
• 직선형 : 프라이버시 보호가 되나 서로 마주보고 대화가 어렵다.
• 자유형 : 자연스럽게 배치되거나 거실의 사회적 기능에 다소 불편할 수 있다.

18 공간의 조식 형식 중 동일한 형이나 공간의 연속으로 이루어진 구조적 형식으로서 격자형이라고도 불리며, 형과 공간뿐만 아니라 경우에 따라서는 크기, 위치, 방위도 동일한 것은?

① 직선식   ② 방사식
③ 그물망식   ④ 중앙집중식

해설

• 직선식 : 직선으로 배치되어 공간이 서로 상이하거나 마주보고 배치되는 형식
• 방사식 : 공간의 가운데 정점을 중심으로 퍼져나가는 형식
• 그물망식 : 격자형의 포인트를 잡고 형과 공간뿐 아니라 위치 및 방위가 동일한 방식
• 중앙집중식 : 가운데 배치되어 중앙으로 집중되게 나타나는 형식

19 표면 결로의 방지 방법에 관한 설명으로 옳지 않은 것은?

① 실내에서 발생하는 수증기를 억제한다.
② 환기에 의해 실내 절대습도를 저하한다.
③ 직접 가열이나 기류 촉진에 의해 표면온도를 상승시킨다.
④ 낮은 온도로 난방시간을 길게 하는 것보다 높은 온도로 난방시간을 짧게 하는 것이 결로방지에 효과적이다.

해설

결로방지 대책
• 실내를 자주 환기시킨다.   • 벽체의 단열성을 높인다.
• 공간 벽체를 조성한다.
• 실내의 수증기 발생을 억제한다.(절대습도를 낮춘다)
• 난방을 하여 실내 기온을 노점 이상으로 유지시킨다.
• 가급적 남향으로 실을 조성한다.
  (결로현상이 가장 적은 곳이 남향 벽이기 때문이다. 남향은 바람이 많이 불고, 태양에 직접 노출되지 않기 때문이다.)

20 건축물의 층 구분이 명확하지 아니한 건축물의 경우, 건축물의 높이를 얼마마다 하나의 층으로 산정하는가?

① 3m   ② 3.5m
③ 4m   ④ 4.5m

해설

건축법규상 층의 구분이 명확치 않을 때는 4m마다 1개 층씩 산정한다.

21 건축법령상 '건축물이 천재지변이나 그 밖의 재해로 멸실된 경우 그 대지에 종전과 같은 규모의 범위에서 다시 축조하는 것'으로 정의되는 용어는?

① 신축 ② 증축
③ 재축 ④ 개축

> **해설**
> - 신축 : 건축물을 새로이 축조하는 행위
> - 증축 : 기존 건축물에 면적, 연면적, 층수 및 높이를 증가시키는 행위
> - 재축 : 천재지변이나 재해로 멸실되어 대지 안에 종전과 동일하게 축조하는 행위(자연적)
> - 개축 : 기존 건축물 철거 후 그 대지 안에 종전과 동일하게 축조하는 행위(인위적)
> ※ 개축과 재축이 유사하여 기출문제에 잘 출제되므로 정확히 알아 두는 것이 좋다.

건축제도

01 다음 중 건축제도에서 가장 굵게 표시되는 선은?

① 치수선 ② 격자선
③ 단면선 ④ 인출선

> **해설**
> - 치수선 : 치수를 표기하기 위해 긋는 실선
> - 격자선 : 재료의 기호 표시나 부재의 단면을 표현하는 가는 실선
> - 단면선 : 절단부를 표현하는 두꺼운 선
> - 인출선 : 특정 부분의 표기가 필요한 경우 사선 또는 직선으로 인출되는 가는 선

02 배경 표현법의 주의 사항으로 옳지 않은 것은?

① 표현에서는 크기와 무게, 그리고 배치는 도면 전체의 구성요소가 고려되어야 한다.
② 건물의 용도와는 무관하게 가능한 한 세밀한 그림으로 표현한다.
③ 공간과 구조, 그리고 그들의 관계를 표현하는 요소들에게 지장을 주어서는 안 된다.
④ 주변 인물은 건축물의 크기와 사용용도의 구분을 위해 만든다.

> **해설**
> 조감투시도는 표현하고자 하는 건물을 가장 사실적으로 표현하고 그 외의 건물은 회색빛이나 외형만을 표현하는 등 단순하게 표현한다. 또한, 조감투시도에서 사람과 조경, 자동차 등과 같은 주변 시설물 또는 주변 사항을 표현하는 것은 건물의 크기 및 축척에 대한 감을 관찰자가 구성하기 위해서이다.

03 건물 내부의 입면을 정면에서 바라보고 그리는 내부 입면도는?

① 배근도 ② 전개도
③ 설비도 ④ 구조도

> **해설**
> 전개도는 Elevation이라 불리며, 실내공간을 펼쳐진 듯 도면에 놓고 그리는 도면을 말하므로 전개도가 맞다.

04 다음 중 건축 도면에 사람을 그려 넣는 목적과 가장 거리가 먼 것은?

① 스케일 감을 나타내기 위해
② 공간의 용도를 나타내기 위해
③ 공간 내 질감을 나타내기 위해
④ 공간의 깊이와 높이를 나타내기 위해

> **해설**
> 건축도면에 사람을 그려 넣는 목적은 건물의 비율, 높이, 깊이 등을 나타내며, 때로는 그 용도에 맞는 지에 대한 의도로 사용되기도 한다.

05 1점 쇄선의 용도에 속하지 않는 것은?

① 상상선 ② 중심선
③ 기준선 ④ 참고선

해설

상상선은 2점 쇄선이다.

06 한국산업표준(KS)의 건축제도통칙에 규정된 척도가 아닌 것은?

① 5/1 ② 1/1
③ 1/400 ④ 1/6000

해설

- 한국산업표준 건축제도의 척도는 1/1, 1/2, 1/5, 1/10, 1/20, 1/30, 1/50, 1/100, 1/200, 1/300, 1/500, 1/600, 1/1000, 1/1200 등이 있다.
- 1/400이 없는 것을 주의해야 한다.

07 도면 중에 쓰는 기호와 표시 사항의 연결이 옳지 않은 것은?

① V – 용적 ② W – 높이
③ A – 면적 ④ R – 반지름

해설

기호	내용	기호	내용
ø50	지름이 50㎜인 원	V	용적
드릴 ø50	지름이 50㎜인 드릴 구멍	A	면적
R50	반지름이 50㎜인 호	W	폭
□50	한 변이 50㎜인 정사각형	H	높이
THK 50	두께가 50㎜인 판	L	길이
WT	무게		

08 조적조 벽체 그리기를 할 때의 순서로 옳은 것은?

> ㉠ 제도용지에 테두리선을 긋고, 축척에 알맞게 구도를 잡는다.
> ㉡ 단면선과 입면선을 구분하여 그리고, 각 부분에 재료 표시를 한다.
> ㉢ 지반선과 벽체에 중심선을 긋고, 기초의 깊이와 벽체의 너비를 정한다.
> ㉣ 치수선과 인출선을 긋고, 치수와 명칭을 기입한다.

① ㉠–㉡–㉢–㉣ ② ㉢–㉠–㉡–㉣
③ ㉠–㉢–㉡–㉣ ④ ㉡–㉠–㉢–㉣

해설

테두리 및 구도를 조정하고, 도면은 지반선과 벽체를 긋고, 벽체를 잡고 단면과 입면을 그리고, 치수선을 그린다.

09 강재 표시방법 2L–125×125×6에서 6이 나타내는 것은?

① 수량 ② 길이
③ 높이 ④ 두께

해설

강재의 기입 순서는 L(길이)×H(높이)×Thk(두께)이다.

10 투시도법의 시점에서 화면에 수직하게 통하는 투사선의 명칭으로 옳은 것은?

① 소점 ② 시점
③ 시선축 ④ 수직선

해설

시점과 수직한 선은 수직선이다.

정답 05. ① 06. ③ 07. ② 08. ③ 09. ④ 10. ④

11 건축물의 묘사에 있어서 묘사 도구로 사용하는 연필에 관한 설명으로 옳지 않은 것은?

① 다양한 질감 표현이 불가능하다.
② 밝고 어두움의 명암 표현이 가능하다.
③ 지울 수 있으나 번지거나 더러워질 수 있다.
④ 심의 종류에 따라서 무른 것과 딱딱한 것으로 나누어진다.

12 다음의 창호기호 표시가 의미하는 것은?

① 강철창
② 강철그릴
③ 스테인리스 스틸창
④ 스테인리스 스틸그릴

13 배경을 검정으로 하였을 경우, 다음 중 가시도가 가장 높은 색은?

① 노랑 ② 주황
③ 녹색 ④ 파랑

14 건축도면에서 보이지 않는 부분의 표시에 사용되는 선의 종류는?

① 파선 ② 가는 실선
③ 일점 쇄선 ④ 이점 쇄선

15 건축도면의 크기 및 방향에 관한 설명으로 옳지 않은 것은?

① A3 제도용지의 크기는 A4 제도용지의 2배이다.
② 접은 도면의 크기는 A4의 크기를 원칙으로 한다.
③ 평면도는 남쪽을 위로 하여 작도함을 원칙으로 한다.
④ A3 크기의 도면은 그 길이 방향을 좌우 방향으로 놓은 위치를 정위치로 한다.

건축재료

01 점토 벽돌에 붉은 색을 갖게 하는 성분은?

① 산화철　　　　② 석회
③ 산화나트륨　　④ 산화마그네슘

해설

산화철의 성분으로 점토가 붉은 색을 띠게 된다.

02 한국산업표준(KS)의 분류 중 토목건축 부분에 해당되는 것은?

① KS D　　　　② KS F
③ KS E　　　　④ KS M

해설

한국산업표준의 건축토목의 구분은 F이다. 건축이라 하여 architecture, A로 표현하는 것이 아님을 주의한다.

03 나무 조각에 합성수지계 접착제를 섞어서 고열, 고압으로 성형한 것은?

① 코르크 보드　　② 파티클 보드
③ 코펜하겐 리브　④ 플로어링 보드

해설

• 코르크 보드 : 코르크 알갱이를 압축시켜 만든 제품
• 코펜하겐 리브 : 5×10cm의 두꺼운 판에다 표면을 자유 곡선으로 파내어 리브를 만든 판
• 플로어링 보드 : 판재의 표면, 좌우, 뒷면 등에 마루 판재로 사용할 수 있도록 만든 가공재

04 목재를 건조하는 목적으로 틀린 것은?

① 중량의 경감
② 강도 및 내구성 증진
③ 도장 및 약제 주입 방지
④ 부패균류의 발생 방지

해설

목재를 건조하는 목적은 부패균 방지와 강도와 내구성 증진, 중량의 경감에 있다.

05 시멘트 혼화제인 AE제를 사용하는 가장 중요한 목적은?

① 동결 융해 작용에 대하여 내구성을 가지기 위해
② 압축강도를 증가시키기 위해
③ 모르타르나 콘크리트에 색깔을 내기 위해
④ 모르타르나 콘크리트의 방수 성능을 위해

해설

AE(air entraining agent)제는 기포를 발생시켜 수밀도를 증진시켜 내구성을 증대시킨다.

06 블리딩(bleeding)과 크리프(creep)에 대한 설명으로 옳은 것은?

① 블리딩이란 굳지 않은 모르타르나 콘크리트에 있어서 윗면에 물이 스며 나오는 현상을 말한다.
② 블리딩이란 콘크리트의 수화작용에 의하여 경화하는 현상을 말한다.
③ 크리프란 하중이 일시적으로 작용하면 콘크리트의 변형이 증가하는 현상을 말한다.
④ 크리프란 블리딩에 의하여 콘크리트 표면에 떠올라 침전된 물질을 말한다.

해설

• 블리딩 : 물을 많이 사용하여 생콘크리트에서 물, 미세물질들이 상승하는 현상
• 크리프 : 콘크리트 구조물에 하중이 가해지면 즉시 탄성 변형이 일어나며, 하중 증가 없이 일정하중이 지속적으로 작용하면서 시간의 경과에 따라 구조물은 계속적으로 연성 변형이 증가하는데, 이러한 현상을 크리프(creep)라고 한다.

정답 01. ①　02. ②　03. ②　04. ③　05. ①　06. ①

07 보통재료에서는 축 방향에 하중을 가할 경우 그 방향과 수직인 횡방향에도 변형이 생기는데, 횡방향 변형도와 축 방향 변형도의 비를 무엇이라 하는가?

① 탄성계수비   ② 경도비
③ 푸아송비   ④ 강성비

• 탄성계수비 : 재료의 변형 성능을 평가하는 탄성계수의 비율
• 경도비 : 재료의 단단한 정도를 나타내는 비율
• 푸아송비 : 축 방향에 하중을 가할 경우 재료의 횡방향에 대한 변형비
• 강성비 : 재료의 딱딱한(stiffness) 비율

08 건축물에서 방수, 방습, 차음, 단열 등을 목적으로 사용하는 재료는?

① 구조재료   ② 마감재료
③ 차단재료   ④ 방화 · 내화재료

• 구조재료 : 건축물의 구조적 기능을 보강하기 위해 만든 재료
• 마감재료 : 건축물 내외장의 모습을 위한 미적기능 수행을 위해 사용하는 재료
• 차단재료 : 차음이란 음을 차단하는 재료를 말한다. 방수, 방습, 차음, 단열을 위한 재료
• 방화-내화재료 : 불에 잘 타지 않도록 만든 내연성 재료

09 다공질이며 석질이 균일하지 못하고 암갈색의 무늬가 있는 것으로 물갈기를 하면 평활하고 광택이 나는 부분과 구멍과 골이 진 부분이 있어 특수한 실내장식재로 이용되는 것은?

① 테라죠(terrazzo)
② 트래버틴(travertine)
③ 펄라이트(perlite)
④ 점판암(clay stone)

• 테라죠 : 대리석, 종석, 안료를 섞어 기계 가공한(인조석 물갈기) 바닥재
• 트래버틴 : 다공질이며 석질이 균일하지 못하고 암갈색 문양의 대리석
• 퍼라이트 : 석재를 갈은 가루를 섞어 뿌려서 시공하는 재료
• 점판암 : 변성암을 갈라 지붕재나 암면 등으로 사용하는 돌

10 콘크리트 타설 후 비중이 무거운 시멘트와 골재 등이 침하되면서 물이 분리·상승하여 미세한 부유물질과 콘크리트 표면으로 떠오르는 현상은?

① 레이턴스(laitance)
② 초기 균열
③ 블리딩(bleeding)
④ 크리프

• 레이턴스 : 백화현상, 잉여수 증발에 의한 표면 중성화 현상
• 초기 균열 : 콘크리트 수화열에 의한 균열 외 여러 가지의 문제 현상
• 블리딩 : 콘크리트 타설 후 비중이 무거운 시멘트와 골재 등이 침하되면서 물이 분리·상승하여 미세한 부유물질과 콘크리트 표면으로 떠오르는 현상
• 크리프 : 장기간의 피로강도로 인한 처짐 현상

11 각종 점토제품에 대한 설명 중 틀린 것은?

① 테라코타는 공동(空胴)의 대형 점토제품으로 주로 장식용으로 사용된다.
② 모자이크 타일은 일반적으로 자기질이다.
③ 토관은 토기질의 저급점토를 원료로 하여 건조 소성시킨 제품으로 주로 환기통, 연통 등에 사용된다.
④ 포도벽돌은 벽돌에 오지물을 칠해 소성한 벽돌로서, 건물의 내외장 또는 장식물의 치장에 쓰인다.

해설

④는 오지벽돌에 대한 설명이다.

12 다음 합금의 구성요소로 틀린 것은?

① 황동=구리+아연
② 청동=구리+납
③ 포동=구리+주석+아연+납
④ 듀랄루민=알루미늄+구리+마그네슘+망간

해설

암기를 할 때 황동은 구리+아연의 ㅇ으로, 청동은 구리+주석의 ㅈ으로 암기하면 좋다.

13 미장재료 중 석고플라스터에 대한 설명으로 틀린 것은?

① 알칼리성이므로 유성페인트 마감을 할 수 있다.
② 수화하여 굳어지므로 내부까지 거의 동일한 경도가 된다.
③ 방화성이 크다.
④ 원칙적으로 해초 또는 풀을 사용하지 않는다.

해설

해초풀을 사용하지 않는 재료는 돌로마이터 플라스터이다.(기경성 재료)

14 유리와 같이 어떤 힘에 대한 작은 변형으로도 파괴되는 재료의 성질을 나타내는 용어는?

① 연성   ② 전성
③ 취성   ④ 탄성

해설

• 연성 : 어떤 힘에 대한 작은 변형으로도 파괴되는 재료의 성질
• 전성 : 재료가 압력이나 타격에 의해 파괴됨 없이 수직 방향으로 힘이 이동하는 성질

• 취성 : 특정 하중을 받았을 때 물체가 변형하지 않고 파괴되는 성질
• 탄성 : 외부의 힘에 의해 변형을 일으킨 재료가 힘을 제거 시 원래의 모양으로 복귀하는 성질(고무줄)
* 유리는 쉽게 파괴되지 않은 휨강도에 강하므로 연성재이다.

15 혼화재료 중 혼화재에 속하지 않는 것은?

① 포졸란   ② AE제
③ 감수제   ④ 기포제

해설

혼화재의 종류
• 일반 혼화재 : AE제, 응결촉진제, 응결지연재, 감수제, 유동화제, 포졸란, 팽창제
• 특수 혼화재 : 고로슬래그, 플라이 애쉬, 실리카흄, 표면활성제, 시공연도활성제
* 기포제라는 용어는 없다.

16 다음 중 수경성 미장재료가 아닌 것은?

① 혼합 석고 플라스터
② 보드용 석고 플라스터
③ 돌로마이트 플라스터
④ 순석고 플라스터

해설

• 기경성 미장재 : 돌로마이터 플라스터, 회반죽 바름, 흙벽바름
• 수경성 미장재 : 시멘트 모르타르, 석고 플라스터

17 건축재료의 발전 방향으로 틀린 것은?

① 고성능화
② 현장 시공화
③ 공업화
④ 에너지 절약화

해설

현대 건축은 모듈화를 통한 공기절약으로 고성능, 공업화, 에너지 절약 및 공사비 절감을 목표로 하고 있다.

18 조강포틀랜드시멘트에 대한 설명으로 옳은 것은?

① 생산되는 시멘트의 대부분을 차지하며 혼합시멘트의 베이스 시멘트로 사용된다.

② 장기강도를 지배하는 C_2S를 많이 함유하여 수화속도를 지연시켜 수화열을 작게 한 시멘트이다.

③ 콘크리트의 수밀성이 높고 경화에 따른 수화열이 크므로 낮은 온도에서도 강도의 발생이 크다.

④ 내황산염성이 크기 때문에 댐공사에 사용될 뿐만 아니라 건축용 매스콘크리트에도 사용된다.

> **해설**
>
> C_3S(알라이트, 규산3칼슘) 함유량이 높고 조기강도(압축강도 : 1일, 초기 강도 : 3일)의 발현에 매우 뛰어나 보수 및 긴급공사에 좋은 시멘트이다.

19 재료의 기계적 성질 중의 하나인 경도에 대한 설명으로 틀린 것은?

① 경도는 재료의 단단한 정도를 의미한다.

② 경도는 긁히는 데 대한 저항도, 새김질에 대한 저항도 등에 따라 표시 방법이 다르다.

③ 브리넬경도는 금속 또는 목재에 적용되는 것이다.

④ 모스경도는 표면에 생긴 원형 흔적의 표면적을 구하여 압력을 표면적으로 나눈 값이다.

> **해설**
>
> 물체의 단단한 정도를 말하며, 긁히는 데에 대한 저항도, 새김질에 대한 저항도 등에 따라 그 표시 방법이 다르다.(금속, 목재에는 유압을 이용한 경도를 측정하는 브리넬 경도를 쓴다.)

20 양털, 무명, 삼 등을 혼합하여 만든 원지에 스트레이트 아스팔트를 침투시켜 만든 두루마리 제품은?

① 아스팔트 싱글   ② 아스팔트 루핑
③ 아스팔트 타일   ④ 아스팔트 펠트

> **해설**
>
> • 아스팔트 펠트 : 양털, 무명, 삼 등을 혼합하여 만든 원지에 스트레이트 아스팔트를 침투시켜 만든 두루마리 제품을 말한다.
> • 아스팔트 루핑 : 아스팔트 펠트지에 아스팔트를 피복하고 다시 그 표면에 운모를 뿌려낸 것을 말한다.
> • 아스팔트 싱글 : 특수 아스팔트에 강한 유리섬유를 넣어 만든 재료이다. 다양한 색상 연출이 가능해 외장재료 사용되며 기와에 비해 무게가 밖에 되지 않아 지붕재로 많이 사용되는 재료이다.
> • 아스팔트 타일 : 아스팔트와 운모를 섞은 재료를 고압 성형시킨 타일로 사람이 다니는 인도의 타일로 많이 사용된다.

21 점토벽돌의 품질 결정에 가장 중요한 요소는?

① 압축강도와 흡수율
② 제품치수와 함수율
③ 인장강도와 비중
④ 제품 모양과 색깔

> **해설**
>
> 점토벽돌은 압축강도와 흡수율이다.

22 모자이크 타일의 재질로 가장 좋은 것은?

① 토기질   ② 자기질
③ 석기   ④ 도기질

> **해설**
>
> 모자이크 타일은 작으면서 강도가 강해야 하기 때문에 자기질 타일이 적당하다.(타일의 강도 참고)

---

23 콘크리트의 강도 중에서 가장 큰 것은?

① 인장강도   ② 전단강도
③ 휨강도   ④ 압축강도

해설

철근은 인장강도에 강하고 콘크리트는 압축강도에 강하므로 서로 상호간 도움을 주는 재료이다.

24 점토를 한 번 소성하여 분쇄한 것으로서 점성 조절재로 이용되는 것은?

① 질석   ② 샤모테
③ 돌로마이트   ④ 고로슬래그

해설

• 질석 : 돌을 가열하여 부피를 5~6배 팽창시킨 다공질 경석
• 샤모테 : 점토를 한 번 소성하여 분쇄한 것으로 점성 조절제로 사용
• 돌로마이트 : 기경성 미장재로 백운석과 고회석을 섞은 회색의 광물
• 고로슬래그 : 제철소에서 발생되는 슬래그를 물, 공기 등으로 급냉시켜 사용하는 시멘트 혼화제

25 유기재료에 속하는 건축 재료는?

① 철재   ② 석재
③ 아스팔트   ④ 알루미늄

해설

• 재료를 구성 성분으로 나누는 경우에 유기재료와 무기재료로 나눌 수 있는데, 유기재료는 C, N, O, H, S, F 등의 음이온들이 주된 구성원소이며, 생물체에서부터 비롯된 목재, 천연섬유, 아스팔트, 고분자, 종이 등이다.
• 돌, 금속 등은 무기재료에 속한다.

26 1종 점토벽돌의 압축강도 기준으로 옳은 것은?

① 10.78 N/mm² 이상
② 20.59 N/mm² 이상
③ 24.50 N/mm² 이상
④ 26.58 N/mm² 이상

해설

과거 기출문제를 보면 20.59 N/mm²라 되어 있는데, 잘못된 문제라고 보면 된다.

27 유리블록에 대한 설명으로 옳지 않은 것은?

① 장식 효과를 얻을 수 있다.
② 단열성은 우수하나 방음성이 취약하다.
③ 정방형, 장방형, 둥근형 등의 형태가 있다.
④ 대형 건물 지붕 및 지하층 천장 등 자연광이 필요한 것에 적합하다.

해설

유리블록은 치장재의 개념으로 많이 사용되며, 방음성은 우수하나 단열성은 약하다.

28 연강판에 일정한 간격으로 금을 내고 늘려서 그물코 모양으로 만든 것으로 모르타르 바탕에 쓰이는 금속 제품은?

① 메탈라스   ② 펀칭메탈
③ 알루미늄판   ④ 구리판

해설

• 메탈라스 : 연강판에 일정한 간격으로 금을 내고 늘려서 그물코 모양으로 만든 것
• 펀칭메탈 : 금속재에 원형의 모양으로 타공하여 반대편 부분이 요철로 돌출되게 보이는 금속 판
• 알루미늄판 : 알루미늄으로 만들어진 판으로 바닥면에 요철을 주고 미끄러지지 않도록 만들어진 판
• 구리판 : 구리판은 치장재의 역할 또는 금속 판재의 역할로 가공성형하여 구릿빛 느낌의 재료로 사용되는 판

29 시멘트의 응결 및 경화에 영향을 주는 요인 중 가장 거리가 먼 것은?

① 시멘트의 분말도   ② 온도
③ 습도   ④ 바람

해설

시멘트는 온도, 습도, 그리고 재료가 가지고 있는 성질에서 응결과 경화에 영향을 준다.

정답 23. ④   24. ②   25. ③   26. ③   27. ②   28. ①   29. ④

30 결로현상 방지에 가장 좋은 유리는?

① 망입유리   ② 무늬유리

③ 복층유리   ④ 착색유리

해설 --

- 망입유리 : 유리면 가운데에 금속판을 짜서 안전을 강화 시킨 유리
- 무늬유리 : 유리에 무늬를 넣어 치장재 또는 프라이버시 보호 용도로 만들어진 유리
- **복층유리** : 유리에 알루미늄 스틸을 넣고 진공상태로 만든 것으로 단열효과가 있어 결로현상에 좋은 유리
- 착색유리 : 유리에 색을 넣어 치장의 효과를 높이고, 유리 자체의 강도는 일반 판유리와 동등하다.

31 강의 열처리 방법 중 담금질에 의하여 감소하는 것은?

① 강도   ② 경도

③ 신장률   ④ 전기저항

해설 --

담금질은 금속의 강도와 경도를 높이고 전기저항성을 크게 하는 데 기여한다. 다만, 금속재의 신장률이 감소하는 단점을 가지고 있다.

32 건축물의 용도와 바닥 재료의 연결 중 적합하지 않은 것은?

① 유치원의 교실 – 인조석 물갈기

② 아파트의 거실 – 플로어링 블록

③ 병원의 수술실 – 전도성 타일

④ 사무소 건물의 로비 – 대리석

해설 --

유아는 잘 넘어지기 때문에 합성수지계 또는 고무 성질의 부드러운 성질을 지닌 패드를 설치해야 한다.

33 각종 시멘트의 특성에 관한 설명 중 옳지 않은 것은?

① 중용열포틀랜드 시멘트에 의한 콘크리트는 수화열이 작다.

② 실리카시멘트에 의한 콘크리트는 초기 강도가 크고 장기 강도는 낮다.

③ 조강포틀랜드 시멘트에 의한 콘크리트는 수화열이 크다.

④ 플라이애시 시멘트에 의한 콘크리트는 내해수성이 크다.

해설 --

실리카 시멘트는 초기 발현강도가 작으나 장기 발현강도가 크기 때문에 장기적으로 사용하는 건축물에 적당하다.

34 다음 목재 중 침엽수에 속하는 것은?

① 참나무   ② 느티나무

③ 벚나무   ④ 은행나무

해설 --

- 침엽수
  - 바늘처럼 가늘고 길며 끝이 뾰족한 겉씨식물(씨가 밖으로 나온 식물– 솔방울)을 말한다.
  - 목질의 물을 운반하는 세포의 대부분이 가도관(헛물관)으로 되어 있다.
  - 나무의 수형(입면)이 정아우세(끝눈인 정아가 높이 생장을 주도하는 형상)의 원형으로 원뿔형으로 되어 있다.(소나무, 가문비나무, 전나무, 벚나무, 은행나무, 야자수 등)
- 활엽수
  - 잎이 넓고 목관과 목섬유가 대부분을 차지한다.
  - 목질의 물을 운반하는 세포의 대부분이 도관으로 되었다.
  - 나무의 수형(입면)이 정아우세가 둥근모양(구형)으로 되어 있다.(감나무, 느티나무, 단풍나무, 벚나무, 자작나무, 회양목 등)

35 심재와 변재에 대한 설명으로 옳은 것은?

① 변재 – 수목의 가운데로 진한 부분

② 심재 – 세포가 고화된 부분

③ 변재 – 수분이 적고 강도가 큰 부분

④ 심재 – 양분을 저장하는 부분

 해설

• 심재
  – 수심에 가깝고 색깔이 짙은 부분이며, 강도와 내구성이 커서 목재에서 가장 질이 좋은 부분이다.
  – 목질이 단단하고 윤기가 나며 건조하여도 변화가 적어 구조재로 사용하기 좋은 부분이다.
• 변재
  – 목재의 껍질에 가까운 부분으로 색깔이 옅은 부분이다.
  – 물과 양분의 유통과 저장을 담당하는 부분으로 목질 자체가 무르고 연하여 수축률이 매우 큰 부분이다.
  – 고목으로는 심재보다 변재가 목재로의 가치가 크다.

건축구조

01 다음 중 인장력과 관계가 없는 것은?

① 버트레스(buttress)

② 타이바(tie bar)

③ 현수 구조의 케이블

④ 인장링

 해설

• 버트레스(buttress) : 벽 또는 면에 대하여 직각으로 만들어진 콘크리트 또는 석조 피어이며, 지지하는 벽이나 면에 반대쪽에서 작용하는 압축력을 지지한다.
• 타이바 : 콘크리트의 이음부 등에 철근을 나오도록 하여 이음부 및 철근 정착 시 사용하는 철근을 말한다.
• 현수 구조 : 케이블에 매달아 지지하는 구조로서 인장력을 지지한다.
• 인장링 : 인장력이 크게 발생하는 곳에 링을 넣어 보강하는 재료이다.

02 보강블록구조에 대한 설명 중 틀린 것은?

① 내력벽의 양이 많을수록 횡력에 대항하는 힘이 커진다.

② 철근은 굵은 것을 조금 넣는 것보다 가는 것을 많이 넣는 것이 좋다.

③ 철근의 정착이음은 기초보와 테두리보에 둔다.

④ 내력벽의 벽량은 최소 20cm/m² 이상으로 한다.

해설

내력벽의 벽량은 15cm/m² 이상으로 해야 한다.

03 처음 한 켜는 마구리쌓기, 다음 한 켜는 길이쌓기를 교대로 쌓는 것으로, 통줄눈이 생기지 않으며 내력벽을 만들 때 많이 이용되는 벽돌쌓기 방법은?

① 미국식 쌓기   ② 프랑스식 쌓기

③ 영국식 쌓기   ④ 영롱 쌓기

해설

영국식 쌓기의 방법인데, 이오토막과 칠오토막만 암기 했다면 이 문제를 틀릴 수 있다. 이 문제의 요점은 통줄눈이 안 생기고, 내력벽을 쌓는다는 것이 포인트다.

04 막구조에 대한 설명으로 틀린 것은?

① 넓은 공간을 덮을 수 있다.

② 힘의 흐름이 불명확하여 구조 해석이 난해하다.

③ 막재에는 항시 압축응력이 작용하도록 설계하여야 한다.

④ 응력이 집중되는 부위는 파손되지 않도록 조치해야 한다.

 해설

막구조는 넓은 공간을 덮을 수 있으며, 힘의 흐름이 불명확해 구조 해석이 어렵고, 응력이 집중되는 부위는 파손되지 않도록 조치해야 한다.

05 철근콘크리트 구조의 특성으로 옳지 않은 것은?

① 내구, 내화, 내풍적이다.
② 목구조에 비해 자체중량이 크다.
③ 압축력에 비해 인장력에 대한 저항능력이 뛰어나다.
④ 시공의 정밀도가 요구된다.

해설 ···

철근콘크리트 특성 : 내구, 내화, 내풍적 구조이며, 자중이 크다. 또한 인장력에 비해 압축력에 대한 저항이 뛰어나다.

06 조적조의 내벽력으로 둘러싸인 부분의 바닥면적은 몇 m² 이하로 해야 하는가?

① 80m²   ② 90m²
③ 100m²   ④ 120m²

해설 ···

조적조 내력벽의 바닥면적의 합계는 80m² 이하로 해야 한다.

07 바닥 등의 슬래브를 케이블로 매단 특수 구조는?

① 공기막 구조   ② 현수 구조
③ 커튼월 구조   ④ 셸 구조

해설 ···

• 공기막 구조 : 내부와 외부의 기압차에 의해 막면의 장력을 주는 구조
• 현수 구조 : 상판을 케이블을 사용하여 매달게 하는 구조로 인장응력에 의하여 하중을 지탱하고 대스판이 가능해 교량 등에 많이 이용되는 구조이다.
• 커튼월 구조 : 바닥 구조체에 외형을 부착하는 공법으로 벽체를 커튼식으로 매어단다는 형식을 일컫는다.
• 셸 구조 : 얇은 곡면의 판부재를 이용하여 곡면 내 응력을 대스판으로 처리하는 구조

08 각 건축구조에 관한 기술로 옳은 것은?

① 철골구조는 공사비가 싸고 내화적이다.
② 목구조는 친화감이 있으나 부패되기 쉽다.
③ 철근콘크리트 구조는 건식 구조로 동절기 공사가 용이하다.
④ 돌구조는 횡력과 진동에 강하다.

해설 ···

• 목구조 : 친화감이 있고 부패와 부식이 쉽다.
• 돌구조 : 압축력에 강하고 횡력과 지진력에 약하다.
• 철근콘크리트 구조 : 대표적인 습식 구조로 동절기에 취약하다.
• 철골구조 : 공사비가 비싸고 내화에 약하다.

09 목구조에서 기둥에 대한 설명으로 틀린 것은?

① 마루, 지붕 등의 하중을 토대에 전달하는 수직 구조재이다.
② 통재기둥은 2층 이상의 기둥 전체를 하나의 단일재로 사용하는 기둥이다.
③ 평기둥은 각 층별로 각 층의 높이에 맞게 배치되는 기둥이다.
④ 샛기둥은 본기둥 사이에 세워 벽체를 이루는 기둥으로, 상부의 하중을 대부분 받는다.

해설 ···

• 목구조의 샛기둥은 평기둥 사이에 세워서 벽체 구성과 가새의 옆 휨을 막는 역할을 하는 부재이다.
• 수직력을 막는 데는 좋으나 수평력에 약하다는 단점을 가지고 있다.

10 블록의 중공부에 철근과 콘크리트를 부어넣어 보강한 것으로써 수평하중 및 수직하중을 견딜 수 있는 구조는?

① 보강 블록조
② 조적식 블록조
③ 장막벽 블록조
④ 차폐용 블록조

해설

- 보강 블록조 : 통줄눈이 생기며 중공부에 철근과 콘크리트를 넣어 보강한 블록 구조
- 조적식 블록조 : 블록을 쌓아서 통줄눈이 생기지 않도록 교차해서 만든 구조
- 장막벽 블록조 : 칸막이 벽을 위해 구조적이지 않도록 쌓은 블록 구조(반자)
- 차폐용 블록조 : 폐쇄된 공간, 공간과 공간 사이를 차단하기 위해 천장 끝선까지 쌓아 올린 내력벽식 블록 구조(슬래브)

11 기초에 대한 설명으로 틀린 것은?

① 매트 기초는 부동침하가 염려되는 건물에 유리하다.
② 파일 기초는 연약지반에 적합하다.
③ 기초에 사용된 콘크리트의 두께가 두꺼울수록 인장력에 대한 저항 성능이 우수하다.
④ RCD 파일은 현장타설 말뚝기초의 하나이다.

해설

- 기초에는 콘크리트가 두껍다고 인장력이 강한 것이 아니라, 콘크리트와 철근의 적정 배치가 필요하다.
- RCD공법은 역순환 굴착공법으로 독일에서 개발한 현장 타설 말뚝공법으로 수압으로 타설 후 배관은 인입하는 공법이다.

12 아치벽돌을 사다리꼴 모양으로 특별히 주문 제작하여 쓴 것을 무엇이라 하는가?

① 본아치   ② 막 만든 아치
③ 거친아치   ④ 층두리 아치

해설

- 본아치 : 아치벽돌을 사다리꼴 모양으로 제작하는 아치로 구조 중 유일하게 주문제작을 해야 하는 아치
- 막 만든 아치 : 벽돌을 쐐기 모양으로 현장에서 다듬어서 사용하는 아치
- 거친아치 : 보통벽돌을 사용하고 줄눈을 쐐기모양으로 현장에서 시공하는 아치

- 층두리 아치 : 아치 나비가 넓을 때 여러 겹으로 겹쳐 쌓는 아치

13 다음 건축구조의 분류 중 일체식 구조에 해당하는 것은?

① 조적구조
② 철골철근콘크리트 구조
③ 조립식 구조
④ 목구조

해설

- 일체식 구조 : 철근콘크리트 구조
- 가구식 구조 : 목구조, 철골구조
- 조적식 구조 : 돌구조, 벽돌구조, 블록구조
- 복합식(혼합식) 구조 : 철골철근콘크리트 구조, 벽돌콘크리트 구조 등
- ＊ 따라서 본문에서는 지문의 형식이 조금 잘못되었지만 철골이 철근의 역할을 할 수 있기 때문에 일체식 구조로 볼 수 있다.

14 돌쌓기의 1켜의 높이는 모두 동일한 것을 쓰고 수평줄눈이 일직선으로 통하게 쌓는 돌쌓기 방식은?

① 바른층 쌓기   ② 허튼층 쌓기
③ 층지어 쌓기   ④ 허튼 쌓기

해설

- 바른층 쌓기 : 돌쌓기의 1켜의 높이는 모두 동일한 것을 쓰고 수평줄눈이 일직선으로 통하게 쌓는 돌쌓기 방법으로 돌을 수평 한 줄로 이어 쌓는 것을 켜라 하는데, 일직선으로 연속되게 쌓는 방법
- 허튼층 쌓기 : 바른층 쌓기와 반대적 개념으로 시공한 쌓는 방법
- 층지어 쌓기 : 돌을 2,3켜 정도 막 쌓고 일정 켜마다 수평줄눈이 생기도록 쌓는 방법
- 허튼 쌓기(메쌓기) : 돌의 생김에 따라 가로와 세로의 줄눈과 관계없이 마구잡이로 쌓는 방법

15 기둥과 기둥 사이의 간격을 나타내는 용어는?

① 아치   ② 스팬

③ 트러스   ④ 버트레스

해설

- 아치 : 둥근형으로 상부의 하중을 바닥으로 전달하는 아치
- 스팬 : 기둥과 기둥 사이
- 트러스 : 삼각형의 부재를 이어 만든 구조
- 버트레스 : 둥근 돔을 지지하여 하부로 수지으로 구조적 지지를 한 구조

16 철근콘크리트 기둥에서 주근 주위를 수평으로 둘러 감은 철근을 무엇이라 하는가?

① 띠철근   ② 배력근

③ 수축철근   ④ 온도철근

해설

- 띠철근 : 기둥에서 주근 주위를 벌어지지 않도록 수평으로 감아 좌굴을 방지하기 위한 철근
- 배력근 : 하중을 분산시키거나 균열을 제어할 목적의 보조 철근이다.
- 수축철근 : 온도철근과 같은 역할을 하는 철근
- 온도철근 : 온도변화에 의한 콘크리트 수축을 줄이기 위해 배근하는 망으로 된 보강철근
* 기둥은 띠철근, 같은 역할을 하지만 보에서는 늑근이라 한다.

17 목재 왕대공 지붕틀에 사용되는 부재와 연결 철물의 연결이 옳지 않은 것은?

① ㅅ자보와 평보 – 안장쇠

② 달대공과 평보 – 볼트

③ 빗대공과 왕대공 – 꺾쇠

④ 대공 밑잡이와 왕대공 – 볼트

해설

달대공과 평보는 감잡이쇠로 접합한다.

18 철근콘크리트 기둥에서 띠철근의 수직간격 기준으로 틀린 것은?

① 기둥 단면의 최소 치수 이하

② 종방향 철근지름의 16배 이하

③ 띠철근 지름의 48배 이하

④ 기둥 높이의 0.1배 이하

해설

- 철근의 역할은 상부에서 오는 주근의 수직하중으로 인한 좌굴 방지를 주목적으로 한다.
- 보의 늑근과 같은 역할을 한다.
- ø6 이상(보통 D10 이상)을 사용하고 간격 300mm 이하, 주근 지름의 16배 이하, 띠철근 지름의 48배 이하로 사용한다.

19 초고층 건물의 구조시스템 중 가장 적합하지 않은 것은?

① 내력벽 시스템

② 아웃거리 시스템

③ 튜브 시스템

④ 가새 시스템

해설

- 내력벽 시스템 : 벽체 전체가 힘을 받는 벽체로 내력벽 구조는 4~5개 층이 적당하다.
- 아웃거리 시스템 : 초고층 건물에서 횡력(풍하중, 지진하중)에 저항하기 위해 내부 코어와 외부 기둥을 매우 높은 강성을 갖도록 하는 캔틸레버 형태의 트러스나 벽체로 연결한 구조
- 튜브 시스템 : 외부의 기둥과 보를 강하게 연결하고 각 입면의 골조를 입체적으로 연결하여 개별적인 골조보다는 폐쇄형 단면 벽체와 같은 구조거동을 하도록 하는 수평하중에 강하게 저항하는 구조
- 가새 시스템 : 골조를 구성하는 부재들의 축 방향 강성에 의해 횡력을 지지하는 수직 캔틸레버 트러스 구조

20 입체트러스의 구조에 대한 설명으로 옳은 것은?

① 모든 방향에 대한 응력을 전달하기 위하여 절점은 항상 자유로운 핀(pin) 집합으로만 이루어져야 한다.

② 풍하중과 적설하중은 구조계산 시 고려하지 않는다.

③ 기하학적인 곡면으로는 구조적 결함이 많이 발생하기 때문에 주로 평면 형태로 제작된다.

④ 구성부재를 규칙적인 3각형으로 배열하면 구조적으로 안정이 된다.

해설

트러스 구조는 삼각의 틀을 가지고 있어 안정적 구조물이 된다.

21 강구조의 주각 부분에 사용되지 않는 것은?

① 윙 플레이트   ② 데크 플레이트
③ 베이스 플레이트   ④ 클립 앵글

해설

- 윙 플레이트 : 철골구조 기초의 보강을 위해 날개형으로 접합한 철물
- 데크 플레이트 : 철골조의 바닥면에 사용되는 판으로 상부에 철근과 콘크리트로 덮어 바닥면을 만든다.
- 베이스 플레이트 : 철골구조 기초에 설치되며 바닥면과 접합되는 첫 번째 구조물이다.
- 클립 앵글 : H빔의 하단부 보강을 위해 ㄴ자 형태로 덧대는 부재이다.

22 보 없이 바닥판을 기둥이 직접 지지하는 슬래브는?

① 드롭 패널   ② 플랫 슬래브
③ 캐피탈   ④ 워플 슬래브

해설

플랫 슬래브 구조는 무량판 구조라고도 불리며, 슬래브의 하중을 보가 지탱해주지 않고 기둥으로 직접 전달하는 구조이다.

23 벽돌조에서 내력벽의 두께는 당해 벽높이의 최소 얼마 이상으로 해야 하는가?

① 1/8   ② 1/12
③ 1/16   ④ 1/20

해설

벽돌조의 내력벽 두께는 벽높이의 $\dfrac{1}{20}$이다.

24 목조 벽체에 들어가지 않는 것은?

① 샛기둥   ② 평기둥
③ 가새   ④ 주각

해설

주각은 강재에서 사용되는 용어이다.

25 강구조의 특징을 설명한 것 중 옳지 않은 것은?

① 강도가 커서 부재를 경량화할 수 있다.

② 콘크리트 구조에 비해 강도가 커서 바닥진동 저감에 유리하다.

③ 부재가 세장하여 좌굴하기 쉽다.

④ 연성구조이므로 취성파괴를 방지할 수 있다.

해설

장점	단점
• 큰 스팬구조 가능 • 내구, 내진적 구조 • 강도가 커서 부재를 경량화할 수 있고, 균질도가 높다. • 연성구조로 취성파괴를 방지할 수 있다.	• 좌굴 발생 • 고온에 약하고 접합부의 주의를 요한다. • 고가이다 • 부재가 가늘고 세장(가늘고 길다)하여 좌굴하기 쉽다.

26 블록구조에 테두리보를 설치하는 이유로 옳지 않은 것은?

① 횡력에 의해 발생하는 수직균열의 발생을 막기 위해

② 세로철근의 정착을 생략하기 위해

③ 하중을 균등히 분포시키기 위해

④ 집중하중을 받는 블록의 보강을 위해

정답 20. ④   21. ②   22. ②   23. ④   24. ④   25. ②   26. ②

조적구조에서 테두리보는 기초부터 벽돌벽체의 마지막 부분에서 벽돌이 횡력에 의해 발생하는 수직균열의 발생을 막고, 하중을 균등히 분포시킨다. 또한 집중하중을 받는 부분의 보강을 위해 설치하는 보이다.

27 은행, 호텔 등의 출입구에 통풍, 기류를 방지하고 출입인원을 조절할 목적으로 쓰이며, 원통형을 기준으로 3~4개의 문으로 구성된 것은?

① 미닫이문　　　② 플러시문
③ 양판문　　　　④ 회전문

해설

• 미닫이문 : 문을 밀고 닫는 기능을 가진 문
• 플러시문 : 울거미 안에 중간 살을 250mm 이내로 배치하여 양면에 합판을 붙인 문
• 양판문 : 문의 울거미를 짜고 그 중간에 판자를 끼워 넣은 문
• 회전문 : 은행, 호텔 등의 출입구에 자연적인 통풍, 기류를 방지하고 출입인원을 조절할 목적으로 사용하는 문

28 벽돌쌓기 방법 중 프랑스식 쌓기에 대한 설명으로 옳은 것은?

① 한 켜 안에 길이쌓기와 마구리쌓기를 병행하여 쌓는 방법이다.
② 처음 한 켜는 마구리쌓기, 다음 한 켜는 길이쌓기를 교대로 쌓는 방법이다.
③ 5~6켜는 길이쌓기로 하고, 다음 켜는 마구리쌓기를 하는 방식이다.
④ 모서리 또는 끝부분에 칠오토막을 사용하여 쌓는 방법이다.

해설

① 프랑스식 쌓기
② 네덜란드식 쌓기 또는 영식 쌓기(마무리에 칠오토막이 들어가면 네덜란드식, 쌓기 마무리에 이오토막이 들어가면 영식 쌓기이다.)
③ 미식 쌓기
④ 네덜란드식 쌓기

29 연약지반에 건축물을 축조할 때 부동침하를 방지하는 대책으로 옳지 않은 것은?

① 건물의 강성을 높일 것
② 지하실을 강성체로 설치할 것
③ 건물의 중량을 크게 할 것
④ 건물은 너무 길지 않게 할 것

해설

부동침하 방지 대책
• 건물 자체의 중량을 가볍게 해서 지반에 영향을 주지 않는다.
• 건물의 길이가 길면 이질지층에 걸릴 수 있으므로 너무 길게 하지 않는다.
• 건물을 구조적으로 강하게 한다.
• 건물과 건물 간의 거리를 멀게 하여 공사의 시기가 달라도 주변 건물에 영향을 최소화한다.
• 경질지반은 지지하는 기초보를 최대한 넓게 만들어 기초를 지지한다.
• 마찰말뚝을 이용하여 타설하고 흙의 마찰을 높인다.
• 건물의 지하실 자체가 기초의 역할을 할 수 있도록 지하실을 설치한다.
• 같은 대지 내에 다른 지정을 두지 않는다.
• 토양의 시공 시 흙을 다지고, 지하수를 제거하고, 연약지반의 흙을 교체한다.

30 철근콘크리트 기초보에 대한 설명으로 옳지 않은 것은?

① 부동침하를 방지한다.
② 주각의 이동이나 회전을 원활하게 한다.
③ 독립기초를 상호간 연결한다.
④ 지진 발생 시 주각에서 전달되는 모멘트에 저항한다.

해설

기둥은 고정되어야 하는 부분이므로 주각의 이동이나 회전이 있어서는 안 된다.

31 건물의 주요 뼈대를 공장제작한 후 현장에 운반하여 짜 맞춘 구조는?

① 조적식 구조　　② 습식 구조
③ 일체식 구조　　④ 조립식 구조

해설

현대는 모듈화 구조로 공장에서 생산되어 현장에서는 조립만 하는 구조를 많이 사용한다.

32 목제 플러시 문(flush door)에 대한 설명으로 옳지 않은 것은?

① 울거미를 짜고 중간 살을 25cm 이내의 간격으로 배치한 것이다.
② 뒤틀림 변형이 심한 것이 단점이다.
③ 양면에 합판을 교착한 것이다.
④ 위에는 조그마한 유리창경을 댈 때도 있다.

해설

• 양판문 : 문의 울거미를 짜고 그 중간에 판자를 끼워 넣은 문으로, 옛날 한옥의 대문 및 주방에서 사용하는 나무문이라고 이해하면 쉬울 듯하다. 양판문의 선대 크기는 1.5~2.5배로 해서 문의 아랫부분의 흔들림을 보강해야 한다.
• 플러시문 : 울거미 안에 중간 살을 250mm 이내로 배치하여 양면에 합판을 붙인 문으로 현대식의 모든 주택 방문이 플러시문을 사용한다.
• 완자문 : 격자 모양으로 살을 대어 만든 문을 말한다.
• 아자문 : 한문 亞자의 모양과 닮은꼴로 살을 대어 만든 문
• 교살문 : 交籬 문으로 살을 사선 교체식으로 엮은 문을 말한다.
• 세살문 : 細籬 문으로서 가는 살을 엮어서 만든 문을 말한다.
• 만자문 : 卍字 문으로 불교의 만자 모양으로 살을 엮어 만든 문을 말한다.

33 벽돌 내쌓기에서 한 켜씩 내쌓을 때의 내미는 길이는?

① (1/2)B　　② (1/4)B
③ (1/8)B　　④ 1B

해설

• 벽돌 내쌓기의 내미는 한도는 (1/8B)이다.
• 1/8B 2번, 1/4B 두 장을 연달아 쌓는 구조가 내어쌓기 또는 내쌓기라고 한다.

34 철근콘크리트 구조형식으로 가장 부적합한 것은?

① 트러스 구조　　② 라멘 구조
③ 플랫슬래브 구조　　④ 벽식 구조

해설

철근콘크리트 구조는 일체식 구조로서 가구식 구조인 트러스 구조에 사용하기 어렵다.

35 내면에 균일한 인장력을 분포시켜 얇은 합성수지 계통의 천을 지지하여 지붕을 구성하는 구조는?

① 입체트러스 구조　　② 막구조
③ 절판구조　　④ 조적식 구조

해설

• 입체트러스 구조 : 스페이스 프레임이 대표적이며, 단일 부재를 입체적으로 조합하는 구조
• 막구조 : 내면에 균일한 인장력을 분포시켜 얇은 합성수지 계통의 천을 지지하여 지붕을 구성하는 구조
• 절판구조 : 요철로 접은 평면의 판은 일반 평면보다 전단력이 강한 부분을 이용한 구조
• 조적식 구조 : 벽돌 및 돌 등을 쌓아 올린 구조

36 슬래브의 장변과 단변의 길이의 비를 기준으로 한 슬래브에 해당하는 것은?

① 플랫 슬래브　　② 2방향 슬래브
③ 장선 슬래브　　④ 원형식 슬래브

해설

• 플랫 슬래브 : 무량판 구조로 기둥이 있지만 보가 없는 구조
• 2방향 슬래브 : 슬래브의 장변과 단변의 길이를 비를 기준한 슬래브

- 장선 슬래브 : 좁은 간격의 보(장선)와 슬래브가 강결 (강한 결속)한 슬래브
- 원형식 슬래브 : 원형슬래브라 하며 CFT공법으로 육교 하부에 원통형 금속을 설치하고 콘크리트를 압입하는 방법으로 시공하는 슬래브

37 다음 중 막구조가 아닌 것은?

① 서울 월드컵경기장
② 서귀포 월드컵경기장
③ 인천 월드컵경기장
④ 수원 월드컵경기장

해설

제주(서귀포) 월드컵경기장은 현수 구조로 된 구조물이다.

38 다음 중 엘리베이터의 장점에 대한 설명이 옳지 않은 것은?

① 2대 이상의 승강기를 설치할 경우 화재가 났을 때 소화에 지장이 없도록 반드시 양측에 분산 배치해야 한다.
② 비상용 엘리베이터는 비상용 소방설비 단자와 연결되어 있어야 한다.
③ 엘리베이터는 장비의 이상발생 시 대형사고의 우려가 있어 반드시 안전장치를 갖추고 만약의 사고에 대비해야 한다.
④ 출발 기준층에서 승객을 싣고 출발하여 각 층에 서비스한 후 출발 기준층으로 되돌아와 다음 서비스를 위해 대기하는 데까지 총시간을 일주시간이라 한다.

해설

- 엘리베이터
  - 승강기라 불리며 사람이나 물건을 상자 모양의 용기에 싣고 건물의 층 사이를 위아래로 나르는 장치
  - 쓰임에 따라 사람을 태우는 승객용, 짐을 싣는 화물용, 환자를 태우는 환자 전용, 자동차를 싣는 자동차용 등으로 나눈다.

- 로프 양쪽 끝에 사람이 타는 커다란 궤(카)와 무거운 추가 각각 매달려 우물의 두레박처럼 작은 힘으로도 도르래를 돌려 엘리베이터를 움직일 수 있는 구조이다.
  - 엘리베이터는 장비의 이상발생 시 대형사고의 우려가 있어 반드시 안전장치를 갖추고 만약의 사고에 대비해야 한다.
- 비상용 승강기 안전기준
  - 고층건물의 높이에 따른 비상용 승강설비가 반드시 설치되어야 하고 일반용 승강기와는 별도로 화재 발생 시 피난통로가 확보되도록 옹벽으로 설치된 구조물이 건물 양측에 분산 배치되어야 한다.
  - 비상용 엘리베이터는 비상용 소방설비 단자와 연결되어 있어야 한다.
  - 엘리베이터는 장비의 이상발생시 대형사고의 우려가 있어 반드시 안전장치를 갖추고 만약의 사고에 대비해야 한다.
- ※ 일주시간 : 승강기의 인원 기준은 출발 기준층에서 승객을 싣고 출발하여 각 층에 서비스한 후 출발 기준층으로 되돌아와 다음 서비스를 위해 대기하는 데까지 총 시간을 계산하여 엘리베이터의 댓수를 산정한다.

39 철근의 정착에 대한 설명 중 옳지 않은 것은?

① 철근의 부착력을 확보하기 위한 것이다.
② 정착 길이는 콘크리트의 강도가 클수록 짧아진다.
③ 정착 길이는 철근의 지름이 클수록 짧아진다.
④ 정착 길이는 철근의 항복 강도가 클수록 길어진다.

해설

철근 정착은 철근의 부착력을 확보하기 위해 실시하는 것인데, 정착 길이는 콘크리트의 강도가 클수록 짧아지고 철근의 지름이 작을수록 짧아진다. 또한 철근의 항복 강도가 클수록 길어진다.

40 계단식으로 된 컨베이어로서, 일반적으로 30°
이하의 기울기를 가지는 트러스에 발판을 부
착시켜 레일로 지지한 구조체를 무엇이라 하
는가?

① 엘리베이터　　　② HA시스템
③ 이동보도　　　　④ 에스컬레이터

 해설

• 엘리베이터 : 건축구조 38번 문제 해설 참고
• HA시스템 : 인터폰 설비로 비상승강기 등과 같이 설치
　되는 안전시스템이며, 비상용 승강기는 정전을 대비하
　여 반드시 비상용 통신단자와 연결되어 있어야 한다.
• 이동보도
　－ 평면으로 된 인승용 컨베이어로서, 일반적으로 0°
　　~15° 이하의 기울기를 가지며 12°가 가장 안정적인
　　각도이다.
　－ 수송량에 비해 점유면적이 작다.
　－ 대기시간이 없고 연속적인 수송설비이다.
　－ 수송능력이 매우 크다.
　－ 승강 중 주위가 오픈되므로 주변 광고효과가 크다.
• 에스컬레이터
　－ 계단식으로 된 컨베이어로서, 일반적으로 30° 이하
　　의 기울기를 가지는 트러스에 발판을 부착시켜 레
　　일로 지지한 구조체를 말한다.
　－ 수송량에 비해 점유면적이 작다.
　－ 대기시간이 없고 연속적인 수송설비이다.
　－ 수송능력이 매우 크다.
　－ 승강 중 주위가 오픈되므로 주변 광고효과가 크다.

Chapter 2 기출문제(과목별 기출유형 분석)

* 본 기출문제의 풀이는 산업인력공단의 기출문제를 근거로 작성되었으며, 모든 문제의 권한은 산업인력공단에 있음.

인테리어의 역사

01 조선시대 주택에서 남자 주인이 거처하던 방으로서 서재와 남자손님의 접객으로 사용된 공간은?

① 안방　　　　　　② 대청
③ 침방　　　　　　④ 사랑방

해설
- 안방 : 집의 가장 또는 주인 부부가 기거하는 곳으로 사용
- 마루(대청마루, 쪽마루) : 현대의 거실 용도로 사용되었으며, 남자 주인이 지시를 하는 공간으로도 사용
- 침방(안채) : 잠을 자는 방으로 주로 여자 주인이 기거를 하거나 작업(바느질) 공간으로 활용된 공간으로 사용. 보통 집의 뒤편에 위치
- 사랑방 : 남자 주인이 거처하는 방으로 주로 남자 접객의 공간으로 사용. ㄷ자형 주택에서는 주택의 전면부 돌출 부위에 많이 위치한다.
- 부엌 : 주로 여자 주인의 작업공간으로 사용. 난방시설의 용도를 겸하고 있는 것이 특징이다.
- 외양간 : 소, 말, 돼지 등과 같은 가축 및 창고로 사용
- 장독대 : 주방에서 사용할 식자재를 보관하는 용도로 사용되었으며, 외부에 노출된 공간으로 경계 턱만 높여 사용

02 양식주택과 비교한 한식주택의 특징에 관한 설명으로 옳지 않은 것은?

① 공간의 융통성이 낮다.
② 가구는 부수적인 내용물이다.
③ 평면은 실의 위치별 분화이다.
④ 각 실의 프라이버시가 약하다.

해설

구분	한식주택	양식주택
평면	각 실이 서로 연관성이 존재하고 있으며, 각 실이 복합적 공간으로 구성되어 있다.	각 실의 분화가 되어 개별적 독립공간의 프라이버시가 높고, 기능별로 구분되어 있으며 실별 단일 용도의 기능을 수행한다.
구조	목조로 만든 가구식 구조를 사용하고, 바닥이 높고 개구부가 크다.	조적식 벽체를 주로 사용하거나 패널을 이용한 나무 벽체를 사용하며, 바닥이 낮고 개구부가 낮은 편이다.
용도	실별 기능이 혼용되어 있다.	실별 기능이 분리되어 있다.
문화	앉아서 생활하는 좌식문화이다.	서서 생활하는 입식문화이다.
내장재	이동이 가능한 부수적 시설물이다.	주택공간 구성에 있어 매우 중요한 구성물로 취급된다.

03 고대 로마시대 음식물을 먹거나 잠을 자기 위해 사용했던 긴 의자로 몸을 기댈 수 있도록 좌판의 한쪽 끝이 올라간 형태를 가진 것은?

① 세티　　　　　　② 카우치
③ 체스터필드　　　④ 라운지소파

해설
- 세티 : 2인용 소파로 볼 수 있으며, 17세기 영국에서 시작되어 대기실에 많이 사용되는 용도의 의자이다.(예 신부 대기실 의자)
- 카우치 : 이집트 문명부터 지배계층의 권위와 편리성을 위해 음식물을 먹거나 잠을 자기 위해 사용했던 긴 의자로 몸을 기댈 수 있도록 좌판의 한쪽 끝이 올라간 형태의 의자

정답 01. ④　02. ①　03. ②

- 체스터필드 : 팔걸이와 등판이 있는 앤티크한 의자로 쿠션 속을 두툼하게 채우고 직물로 씌워 만든 의자
- 라운지 소파 : '축 늘어져서 편히 쉰다'의 의미로 소파의 면적이 넓고 현대에서 가장 많이 사용하는 직사각형 모양의 소파

04 다음 중 고대 그리스 건축의 오더에 속하지 않는 것은?

① 도리아식 ② 터스칸식
③ 코린트식 ④ 이오니아식

해설

- 도리아식 : 북쪽에서 남하한 도리아 인이 만든 양식으로 절제된 미각을 지니며, 주춧돌이 없고 기단에 바로 기둥을 세우고 주각 부분이 네모판 꼴 모양인 건축양식
- 터스칸식 : 이탈리아 로마의 건축양식으로 도리아식 오더의 기본적인 특징을 따르고 있지만 기둥 부분이 보다 단순화 되어 있고, 엔터블러처도 매끈하게 처리되거나 장식이 거의 없다.
- 코린트식 : 그리스 코린트 도시의 이름을 따서 만든 양식으로 아칸서스 꽃잎이 펼쳐진 것과 같은 아름다운 문양을 기둥 각주에 새겨 넣은 방식으로 매우 여성스러운 건축양식
- 이오니아식 : 동쪽에 사는 이오니아 인이 만든 양식으로 그리스 3대 기둥의 하나이며, 머리끝이 양머리 모양으로 둥글게 말린 형식으로 볼류트 장식이라 불리는 건축양식

05 조선시대의 주택 구조에 관한 설명으로 옳지 않은 것은?

① 주택공간은 성(性)에 의해 구분되었다.
② 안채는 가장 살림의 중추적인 역할을 하던 장소이다.
③ 사랑채는 남자 손님들의 응접공간으로 사용되었다.
④ 주택은 크게 사랑채, 안채, 바깥채의 3개의 공간으로 구분되었다.

해설

조선시대의 주택구조는 안채, 바깥채, 사랑채와 부엌, 하인의 침실, 외양간, 장독대 등으로 구분된다.

실내건축 공간구획론

01 천장과 더불어 실내공간을 구성하는 수평적 요소로 인간의 감각 중 시각적, 촉각적 요소와 밀접한 관계를 갖는 것은?

① 벽 ② 기둥
③ 바닥 ④ 개구부

해설

- 수직적 요소 : 벽, 기둥, 개구부
- 수평적 요소
  - 바닥 : 저채도, 저명도를 가지고 있으며, 시각적인 중량감을 나타낸다.
  - 천장 : 고채도, 고명도를 지니고 있으며, 가볍고 밝은 느낌의 색상을 표현해서 조명의 반사광을 더욱 활성화 시키는 것이 좋다.

02 다음에서 나타나는 벽체의 설명으로 옳지 않은 것은 무엇인가?

① 공간과 공간을 시각적으로 분리한다.
② 천장과 바닥을 구조적으로 지지한다.
③ 외부의 바람, 소리, 열의 이동 등을 차단한다.
④ 공간을 구성하는 수평적 요소이다.

해설

벽체 : 화분, 가구, 낮은 칸막이 또는 TV로도 공간을 시각적으로 분리시킬 수 있다.

03 어느 실내공간을 실제 크기보다 넓어 보이게 하려는 방법으로 옳지 않은 것은?

① 창이나 문 등을 크게 한다.
② 벽지는 무늬가 큰 것을 선택한다.
③ 큰 가구는 벽에 부착시켜 배치한다.
④ 질감이 거친 것보다 고운 마감재료를 선택한다.

실내공간의 크기를 넓게 보이는 방법
- 창이나 문 등을 크게 한다.
- 거울이나 반사경을 이용하여 좁은 쪽 벽면에 배치한다.
- 큰 가구는 벽에 부착시켜 배치한다.
- 질감이 거친 것보다 고운 마감재료를 선택한다.
- 밝은 톤의 색상을 선택하여 넓게 보이도록 유도한다.

04 실내디자인 요소에 관한 설명으로 옳은 것은?

① 천장은 바닥과 함께 공간을 형성하는 수직
적 요소이다.
② 바닥은 다른 요소들에 비해 시대와 양식
에 의한 변화가 현저하다.
③ 기둥은 선형의 수직 요소로 벽체를 대신하
여 구조적인 요소로만 사용된다.
④ 벽은 공간을 에워싸는 수직적 요소로 수
평방향을 차단하여 공간을 형성하는 기능
을 갖는다.

- 천장 : 바닥과 함께 공간을 형성하는 수평적 요소이다.
- 바닥 : 바닥은 다른 요소들에 비해 시대와 양식에 의한
  변화가 다양하게 일어난다.
- 기둥 : 선형의 수직 요소로 벽체를 대신하여 구조적인
  요소로 사용되기도 하지만 시각적 유도가 일어나기 때
  문에 인테리어 요소로 사용된다.
- 벽체 : 벽은 공간을 에워싸는 수직적 요소로 수평방향
  을 차단하여 공간을 형성하는 기능을 갖는다.

05 다음 중 실내디자인을 평가하는 기준과 가장
거리가 먼 것은?

① 경제성   ② 기능성
③ 주관성   ④ 심미성

- 건축의 3요소 : 구조, 기능, 미
- 실내디자인의 4요소 : 기능성, 심미성, 실용성, 경제성

06 상점 쇼윈도 전면의 눈부심 방지 방법으로 틀
린 것은?

① 차양을 쇼윈도에 설치하여 햇빛을 차단한
다.
② 쇼윈도 내부를 도로 면보다 약간 어둡게
한다.
③ 유리를 경사지게 처리하거나 곡면유리를
사용한다.
④ 가로수를 쇼윈도 앞에 심어 도로 건너편
건물의 반사를 막는다.

쇼윈도 내부를 도로 면보다 밝게 하여 전시된 상품이 보
이도록 하는 것이 유리하다.

07 특정한 사용 목적이나 많은 물품을 수납하기
위해 건축화된 가구는 무엇인가?

① 가동 가구
② 이동 가구
③ 붙박이 가구
④ 모듈러 가구

건축화 가구
- 공사 시 설치되는 가구로 이동이 불가능하다.
- 특정한 사용 목적이나 많은 물품을 수납하기 위해 건축
  화된 가구
- 파손 및 오염 발생 시 비용 발생이 크다.
- 장기로 인한 변색 발생 시 미적 기능을 상실한다.

08 다음 중 실내디자인의 진행 과정에 있어서 가
장 먼저 선행되는 작업은?

① 조건 파악   ② 기본계획
③ 기본 설계   ④ 실시설계

조건 파악-기본 설계-실시설계-감리설계

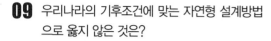

09 우리나라의 기후조건에 맞는 자연형 설계방법으로 옳지 않은 것은?

① 겨울철 인사획득을 높이기 위해 경사지붕보다 평지붕이 유리하다.

② 건물의 형태는 정방형보다 동서축으로 약간 긴 장방형이 유리하다.

③ 여름철에 증발냉각 효과를 얻기 위해 건물 주변에 연못을 설치하면 유리하다.

④ 여름에는 일사를 차단하고 겨울에는 일사를 획득하기 위한 차양설계가 필요하다.

해설

우리나라의 기후조건은 사계절의 기후조건으로 여름에는 덥고 겨울에는 추운 형태의 전형적인 온난기후대의 기온을 보인다. 그런 이유로 건축물의 무게, 크기, 형태 및 지붕의 경사각 등이 중요한 부분이며, 일조 통풍, 방위 또한 중요한 요소이다. 남향의 조건이 유리하며, 지붕은 30~40도의 경사 물매각을 두는 것이 좋다. 건물은 동서축으로 긴 장방향이 좋고, 계절에 따른 일사 및 일조의 확보 및 차단을 위한 장치가 필요하다.

10 다음 중 실내 공간을 실제 크기보다 넓게 보이게 하는 방법으로 가장 알맞은 것은?

① 큰 가구를 중앙에 배치한다.

② 질감이 거칠고 무늬가 큰 마감재를 사용한다.

③ 창이나 문 등의 개구부를 크게 하여 시선이 연결되도록 한다.

④ 크기가 큰 가구를 사용하고 벽이나 바닥면에 빈 공간을 남겨두지 않는다.

해설

• 창이나 문 등 개구부를 크게 한다.
• 벽지와 같은 마감재는 무늬가 작거나 없는 것을 선택한다.
• 큰 가구는 벽에 부착시켜 배치한다.
• 질감이 거친 것보다 고운 마감재료를 선택한다.

11 다음 중 측면 판매 형식의 적용이 가장 곤란한 상품은?

① 서적   ② 침구

③ 서재   ④ 부엌

해설

상품의 측면 판매란 고객과 직접적으로 마주하지 않고 상품의 설명을 진행하는 방식으로 상품이 크거나 상품을 고객이 쳐다보며 선택하도록 측면에 판매원이 서서 상품 설명을 진행하는 방식이다.

12 실내공간을 형성하는 기본 구성요소 중 다른 요소들에 비해 시대와 양식에 의한 변화가 거의 없는 것은?

① 벽   ② 바닥

③ 천장   ④ 지붕

해설

실내공간에서 시대적 유행과 변화를 거의 받지 않은 것은 바닥재이다. 그 이유로 바닥재는 다른 자재에 비해 상대적으로 어두운 색채를 띠며, 돌 또는 대리석 등으로 천장이나 벽체의 인테리어 유형에 대한 변화를 받아들이는 요소로 무리가 없다.

실내건축 공간별 계획

01 상업공간의 동선계획으로 바르지 않는 것은?

① 종업원의 동선은 길이를 짧게 한다.

② 고객동선은 행동의 흐름이 막힘이 없도록 한다.

③ 종업원 동선은 고객동선과 교차되지 않도록 한다.

④ 고객동선은 길이를 될 수 있는 대로 짧게 한다.

조업원의 동선 길이는 짧은 것이 좋고, 고객동선은 행동의 제약이 있으면 안 된다. 고객이 자유롭게 상품을 볼 수 있도록 유도하며, 종업원의 동선과 교차되게 하여 고객의 흐름을 막지 않고 가급적 길게 두어 많은 선택을 가능하도록 유도한다.

02 주택계획에 대한 설명으로 틀린 것은?

① 침실의 위치는 소음원이 있는 쪽은 피하고 정원 등의 공지에 면하도록 하는 것이 좋다.
② 부엌의 위치는 항상 쾌적하고, 일광에 의한 건조 소독을 할 수 있는 남쪽 또는 동쪽이 좋다.
③ 리빙 다이닝 키친(LDK)은 대규모 주택에서 주로 채용되며 작업동선이 길어지는 단점이 있다.
④ 거실의 형태는 일반적으로 정사각형의 형태가 직사각형의 형태보다 가구의 배치나 실의 활용에 불리하다.

해설

LDK주방은 식사와 거실 그리고 주방을 하나의 형태로 묶은 주방 유형으로 원룸이나 좁은 주택에서 많이 사용되는 주방 구조이다.

03 주택의 평면계획에 대한 설명으로 틀린 것은?

① 부엌, 욕실, 화장실은 각각 분산 배치하고 외부와 연결한다.
② 침실은 독립성을 확보하고 다른 실의 통로가 되지 않도록 한다.
③ 각 실의 방향은 일조, 통풍, 소음, 조망 등을 고려하여 결정한다.
④ 각 실의 관계가 깊은 것은 인접시키고 상반되는 것은 격리시킨다.

해설

주택의 평면계획은 부엌, 욕실, 화장실과 같은 관계가 깊은 공간은 인접시키고 각 실의 기능과 상반되는 것과 프

라이버시가 중요시 되는 공간은 격리시킨다. 중요한 부분은 외부와 단절하는 계획을 해야 한다. 또한 침실은 독립성을 확보하고 다른 실의 통로가 되지 않도록 구성하며, 각 실의 방향은 일조, 통풍, 소음, 조망 등을 고려하여 배치를 결정한다.

04 주택의 부엌가구 배치 유형 중 실내의 벽면을 이용하여 작업대를 배치한 형식으로 작업 면이 넓어 효율이 가장 좋은 형식은?

① 일자형
② L자형
③ ㄷ자형
④ 아일랜드형(섬형)

해설

• 일자형 : 모든 작업대를 일렬로 배열하는 방법이다. 이 배치 방법은 작업동선이 길어지는 단점이 생기므로 가급적 3,000mm를 넘지 않도록 해야 한다. L.D.K 방식에 적합한 배치 방법이다.
• 병렬형 : 마주보고 있는 양쪽 벽면을 이용하여 작업대를 배치하는 방법이다. 작업자가 방향을 바꿔서 작업이 가능하므로 동선거리를 단축시키는 장점이 있다.
• ㄱ자형 : 직각으로 맞닿은 두 벽면에 작업대를 ㄱ자 모양으로 설치하는 방법이다. 한쪽 벽면에 싱크대, 다른 한 벽면에 레인지를 배치하는 것이 능률적이며, ㄱ자로 꺾인 부분의 중심에 서서 작업을 하면 작업동선이 짧고 식사 및 공간적 활용의 효율적인 배치 형태이다.
• ㄷ자형 : ㄱ자형과 마찬가지로 직각으로 맞닿은 세 벽면에 작업대를 배치함으로써 효과적이고 짜임새 있는 배열 형태이다. 일반적으로 중앙에 개수대를 두고 양쪽 부분으로 냉장고, 싱크대, 가열대나 준비대를 두고 다른 쪽 벽면에 조리대, 레인지를 배치하면 작업 범위가 좁아지기 때문에 작업공간의 활용도가 높다.
• 아일랜드형(Island) : 주로 주방의 면적이 크거나, 주방만이 따로 실로 구분된 독립형 주방에서 많이 사용되는 방식으로 병렬형 작업대의 가운데 섬과 같이 하나의 작업대를 따로 배치한 형태이다. 식당 및 상업공간의 주방에서 많이 사용한다.

05 상업공간의 실시설계 단계에서 진행되지 않는 사항은 어느 것인가?

① 내구성, 마감효과, 경제성을 고려한 마감재와 시공법을 확정한다.

② 업종에 따른 판매대의 유형, 크기 등을 결정하고 설치 가구에 따른 조명기구의 선택 및 조명 방식을 결정한다.

③ 상품, 설비, 가구의 배치와 동선계획, 공간의 구획 등을 종합적으로 검토한다.

④ 시공과 관련된 법규를 검토한다.

해설

• 상업공간의 실시설계 단계는 마감재와 내구성, 마감효과, 경제성을 고려한 마감재와 시공법을 확정하고 실제 공사에 필요한 제반 사항을 점검한다. 또한 시공을 위한 업종에 따른 판매대의 유형, 크기 등을 결정하고 설치 가구에 따른 조명기구의 선택 및 조명 방식을 결정한다.

• 상품, 설비, 가구의 배치와 동선계획, 공간의 구획 등을 종합적으로 검토한다.

• 시공과 관련된 법규 및 검토는 계획 단계이다.

06 다음 설명에 알맞은 상점의 진열 및 판매대 배치 유형은?

> • 판매대가 입구에서 내부 방향으로 향하여 직선적인 형태로 배치되는 형식이다.
> • 통로가 직선적이어서 고객의 흐름이 빠르다.

① 굴절배치형　　　② 직렬배치형
③ 환상배치형　　　④ 복합배치형

해설

• 직렬배치형 : 판매대가 입구에서 내부 방향으로 향하여 일직선 형태로 배치된 형식으로 상품의 전달과 고객동선의 흐름이 가장 빠른 구조이다.

• 굴절배치형 : 판매대가 곡선 또는 굴절된 형태로 배치된 형식으로 대면 판매 및 측면 판매가 조합된 형식이다. 고객과 직접 대면을 하거나 직접 대면이 부담스러운 고객에게는 측면 대응이 가능한 방식이다.

• 환상배치형 : 판매대가 매장 중앙에 둥근 형태(Loop)로 배치된 형식으로 대면 판매 및 측면 판매를 병행할 수 있다.

• 복합배치형 : 두 가지 이상의 배치 방식을 섞어서 배치하는 형태로 대형 매장 및 쇼핑몰에서 매우 유리하다.

07 LDK형 단위주거에서 D가 의미하는 것은?

① 거실　　　　　② 식당
③ 부엌　　　　　④ 화장실

해설

LDK(Living Dining Kitchen) : 거실, 식사공간, 주방이 하나로 이어지도록 설계해 통일감과 개방감을 높인 구조를 말한다. 식당과 거실, 주방을 개방함으로써 벽으로 손실되는 공간을 줄일 수 있는 장점이 있다.

08 다음의 부엌 가구 배치 유형 중 좁은 면적 이용에 가장 효과적이며 주로 소규모 부엌에 사용되는 것은?

① 일자형　　　　② L자형
③ 병렬형　　　　④ U자형

해설

실내건축 공간별 계획 6번 문제 해설 참고

09 다음 설명에 알맞은 부엌의 작업대 배치 방식은 무엇인가?

> • 인접한 세 벽면에 작업대를 붙여 배치한 형태이다.
> • 비교적 규모가 큰 공간에 적합하다.

① 일렬형　　　　② ㄴ자형
③ ㄷ자형　　　　④ 병렬형

해설

실내건축 공간별 계획 6번 문제 해설 참고

10 주거공간을 주 행동에 의해 구분할 경우, 다음 중 사회적 공간에 해당하는 것은?

① 거실 　　　　② 침실
③ 욕실 　　　　④ 서재

주거공간의 행동적 유형을 기준한 공간 분석
- 거실 : 가족의 화목 및 단란한 사회적 공간
- 침실 : 개인적 프라이버시와 휴식을 위한 공간
- 욕실 : 위생공간으로 가장 프라이버시가 보호되어야 하는 공간
- 서재 : 작업 및 취미활동을 동반한 제반 활동이 가능한 공간

11 주택의 거실에 대한 설명으로 틀린 것은?

① 다목적 기능을 가진 공간이다.
② 가족의 휴식, 대화, 단란한 공동생활의 중심이 되는 곳이다.
③ 전체 평면의 중앙에 배치하여 각 실로 통하는 통로로서의 기능을 부여한다.
④ 거실의 면적은 가족 수와 가족의 구성 형태 및 거주자의 사회적 지위나 손님의 방문빈도와 수 등을 고려하여 계획한다.

주택의 거실
- 다목적 기능을 가진 공간으로 가족의 휴식, 대화, 단란한 공동생활의 중심이 되는 곳이다.
- 거실은 계획단계에서 각 방과의 동선을 고려하여 가족 구성원의 동선이 교차되지 않도록 구성해야 하며, 가족 구성원의 분석, 주택의 주용도, 사용하는 구성원에 대해 사전 조사를 시행하고 생활방식을 고려하여 계획해야 한다.
- 거실의 면적은 가족 수와 가족의 구성 형태 및 거주자의 사회적 지위나 손님의 방문빈도와 수 등을 고려하여 계획한다.

12 다음 중 공간 배치 및 동선의 편리성과 가장 관련이 있는 실내디자인의 기본 조건은 무엇인가?

① 경제적 조건 　　② 환경적 조건
③ 기능적 조건 　　④ 정서적 조건

실내디자인의 기본 조건
- 기능적 조건 : 사용 목적에 맞게 공간의 규모, 배치 및 동선과 기능을 수행하는 조건
- 정서적 조건 : 클라이언트의 요구조건 수용, 직업 및 취미 등을 고려한 정서적 요구 충족 조건
- 물리, 환경적 조건 : 기후 및 기상, 자연적 조건으로부터 요구되는 조건
- 경제적 조건 : 클라이언트의 경제적 또는 상업공간 내의 이익적 조건

13 부엌의 기능적인 수납을 위해서는 기본적으로 4가지 원칙이 만족되어야 하는데, 다음 중 "수납장 속에 무엇이 들었는지 쉽게 찾을 수 있게 수납한다."와 관련된 원칙은 무엇인가?

① 접근성 　　　　② 조절성
③ 보관성 　　　　④ 가시성

부엌의 기능적 수납의 4가지 원칙
- 접근성 : 자주 사용하는 것은 눈높이 가까이에 둔다.
- 조절성 : 무게에 따른 위치를 선정해서 놓는다.
- 보관성 : 자주 쓰는 물건은 개방된 선반에 정리한다.
- 가시성 : 수납장 속에 무엇이 들었는지 쉽게 찾을 수 있게 수납한다.

14 주거공간을 주 행동에 의해 구분할 경우, 다음 중 사회공간에 속하지 않는 것은?

① 거실 　　　　② 식당
③ 서재 　　　　④ 응접실

주거공간의 행동적 유형을 기준한 공간 분석
- 거실 : 가족의 화목 및 단란한 사회적 공간

- 식당 : 가족 간의 식사 및 차 등과 같은 대화 등을 위한 공간
- 서재 : 작업 및 취미활동을 동반한 제반 활동이 가능한 공간
- 응접실 : 거실과 같은 기능을 보유하고 있으며 외부의 방문객을 포함하는 공간

해설

실내건축 공간별 계획 6번 문제 해설 참고

15 상점의 판매 형식 중 대면 판매에 관한 설명으로 옳지 않은 것은?

① 상품 설명이 용이하다.
② 포장대나 계산대를 별도로 둘 필요가 없다.
③ 고객과 종업원이 진열장을 사이로 상담 및 판매하는 형식이다.
④ 상품에 직접 접촉하므로 선택이 용이하며 측면 판매에 비해 진열 면적이 커진다.

해설

구분	방식	장점	단점
대면 판매	고객과 판매원이 진열장을 사이에 두고 판매하는 형식이다.	상품 설명이 용이하며, 포장대나 계산대를 별도로 둘 필요가 없다.	진열면적이 감소되고 쇼케이스가 많아지면 상점 분위기가 부드럽지 않다.
측면 판매	진열상품을 같은 방향으로 보면서 판매하는 형식을 말한다.	충동적 구매와 선택이 용이한 장점이 있으며, 진열면적이 커지고 상품에 친근감이 생긴다.	판매원은 위치를 잡기 어렵고 불안정하며, 상품 설명이나 포장이 불편하다.

16 다음 설명에 알맞은 부엌가구의 배치 유형은?

- 작업대를 중앙에 놓거나 벽면에 직각이 되도록 배치한 형태이다.
- 주로 개방된 공간의 오픈 시스템에서 사용된다.

① ㄱ자형
② ㄷ자형
③ 병렬형
④ 아일랜드형

17 거실에 식사공간을 부속시킨 형식으로 식사 도중 거실의 고유 기능과 분리가 어려운 단점이 있는 형식은?

① 리빙키친(living kitchen)
② 다이닝포치(dining porch)
③ 리빙다이닝(living dining)
④ 다이닝키친(dining kitchen)

해설

구분	역할
Living Dining	거실에 식당을 두는 구조를 말한다. 동선이 길어져 조리된 음식을 가지고 이동해야 하는 단점이 있으나 넓은 공간에서 편안한 식사와 대화가 가능하다는 장점이 있다.
Dining Kitchen	주방과 다이닝 룸이 한 공간에 있고 거실이 어느 정도 독립되어 있는 구조를 말한다. 거실이 독립적 구성으로 다소 구분된 구조로 조리기구 등이 시야를 벗어나기 때문에 거실이 깔끔해 보인다는 장점이 있다.
Living Dining Kitchen	거실, 식사공간, 주방이 하나로 이어지도록 설계해 통일감과 개방감을 높인 구조를 말한다. 식당과 거실, 주방을 개방함으로써 벽으로 손실되는 공간을 줄일 수 있는 장점이 있다.
Dining	거실만의 독립적 구조를 가지고 있으며, 각 실의 프라이버시가 존중되는 장점이 있다.

18 거실의 가구 배치 방법 중 가구를 두 벽면에 연결시켜 배치하는 형식으로 시선이 마주치지 않아 안정감이 있는 것은?

① 직선형
② 대면형
③ ㄱ자형
④ ㄷ자형

해설

실내건축 공간별 계획 6번 문제 해설 참고

19 실내공간을 형성하는 주요 기본 구성요소에 관한 설명으로 옳지 않은 것은?

① 바닥은 촉각적으로 만족할 수 있는 조건을 요구한다.
② 벽은 가구, 조명 등 실내에 놓인 설치물에 대한 배경적 요소이다.
③ 천장은 시각적 흐름이 최종적으로 멈추는 곳이기에 지각의 느낌에 영향을 끼친다.
④ 나른 요소들이 시내와 양식에 의한 변화가 현저한데 비해 천장은 매우 고정적이다.

해설

• 바닥은 촉각적으로 만족할 수 있는 조건을 요구한다.
• 벽은 가구, 조명 등 실내에 놓인 설치물에 대한 배경적 요소이다.
• 천장은 시각적 흐름이 최종적으로 멈추는 곳이기에 지각의 느낌에 영향을 끼친다.
• 바닥은 다른 요소들이 시대와 양식에 의한 변화가 현저한데 비해 매우 고정적이다.

20 주거공간은 주 행동에 의해 개인공간, 사회공간, 가사노동 공간 등으로 구분할 수 있다. 다음 중 사회공간에 속하는 것은?

① 식당
② 침실
③ 천장
④ 지붕

해설

주거공간의 4대 영역 분류
• 개인공간 : 침실, 서재, 자녀방, 노인방 등
• 사회공간 : 거실, 응접실, 식당 등
• 가사노동 공간 : 주방, 다용도실, 보일러실 등
• 위생공간 : 화장실, 샤워실 등

21 부엌의 작업 순서에 따른 작업대의 배치 순서로 가장 알맞은 것은?

① 가열대→배선대→준비대→조리대→개수대
② 개수대→준비대→조리대→배선대→가열대
③ 배선대→가열대→준비대→개수대→조리대
④ 준비대→개수대→조리대→가열대→배선대

해설

부엌 작업대의 간략 이해 돕기
예를 들어 주부가 시장에서 음식을 조리하기 위해 야채를 샀다고 가정했을 경우, 야채를 준비대 위에 올려놓고 하나씩 꺼낸 후 개수대에서 야채를 씻고, 조리대에서 야채를 썰어서 가열대(가스렌지)에 있는 냄비에 넣고 끓이고 식탁 위에 올리기 전에 배선대 위로 올려놓는다는 과정으로 이해하면 작업대의 배치에 대한 이해가 쉽다.

실내건축 공간 배치론

01 상점 정면(facade) 구성에 요구되는 5가지 광고 요소(AIDMA 법칙)에 속하지 않은 것은?

① 주의
② 흥미
③ 디자인
④ 기억

해설

소비자 구매 심리 5단계(AIDMA 법칙)
주의(A/Attention) – 흥미(I/Interest) – 욕망(D/Desire) – 확신(M/Memory) – 구매(A/Action)

02 마르셀 브로이어가 디자인한 작품으로 강철 파이프를 휘어 기본 골조를 만들고 가죽을 접합하여 좌판, 등받이, 팔걸이를 만든 의자는?

① 바실리 의자
② 파이미오 의자
③ 바르셀로나 의자
④ 힐하우스 래더백 의자

해설

바우하우스 전임교수인 마르셀 브로이어가 자전거에 영감을 얻어 디자인한 작품

03 주택 침실의 소음 방지 방법으로 바르지 않은 것은?

① 도로 등의 소음원으로부터 격리시킨다.
② 창문은 2중창으로 시공하고 커튼을 설치한다.
③ 벽면에 붙박이장을 설치하여 소음을 차단한다.
④ 침실 외부에 나무를 제거하여 조망을 좋게 한다.

해설

주택 침실의 소음 방지 방법
• 도로 등의 소음원으로부터 격리시킨다.
• 창문은 2중창으로 시공하고 커튼을 설치한다.
• 벽면에 붙박이장을 설치하여 소음을 차단한다.
• 침실 외부에 나무를 설치하여 채광을 조절한다.

04 스툴의 일종으로 더 편안한 휴식을 위해 발을 올려놓는 데도 사용되는 것은?

① 세티   ② 오토만
③ 카우치   ④ 이지체어

해설

• 세티체어 : 동일한 두 개의 의자를 나란히 합해 2명이 앉을 수 있도록 설계한 의자
• 오토만 체어 : 스툴의 일종으로 더 편안한 휴식을 위해 발을 올려놓는 데 사용하는 보조의자가 딸려진 의자
• 카우치 : 한쪽 끝이 기대기 쉽게 올라간 천으로 씌운 의자로 눕거나 음식을 편히 먹을 때도 사용되는 의자
• 이지체어 : 경쾌하고 단순한 형의 안락의자이다. 보다 안락한 휴식을 위하여 등받이 각도를 완만하게 한다.
• 풀업체어 : 운반이 편리하고 용이한 소형의 가벼운 벤치로 수시로 운반이나 이동하게 되므로, 구조적으로 튼튼해야 한다.
• 체스터 필드 : 솜, 스펀지 등을 채워서 쿠션이 좋게 만든 의자

05 동일한 두 개의 의자를 나란히 합해 2명이 앉을 수 있도록 설계한 의자는 무엇인가?

① 세티   ② 카우치
③ 풀업 체어   ④ 체스터 필드

해설

실내건축 공간 배치론 4번 문제 해설 참고

06 다음 중 상점계획에서 중점을 두어야 하는 내용과 관계가 먼 것은 무엇인가?

① 조명설계   ② 간판디자인
③ 상품배치 방식   ④ 상점주인 동선

해설

상점계획에서 중점을 두어야 할 계획은 판매공간, 파사드, 조명설계, 배치계획, 동선계획 및 고객동선에 중점을 두어야 한다.

07 가구와 설치물의 배치 결정 시 다음 중 가장 우선시 되어야 할 상황은?

① 재질감   ② 색채감
③ 스타일   ④ 기능성

해설

가구와 설치물의 배치 결정 : 가구와 설치물 결정 시 기능적인 면을 우선시한 후 주변 환경과의 조화를 고려해야 한다.

08 원룸 주택 설계 시 고려해야 할 사항으로 바르지 않은 것은?

① 내부 공간을 효과적으로 활용한다.
② 접객 공간을 충분히 확보하도록 한다.
③ 환기를 고려한 설계가 이루어져야 한다.
④ 사용자에 대한 특성을 충분히 파악한다.

해설

원룸 설계 시 고려사항
• 방음 천정과 벽 차단장치, 가구와 바닥재 등 소음을 줄일 수 있는 재료를 사용한다.

- 적절한 곳에 배기설비 장치를 한다.
- 로파티션 및 화분, 이동식 칸막이 또는 블라인드 등의 재료를 이용하거나 가구 배치를 이용한 공간을 분리한다.
- 실내공간의 구획을 최대한 분리한다.

09 주택 부엌의 크기 결정 요소에 속하지 않는 것은?

① 가족수   ② 대지면적
③ 주택 연면적   ④ 작업대의 면적

해설

- 주택의 주방은 용도 중 가장 사용이 많으며 주부의 생활공간과 밀접한 관련성을 띠고 있다. 또한 휴식의 거점을 두고 있는 주택의 요소에서 작업적 기능을 보유하고 있는 장소라는 점을 고려하여 최소한의 동선으로 최대의 효율성을 갖추도록 해야 한다.
- 주방의 위치는 거실을 기준으로 각 실의 위치에 구애받지 않는 조건으로 구성되며, 가급적 거실과 인접하게 위치하는 것이 좋다. 다만 서쪽 방향은 해가 지는 방향으로 자외선으로 인한 음식 부패의 진행을 막기 위해서는 피해야 한다.
- 주방의 크기는 가족의 수와 주택의 연면적, 작업대의 면적 등을 고려하여 평면을 배치해야 한다.

10 특정한 사용목적이나 많은 물품을 수납하기 위해 건축화된 가구로, 빌트인 가구(built-in furniture)라고도 불리는 것은?

① 작업용 가구   ② 붙박이 가구
③ 이동식 가구   ④ 조립식 가구

해설

- 가동가구 : 이동 가구로 공간의 융통성이 있는 장점이 있다.
- 붙박이 가구 : 고정식 가구 또는 건물과 일체화로 만든 가구로 공간 활용의 극대화가 된다.
- 모듈러 가구 : 이동식으로 시스템화되어 있으며, 동선의 최소화, 붙박이와 unit한 공간 활용이 된다.
- 시스템 가구 : 통일된 치수로 모듈화된 유닛들이 가구를 형성하므로 질이 높고 생산비가 저렴하며, 공간 배치가 자유롭다.

11 상점의 상품 진열 계획에서 골든 스페이스의 범위로 알맞은 것은? (단, 바닥에서의 높이)

① 650~1050mm   ② 750~1150mm
③ 850~1250mm   ④ 950~1350mm

해설

상점의 상품 진열 계획에서 골든 스페이스의 범위는 850~1250mm이다.

12 쇼핑센터 내의 주요 보행 동선으로 고객을 각 상점으로 고르게 유도하는 동시에, 휴식처로서의 기능도 가지고 있는 것은?

① 핵상점   ② 전문점
③ 몰(mall)   ④ 코트(court)

해설

구분	특징
핵상점 (중심상권)	고객을 쇼핑몰로 유인하는 핵심 기능을 수행하며 대형 할인점 및 큰 슈퍼 등의 쇼핑몰로 유도하는 주요한 기능을 수행한다.
몰(mall)	쇼핑센터 내의 주요 보행 동선으로 고객을 각 상점으로 고르게 유도하는 동시에, 휴식처로서의 기능을 지니는 형태이다. 외기에 개방된 오픈몰, 격리된 엔클로즈 몰, 일부 개방형의 세미오픈 몰의 유형이 있다.
코트 (pedestrian area)	몰의 일부에 위치한 고객의 휴식처로서 분수 및 벤치 등 쇼핑 중간에 휴식할 수 있는 공간을 제공한다.
전문점	음식점 및 단일 제품을 전문적으로 판매하는 상점으로 구성된 부분을 의미한다.
주차장	교통수단 및 도로 상황의 고려로 편리한 진입로를 구성해야 한다.

13 다음 중 주택의 부엌과 식당 계획 시 가장 중요하게 고려하여야 할 사항은?

① 조명 배치   ② 작업 동선
③ 색채 조화   ④ 채광계획

해설

주택의 주방은 용도 중 가장 사용이 많으며 주부의 생활 공간과 밀접한 관련성을 띠고 있다. 또한 휴식의 거점을 두고 있는 주택의 요소에서 작업적 기능을 보유하고 있는 장소라는 점을 고려하여 최소한의 동선으로 최대의 효율성을 갖추도록 해야 한다.

14 문의 위치를 결정할 때 고려해야 할 사항으로 거리가 먼 것은?

① 출입 동선
② 재료 및 문의 종류
③ 통행을 위한 공간
④ 가구를 배치할 공간

해설

상점 출입문의 위치를 고려할 때 출입 동선을 확인하고 통행을 위한 적정한 공간의 확보, 가구를 배치할 공간을 고려하여 출입문의 크기 및 위치를 고려해야 한다.

15 다음 중 식탁 밑에 부분 카펫이나 러그를 깔았을 경우 얻을 수 있는 효과와 가장 거리가 먼 것은?

① 소음 방지
② 공간 확대
③ 영역 구분
④ 바닥 긁힘 방지

해설

거실이나 식탁 아래 소음의 방지 및 영역을 구분하고 바닥재료의 긁힘을 방지하기 위해 사용하는 재료이다.

16 동선계획을 가장 잘 나타낼 수 있는 실내계획은?

① 입면계획
② 천장계획
③ 구조계획
④ 평면계획

해설

동선을 계획할 때는 움직이는 사람의 속도, 움직임의 빈도, 이동을 하는 동선으로서의 하중 등 동선의 3요소를 고려하여 계획해야 하는데, 통상적으로 주택의 평면도면을 가지고 동선계획을 별도의 평면 동선계획으로 표기한다.

17 상점에서 쇼윈도, 출입구 및 홀의 입구 부분을 포함한 평면적인 구성요소와 아케이드, 광고판, 사인, 외부장치를 포함한 입체적인 구성요소의 총체를 의미하는 것은?

① 파사드
② 스크린
③ AIDMA
④ 디스플레이

해설

• 파사드 : 쇼윈도, 출입구 및 홀의 입구 부분을 포함한 평면적인 구성요소와 아케이드, 광고판, 사인, 외부장치를 포함한 입체적인 구성요소의 총체
• 스크린 : 상품 전면부의 스크린 형태의 광고판
• AIDMA : 소비자의 구매심리 5단계
• 디스플레이 : 전면부의 보이는 쇼윈도의 한 형태

18 붙박이 가구(built in furniture)에 관한 설명으로 옳지 않은 것은?

① 공간의 효율성을 높일 수 있다.
② 건축물과 일체화하여 설치하는 가구이다.
③ 필요에 따라 설치 장소를 자유롭게 움직일 수 있다.
④ 설치 시 실내 마감재와의 조화 등을 고려하여야 한다.

해설

실내건축 공간 배치론 11번 문제 해설 참고

19 다음 설명에 알맞은 창의 종류는?

• 크기와 형태의 제약 없이 자유로이 디자인할 수 있다.
• 창을 통한 환기가 불가능하다.

① 고정창
② 미닫이창
③ 여닫이창
④ 오르내리창

해설

환기가 불가능한 창은 고정 창밖에 없다.

정답 14. ② 15. ② 16. ④ 17. ① 18. ③ 19. ①

01 다음 설명에 알맞은 건축화 조명의 종류는?

> 광원을 넓은 벽면에 매입함으로써 비스타(vista)적인 효과를 낼 수 있다.

① 광창조명   ② 광천장 조명
③ 코니스 조명   ④ 밸런스 조명

해설

- 광창조명 : 주변이 막힌 실내공간이나 지하실 등과 같이 답답함을 느낄 수 있는 공간에 마치 자연광이 채광되어 들어오는 듯한 느낌을 주도록 설계하는 조명
- 광천장 조명 : 천장면 내부 조명을 설치하고 그 밖으로 FRP 소재나 유리 소재 등으로 꾸며진 확산 커버를 씌우고 거의 천장 전체 면에서 빛을 하부 쪽으로 내리는 조명
- Cornice 조명 : 천장이나 벽면 상부에 면을 돌출시켜 만들고 그 안쪽 면에 조명기구를 배치하여 윗면 또는 아랫면으로 직사해서 내리는, 다시 말해 조명이 보이지 않고 직사하는 방식의 조명
- 밸런스 조명 : 간접조명 방식으로 벽면을 2차원적 광원으로 조명하는 방식으로 숨겨진 램프의 벽면이나 천장면에 반사되도록 조명

02 간접조명에 관한 설명으로 옳지 않은 것은?

① 균질한 조도를 얻을 수 있다.
② 직접조명보다 조명의 효율이 낮다.
③ 직접조명보다 뚜렷한 입체효과를 얻을 수 있다.
④ 직접조명보다 부드러운 분위기 조성이 용이하다.

해설

- 직접조명 : 광원으로부터의 빛이 직접 쬐는 조명 방식을 말한다. 빛의 대부분(90~100%)이 작업 면을 직접 비추게 되는데 전력적 소모가 가장 덜 들고, 직사로 빛이 쬐어지다보니 특정 부분을 강조하기 좋은데 반해, 밝은 곳만 밝고 그 주변은 어둡기 때문에 균일한 조도를 얻기 어려우며, 직사로 비치기 때문에 눈부심이 일

어나기 쉽고 빛에 의한 그림자가 강하게 나타나는 특징이 있다.
- 간접조명 : 빛의 90~100%를 천장이나 윗부분에 비추어 반사되어 퍼져 나오는 빛을 표현한다. 은은한 불빛이 나타나기 때문에 분위기 조명으로 각광 받는다. 그러나 전체적 분위기를 어둡게 만들고, 전력소모가 많다는 점이나, 설비비나 먼지에 의한 감광으로 인한 결점이 단점으로 꼽힌다.

03 측창채광에 관한 설명으로 옳지 않은 것은?

① 통풍 · 차열에 유리하다.
② 시공이 용이하며 비막이에 유리하다.
③ 투명 부분을 설치하면 해방감이 있다.
④ 편측채광의 경우 실내의 조도 분포가 균일하다.

해설

구분	장점	단점
천창채광	• 실내조도의 분포가 고르다. • 자연채광을 직접 느낄 수 있다. • 공간의 해방감이 크다	• 통풍이 어렵다. • 프라이버시의 침해가 우려된다.
측창채광	• 통풍 · 차열에 유리하다. • 시공이 용이하며 비막이에 유리하다. • 투명 부분을 설치하면 해방감이 있다.	• 편측채광의 경우 실내의 조도 분포가 달라 음지가 발생한다.

04 창문을 통해 입사되는 광량, 즉 빛 환경을 조절하는 일광 조절장치에 속하지 않는 것은?

① 픽처 윈도   ② 글라스 커튼
③ 로만 블라인드   ④ 드레이퍼리 커튼

해설

- 픽처 윈도 : 한 장으로 된 붙박이 창
- 글라스 커튼 : 얇고 투명한 천으로 된 커튼
- 로만 블라인드 : 가로로 늘어뜨린 천으로 된 블라인드
- 드레이퍼리 커튼 : 자연스럽게 늘어지도록 부드러운 소재를 사용한 커튼

정답 01. ①   02. ③   03. ④   04. ①

05 디자인 요소 중 선에 관한 설명으로 옳지 않은 것은?

① 곡선은 우아하며 흥미로운 느낌을 준다.
② 수평선은 안정감, 차분함, 편안한 느낌을 준다.
③ 수직선은 심리적 엄숙함과 상승감의 효과를 준다.
④ 사선은 경직된 분위기를 부드럽고 유연하게 한다.

해설

- 수평선은 안정감, 차분함, 편안한 느낌을 준다.
- 수직선은 심리적 엄숙함과 상승감의 효과를 준다.
- 사선은 심리적인 불안감 및 경계심을 주기도 하며, 동적인 느낌을 가지고 있어 생동적이기도 하다.
- 곡선은 우아하며 흥미로운 느낌을 준다.

06 여러 가지 도형 중에서 여성적이면서 부드러운 느낌을 주는 도형은?

① 삼각형   ② 오각형
③ 마름모   ④ 타원

해설

각이 진 면은 딱딱한 느낌을 준다.

07 점과 선의 조형효과에 관한 설명으로 옳지 않은 것은?

① 점은 선과 달리 공간적 착시효과를 이끌어낼 수 없다.
② 선은 여러 개의 선을 이용하여 움직임, 속도감 등을 시각적으로 표현할 수 있다.
③ 배경의 중심에 있는 하나의 점은 점에 시선을 집중시키고 정지효과를 느끼게 한다.
④ 반복되는 선의 굵기와 간격, 방향을 변화시키면 2차원에서 부피와 깊이를 느끼게 표현할 수 있다.

해설

- 점은 시각적 개념 중 가장 단순하고 강렬한 최소의 단위이다.
- 점은 정적이며 방향도 없고, 자기중심적이며 내면을 향한 가장 응축된 형태이다.
- 점은 구성에 따라 운동감, 방향감, 착시효과가 가능하다.

08 형태의 의미구조에 의한 분류에서 인간의 지각, 즉 시각과 촉각 등으로 직접 느낄 수 없고 개념적으로만 제시될 수 있는 형태는?

① 현실적 형태   ② 인위적 형태
③ 상징적 형태   ④ 자연적 형태

해설

형태의 의미구조에 의한 분류
- 인위적 형태 : 네모 모양처럼 자연이 만들 수 없고 인간이 만든 형태
- 상징적 형태 : 인간의 지각, 즉 시각과 촉각 등으로 직접 느낄 수 없고 개념적으로만 제시될 수 있는 형태
- 자연적 형태 : 자연 발생된 형태로 나무가 나무의 형태를 그대로 보이는 형태

09 다음은 피보나치수열을 나타낸 것이다. "21" 다음에 나오는 숫자는?

1, 1, 2, 3, 5, 8, 13, 21, …

① 24   ② 29
③ 34   ④ 38

해설

토끼 한 쌍이 한 달 후에 한 쌍의 토끼를 낳으면 토끼 쌍의 수는 (1, 1)이 되고, 두 번째 달에는 두 쌍을 더 낳게 되어 토끼 쌍의 수는 (1, 1, 2)가 된다.
이런 계산을 계속 해나가면 이전 수의 합이 다음 수가 되는 1, 1, 2, 3, 5, 8, 13, 21, 34, 55 등으로 이루어진 수열을 얻을 수 있다. 이것이 피보나치수열이다.

정답 05. ④   06. ④   07. ①   08. ③   09. ③

10 다음 중 실내디자인에서 리듬감을 주기 위한 방법과 가장 거리가 먼 것은?

① 방사   ② 반복
③ 조화   ④ 점이

해설

리듬은 대표적인 운동감을 표현한 조형이므로 안정적인 조화와는 거리가 멀다.

11 디자인 원리 중 강조에 관한 설명으로 옳지 않은 것은?

① 균형과 리듬의 기초가 된다.
② 힘의 조절로서 전체 조화를 파괴하는 역할을 한다.
③ 구성의 구조 안에서 각 요소들의 시각적 계층 관계를 기본으로 한다.
④ 강조의 원리가 적용되는 시각적 초점은 주위가 대칭적 균형일 때 더욱 효과적이다.

해설

강조는 시각적인 관심을 끌 수 있는 것을 정해 놓고 그것을 강조함으로써 정돈되고 통일된 분위기를 만들 수 있다. 지나치게 많이 강조하면 효과가 떨어질 뿐만 아니라 복잡하고 산만한 분위기가 되므로 주의해야 한다.

12 균형의 종류와 그 실례의 연결이 바르지 않은 것은?

① 방사형 균형 – 판테온의 돔
② 대칭적 균형 – 타지마할 궁
③ 비대칭적 균형 – 눈의 결정체
④ 결정학적 균형 – 반복되는 패턴의 카펫

해설

눈의 결정은 가장 대칭적으로 구성된 형태이다.

13 음파는 파동의 하나이기 때문에 물체가 진행 방향을 가로막고 있다고 해도 그 물체의 후면에도 전달되는 현상은?

① 회절   ② 반사
③ 간섭   ④ 굴절

해설

• 거리비례 감쇠법칙 : 음이 도달하는 소리에 따라 넓게 퍼져나가지만 점차 소음원이 외부의 원인에 의해 감소되는 원리
• 굴절 및 반사 : 음이 다른 재료의 경계면에 부딪혀 튕겨지거나 소리가 꺾여서 방향을 회전하는 원리
• 회절 : 음은 파동의 하나이기 때문에 물체가 진행 방향을 가로막고 있다고 해도 그 물체의 후면에도 전달되는 원리
• 간섭 : 다른 두 개의 음이 섞여서 서로 강해지거나 서로 약해지는 원리
• 정재파 : 영화에서 보듯이 방해전파를 생각하면 이해가 쉬운데, 원음이 다른 재료에 부딪혀 묻혀 버리는 원리
• 양이효과 : 소위 스테레오라고 생각하면 이해가 쉬운데, 음을 귀 뒤로 들음으로서 방향성과 입체감을 가지는 원리
• 칵테일 효과 : 여러 사람들이 모여 시끄러운 와중에도 자신이 관심을 갖는 이야기를 (예 자신의 험담 등) 골라서 추려 듣는 원리

14 균형의 원리에 관한 설명으로 옳지 않은 것은?

① 크기가 큰 것이 작은 것보다 시각적 중량감이 크다.
② 기하하적 형태가 불규칙적인 형태보다 시각적 중량감이 크다.
③ 색의 중량감은 색의 속성 중 특히 명도, 채도에 따라 크게 작용한다.
④ 복잡하고 거친 질감이 단순하고 부드러운 것보다 시각적 중량감이 크다.

해설

2차원이나 3차원의 공간에서 대상이 가지고 있는 시각적인 무게감과 이미지상의 무게감이 서로가 서로를 필요로

하고, 서로 잡아당기거나 밀면서 팽팽한 긴장감이 서로 같은 힘으로 존재하는 원리이다.

15 기하학적인 정의로 크기가 없고 위치만 존재하는 디자인 요소는?

① 점   ② 선
③ 면   ④ 입체

> **해설**

점에 대한 정의 영역 문제이다.

16 작업구역에는 전용의 국부조명 방식으로 조명하고, 기타 주변 환경에 대하여는 간접조명과 같은 낮은 조도 레벨로 조명하는 조명 방식은?

① TAL조명 방식
② 반직접조명 방식
③ 반간접조명 방식
④ 전반확산조명 방식

> **해설**

TAL조명 방식에 대한 설명이다.

17 실내에서는 음을 갑자기 중지시켜도 소리는 그 순간에 없어지는 것이 아니라 점차로 감쇠되다가 안 들리게 된다. 이와 같이 음 발생이 중지된 후에도 소리가 실내에 남는 현상은?

① 확산   ② 잔향
③ 회절   ④ 공명

> **해설**

• 확산 : 음원이 소리의 크기에 따라 넓게 퍼져나가며 퍼지는 원리
• 잔향 : 실내에서는 음을 갑자기 중지시켜도 소리는 그 순간에 없어지는 것이 아니라 점차로 감쇠되다가 안 들리게 된다. 이와 같이 음 발생이 중지된 후에도 소리가 실내에 남는 원리
• 회절 : 음은 파동의 하나이기 때문에 물체가 진행 방향을 가로막고 있다고 해도 그 물체의 후면에도 전달되는 원리

• 공명 : 하나의 진동체에서 나오는 소리가 다음 진동체에 유도되면서 같은 진동수로 전이되어 더 큰 소리로 발생하게 되는 원리

18 휘도의 단위로 사용되는 것은?

① [lx]   ② [lm]
③ [lm/m^2]   ④ [cd/m^2]

> **해설**

조도 : Lux, 광도 : Lm, 휘도 : Cd/m^2

19 다음 중 일조 조절을 위해 사용되는 것이 아닌 것은 무엇인가?

① 루버   ② 반자
③ 차양   ④ 처마

> **해설**

• 일조 : 햇빛이 내리쬐는 것을 정의
• 반자 : 내부 실내바닥과 천장까지의 높이를 의미

20 2가지 음이 동시에 귀에 들어와서 한 쪽의 음 때문에 다른 쪽의 음이 작게 들리는 현상은?

① 공명 효과
② 일치 효과
③ 마스킹 효과
④ 플러터 에코 효과

> **해설**

• 공명효과 : 하나의 진동체에서 나오는 소리가 다음 진동체에 유도되면서 같은 진동수로 전이되어 더 큰 소리로 발생하게 되는 현상
• 일치효과 : 다른 질량의 음이 조화롭게 섞여 하나의 소리로 섞여서 들리는 현상(오케스트라)
• 마스킹효과 : 2가지 음이 동시에 귀에 들어와서 한 쪽의 음 때문에 다른 쪽의 음이 작게 들리는 현상
• 플러터 에코효과 : 두 표면 사이에 통제되지 않고 소리가 앞뒤로 반사됨으로 발생되는 주기적 반복 현상

정답 15. ①   16. ①   17. ②   18. ④   19. ②   20. ③

21 사람을 그리려면 각 부분의 비례 관계를 알아야 한다. 사람을 8등분으로 나누어 보았을 때 비례관계가 가장 적절하게 표현된 것은?

번호	신체 부위	비례
A	머리	1-
B	목	1
C	다리	3.5
D	몸통	2.5

① A
② B
③ C
④ D

 해설 ----

크로키(인체 비율 모형 그림)를 실시할 때 통상적으로 전체 길이의 $\frac{1}{2}$ 지점이 다리의 시작, 몸통은 $\frac{1}{3}$ 지점, 머리는 1, 목은 0.3 지점의 비율로 본다.

22 수평 블라인드로 날개의 각도, 승간의 일광, 조망, 시각의 차단 정도를 조절할 수 있지만 먼지가 쌓이면 제거하기 어려운 단점이 있는 것은?

① 롤블라인드
② 로만블라인드
③ 베니션블라인드
④ 버티컬블라인드

해설 ----

• 롤블라인드 : 패브릭으로 된 천이 원형의 도르래에 말려진 구조로 그림이나 판화를 새겨 넣은 인테리어의 효과가 있다.
• 로만블라인드 : 커튼에 비해 심플하게 사용할 수 있으며, 크게 고장의 우려가 적으나 청소가 어렵다.
• 베니션블라인드 : 수평 블라인드로 날개의 각도, 승간의 일광, 조망, 시각의 차단 정도를 조절할 수 있지만 먼지가 쌓이면 제거하기 어렵다.
• 버티컬블라인드 : 세로로 된 날개로 각도 및 일광을 조절 가능하나 분리형으로 하나씩 청소를 해야 하는 불편함이 있다.

23 다음 설명에 알맞은 형태의 지각심리는?

유사한 배열로 구성된 형들이 방향성을 지니고 연속되어 보이는 하나의 그룹으로 지각되는 법칙으로 공동운명의 법칙이라고 한다.

① 근접성
② 유사성
③ 연속성
④ 폐쇄성

해설 ----

게슈탈트의 원칙
• 근접성 : 서로 근접해있는 대상들을 연관시켜 인식한다는 것
• 유사성 : 비슷한 형상의 요소끼리 구분하여 한 번에 인식하는 것
• 연속성 : 유사한 배열로 구성된 형들이 방향성을 지니고 연속되어 보이는 하나의 그룹으로 지각되는 것
• 폐쇄성 : 형태의 일부만 보더라도 전체 형태를 완성하여 인식하는 것

24 펜로즈의 삼각형과 가장 관련이 깊은 착시의 유형은?

• 모순도형 또는 불가능한 형이라고 한다.
• 펜로즈의 삼각형에서 볼 수 있다.

① 운동의 착시
② 크기의 착시
③ 역리도형 착시
④ 다의도형 착시

해설 ----

• 운동의 착시 : 자극의 물리적 움직임이 없음에도 불구하고 움직임을 지각하는 착시현상
• 크기의 착시 : 색상, 질감 등과 같이 서로 다른 두 가지 느낌이 포함되어 있어 크기가 달라 보이는 착시현상
• 역리도형 착시현상 : 각각의 회전이 서로 엇갈려 물려져서 회전을 진행하는데, 특정한 방식과 규칙에 따라 무한 반복되는 착시
• 다의도형 착시현상 : 같은 크기의 형이 상하로 겹쳐 배치되면 위의 것이 커 보이는 착시현상

25 건축적 채광 방식 중 천창 채광에 관한 설명으로 옳지 않은 것은?

① 측창 채광에 비해 채광량이 적다.
② 측창 채광에 비해 비막이에 불리하다.
③ 측창 채광에 비해 조도 분포의 균일화에 유리하다.
④ 측창 채광에 비해 근린의 상황에 따라 채광을 방해받는 경우가 적다.

해설

디자인의 원리 3번 문제 해설 참고

26 실내에서는 소리를 갑자기 중지시켜도 소리는 그 순간에 없어지는 것이 아니라 점차로 감소되다가 안 들리게 되는데, 이 같은 현상을 무엇이라 하는가?

① 굴절
② 반사
③ 잔향
④ 회절

해설

디자인의 원리 19번 문제 해설 참고

27 다음 설명에 알맞은 조명 관련 용어는?

태양광(주광)을 기준으로 하여 어느 정도 주광과 비슷한 색상을 연출할 수 있는지를 나타내는 지표

① 광도
② 휘도
③ 조명률
④ 연색성

해설

• 광도 : 빛의 진행 방향에 수직한 면을 통과하는 빛의 양
• 휘도 : 일정한 넓이를 가진 광원이 뿜는 표면 밝기의 양
• 조명률 : 조명 기구 내의 광원(램프)에서 나오는 광속 가운데 작업 면에 들어가는 광속의 비율
• 연색성 : 주광을 기준으로 하여 어느 정도 주광과 비슷한 색상을 연출할 수 있는지를 나타내는 지표

28 음의 건축화조명 방식 중 벽면조명에 속하지 않는 것은?

① 커튼조명
② 코퍼조명
③ 코니스 조명
④ 밸런스 조명

해설

디자인의 원리 1번 문제 해설 참고

29 인간의 주의력에 의해 감지되는 시각적 무게의 평형상태를 의미하는 디자인 원리는?

① 리듬
② 통일
③ 균형
④ 강조

해설

• 리듬 : 흐른다의 의미로 운동성을 포함하고 있다.
• 통일 : 미적질서를 부여하는 원리
• 균형 : 인간의 주의력에 의해 감지되는 시각적 무게의 평형상태를 의미하는 원리
• 강조 : 서로 다른 성질의 의미가 서로 당겨 하나의 효과가 드러나 보이는 원리

30 약동감, 생동감 넘치는 에너지와 운동감, 속도감을 주는 선의 종류는?

① 곡선
② 사선
③ 수직선
④ 수평선

해설

디자인의 원리 5번 문제 해설 참고

31 차음성이 높은 재료의 특징과 가장 거리가 먼 것은?

① 무겁다.
② 단단하다.
③ 치밀하다.
④ 다공질이다.

해설

• 차음 : 음을 차단하는 원리
• 다공질의 재료는 음을 흡수하는 흡음재이다.

정답 25. ① 26. ③ 27. ④ 28. ② 29. ③ 30. ② 31. ④

32 조도의 정의로 가장 알맞은 것은?

① 면의 단위면적에서 발산하는 광속
② 수조면의 단위면적에 입사하는 광속
③ 복사로서 전파하는 에너지의 시간적 비율
④ 점광원으로부터의 단위입체각당의 발산 광속

해설

- 광속 : 광원으로부터 발산하는 빛의 양
- 휘도 : 눈부심의 정도
- 광도 : 광원에서 임의의 방향에 대해 발산되는 광속의 입체각밀도
- 조도 : 단위면적에 입사하는 광속밀도
- 광속발산도 : 어느 물체의 표면으로부터 발산되는 광속밀도

공통_건축제도

01 건축제도용구에 관한 설명으로 옳지 않은 것은?

① 일반적으로 삼각자는 15도, 45도 등변삼각형 자 2개와 60도 직각삼각형 자 1개, 총 3가지가 1쌍이다.
② 컴퍼스는 원호를 그릴 때 사용한다.
③ 스케일자는 1/100, 1/200, 1/300, 1/400, 1/500, 1/600의 축척이 매겨져 있다.
④ 제도샤프는 0.3mm, 0.5mm, 0.7mm, 0.9mm 등을 사용한다.

해설

일반적으로 삼각자는 45도 정삼각형 자 1개와 60도 직각삼각형 자 1개, 총 2가지가 1쌍이다.

02 건축제도(KS F 1501)에 사용되는 척도로 틀린 것은?

① 1/5   ② 1/50
③ 1/400   ④ 1/500

해설

- 한국산업표준 건축제도의 척도는 1/1, 1/2, 1/5, 1/10, 1/20, 1/30, 1/50, 1/100, 1/200, 1/300, 1/500, 1/600, 1/1000, 1/1200 등이 있다.
- 1/400이 없는 것을 주의해야 한다.

03 트레이싱지에 대한 설명으로 바른 것은?

① 불투명한 제도용지이다.
② 연질이어서 쉽게 찢어진다.
③ 습기에 약하다.
④ 오래 보관되어야 할 도면의 제도에 쓰인다.

해설

트레이싱지의 특징
- 불투명한 제도용지로 도면으로 복사하기가 비교적 쉽다.
- 연질이어서 쉽게 찢어진다.
- 종이에 비해 습기에 강하다.
- 오래 보관되어야 할 도면의 제도에 쓰인다.

04 다음 각 도면에 대한 설명으로 옳지 않은 것은?

① 평면도에서는 실의 배치와 넓이, 개구부의 위치나 크기를 표시한다.
② 천장평면도는 절단하지 않고 단순히 건물을 위에서 내려다 본 도면이다.
③ 단면도는 건물을 수직으로 절단한 후 그 앞면을 제거하고 건물을 수평방향으로 본 도면이다.
④ 입면도는 건물의 외형을 각 면에 대하여 직각으로 투사한 도면이다.

해설

천장도의 특징
- 천장에서부터 1,200~1,500mm 부근에서 잘라 위쪽으로 바라본 수평 투영된 도면이다.

정답 32. ②   01. ①   02. ③   03. ③   04. ②

- 천장의 형태 및 등기구 및 커튼박스 등이 표현된다.
- 조명에 대한 일람표를 표기하여 조명의 종류를 확인할 수 있다.

05 건축제도 시 선긋기에 대한 설명으로 틀린 것은?

① 수평선은 왼쪽에서 오른쪽으로 긋는다.
② 시작부터 끝까지 굵기가 일정하게 한다.
③ 연필은 진행되는 방향으로 약간 기울여져 그린다.
④ 삼각자의 왼쪽 옆면을 이용하여 수직선을 그을 때는 위쪽에서 아래 방향으로 긋는다.

해설

- 수평선은 왼쪽에서 오른쪽으로 긋는다.
- 시작부터 끝까지 굵기가 일정하게 한다.
- 연필은 진행되는 방향으로 약간 기울여져 그린다.
- 삼각자의 왼쪽 옆면을 이용하여 수직선을 그을 때는 아래에서부터 위쪽 방향으로 긋는다.

06 실내투시도 또는 기념건축물과 같은 정적인 건물의 표현에 효과적인 투시도는?

① 평행투시도
② 유각투시도
③ 경사투시도
④ 조감도

해설

- 평행투시도(1소점 투시도) : 육면체의 한 면이 화면에 평행으로 놓여 있어 수평 및 수직의 모서리는 연장하더라도 수평이 되나, 깊이 방향은 수평선상의 어느 한 점에 모이게 된다. 하나의 소점이 깊이를 좌우하도록 작도하는 도법을 1소점 투시도법, 또는 평행투시도법이라 한다.
- 유각투시도(2소점 투시도) : 육면체의 1개의 모서리가 화면상에 있거나 화면과 평행한 위치에 있다면, 그 모서리 이외의 2방향의 모서리가 각각 화면에 경사져 2개의 소점을 가지게 된다. 이 투시도법을 2소점 투시도법 또는 유각투시도법이라 한다.

- 경사투시도(3소점 투시도) : 대상물의 3 좌표축이 모두 투상 면에 대하여 경사져 있을 때 물체의 각 면이 모두 기면과 화면에 경사지게 표현한다. 이 투시도법을 3소점 투시도법 또는 경사투시도법이라 한다.
- 조감도 : 하늘에서 새가 내려다보는 듯한 땅의 기복을 표현한 도면 방법이다.

07 대상 물체의 모양을 도면으로 표현할 때 크기를 비율에 맞춰 줄이거나 늘이기 위해 사용하는 제도 용구는?

① T자
② 축척자
③ 자유곡선자
④ 운형자

해설

- T자 : 수평선을 그을 때 사용
- 축척자 : 물체의 모양을 도면으로 표현할 때 크기를 비율에 맞춰 줄이거나 늘이기 위해 사용
- 자유곡선자 : 자유로운 곡선을 그릴 때 사용
- 운형자 : 부드러운 곡면을 그릴 때 사용

08 선의 종류에 따른 용도로 바르지 않은 것은?

① 실선 – 물체의 보이는 부분을 나타내는 데 사용
② 파선 – 물체의 보이지 않는 부분의 모양을 표시하는 데 사용
③ 1점 쇄선 – 물체의 절단한 위치를 표시하거나 경계선으로 사용
④ 2점 쇄선 – 물체의 중심축, 대칭축을 표시하는 데 사용

해설

- 가는 2점 쇄선 : 물체가 움직인 상태를 가상하여 나타내는 선
- 가는 1점 쇄선 : 물체 및 도형의 중심을 나타내는 선

09 도면 표시기호 중 두께를 표시하는 기호는?

① THK
② A
③ V
④ H

기호	내용	기호	내용
ø 50	지름이 50mm인 원	V	용적
드릴 ø 50	지름이 50mm인 드릴 구멍	A	면적
R50	반지름이 50mm인 호	W	폭
□ 50	한 변이 50mm인 정사각형	H	높이
THK 50	두께가 50mm인 판	L	길이
WT	무게		

10 도면을 접는 크기의 표준으로 옳은 것은? (단, 단위는 mm임)

① 841×1189　　② 420×294

③ 210×297　　④ 105×148

해설

호칭		A0	A1	A2	A3	A4
치수		841×1189	594×841	420×594	297×420	210×297
도면의 윤곽	c	20	20	10	10	10
	d 철하지 않을 때	20	20	10	10	10
	철할 때	20	20	20	20	20

11 건축물을 각 층마다 창틀 위에서 수평으로 자른 수평 투상도로서 실의 비치 및 크기를 나타내는 도면은?

① 입면도　　② 평면도

③ 단면도　　④ 전개도

해설

• 평면도 : 건축물을 각 층마다 창틀 위에서 수평으로 자른 수평투상도로서 실의 비치 및 크기를 나타내는 도면

• 입면도 : 건축물의 정면에서 바라본 모양을 그린 도면

• 단면도 : 건축물의 중요한 부분을 수직으로 잘라 단면을 나타낸 도면

• 전개도 : 건물의 내부 또는 전체 면을 펼쳐 놓듯이 나타낸 도면

12 건축물의 설계도면 중 사람이나 차, 물건 등이 움직이는 흐름을 도식화한 도면은?

① 구상도　　② 조직도

③ 평면도　　④ 동선도

해설

• 구상도 : 계획한 생각을 주제와 표현 형식에 따라 제작 순서를 계획적으로 진행한 도면

• 조직도 : 다이어그램과 같이 사고의 순서를 조직적으로 그린 도면

• 평면도 : 건축물을 각 층마다 창틀 위에서 수평으로 자른 수평투상도로서 실의 비치 및 크기를 나타내는 도면

• 동선도 : 건축물의 설계도면 중 사람이나 차, 물건 등이 움직이는 흐름을 도식화한 도면

13 다음 중 선의 굵기가 가장 굵어야 하는 것은?

① 절단선　　② 지시선

③ 외형선　　④ 경계선

해설

건축제도 8번 문제 해설 참고

14 건축 제도 통칙에서 규정하고 있는 치수에 대한 설명 중 옳은 것을 모두 고르면?

A. 치수는 특별히 명시하지 않는 한, 마무리 치수로 표시한다.

B. 치수 기입은 치수선 중앙 아랫부분에 기입하는 것이 원칙이다.

C. 치수 기입은 치수선에 평행하게 도면의 오른쪽에서 왼쪽으로, 위로부터 아래로 읽을 수 있도록 기입한다.

D. 치수의 단위는 센티미터(cm)를 원칙으로 하고 단위 기호는 쓰지 않는다.

① A   ② A, B
③ A, C   ④ A, D

해설

- 치수는 특별히 명시하지 않는 한, 마무리 치수로 표시한다.
- 치수 기입은 치수선 중앙 윗부분에 기입하는 것이 원칙이다.
- 치수 기입은 치수선에 평행하게 도면의 왼쪽에서 오른쪽으로, 아래서부터 위로 읽을 수 있도록 기입한다.
- 치수의 단위는 밀리미터(mm)를 원칙으로 하고 단위 기호는 쓰지 않는다.

15 건축 설계도면에서 중심선, 절단선, 경계선 등으로 사용되는 선은?

① 실선   ② 일점 쇄선
③ 이점 쇄선   ④ 파선

해설

- 파선 : 물체의 보이지 않는 선을 나타내는 선
- 가는 실선 : 평면을 표시하는 선
- 일점 쇄선 : 물체의 중심을 표시하는 선
- 이점 쇄선 : 물체가 움직인 상태를 가상하는 선

16 도면을 작도할 때의 유의 사항 중 옳지 않은 것은?

① 선의 굵기가 구별되는지 확인한다.
② 선의 용도를 정확하게 알 수 있도록 작도한다.
③ 문자의 크기를 명확하게 한다.
④ 보조선을 진하게 긋고 글씨를 쓴다.

해설

- 선의 굵기가 구별되는지 확인한다.
- 선의 용도를 정확하게 알 수 있도록 작도한다.
- 문자의 크기를 명확하게 한다.
- 보조선은 최대한 안 보이게 가늘게 긋고 글씨를 쓴다.

17 실시 설계도면에 포함되지 않는 도면은?

① 배치도   ② 동선도
③ 단면도   ④ 창호도

해설

- 계획설계도 : 구상도, 동선도, 조직도, 면적도표
- 기본설계도 : 건축계획서, 배치도, 평면도, 입면도, 단면도
- 실시설계도 : 시방서 및 설명서, 구조도, 배근도, 단면일람표, 전기, 설비계통도, 창호도

18 건축물의 투시도법에 쓰이는 용어에 대한 설명 중 옳지 않은 것은?

① 화면(Picture Plane, P.P.)은 물체와 시점 사이에 기면과 수직한 직립 평면이다.
② 수평면(Horizontal Plane, P.P.)은 기선에 수평한 면이다.
③ 수평선(Horizontal Line, H.L.)은 수평면과 화면의 교차선이다.
④ 시점(Eye Point, E.P.)은 보는 사람의 눈 위치이다.

해설

- 소점(Vanishing Point, VP, 消點) : 인간의 시각 기준에서 뻗어나가는 물체에 대한 시각의 평행선, 즉 기면과 평행으로 뻗어나가는 사선으로 무한대로 가면 하나의 수평선상의 점으로 모이는 부분을 소점이라 한다.
- 화면(Picture Plane, PP) : 사물의 객체와 시선의 중간 지점, 즉 도면의 지점을 말한다.
- 기면(Ground Plane, GP) : 사람이 서있는 바닥면, 화면과 대각선이 되는 바닥면을 말한다.
- 기선(Ground Line, GL) : 지반선이라고 하며, 화면과 지반면과의 교차되는 선을 의미한다.
- 수평선(Horizontal Line, HL) : 수평적으로 놓인 선을 말하며, GL과 평행한 선이다. 2소점의 VP라인처럼 수평적으로 그어져 눈높이와 동일 선으로 그어진다.
- 시점(Eye Point, EP) : 사람이 서있는 시선의 지점을 말한다.
- 정점(Station Point, SP) : 사람이 서있는 발아래의 시작점을 의미한다.

19 제도 용구와 용도의 연결이 틀린 것은?

① 컴퍼스 – 원이나 호를 그릴 때 사용

② 디바이더 – 선을 일정 간격으로 나눌 때 사용

③ 삼각스케일 – 길이를 재거나 직선을 일정한 비율로 줄여 나타낼 때 사용

④ 운형자 – 긴 사선을 그릴 때 사용

> **해설**
>
> • 컴퍼스 : 둥근 원호를 그릴 때 사용
> • 디바이더 : 치수를 자 또는 삼각자의 눈금으로 잰 후 제도지에 같은 길이로 분할할 때 사용
> • 삼각스케일 : 길이를 재거나 직선을 일정한 비율로 줄여서 나타낼 때 사용
> • 운형자 : 곡선과 같은 부드러운 선을 그릴 때 사용
> • T자 : 선의 수평선을 그을 때와 삼각자를 보조하는 용도로 사용

20 실시 설계도에서 일반도에 속하지 않는 것은?

① 기초 평면도　　　② 전개도
③ 부분 상세도　　　④ 배치도

> **해설**
>
> • 계획설계도 : 구상도, 조직도, 구역도, 기능도, 동선도
> • 기본설계도 : 배치도, 평면도, 입면도, 단면도, 투시도
> • 실시설계도 : 일반도면, 구조도면, 설비도면, 기타도면, 따라서 본 문제는 일반도면이 아닌 구조도면으로 속하는 기초 평면도가 정답이 된다.

21 삼각자 1조로 만들 수 없는 각도는 무엇인가?

① 15°　　　　　　② 25°
③ 105°　　　　　④ 150°

> **해설**
>
> 정삼각자 하나는 90-45-45도 각도, 직각삼각자는 30-60-90도 각도이다. 빗변을 한 곳에 배치시켜 이 두 형태를 합치면 15도와 75도를 만들어낸다.
> 105도를 작도하고 싶다면 삼각자 2개를 겹쳐서 60도와 45도를 합치면 된다.

75도를 작도하고 싶다면 삼각자 2개를 겹쳐서 45도와 30도를 합쳐도 되고, 180도(직선)를 그은 뒤 105도를 작도하여 180도-105도=75도를 이용해도 된다.

22 KS F 1501에 따른 도면의 크기에 대한 설명으로 바른 것은?

① 접은 도면의 크기는 B4 크기를 원칙으로 한다.

② 제도지를 묶기 위한 여백은 35mm로 하는 것이 기본이다.

③ 도면은 그 길이 방향을 좌우방향으로 놓은 것을 정위치로 한다.

④ 제도 용지의 크기는 KS M ISO 216의 B열의 B0~B6에 따른다.

> **해설**
>
> 한국산업규격(KS A 5201; 종이 재단 치수) 기준
> • A열에 따른다. 다만, 필요에 따라 장방향으로 연장할 수 있다.
> • 도면의 크기는 주로 A계열의 것을 사용한다.
> • 도면은 긴 쪽을 길이 방향으로 놓고 좌우를 결정, 정위치로 사용한다.
> • 도면을 접을 때는 A4의 크기로 접는 것을 원칙으로 한다.

23 실내를 입체적으로 실제와 같이 눈에 비치도록 그린 그림은?

① 평면도　　　　　② 투시도
③ 단면도　　　　　④ 전개도

> **해설**
>
> • 물체가 실제로 우리 눈에 비춰지는 모양과 동일하게 그리는 방법을 말한다.
> • 투시도법은 레오나르도 다빈치가 최초로 연구하였으며 르네상스 시대부터 발전되었다.

24 그림과 같은 평면 표시기호는 무엇인가?

① 접이문　　　② 망사문
③ 미서기창　　④ 붙박이창

해설
• 접이문 : 45도 사선으로 된 주름 형상의 기호를 사용
• 망사문 : 파선을 이용하여 문 앞에 기호를 사용
• 미서기창 : 두 개의 창이 겹친 기호를 사용
＊ 창문의 기호는 문과 달리 가는 실선이 아래 위로 표현
된다.

25 제도지의 치수 중 틀린 것은? (단, 보기 항의 치수는 mm임)

① A0−841×1,189
② A1−594×841
③ A2−420×594
④ A3−210×297

해설
A0 : 841×1,189, A1 : 594×841, A2 : 420×594, A3 : 297×420, A4 : 210×297

26 건축 도면에서 주로 사용되는 축척이 아닌 것은 무엇인가?

① 1/25　　　　② 1/35
③ 1/50　　　　④ 1/100

해설
건축제도 2번 문제 해설 참고

27 건축설계도면에서 전개도에 대한 설명으로 틀린 것은?

① 각 실 내부의 의장을 명시하기 위해 작성하는 도면이다.
② 각 실에 대하여 벽체 문의 모양을 그려야 한다.
③ 일반적으로 축척은 1/200 정도로 한다.
④ 벽면의 마감재료 및 치수를 기입하고, 창호의 종류와 치수를 기입한다.

해설
전개도의 축척은 $\frac{1}{20} \sim \frac{1}{50}$ 로 그린다.

28 다음의 평면 표시기호가 나타내는 것은 무엇인가?

① 셔터 달린 창　　② 오르내리창
③ 주름문　　　　　④ 망사창

해설
• 오르내리창 : 창호의 기호 앞에 화살표 기호를 사용
• 주름문 : 곡선을 이용한 주름의 기호를 사용
• 망사창 : 파선을 이용하여 창문 앞에 기호를 사용
＊ 셔터 달린 창은 일점 쇄선, 망사창은 파선을 주의하면
된다.

29 건축제도에 사용되는 척도가 아닌 것은?

① 1/2　　　　　② 1/60
③ 1/300　　　　④ 1/500

해설
건축제도 2번 문제 해설 참고

30 다음 중 건축제도 용구가 아닌 것은?

① 홀더
② 원형 템플릿
③ 데오들라이트
④ 컴퍼스

해설

데어들라이트 : 수평각과 연직각을 정확히 측정할 수 있는 각 측정기기(제도와는 무관하다)

31 제도 연필의 경도에서 무르기로부터 굳기의 순서대로 옳게 나열한 것은?

① HB - B - F - H - 2H
② B - HB - F - H - 2H
③ B - F - HB - H - 2H
④ HB - F - B - H - 2H

해설

- 연필은 굵기에 따라 8B, 7B, 6B, 5B, 4B, 3B, 2B, B, F, HB, H, 2H, 3H, 4H, 5H, 6H로 총 16단계로 구분되는데, H가 흐리고 B로 갈수록 진하고 물러지는 특징을 가지고 있다.
- 연필은 지울 수 있고, 밝고 어두운 명암의 느낌과 다양한 질감의 느낌 표현이 매우 좋다. 그러나 번지거나 더러워지는 단점도 있다.

32 내부 입면도 작도에 관한 설명으로 옳지 않은 것은?

① 집기와 가구의 높이를 정확하게 표현한다.
② 벽면의 마감 재료를 표현한다.
③ 몰딩이 있으면 정확하게 작도한다.
④ 기둥과 창호의 위치가 가장 중요한 표현 요소이므로 진하게 표시한다.

해설

기둥과 창호의 위치는 평면에서 표현되는 사항이다.(★암기 필요)

33 건축제도통칙(KS F 1501)에 따른 도면의 접는 크기로 옳은 것은?

① A1   ② A2
③ A3   ④ A4

해설

제도용지의 규칙
- A3 제도용지의 크기는 A4 제도용지의 2배이다.
- 접은 도면의 크기는 A4 크기를 원칙으로 한다.
- 평면도는 남쪽을 위로하여 작도함을 원칙으로 한다.
- A3 크기의 도면은 그 길이 방향을 좌우 방향으로 놓은 위치를 정위치로 한다.

34 도면의 치수 기입 방법으로 옳지 않은 것은?

① 치수는 특별히 명시하지 않는 한, 마무리 치수로 표시한다.
② 치수 기입은 치수선에 평행하게 도면의 왼쪽에서 오른쪽으로, 아래로부터 위로 읽을 수 있도록 기입한다.
③ 치수 기입은 치수선 아랫부분에 기입하는 것이 원칙이다.
④ 좁은 간격이 연속될 때에는 인출선을 사용하여 치수를 기입한다.

해설

건축제도 14번 문제 해설 참고

35 다음 중 실내건축 투시도 그리기에서 가장 마지막으로 해야 할 작업은?

① 서있는 위치 결정
② 눈높이 결정
③ 입면 상태의 가구 설정
④ 질감의 표현

해설

투시도 그리기는 순서
- 소점위치 선정(눈높이 결정)
- 시점 설정(서있는 위치 설정)
- 사점 설정   • 수평선 설정(H.L)

• 격자 작성 후 입면상태 가구 설정
• 질감 및 색채 표현

36 치수를 자 또는 삼각자의 눈금으로 잰 후 제도지에 같은 길이로 분할할 때 사용하는 제도 용구는?

① 디바이더　　　　② 운형자
③ 컴퍼스　　　　　④ T자

> **해설**

• 디바이더 : 치수를 자 또는 삼각자의 눈금으로 잰 후 제도지에 같은 길이로 분할할 때 사용
• 운형자 : 곡선과 같은 부드러운 선을 그릴 때 사용
• 컴퍼스 : 둥근 원호를 그릴 때 사용
• T자 : 수평선을 그을 때와 삼각자를 보조하는 용도로 사용

37 건축제도에서 사용하는 선의 종류 중 굵은 실선의 용도로 옳은 것은?

① 보이지 않는 부분을 표시
② 단면의 윤곽을 표시
③ 중심선, 절단선, 기준선을 표시
④ 상상선 또는 1점 쇄선과 구별할 때 표시

> **해설**

• 굵은 실선 : 단면의 윤곽 부분을 표시하는 선
• 가는 실선 : 평면을 표시하는 선
• 파선 : 건축도면에서 보이지 않는 부분의 표시에 사용되는 선
• 일점 쇄선 : 물체의 중심을 표시하는 선
• 이점 쇄선 : 물체가 움직인 상태를 가상하는 선

38 건축도면 중 입면도에 표기해야 할 사항으로 적합한 것은?

① 창호의 형상
② 실의 배치와 넓이
③ 기초판의 두께와 너비
④ 건축물과 기초와의 관계

> **해설**

입면 표기사항
• 개구부의 형상
• 외벽 재질 표현
• 지붕 및 마감재 표현
• 주변의 간단한 조경 표현
• 계단 및 출입구 표현

39 건축제도 용구에 관한 설명으로 옳지 않은 것은?

① 일반적으로 삼각자는 45° 등변삼각형과 60° 직각삼각형 2가지가 1쌍이다.
② 운형자는 원호를 그릴 때 사용한다.
③ 스케일자는 1/100, 1/200, 1/300, 1/400, 1/500, 1/600의 축척이 매겨져 있다.
④ 제도 샤프는 0.3mm, 0.5mm, 0.7mm, 0.9mm 등을 사용한다.

> **해설**

운형자는 부드러운 곡선을 그릴 때 이용한다.

40 건축제도 시 선긋기에 관한 설명으로 옳지 않은 것은?

① 선긋기를 할 때에는 시작부터 끝까지 일정한 힘과 각도를 유지해야 한다.
② 삼각자의 오른쪽 옆면을 이용할 경우에는 아래에서 위로 선을 긋는다.
③ T자와 삼각자 등이 사용된다.
④ 삼각자의 왼쪽 옆면을 이용할 경우에는 아래에서 위로 선을 긋는다.

> **해설**

건축제도 5번 문제 해설 참고

정답 36. ①　37. ②　38. ①　39. ②　40. ②

41 건축설계도면 중 창호도에 관한 설명으로 옳지 않은 것은?

① 축척은 보통 1/50~1/100로 한다.
② 창호 기호는 한국산업표준의 KS F 1502를 따른다.
③ 창호 기호에서 W는 창, D는 문을 의미한다.
④ 창호 재질의 종류와 모양, 크기 등은 기입할 필요가 없다.

해설

1 PW	세탁실, 다락방	
2개소	900×1200 플라스틱 창호	
	THK16 일반유리 내부 백색	

1 WW	1 WD	1 SW	1 SD	1 AW
목재창	목재문	철재창	철재문	알루미늄창
1 PW	1 PD	1 SsW	1 SsD	1 AD
플라스틱창	플라스틱문	스테인리스창	스테인리스문	알루미늄문

• 축척은 보통 $\frac{1}{20} \sim \frac{1}{100}$ 로 한다.
• 창호 기호는 한국산업표준의 KS F 1502를 따른다.
• 창호 기호에서 W는 창, D는 문을 의미한다.
• 창호의 재질 및 종류 모양 및 치수 등을 기입한다.

42 물체가 있는 것으로 가상되는 부분을 표현할 때 사용되는 선은?

① 가는 실선   ② 파선
③ 일점 쇄선   ④ 이점 쇄선

해설

• 굵은 실선 : 단면의 윤곽 부분을 표시하는 선
• 가는 실선 : 평면을 표시하는 선
• 파선 : 건축도면에서 보이지 않는 부분의 표시에 사용되는 선
• 일점 쇄선 : 물체의 중심을 표시하는 선
• 이점 쇄선 : 물체가 움직인 상태를 가상하는 선

43 건축도면의 치수에 대한 설명으로 틀린 것은?

① 치수는 특별히 명시하지 않는 한 마무리 치수로 표시한다.
② 치수 기입은 치수선 중앙 윗부분에 기입하는 것이 원칙이다.
③ 치수선의 양 끝 표시는 화살 또는 점으로 표시할 수 있으며, 같은 도면에서 2종을 혼용할 수 있다.
④ 협소한 간격이 연속될 때에는 인출선을 사용하여 치수를 쓴다.

해설

건축제도 14번 문제 해설 참고

44 건축제도에서 다음 평면 표시기호가 의미하는 것은?

① 미닫이문   ② 주름문
③ 접이문   ④ 연속문

해설

접이문을 표현한 그림이다. 이 문제는 주름문의 표현 방법이 곡선으로 그려지는 반면, 접이문은 각이 져서 표기되는 것을 구분하는 문제이다.

45 다음 그림과 같은 제도용구의 명칭으로 옳은 것은?

① 자유곡선자   ② 운형자
③ 템플릿   ④ 디바이더

해설

- 자유곡선자 : 자유로운 곡선 및 선을 그릴 때 사용
- 운형자 : 곡선과 같은 부드러운 선을 그릴 때 사용
- 템플릿 : 정해진 정확한 치수에 맞는 원호를 그릴 때 사용
- 디바이더 : 치수를 자 또는 삼각자의 눈금으로 잰 후 제도지에 같은 길이로 분할할 때 사용

46 건축설계도 중 계획설계도에 해당하지 않는 것은?

① 구상도 ② 조직도
③ 동선도 ④ 배치도

해설

건축제도 17번 문제 해설 참고

47 그림과 같은 단면용 재료 표시기호가 의미하는 것은?

① 목재(치장재) ② 석재
③ 인조석 ④ 지반

해설

치장재의 표현 기호를 의미한다.(★암기 필요)

48 T자를 사용하여 그을 수 있는 선은?

① 포물선 ② 수평선
③ 사선 ④ 곡선

해설

T자는 선의 수평선을 그을 때와 삼각자를 보조하는 용도로 사용한다.

공통_건축재료

01 다음 특징을 가진 유리제품은?

- 2장 또는 3장의 유리를 일정한 간격을 두고 겹치고 그 주변을 금속테로 감싸 붙여 내부의 공기를 빼고 청정한 완전 건조공기를 넣어 만든다.
- 단열, 방서, 방음의 효과가 크고, 결로방지용으로도 우수하다.

① 망입유리 ② 접합유리
③ 복층유리 ④ 내열유리

해설

- 망입유리 : 망입유리는 유리 내부에 금속망을 넣어 압착으로 가공한 판유리로서 철망유리나 그물유리라고 불리기도 한다.
- 접합유리 : 접합유리는 두 장 이상의 판유리에 접착성이 강한 필름을 넣고, 진공상태에서 판유리 사이에 있는 공기를 완전하게 제거해 완전히 밀착시키는 유리이다.
- 복층유리 : 2장 또는 3장의 유리를 일정한 간격을 두고 겹치고 그 주변을 금속테로 감싸 붙여 내부의 공기를 빼고 청정한 완전 건조공기를 넣어 만든다.
- 내열유리 : 내열유리는 외부 충격에는 약하지만 유리의 원료가 붕규산염으로 열팽창률이 적어 열 충격에 강한 유리다.

02 다음 중 혼화제에 속하는 것은?

① AE제 ② 기포제
③ 방청제 ④ 플라이애시

해설

일반혼화재
- AE제 : 콘크리트와 시멘트 등의 재료에서 공기와 기포가 발생되는 모든 제품은 시멘트를 희석시키는 데 매우 좋으나, 기포가 생겨 구멍이 나므로 구조적으로는 사용하기 어렵다는 것을 인지해야 한다.
- 기포제 : 도입공기량이 10~60%인 구조용 콘크리트인 단열용의 다공질 콘크리트를 만들 때 사용한다.
- 방청제 : 철근 등 철재료가 노출에 의해 부식되는 것을

방지하기 위해서 사용하는 혼화제이다.
- 플라이애시 : 둥근 형태의 미립자인 플라이애시는 묽은 콘크리트 상태에서 분말이 시멘트 안으로 스며들어 석회의 밀착을 도와 밀도를 낮추며 공극을 작게 하는 역할을 한다. 따라서 플라이애시는 특수 혼화제에 속한다.

03 천연 아스팔트에 해당하지 않는 것은?

① 아스팔트 타이트
② 록 아스팔트
③ 블로운 아스팔트
④ 레이크 아스팔트

 해설

구분	명칭
천연 아스팔트	레이크(lake) 아스팔트
	록(rock) 아스팔트
	샌드(sand) 아스팔트
	아스팔트 타이트(aspaltite)
석유 아스팔트	스트레이트 아스팔트
	아스팔트 시멘트
	컷백 아스팔트
	유화 아스팔트
	블로운 아스팔트
	개질 아스팔트

04 래커의 특징으로 옳지 않은 것은?

① 주로 목재 바탕에 사용된다.
② 도막이 단단하다.
③ 섬유소에 가소제, 안료 등을 혼합한 페인트다.
④ 건조가 느리다.

해설

래커의 특징
- 주로 목재 바탕에 사용된다.
- 도막이 단단하다.
- 섬유소에 가소제, 안료 등을 혼합한 페인트다.
- 건조가 매우 빠르다.

05 열전도율의 단위로 바른 것은?

① W
② W/m
③ W/m · K
④ W/m² · K

해설

열전도율 단위 W/m · K
전도율 단위는 온도가 다른 두 물체에서 전해지는 열량의 수치로 과거는 Kcal/m · h · C를 사용하였으나 국제단위계(SI; System of International units)를 사용함에 따라 현재는 W/m · K를 사용하고 있다.

06 도막 방수재, 실링재로 사용되는 열경화성수지는?

① 아크릴수지
② 염화비닐 수지
③ 폴리스틸린 수지
④ 폴리우레탄 수지

해설

종류		건축 사용 용도
열경화성수지	페놀수지	벽, 덕트, 파이프, 발포보온판, 접착제, 배전판
	요소수지	마감재, 조작재, 가구재, 도료, 접착제
	멜라민수지	마감재, 조작재, 가구재, 도료, 접착제
	폴리에스테르수지	커튼월, 창틀, 덕트, 파이프, 도료, 욕조, 대형성품, 접착제, 글라스 섬유로 강화된 평판 또는 판상제품
	실리콘수지	방수피막, 발포보온판, 도료, 접착제
	에폭시수지	금속도료, 접착제, 보온보냉제, 내수피막
	폴리우레탄수지	보온보냉제, 접착제, 내수피막, 도료, 방수재, 실링재

07 콘크리트가 타설된 후 비교적 가벼운 물이나 미세한 물질 등이 상승하고, 무거운 골재나 시멘트가 침하하는 현상은?

① 쿨링　　　　　② 블리딩
③ 레이턴스　　　④ 콜드 조인트

해설

• 쿨링 : 콘크리트 재료의 전부 또는 일부에 온도를 낮추는 방법
• 레이턴스 : 백화현상, 잉여수 증발에 의한 표면 중성화 현상
• 블리딩 : 콘크리트 타설 후 비중이 무거운 시멘트와 골재 등이 침하되면서 물이 분리·상승하여 미세한 부유 물질과 콘크리트 표면으로 떠오르는 현상
• 콜드조인트 : 콘크리트 타설 시 온도가 맞지 않아 생기는 시공불량에 의해 발생한 조인트 균열

08 석재의 강도 중 일반적으로 가장 큰 것은?

① 휨강도　　　　② 인장강도
③ 전단강도　　　④ 압축강도

해설

• 석재의 인장강도는 압축강도의 $\frac{1}{10} \sim \frac{1}{20}$ 이다.
• 석재는 전단강도가 일반적으로 가장 크다.

09 점토의 성질에 대한 설명으로 틀린 것은?

① 주성분은 실리카와 알루미나이다.
② 인장강도는 압축강도의 약 5배이다.
③ 비중은 일반적으로 2.5~2.6 정도이다.
④ 양질의 점토는 습윤상태에서 현저한 가소성을 나타낸다.

해설

• 주성분은 실리카와 알루미나이다.
• 압축강도(15~50kg/cm²)는 인장강도(3~10kg/cm²)의 5배이다.
• 비중은 일반적으로 2.5~2.6 정도이다.
• 양질의 점토는 습윤상태에서 현저한 가소성을 나타낸다.

10 합판에 대한 설명으로 틀린 것은?

① 함수율 변화에 따른 팽창 수축의 방향성이 없다.
② 뒤틀림이나 변형이 적은 비교적 큰 면적의 평면 재료를 얻을 수 있다.
③ 표면 가공법으로 흡음 효과를 낼 수 있으며 외장적 효과를 높일 수 있다.
④ 목재를 얇은 판으로 만들어 이들을 섬유 방향이 서로 직교가 되도록 짝수로 적층하여 접착시킨 판을 말한다.

해설

얇은 단판을 3, 5, 7 등으로 홀수로 서로 좌우 교차시켜 만든 재료로 목재의 이(異)방향성에 대한 보완을 목적으로 만들었다. 가격이 저렴하며 목재 활용과 장식 효과가 좋다.

11 다음의 그림에서 강의 응력도–변형률 곡선에서 탄성한도 지점은 어디인가?

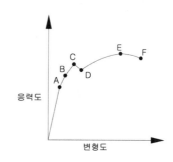

① A　　　　　　② B
③ C　　　　　　④ D

해설

A : 비례한계, B : 탄성한계, C : 상위항복점, D : 하위항복점, E : 네킹, F : 파단

12 건축용으로는 글라스 섬유로 강화된 평판 또는 판상제품으로 사용되는 열경화성수지는?

① 아크릴수지
② 폴리에틸렌수지
③ 염화비닐수지
④ 폴리에스테르수지

해설 ------------------------------

건축재료 6번 문제 해설 참고

13 시멘트의 분말도에 대한 설명으로 틀린 것은?

① 시멘트의 분말도가 클수록 수화반응이 촉진된다.
② 시멘트의 분말도가 클수록 강도의 발현속도가 빠르다.
③ 시멘트의 분말도는 브레인법 또는 표준체법에 의해 측정한다.
④ 시멘트의 분말도가 과도하게 미세하면 시멘트를 장기간 저장하더라도 풍화가 발생하지 않는다.

해설 ------------------------------

• 시멘트의 분말도가 클수록 수화반응이 촉진된다.
• 시멘트의 분말도가 클수록 강도의 발현속도가 빠르다.
• 시멘트의 분말도는 브레인법 또는 표준체법에 의해 측정한다.
• 시멘트의 분말도가 과도하게 미세하면 시멘트를 장기간 저장할 경우 풍화 발생이 쉽다.

14 미장재료 중 돌로마이트 플라스터에 대한 설명으로 틀린 것은?

① 기경성 미장재료이다.
② 소석회에 비해 점성이 높다.
③ 석고플라스터에 비해 응결시간이 짧다.
④ 건조수축이 커서 수축균열이 발생하는 결점이 있다.

해설 ------------------------------

돌로마이터 플라스터는 기경성 미장재료이며, 소석회에 비해 점성이 높고 석고플라스터에 비해 응결시간이 길어서 강도가 높다. 다만, 건조수축이 커서 수축균열이 발생하기 쉬운 단점이 있다.

15 건축재료를 화학 조성에 의해 분류할 경우, 다음 중 무기재료에 해당하지 않는 것은?

① 석재   ② 철강
③ 아스팔트   ④ 콘크리트

해설 ------------------------------

• 재료를 구성 성분으로 나누는 경우에 유기재료와 무기재료로 나눌 수 있는데, 유기재료는 C, N, O, H, S, F 등의 음이온들이 주된 구성원소이며, 생물체에서부터 비롯된 목재, 천연섬유, 아스팔트, 고분자, 종이 등이다.
• 돌, 금속 등은 무기재료에 속한다.

16 다음은 재료의 역학적 성질에 관한 설명이다. (   ) 안에 알맞은 용어는?

> 압연강, 고무와 같은 재료는 파괴에 이르기까지 고감도의 응력에 견딜 수 있고 동시에 큰 변형을 나타내는 성질을 갖는데, 이를 (   )이라고 한다.

① 강성   ② 취성
③ 인성   ④ 탄성

해설 ------------------------------

• 강성 : 어떤 힘에 대한 저항하는 재료의 강한 정도를 나타내는 성질
• 취성 : 특정 하중을 받았을 때 물체가 변형하지 않고 파괴되는 성질
• 인성 : 재료가 고강도의 응력에 견딜 수 있고 동시에 큰 변형을 나타내는 성질
• 탄성 : 외부의 힘에 의해 변형을 일으킨 재료가 힘을 제거 시 원래의 모양으로 복귀하는 성질(고무줄)

17 단기강도가 우수하므로 도로 및 수중공사 등 긴급공사나 공기 단축이 필요한 경우에 사용되는 시멘트는?

① 보통 포틀랜드 시멘트
② 조강 포틀랜드 시멘트
③ 저열 포틀랜드 시멘트
④ 중용열 포틀랜드 시멘트

해설

조강포틀랜드 시멘트의 정의(★암기 필요)

18 목재 건조의 목적과 가장 거리가 먼 것은?

① 옹이의 제거
② 목재 강도의 증가
③ 전기절연성의 증가
④ 목재 수축에 의한 손상 방지

해설

목재 건조의 목적
• 목재 강도의 증가
• 전기절연성의 증가
• 목재 수축에 의한 손상 방지

19 화강암에 대한 설명으로 틀린 것은?

① 내화성이 크다.
② 내구성이 우수하다.
③ 구조재 및 내·외장재로 사용이 가능하다.
④ 절리의 거리가 비교적 커서 대재(大才)를 얻을 수 있다.

해설

화강암
• 심성암에 속해 있는 석재로 견고하고 대형재가 생산되므로 구조재, 바탕색과 반점이 미려하고 내외장재, 자갈, 쇄석 등의 콘크리트용 골재로도 사용된다.
• 압축강도가 대단히 크며, 열에는 대단히 취약하다는 단점을 가지고 있다.

20 창호철물과 사용되는 창호의 연결이 바르지 않은 것은?

① 레일 – 미닫이 문
② 크레센트 – 오르내리 창
③ 플로어 힌지 – 여닫이 문
④ 레버터리 힌지 – 쌍 여닫이 창

해설

레버터리 힌지 유압을 이용한 강화유리 문과 같은 무거운 문 하부에 설치되는 힌지

21 미장재료 중 돌로마이트 플라스터에 대한 설명으로 틀린 것은?

① 소석회에 비해 작업성이 좋다.
② 보수성이 크고 응결시간이 길다.
③ 회반죽에 비하여 조기강도 및 최종강도가 크다.
④ 여물을 혼입할 경우 건초수축이 발생하지 않는다.

해설

돌로마이트(dolomite)
• 백운석과 고회석을 섞은 회색의 광물로 마그네시아를 희석하여 소석회와 같은 공정을 거쳐 만들어진다.
• 소석회보다 점도가 높고 교착력이 우수하며 해초 풀 없이 사용 가능하다는 것이 특징이다. 그러나, 경화가 늦고 수축이 크기 때문에 균열이 생기기 쉽다는 단점을 가지고 있다.

22 인장재에 대한 저항력이 작은 콘크리트에 미리 긴장재(PC강선)에 의한 압축력을 가하여 만든 구조는 무엇인가?

① PEB구조
② 판조립식 구조
③ 철골철근 콘크리트 구조
④ 프리스트레스트 콘크리트 구조

해설

프리스트레스트 콘크리트(PSC : Prestressed Concrete) : 가늘고 긴 선을 양쪽으로 아주 고강도로 잡아당겼을 때 선은 팽팽한 간격을 유지하며, 그 강도는 매우 강해지는 상태를 유지하게 된다. 그 위에 콘크리트를 시공하게 되면 이미 당겨져 있는 피아노선은 콘크리트 속으로 묻혀 부식을 막을 수 있다. 이런 기능을 가진 콘크리트가 프리텐션(pretension), 포스트텐션(posttension)이다. 즉, 콘크리트에 압축력을 주고 이 압축이 인장력을 상쇄시키는 역할을 하는 콘크리트인데, 강한 힘으로 잡아당기기 때문에 선이 끊어지면 곧바로 취성파괴가 생기기 쉽다는 단점이 있다.

23 변성암에 속하지 않는 것은?

① 대리석　　　　② 석회석
③ 사문암　　　　④ 트래버틴

해설

구성 원인에 의한 분류	암석의 이름
화성암(火成巖)	화강석
	섬록암
	안산암
수성암(水成巖)	이판암
	점판암
	사암
	응회암
	석회암
	석고
변성암(變成巖)	대리석
	사문석

24 다음 중 구조 재료에 요구되는 성질과 가장 관계가 먼 것은?

① 외관은 좋은 것이어야 한다.
② 가공이 용이한 것이어야 한다.
③ 내화, 내구성이 큰 것이어야 한다.
④ 재질이 균일하고 강도가 큰 것이어야 한다.

해설

구조재료는 가공이 용이하고 내화, 내구성이 크며 재질이 균일하고 강도가 큰 것이어야 한다.

25 다음 중 콘크리트 바탕에 적용이 가장 곤란한 도료는?

① 에폭시도료　　　　② 유성바니시
③ 염화비닐도료　　　　④ 염화고무도료

해설

유성바니시는 미끈거리는 성질이 있으며, 투명하여 바탕면에는 어울리지 않는다.

26 석재의 일반적인 성질에 관한 설명으로 옳지 않은 것은?

① 불연성이다.
② 내구성, 내수성이 우수하다.
③ 비중이 크고 가공성이 좋지 않다.
④ 압축강도는 인장강도에 비해 매우 작다.

해설

• 석재의 인장강도는 압축강도의 $\frac{1}{10} \sim \frac{1}{20}$이다.
• 화강암이 제일 강도는 강하지만, 내화도는 제일 낮다.

27 목재의 강도에 관한 설명으로 옳은 것은?

① 일반적으로 변재가 심재보다 강도가 크다.
② 목재의 강도는 일반적으로 비중에 반비례한다.
③ 목재의 강도는 힘을 가하는 방향에 따라 다르다.
④ 섬유포화점 이상의 함수 상태에서는 함수율이 적을수록 강도가 커진다.

해설

• 일반적으로 심재가 변재보다 강도가 크다.
• 목재의 강도는 비중에 비례한다.
• 목재의 강도는 힘을 가하는 방향에 따라 다르다.
• 섬유포화점 이상의 함수 상태에서는 함수율의 변화가 없다.

정답 23. ② 　 24. ① 　 25. ② 　 26. ④ 　 27. ③

28 굳지 않은 콘크리트의 워커빌리티 측정 방법에 속하지 않는 것은?

① 비비 시험 ② 슬럼프 시험
③ 비카트 시험 ④ 다짐계수 시험

해설

분류	종류
굳지 않는 콘크리트 시험	워커빌리티 시험
	슬럼프 시험
	흐름 시험
	캘리볼 관입 시험
	비비 시험
	다짐계수 시험
	공기량 시험
	블리딩 시험

비카트 시험 : 시멘트 응결시간을 확인하는 시험

29 건축재료의 사용목적에 따른 분류에 속하지 않는 것은?

① 구조재료 ② 마감재료
③ 유기재료 ④ 차단재료

해설

재료를 구성 성분으로 나누는 경우에 유기재료와 무기재료로 나눌 수 있다.

30 수화열이 낮아 댐과 같은 매스콘크리트 구조물에 사용되는 시멘트는?

① 보통 포틀랜드 시멘트
② 조강 포틀랜드 시멘트
③ 중용열 포틀랜드 시멘트
④ 내황산염 포틀랜드 시멘트

해설

품명	특성	주요 용도
1종 보통 포틀랜드 시멘트	일반 시멘트	일반 콘크리트 제품
2종 중용열 시멘트	적은 수화열	댐, 터널, 도로 포장
3종 조강 시멘트	수화 신속	보수, 긴급공사
4종 저열 시멘트	중용열보다 적은 수화열	댐, 매스콘크리트
5종 내황산염 시멘트	내화학성, 내구성 향상	해양공사, 지하수 배수로 등

31 천연 아스팔트에 속하지 않는 것은?

① 아스팔타이트
② 로크 아스팔트
③ 레이크 아스팔트
④ 스트레이트 아스팔트

해설

건축재료 3번 문제 해설 참고

32 콘크리트의 강도 중 일반적으로 가장 큰 것은?

① 휨강도 ② 인장강도
③ 압축강도 ④ 전단강도

해설

콘크리트는 압축강도에 강하고 철근은 인장강도에 강한 특징이 있다.

33 목재를 절삭 또는 파쇄하여 작은 조각으로 만들어 접착제를 섞어 고온, 고압으로 성형한 판재는?

① 합판 ② 섬유판
③ 집성목재 ④ 파티클보드

해설

• 합판 : 얇은 단판을 3, 5, 7 등으로 홀수로 서로 좌우 교차 시켜 만든 재료로 목재의 이(異)방향성에 대한 보완을 목적으로 만들었다. 가격이 저렴하며 목재 활용과 장식 효과가 좋다.
• 섬유판 : 조각낸 목재, 톱밥, 대팻밥, 볏집, 나무 부스러기 등 식물성 재료를 펄프로 만든 다음 접착제, 방부제를 넣어 압축하여 만든 판을 말한다.(일명 MDF)

정답 28. ③   29. ③   30. ③   31. ④   32. ③   33. ④

• 집성목재 : 아치와 같은 굽은 용재도 만들거나, 목재의 강도를 인공적으로 조절할 수 있는 장점을 가지고 있는 목재로서 길고 단면이 큰 부재를 간단히 만들 수 있다.

34 콘크리트 혼화제 중 작업 성능이나 동결융해 저항 성능의 향상을 목적으로 사용하는 것은?

① AE제   ② 증점제
③ 기포제   ④ 유동화제

해설

AE제는 계면활성제로서 콘크리트 내부에 미세기포를 발생시켜서 공기의 분출로 인해 시멘트가 희석시키는 효과를 만들어 내며, 이 효과가 시멘트의 시공연도(물과 시멘트의 비율)를 개선시키며, 단위수량의 저감과 동결융해 저항성이 있다.

35 다음은 한국산업표준(KS)에 따른 점토 벽돌 중 미장 벽돌에 관한 용어의 정의이다. ( ) 안에 알맞은 것은?

> 점토 등을 주원료로 하여 소성한 벽돌로서 유공형 벽돌은 하중 지지면의 유효 단면적이 전체 단면적의 ( ) 이상이 되도록 제작한 벽돌

① 30%   ② 40%
③ 50%   ④ 60%

해설

다공질 벽돌에 대한 설명이며, 다공질 벽돌은 하중의 구조가 약해 유효단면적이 전체 단면적의 50% 이상이 되도록 규정되어 있다.

36 소다석회유리에 관한 설명으로 옳지 않은 것은?

① 용융하기 쉽다.
② 풍화되기 쉽다.
③ 산에는 강하나 알칼리에는 약하다.
④ 건축물의 창유리로는 사용할 수 없다.

해설

소다석회유리 : 생산되는 유리의 가장 일반적인 형태의 유리로서 건축물의 창유리로 가장 많이 사용된다. 단, 산에 강하나 알칼리에 약하고, 깨지기 쉽다.

37 구리(Cu)와 주석(Sn)을 주체로 한 합금으로 건축장식철물 또는 미술공예 재료에 사용되는 것은?

① 니켈   ② 양은
③ 황동   ④ 청동

해설

암기를 할 때 황동은 구리+아연의 'ㅇ'으로, 청동은 구리+주석의 'ㅈ'으로 암기하면 좋다.

38 미장재료 중 석고 플라스터에 관한 설명으로 옳지 않은 것은?

① 원칙적으로 해초 또는 풀즙을 사용하지 않는다.
② 경화·건조 시 치수 안정성이 뛰어나 균열이 없는 마감을 실현할 수 있다.
③ 석고 플라스터 중에서 가장 많이 사용하는 것은 크림용 석고 플라스터이다.
④ 경석고 플라스터는 고온소성의 무수석고를 특별한 화학처리를 한 것으로 경화 후 아주 단단하다.

해설

석고 플라스터는 알칼리성이므로 유성페인트 마감을 할 수 있으며, 수화하여 굳어지므로 내부까지 거의 동일한 경도가 되는 장점이 있다. 또한 방화성이 크고 해초 또는 풀을 넣어 강도를 증대시킨다.

39 플라스틱 건설재료의 일반적인 성질에 관한 설명으로 옳지 않은 것은?

① 일반적으로 전기절연성이 우수하다.
② 강성이 크고 탄성계수가 강재의 2배이므로 구조재료로 적합하다.

③ 가공성이 우수하여 기구류, 판류, 파이프 등의 성형품 등에 많이 쓰인다.

④ 접착성이 크고 기밀성, 안전성이 큰 것이 많으므로 접착제, 실링재 등에 적합하다.

 해설

플라스틱 건설재료의 성질
- 일반적으로 전기절연성이 우수하다.
- 강성이 작고 탄성계수가 강재의 2배이므로 보조재로 적합하다.
- 가공성이 우수하여 기구류, 판류, 파이프 등의 성형품 등에 많이 쓰인다.
- 접착성이 크고 기밀성, 안전성이 큰 것이 많으므로 접착제, 실링재 등에 적합하다.

40 혼합한 미장재료에 아직 반죽용 물을 섞지 않은 상태를 의미하는 용어는?

① 초벌   ② 재벌
③ 물비빔   ④ 건비빔

해설

미장재료는 모두 물을 사용하지만 물을 붓기 전 상태, 즉 모래와 시멘트만을 비벼 놓은 상태를 건비빔 상태라고 한다.

41 다음 중 기둥 및 벽 등의 모서리에 대어 미장 바름을 보호하기 위해 사용하는 철물은?

① 메탈 라스   ② 코너 비드
③ 와이어 라스   ④ 와이어 메시

해설

- 메탈라스 : 연강판에 일정한 간격으로 금을 내고 늘려서 그물코 모양으로 만든 것
- 코너비드 : 벽, 기둥 등의 모서리를 보호하기 위하여 미장 바름질을 할 때 붙이는 보호용 철망
- 와이어라스 : 일반적으로 철조망이라 불리는 와이어 라스는 아연도금 철사를 꼬아서 만들어져 롤처럼 말려서 나온다.
- 와이어메시 : 철사를 가로와 세로로 교차되게 하여 ㅁ자형으로 만드는 것으로 무근 콘크리트의 바닥 갈라짐의 보강을 위해 사용되는 자재이다.

42 콘크리트 혼화재료와 용도의 연결이 바르지 않은 것은?

① 실리카흄 – 압축강도 증대
② 플라이애시 – 수화열 증대
③ AE제 – 동결융해 저항 성능 향상
④ 고로슬래그 분말 – 알칼리 골재 반응 억제

 해설

플라이애시의 미분말이 콘크리트 안으로 스며들어 석회의 밀착을 도와 희석 시 밀도를 낮추며 공극을 작게 하여 건조수축이 작고, 수화열이 적으며, 장기강도를 좋게 하며, 골재반응을 일어나게 하지 않는다.

43 유성페인트에 대한 설명으로 틀린 것은?

① 건조시간이 길다.
② 내후성이 우수하다.
③ 내알칼리성이 우수하다.
④ 붓바름 작업성이 우수하다.

해설

유성페인트의 특징
- 건조시간이 길다.
- 내후성이 우수하다.
- 내알칼리성에 약하다
- 붓바름 작업성이 우수하다.

44 개울에서 생긴 지름 20~30cm 정도의 둥글고 넓적한 돌로 기초 잡석다짐이나 바닥 콘크리트 지정에 사용되는 것은 무엇인가?

① 판돌   ② 견칫돌
③ 호박돌   ④ 사괴석

 해설

- 판돌 : 밑판으로 놓인 돌
- 견칫돌 : 앞면의 모양이 정사각형에 가까우며, 마름모 모양의 옹벽 대용으로 사용
- 사괴석 : 한 면이 10~18cm 정도의 방형 육면체의 화강석

정답 40. ④   41. ②   42. ②   43. ③   44. ③

45 플라스틱 재료의 일반적 성질로 바르지 않은 것은?

① 내열성, 내화성이 적다.
② 전기절연성이 우수하다.
③ 흡수성이 적고 투수성이 거의 없다.
④ 가공이 불리하고 공업화 재료로는 불합리하다.

해설

가공이 용이하여 공업화 재료로 좋으나 환경오염 물질을 배출하여 환경오염의 요인이 된다.

46 굳지 않는 콘크리트의 반죽질기를 나타내는 지표는?

① 슬럼프　　　　② 침입도
③ 블리딩　　　　④ 레이턴스

해설

블리딩 (bleeding)	물을 많이 사용하여 생콘크리트에서 물, 미세물질들이 상승하는 현상
콘시스턴시 (consistency)	반죽질기, 콘크리트의 유동성 정도를 의미한다.
크리프 (creep)	장기간 하중을 재하하면 하중의 증가 없이도 시간 경과에 따라 변형이 증가하는 현상(보 : 처짐)
레이턴스 (laitance) 백화현상	블리딩 현상으로 인한 잉여수 증발로 표면에 형성된 흰 빛의 얇은 막을 지칭한다.
체적변화	콘크리트 표면온도와 그 내부 온도차는 인장응력을 발생시켜 균열을 유발하는 것을 말한다.
중성화	원인 : 탄산가스↑, 습도↓, W/C↑, 온도↑(실내가 더 심하다)

47 일반적으로 목재의 심재 부분이 변재 부분보다 작은 것은 무엇인가?

① 비중　　　　② 강도
③ 신축성　　　　④ 내구성

해설

목재의 심재는 목재의 중앙부에 위치하며, 단단하며 강도가 강하다. 변재가 강도가 약하고 신축성이 좋다.

48 알루미늄의 일반적인 성질에 대한 설명으로 바르지 않은 것은?

① 열반사율이 높다.
② 내화성이 부족하다.
③ 전성과 연성이 풍부하다.
④ 압연, 인발 등의 가공성이 나쁘다.

해설

• 열반사율이 높다.
• 내화성이 부족하다.
• 전성과 연성이 풍부하다.
• 압연, 인발 등의 가공성이 좋다.

49 경화 콘크리트의 역학적 기능을 대표하는 것으로, 경화 콘크리트의 강도 중 일반적으로 가장 큰 것은 무엇인가?

① 휨강도　　　　② 압축강도
③ 인장강도　　　　④ 전단강도

해설

경화 콘크리트의 성질에는 압축강도, Creep, 내구성, 체적변화 등이 있다.

50 중밀도 섬유판(MDF)에 대한 설명으로 틀린 것은?

① 밀도가 균일하다.
② 측면의 가공성이 좋다.
③ 표면에 무늬인쇄가 불가능하다.
④ 가구제조용 판상재료로 사용된다.

해설

섬유판(MDF)
• 조각낸 목재, 톱밥, 대팻밥, 볏집, 나무 부스러기 등 식물성 재료를 펄프로 만든 다음 접착제, 방부제를 넣어 압축하여 만든 판을 말한다.(일명 MDF)

• 밀도가 균일하고, 측면의 가공성이 좋으며 표면에 무늬
인쇄가 가능하여 내장재로 많이 사용되며 가구제조용
판상재료로 사용된다.

51 주로 천연의 유기섬유를 원료로 한 원지에 스
트레이트 아스팔트를 함침(含浸)시켜 만든 아
스팔트 방수 시트재는 무엇인가?

① 아스팔트 펠트
② 블론 아스팔트
③ 아스팔트 프라이머
④ 아스팔트 컴파운드

해설

• 아스팔트 펠트 : 양털, 무명, 삼 등을 혼합하여 만든 원
지에 스트레이트 아스팔트를 침투시켜 만든 시트로 된
두루마리 제품을 말한다.
• 브로운(블론) 아스팔트 : 스트레이트 아스팔트를 가열
하여 만든 재료로 분자량을 증대시켜 내열성 및 내구성
을 강화한 제품으로 도로포장재로 많이 사용된다.
• 아스팔트 프라이머 : 아스팔트를 휘발성 용제로 녹인
것으로, 작업 전 바탕과 접착력의 증대를 위해 도포하
는 재료이다. 일반적으로 액상으로 되어 있으며 항상 1
차 공정에서 사용된다.
• 아스팔트 컴파운드 : 아스팔트계 실링제로 실리콘의 역
할이라 하면 이해가 쉽다. 합성수지와 광물성 첨가제를
희석하여 주입·용착 시키는 재료이다. 내충격성과 신
축성이 매우 강해 균열 부 및 지붕재로 많이 사용된다.

52 건축재료를 사용 목적에 따라 분류할 때, 차단
재료로 보기 힘든 것은?

① 실링재   ② 아스팔트
③ 콘크리트   ④ 글라스울

해설

• 차단재료 : 외부로부터 들어오는 것을 막는 재료
• 실링재 및 아스팔트 글라스 울의 경우는 모두 방수재의
기능으로 물을 막는 용도로 사용되나 콘크리트는 자체
적으로 방수의 기능은 없는 것을 확인하는 문제이다.

53 다음 설명에 알맞은 목재 방부제는 무엇인가?

• 유성 방부제로 도장이 불가능하다.
• 독성은 적으나 자극적인 냄새가 있다.

① 크레오스트유
② 황산동 1% 용액
③ 염화아연 4% 용액
④ 펜타클로로페놀(PCP)

해설

• 크로오소트 : 목재의 방부제 중에서 방부력은 뛰어나지
만 냄새가 강하여 실내 사용이 어렵다는 단점이 있다.
• P.C.P(펜타클로로 페놀) : 무색무취 제품이며 방부력
이 우수하며, 페인트를 덧칠할 수 있기 때문에 가장 많
이 사용되는 목재의 방부 제품이다.
• 황산동, 황산아연 : 방부력이 있으나 철을 부식시키는
단점을 가지고 있어 목재만을 사용하는 부분에 사용하
는데, 내부에서 사용은 어렵다.
• 유성 방부제 : 크로오소트, 콜타르, 아스팔트, PCP(펜
타클로로 페놀)
• 수성 방부제 : 황산구리 용액, 염화아연 용액, 염화제
이수은 용액, 플르오르화 나트륨 용액

54 자외선에 의한 화학작용을 피해야 하는 의류,
약품, 식품 등을 취급하는 장소에 사용되는 유
리 제품은 무엇인가?

① 열선반사유리
② 자외선흡수유리
③ 자외선투과유리
④ 저방사(Low-E)유리

해설

• 열선반사유리 : 에너지 절약효과를 목적으로 제작된 유
리로서 특성상 가시광선의 반사율이 높다.
• 자외선 투과유리 : 스펙트럼의 UV 부분을 훨씬 더 많
이 투과시키는 유리
• 저방사 유리 : 유리 표면에 수십 나노미터의 은막(sil-
ver layer)을 코팅하여 원적외선 영역의 빛은 반사하고
가시광선 영역의 빛은 투과할 수 있도록 만든 것으로,
은막(silver layer)을 보호하면서 동시에 적절한 반사

특성 및 다양한 색상을 갖도록 여러 겹의 금속막을 코팅한 유리

55 금속의 방식 방법에 대한 설명으로 틀린 것은?

① 큰 변형을 준 것은 가능한 한 플립(Flip)하여 사용한다.
② 가능한 한 이종금속과 인접하거나 접촉하여 사용하지 않는다.
③ 표면을 평활하고 깨끗하게 하며, 습윤 상태를 유지하도록 한다.
④ 균질할 것을 선택하고 사용할 때 큰 변형을 주지 않도록 한다.

• 큰 변형을 준 것은 가능한 한 플립(Flip)하여 사용한다.
• 가능한 한 이종금속과 인접하거나 접촉하여 사용하지 않는다.
• 표면을 평활하고 깨끗하게 하며, 습윤 상태가 되지 않도록 표면을 보호해야 한다.
• 균질할 것을 선택하고 사용할 때 큰 변형을 주지 않도록 한다.

56 시멘트의 응결에 대한 설명으로 바른 것은?

① 온도가 높을수록 응결이 낮아진다.
② 석고는 시멘트의 응결촉진제로 사용된다.
③ 시멘트에 가하는 수량이 많아지면 응결이 늦어진다.
④ 신선한 시멘트로서 분말도가 미세한 것일수록 응결이 늦어진다.

• 온도가 높을수록 응결이 낮아진다.
• 석고는 시멘트의 응결촉진제로 사용된다.
• 시멘트에 가하는 수량이 많아지면 응결이 빨라진다.
• 신선한 시멘트로서 분말도가 미세한 것일수록 응결이 늦어진다.

57 기본 점성이 크며 내수성, 내약품성, 전기절연성이 모두 우수한 만능형 접착제로, 금속, 플라스틱, 도자기, 유리, 콘크리트 등의 접합에 사용되는 것은 무엇인가?

① 에폭시 접착제
② 요소수지 접착제
③ 페놀수지 접착제
④ 멜라민수지 접착제

에폭시 접착제는 건축의 균열 및 코킹제로 많이 사용되어 만능 접착제로 불린다.

58 시멘트의 경화 중 체적 팽창으로 팽창 균열이 생기는 정도를 나타낸 것은 무엇인가?

① 풍화　　　　　　② 조립률
③ 안정성　　　　　④ 침입도

• 풍화 : 비바람에 의해 시멘트가 조금씩 패는 현상
• 조립률 : 콘크리트에 사용되는 골재에 입도 정도를 표시하는 지표
• 침입도 : 아스팔트 재료의 굳기 정도를 측정하는 시험으로 표준침이 5초 동안 수직으로 침입한 깊이

59 다음 중 경량벽돌에 해당하는 것은?

① 다공벽돌　　　　② 내화벽돌
③ 광재벽돌　　　　④ 홍예벽돌

경량의 표현이 사용되는 재료는 대체로 구멍이 타공되어 있거나 속빈 벽돌이 많다.

60 회반죽에 여물을 사용하는 주된 이유는 무엇인가?

① 균열 방지　　　　② 경화 촉진
③ 크리프 증가　　　④ 내화성 증가

해설

소석회에 균열을 방지하기 위해 여물, 모래, 해초풀을 넣어 반죽해서 만든 재료로 초벌 후 10일이 지나 재벌을 하여야 할 정도로 그 건조시간이 매우 느린 반죽이다.

61 속빈 콘크리트 블록에서 A종 블록의 전 단면적에 대한 압축강도는 최소 얼마 이상이어야 하는가?

① 4MPa
② 6MPa
③ 8MPa
④ 10MPa

해설

속빈 콘크리트 블록에서 A종 블록의 전 단면적에 대한 압축강도는 4MPa 이상이어야 한다.

62 석질이 치밀하고 박판으로 채취할 수 있어 슬레이트로서 지붕, 외벽, 마루 등에 사용되는 석재는?

① 부석
② 점판암
③ 대리석
④ 화강암

해설

점판암 정의에 대한 문제(★암기 필요)

63 미장재료에 관한 설명으로 옳지 않은 것은?

① 석고플라스터는 내화성이 우수하다.
② 돌로마이트 플라스터는 건조 수축이 크기 때문에 수축 균열이 발생한다.
③ 킨즈시멘트는 고온소성의 무수석고를 특별한 화학처리를 한 것으로 경화 후 아주 단단하다.
④ 회반죽은 소석고에 모래, 해초풀, 여물 등을 혼합하여 바르는 미장재료로서 건조 수축이 거의 없다.

해설

건축재료 60번 문제 해설 참고

64 물체에 외력을 가하면 변형이 생기나 외력을 제거하면 순간적으로 원래의 형태로 회복되는 성질을 말하는 것은?

① 탄성
② 소성
③ 강도
④ 응력도

해설

• 탄성(elasticity) : 건축재료가 외부의 힘에 의해 변형(變形)을 일으킨 재료가 그 힘을 제거했을 때 원래의 모양으로 복귀하는 성질을 말한다.
• 소성(firing) : 건축재료가 외부의 힘에 의해 변형(變形)을 일으킨 재료가 그 힘을 제거했을 때 원래의 모양으로 복귀하지 못하고 변형된 형태를 그대로 유지하는 성질을 말한다.
• 강도(閣度) : 건축재료가 외부의 힘에 대항할 수 있는 능력을 나타내는 수치적 기준을 말한다.
• 응력 : 건축재료에 외부의 힘이 가해졌을 때 재료가 그 힘에 대해 저항하는 내부의 힘을 말한다. 변형력이라고도 불린다.

65 골재의 성인에 의한 분류 중 인공골재에 속하는 것은?

① 강모래
② 산모래
③ 중정석
④ 부순모래

해설

• 자연골재 : 강자갈, 산모래, 중정석
• 인공골재 : 깬모래, 부순모래 등

66 콘크리트의 콘시스턴시(consistency)를 측정하는 데 사용되는 것은?

① 표준체법
② 브레인법
③ 슬럼프 시험
④ 오토클레이브 팽창도 시험

해설

반죽질기, 콘크리트의 유동성 정도를 의미하는 것으로서 반죽의 질기는 슬럼프 시험의 정도를 측정한다.

정답 61. ① 62. ② 63. ④ 64. ① 65. ④ 66. ③

67 콘크리트용 골재의 조립률 산정에 사용되는 체에 속하지 않는 것은?

① 0.3mm ② 5mm
③ 20mm ④ 50mm

해설

조립률 채가름 10종류 : 80mm, 40mm, 20mm, 10mm, 5mm, 2.5mm 1.2mm, 0.6mm, 0.3mm, 0.15mm

68 풍화되기 쉬우므로 실외용으로 적합하지 않으나, 석질이 치밀하고 견고할 뿐만 아니라 연마하면 아름다운 광택이 나므로 실내장식용으로 적합한 석재는?

① 대리석 ② 화강암
③ 안산암 ④ 점판암

해설

대리석은 산에 약하므로 실내에서만 사용해야 한다.

69 유성페인트에 관한 설명으로 옳은 것은?
① 붓바름 작업성 및 내후성이 우수하다.
② 저온다습할 경우에도 건조시간이 짧다.
③ 내알칼리성은 우수하지만, 광택이 없고 마감면의 마모가 크다.
④ 염화비닐수지계, 멜라민수지계, 아크릴수지계 페인트가 있다.

해설

붓바름 작업성과 내후성이 좋으며 건조시간이 상대적으로 긴 단점이 있다. 대표적으로 에나멜, 락카, 우레탄, 에폭시 등이 있으며 방수에 효과가 좋아 실외에서 많이 사용된다.

70 다음 중 바닥재료에 요구되는 성질과 가장 거리가 먼 것은?

① 열전도율이 커야 한다.
② 청소가 용이해야 한다.
③ 내구 · 내화성이 커야 한다.
④ 탄력이 있고 마모가 적어야 한다.

해설

바닥 재료는 방수성과 열전도율이 낮으며 청소가 용이하고 내구성이 좋아야 한다. 탄력이 있어 건조수축에 강하고 마모가 적어야 한다.

71 구리(Cu)와 주석(Sn)을 주체로 한 합금으로 건축장식철물 또는 미술공예 재료에 사용되는 것은?

① 황동 ② 청동
③ 양은 ④ 듀랄루민

해설

종류	주성분
구리	원광석을 녹여서 만든다.
황동	구리+아연
청동	구리+주석
포동	주석+아연, 납, 구리
양은	구리+니켈+아연

72 도자기질 타일을 다음과 같이 구분하는 기준이 되는 것은?

내장타일, 외장타일, 바닥타일, 모자이크 타일

① 호칭명에 따라
② 소지의 진에 따라
③ 유약의 유무에 따라
④ 타일 성형법에 따라

해설

타일 명칭에 의한 분류(★암기 필요)

73 다음 중 천연 아스팔트에 속하지 않는 것은?

① 아스팔타이트
② 록 아스팔트
③ 블론 아스팔트
④ 레이크 아스팔트

해설

건축재료 3번 문제 해설 참고

74 그림과 같은 블록의 명칭은?

① 반블록
② 창쌤블록
③ 인방블록
④ 창대블록

해설

창대블록으로 빗물의 낙하를 유도하기 때문에 경사져 있다.

75 다음과 같은 특징을 갖는 목재 방부제는?

- 유용성 방부제
- 도장 가능하며 독성이 있다.
- 처리재는 무색으로 성능이 우수하다.

① 몰타르
② 크레오소트유
③ 염화아연용액
④ 펜타클로로 페놀

해설

건축재료 53번 문제 해설 참고

76 목재의 연륜에 관한 설명으로 옳지 않은 것은?

① 추재율과 연륜밀도가 큰 목재일수록 강도가 작다.
② 연륜의 조밀은 목재의 비중이나 강도와 관계가 있다.
③ 추재율은 목재의 횡단면에서 추재부가 차지하는 비율을 말한다.
④ 춘재부와 추재부가 수간횡단면상에 나타나는 동심원형의 조직을 말한다.

해설

- 추재율과 연륜밀도가 큰 목재일수록 강도가 매우 크다.
- 연륜의 조밀은 목재의 비중이나 강도와 관계 있다.
- 추재율은 목재의 횡단면에서 추재부가 차지하는 비율을 말한다.
- 춘재부와 추재부가 수간횡단면상에 나타나는 동심원형의 조직을 말한다.

77 비교적 굵은 철선을 격자 형으로 용접한 것으로 콘크리트 보강용으로 사용되는 금속 제품은?

① 메탈 폼(metal form)
② 와이어 로프(wire rope)
③ 와이어 메시(wire mesh)
④ 펀칭 메탈(punching metal)

해설

건축재료 41번 문제 해설 참고

78 다음 중 열경화성수지에 속하지 않는 것은?

① 페놀수지
② 요소수지
③ 멜라민수지
④ 염화비닐수지

해설

- 열경화성수지 : 페놀수지, 요소수지, 멜라민수지, 폴리에스테르수지, 실리콘수지, 에폭시수지, 폴리우레탄수지
- 열가소성수지 : 아크릴수지, 염화비닐수지, 스티롤수지, 폴리에틸렌수지, 폴리아미드수지, 셀룰로이드

정답 73. ③   74. ④   75. ④   76. ①   77. ③   78. ④

79 목재의 건조 방법 중 인공건조법에 속하지 않는 것은?

① 증기건조법   ② 열기건조법
③ 진공건조법   ④ 대기건조법

해설

- 자연건조법 : 대기건조법
- 인공건조법 : 증기건조법, 열기건조법, 진공건조법

80 파티클보드에 관한 설명으로 옳지 않은 것은?

① 합판에 비하여 면내 강성은 떨어지나 휨강도는 우수하다.
② 폐재, 부산물 등 저가의 재료를 이용하여 넓은 면적의 판상체를 만들 수 있다.
③ 목재 및 기타 식물의 섬유질소편에 합성수지 접착제를 도포하여 가열압착 성형한 판상제품이다.
④ 수분이나 높은 습도에 대하여 그다지 강하지 않기 때문에 이와 같은 조건하에서 사용하는 경우에는 방습 및 방수처리가 필요하다.

해설

목재를 잘게 조각내어 접착제로 결합시킨 것으로 합판에 비해 강성이 크나 휨강도가 낮아 내장재, 가구재, 방화재 등의 용도로 사용한다.

81 모자이크 타일의 점토재료로 알맞은 것은?

① 도기질   ② 토기질
③ 자기질   ④ 석기질

해설

타일은 자기질 타일이 강도가 가장 강하여 많이 사용된다.

82 탄소강에서 탄소량이 증가함에 따라 일반적으로 감소하는 물리적 성질은?

① 비열   ② 항자력
③ 전기저항   ④ 열전도

해설

- 비열 : 단위 질량의 물질 온도를 1도 높이는 데 드는 열에너지
- 항자력 : 계속 역방향의 외부자기장을 가하면 점점 자속밀도가 감소하여 'c' 점, 즉 자속밀도가 0이 되는데, 이 'c' 점에 오게 하기 위한 필요한 역방향의 외부 자장의 강도
- 전기저항 : 도체에서 전류의 흐름을 방해하는 정도를 나타내는 물리량

83 건축용 접착제로서 요구되는 성능으로 옳지 않은 것은?

① 진동, 충격의 반복에 잘 견뎌야 한다.
② 충분한 접착성과 유동성을 가져야 한다.
③ 내수성, 내열성, 내산성이 있어야 한다.
④ 고화(固化) 시 체적 수축 등의 변형이 있어야 한다.

해설

고화(고체화) 시에는 수축 및 변형이 없어야 균열이 생기지 않는다.

84 혼합한 미장재료에 아직 반죽용 물을 섞지 않은 상태로 정의되는 용어는?

① 실러   ② 양생
③ 건비빔   ④ 물걷힘

해설

물을 섞지 않는 상태의 비빔을 마른비빔 또는 건비빔이라 한다.

85 블로운 아스팔트의 성능을 개량하기 위해 동식물성 유지와 광물질 분말을 혼입한 것으로 일반 지붕 방수공사에 이용되는 것은?

① 아스팔트 펠트
② 아스팔트 프라이머
③ 아스팔트 컴파운드
④ 스트레이트 아스팔트

정답 79. ④   80. ①   81. ③   82. ④   83. ④   84. ③   85. ③

• 아스팔트 펠트 : 양털, 무명, 삼 등을 혼합하여 만든 원지에 스트레이트 아스팔트를 침투시켜 만든 시트로 된 두루마리 제품을 말한다.

• 아스팔트 프라이머 : 아스팔트를 휘발성 용제로 녹인 것으로, 작업 전 바탕과 접착력의 증대를 위해 도포하는 재료이다. 일반적으로 액상으로 되어 있으며 항상 1차 공정에서 사용된다.

• 아스팔트 컴파운드 : 아스팔트계 실링제로 실리콘의 역할이라 하면 이해가 쉽다. 합성수지와 광물성 첨가제를 희석하여 주입·융착 시키는 재료이다. 내충격성과 신축성이 매우 강해 균열부 및 지붕재로 많이 사용된다.

• 스트레이트 아스팔트 : 원유를 증류 후 상압시켜 만들어진 아스팔트이다. 주로 석유계 아스팔트의 원료 역할을 한다.

86 목재 집성제에 대한 설명 중 옳지 않은 것은?

① 요구된 치수, 형태의 재료를 비교적 용이하게 제조할 수 있다.

② 충분히 건조된 건조재를 사용할 경우 비틀림, 변형 등이 생기지 않는다.

③ 제재판재 또는 소각재를 3, 5, 7장 등과 같이 정확하게 홀수로 접착시켜야 한다.

④ 제재품이 갖는 옹이, 할열 등의 결함을 제거, 분산시킬 수 있으므로 강도의 편차가 적다.

집성목재

• 아치와 같은 굽은 용재도 만들거나, 목재의 강도를 인공적으로 조절할 수 있는 장점을 가지고 있는 목재로서 길고 단면이 큰 부재를 간단히 만들 수 있다.

• 두께가 15~50mm의 판자를 여러 장으로 겹쳐서 접착시킨 것으로 합판과 달리 홀수로 붙이지 않아도 되는 것이 특징이다.

87 콘크리트가 시일이 경과함에 따라 공기 중의 탄산가스 작용을 받아 알칼리성을 잃어가는 현상은?

① 중성화   ② 크리프

③ 건조수축   ④ 동결융해

중성화 : 외부의 산성적 요인으로 알칼리성의 콘크리트가 중화되는 성질을 말한다.

88 다음 중 알칼리성 바탕에 가장 적당한 도장 재료는?

① 유성바니시   ② 유성페인트

③ 유성에나멜페인트   ④ 염화비닐수지도료

염화비닐수지도료 : 염화비닐로 도막을 형성하여 외부의 산성 요인을 막아주는 도료로 가장 적당하다.

89 재료의 성질 중 납과 같이 압력이나 타격에 의해 박편으로 펴지는 성질은?

① 연성   ② 전성

③ 인성   ④ 취성

• 연성 : 어떤 힘에 대한 작은 변형으로도 파괴되는 재료의 성질

• 전성 : 재료가 압력이나 타격에 의해 파괴됨 없이 수직 방향으로 힘이 이동하는 성질

• 인성 : 재료가 고강도의 응력에 견딜 수 있고 동시에 큰 변형을 나타내는 성질

• 취성 : 특정 하중을 받았을 때 물체가 변형하지 않고 파괴되는 성질

90 콘크리트용 혼화제 중 작업 성능이나 동결융해 저항 성능의 향상을 목적으로 사용되는 것은?

① AE제   ② 증점제

③ 방청제   ④ 유동화제

AE제는 계면활성제로서 콘크리트 내부에 미세기포를 발생시켜서 공기의 분출로 인해 시멘트가 희석시키는 효과를 만들어 내며, 이 효과가 시멘트의 시공연도를 개선시키며 단위수량의 저감과 동결융해 저항성이 있다.

91 다음 중 내화성이 가장 높은 석재는?

① 대리석　　　　② 응회암
③ 사문암　　　　④ 화강암

해설

내화성이 가장 우수한 석재는 응회암이다.

92 페어글래스라고도 불리며 단열성, 차음성이 좋고 결로방지에 효과적인 유리는?

① 강화유리
② 복층유리
③ 자외선투과유리
④ 샌드브라스트유리

해설

• 강화유리 : 약 600℃까지 가열한 후 냉각된 찬 공기로 급랭시켜 일반유리의 5배로 강도를 높인 유리
• 복층유리 : 유리에 알루미늄 스틸을 넣고 진공상태로 만든 것으로 단열효과가 있어 결로현상에 좋은 유리
• 자외선 투과유리 : 스펙트럼의 UV 부분을 훨씬 더 많이 투과시키는 유리
• 샌드브라스트 유리 : 노즐에서 연마재를 분사하여 유리 표면을 다듬거나 절삭하여 가공하는 유리

93 다음 중 열가소성수지에 수지에 속하는 것은?

① 페놀수지　　　　② 아크릴수지
③ 실리콘수지　　　④ 멜라민수지

해설

건축재료 78번 문제 해설 참고

94 동(Cu)과 아연(Zn)의 합금으로 놋쇠라고도 불리는 것은?

① 청동　　　　② 황동
③ 주석　　　　④ 경석

해설

암기를 할 때 황동은 구리+아연의 'ㅇ'으로, 청동은 구리+주석의 'ㅈ'으로 암기하면 좋다.

95 시멘트의 안정성 측정에 사용되는 시험법은?

① 브레인법
② 표준체법
③ 슬럼프 테스트
④ 오토클레이프 팽창도 시험

해설

• 브레인법 : 여과지를 이용한 체가름 통과 시험법
• 표준체법 : 체를 통한 골재의 거름 분석법
• 슬럼프테스트 : 반죽의 질기를 검사하는 방법

96 석재의 인력에 의한 표면 가공 순서로 옳은 것은?

① 혹두기→정다듬→도드락다듬→잔다듬→물갈기
② 혹두기→도드락다듬→정다듬→잔다듬→물갈기
③ 정다듬→혹두기→잔다듬→도드락다듬→물갈기
④ 정다듬→잔다듬→혹두기→도드락다듬→물갈기

해설

혹두기(쇠메나 망치)-정다듬(정)-도드락다듬(도드락 망치)-잔다듬(날망치)-물갈기 공구의 순서로 출제되기도 하므로 기억해 두면 좋다.

97 다음 설명에 알맞은 굳지 않는 콘크리트의 성질을 표시하는 용어는?

> 거푸집 등의 형상에 순응하여 채우기 쉽고, 분리가 일어나지 않는 성질을 말한다.

① 프라스티시티(plasticity)
② 펌퍼빌리티(pump ability)
③ 콘시스턴시(consistency)
④ 피니셔빌리티(finish ability)

해설

- 펌퍼빌리티 : 굳지 않은 성질을 이용한 초고층 건축물에 사용되는 콘크리트의 성질로 펌프압송 작업에 적합하다.
- 콘시스턴시 : 반죽질기(consistency)에 따른 작업의 난이도와 재료의 분리에 대한 안정성 및 콘크리트의 인장력
- 피니셔빌리티 : 아직 굳지 않은 콘크리트의 성질. 마무리 작업의 난이도

98 건축 부재를 양 끝단에서 잡아당길 때 재축방향으로 발생되는 주요 응력은?

① 인장응력
② 압축응력
③ 전단응력
④ 휨모멘트

해설

- 압축 : 누르는 힘
- 인장 : 당기는 힘
- 휨 : 비트는 힘
- 전단 : 판이 지탱하는 힘

99 다음 중 구리(Cu)를 포함하고 있지 않는 것은?

① 청동
② 양은
③ 포금
④ 합석판

해설

종류	주성분
구리	원광석을 녹여서 만든다.
황동	구리+아연
청동	구리+주석

포동	주석+아연, 납, 구리
양은	구리+니켈+아연

100 다음 ( ) 안에 알맞은 석재는?

> 대리석은 ( )이 변화되어 결정화한 것으로 주성분은 탄산석회로, 이 밖에 탄소질, 산화철, 휘석, 각섬석, 녹니석 등을 함유한다.

① 석회석
② 감람석
③ 응회암
④ 점판암

해설

대리석의 주성분은 석회석이다.(★암기 필요)

101 경화 콘크리트의 성질 중 하중이 지속하여 재하될 경우 변형이 시간과 더불어 증대하는 현상을 의미하는 용어는?

① 크리프
② 블리딩
③ 레이턴스
④ 건조수축

해설

- 재하 : 콘크리트가 타설된 후 얼마 지나지 않은 짧은 재령에서 하중을 가하면(재하하면)이라는 의미이다.
- 재령 : 재료가 만들어지고 난 후의 기간이다.
그 외는 건축재료 46번 문제 해설 참고

102 파티클보드에 관한 설명으로 옳지 않은 것은?

① 면내 강성이 우수하다.
② 음 및 열의 차단성이 우수하다.
③ 넓은 면적의 판상 제품을 만들 수 있다.
④ 수분이나 고습도에 대한 저항 성능이 우수하다.

해설

건축재료 80번 문제 해설 참고

103 다음의 점포 제품 중 흡수율 기준이 가장 낮은 것은?

① 자기질 타일　② 석기질 타일
③ 도기질 타일　④ 클링커 타일

해설

• 강도의 크기 : 자기〉석기〉도기〉토기
• 흡수율 크기 : 토기〉도기〉석기〉자기

104 다음 중 창문틀 옆에 사용되는 블록은?

① 창쌤블록　② 창대블록
③ 인방블록　④ 양마구리블록

해설

창문 위 : 인방, 창 옆 : 창쌤, 창 하부 : 창대

105 다음 중 내알칼리성이 가장 우수한 도료는?

① 에폭시도료
② 유성페인트
③ 유성바니시
④ 프탈산수지에나멜

해설

알칼리성이 우수하고 방수 성능이 좋다.

106 도로 포장용 벽돌로서 주로 인도에 많이 쓰이는 것은?

① 이형벽돌　② 포도용 벽돌
③ 오지벽돌　④ 내화벽돌

해설

• 이형벽돌 : 치장용으로 만들어진 벽돌로 그 형태와 모양이 매우 특이한 벽돌
• 오지벽돌 : 벽돌의 한 면을 오지물을 칠해 구운 치장벽돌
• 내화벽돌 : 고온을 사용하는 가마나 사우나의 열기를 받을 수 있는 곳에 고열을 사용하는 벽돌

107 다음 설명에 알맞은 재료의 역학적 성질은?

재료에 외력이 작용하면 순간적으로 변형이 생기나 외력을 제거하면 순간적으로 원래의 형태로 회복되는 성질을 말한다.

① 소성　② 점성
③ 탄성　④ 인성

해설

건축재료 16번 문제 해설 참고

108 다음 중 콘크리트의 시공연도(workability)에 영향을 주는 요소와 가장 거리가 먼 것은?

① 혼화재료　② 물의 염도
③ 단위시멘트량　④ 골재의 입도

해설

시공연도는 혼화재와 골재의 입도 단위시멘트량에 영향을 가장 많이 받는다.

109 다음 중 굳지 않은 콘크리트의 컨시스턴시(consistency)를 측정하는 방법으로 가장 알맞은 것은?

① 슬럼프 시험
② 블레인 시험
③ 체가름 시험
④ 오토클레이브 팽창도 시험

해설

컨시스턴시는 굳지 않는 반죽의 질기를 의미하며 굳지 않는 성질을 테스트하는 가장 좋은 방법은 슬럼프 시험이다.

110 시멘트가 경화될 때 용적이 팽창되는 정도를 의미하는 용어는?

① 응결　② 풍화
③ 중성화　④ 안정성

해설

• 응결 : 증기로부터 액체나 고체가 형성되어 이보다 낮은 온도의 표면에 부착되는 현상이고 증발의 역현상

• 풍화 : 암석이 물리적, 화학적 혹은 생물학적 작용으로 점점 지표 환경에 걸맞은 물질로 변해가는 과정

• 중성화 : 두 가지 이상의 화학물질이 서로에게 영향을 주어 다른 화학반응으로 변해 가는 과정

111 금속의 부식과 방식에 관한 설명으로 옳은 것은?

① 산성이 강한 흙 속에서는 대부분의 금속 재료는 부식된다.

② 모르타르로 강재를 피복한 경우, 피복하지 않은 경우보다 부식의 우려가 크다.

③ 다른 종류의 금속을 서로 잇대어 사용하는 경우 전기 작용에 의해 금속의 부식이 방지된다.

④ 경수는 연수에 비하여 부식성이 크며, 오수에서 발생하는 이산화탄소, 메탄가스는 금속 부식을 완화시키는 완화제 역할을 한다.

해설

금속의 부식

• 산성이 강한 흙 속에서는 대부분의 금속 재료는 부식된다.

• 모르타르로 강재를 피복한 경우, 피복하지 않은 경우보다 부식의 우려가 작다.

• 다른 종류의 금속을 서로 잇대어 사용하는 경우 전기 작용에 의해 금속의 부식이 진행된다.

• 경수는 연수에 비하여 부식성이 작으며, 오수에서 발생하는 이산화탄소, 메탄가스는 금속 부식을 더욱 빨리 진행시킨다.

112 다음의 유리제품 중 부드럽고 균일한 확산광이 가능하며 확산에 의한 채광효과를 얻을 수 있는 것은?

① 강화유리   ② 유리블록

③ 반사유리   ④ 망입유리

해설

• 강화유리 : 우리의 주변에서 가장 많이 사용하는 재료이기도 한 강화유리는 표면 자체의 강도를 강화하여 안전도를 높이고 파손 시 조각이 나 깨져 사고발생을 줄인 유리이다.

• 유리블록 : 유리블록은 치장재로서 장식 효과를 얻을 수 있으며, 정방형, 장방형, 둥근형 등의 형태가 있다. 블록한 특성을 이용하므로 대형 건물 지붕 및 지하층 천장 등 자연광이 필요한 것에 적합하며, 단열성과 방음 등 구조적 부분이 취약하다.

• 반사유리 : 자동차의 창문에 썬팅지를 입혀 내부가 잘 보이지 않게 하며 직사광선을 막아 주듯이 반사필름을 붙여 직사를 막아주어 실내의 냉난방의 기능을 올린 유리

• 망입유리 : 망입유리는 유리 내부에 금속망을 넣어 압착으로 가공한 판유리로서 철망유리나 그물유리라고 불리기도 한다.

113 선축 재료를 화학 조성에 따라 분류할 경우, 무기재료에 속하지 않는 것은?

① 흙   ② 목재

③ 석재   ④ 알루미늄

해설

건축재료 15번 문제 해설 참고

114 플라스틱 건설재료의 일반적인 성질에 관한 설명으로 옳지 않은 것은?

① 전기절연성이 상당히 양호하다.

② 내수성 및 내투습성은 폴리초산비닐 등 일부를 제외하고는 극히 양호하다.

③ 상호 간 계면접착은 잘되나 금속, 콘크리트, 목재, 유리 등 다른 재료에는 잘 부착되지 않는다.

④ 일반적으로 투명 또는 백색의 물질이므로 적합한 안료나 염료를 첨가함에 따라 다양한 채색이 가능하다.

• 계면접착 : 접착하려고 하는 물질과 접착이 되는 물질의 표면이 접촉면의 결합력에 의하여 결합되어 있는 상태
• 합성수지는 다른 재료와 호환이 매우 용이한 재료이다.

115 보통 포틀랜드 시멘트보다 CS나 석고가 많고, 더욱이 분말도를 크게 하여 초기에 고강도를 발생하게 하는 시멘트는?

① 저열 포틀랜드시멘트
② 조강 포틀랜드 시멘트
③ 백색 포틀랜드시멘트
④ 중용열 포틀랜드 시멘트

조강 포틀랜드 시멘트의 정의(★암기 필요)

116 석재의 강도 중 일반적으로 가장 큰 것은?

① 휨강도
② 인장강도
③ 전단강도
④ 압축강도

• 석재의 인장강도는 압축강도의 $\frac{1}{10} \sim \frac{1}{20}$ 이다.
• 화강암이 제일 강도는 강하지만, 내화도는 제일 낮다.

117 내열성·내한성이 우수한 수지로 −60∼260℃의 범위에서 안정하고 탄성을 가지며 내후성 및 내화학성이 우수한 것은?

① 요소수지
② 아크릴수지
③ 실리콘수지
④ 멜라민수지

실리콘 수지의 정의(★암기 필요)

118 목재의 강도 중 응력방향이 섬유방향에 평행한 경우 일반적으로 가장 작은 값을 갖는 것은?

① 휨강도
② 압축강도
③ 인장강도
④ 전단강도

목재 전단강도의 특징(★암기 필요)

공통_건축구조

01 건물의 외부 보를 제외하고 내부에는 보 없이 바닥판만으로 구성하여 천장의 공간을 확보하고 층고를 낮게 할 수 있는 구조는?

① 내력벽 구조
② 전단 코어 구조
③ 강성 골조 구조
④ 무량판 구조

• 내력벽 구조 : 아파트처럼 벽체 전체가 슬래브의 하중을 받는 구조
• 전단 코어 구조 : 고층건물의 대표적인 시스템으로 캔틸레버 거동으로 나타난 코어의 전도모멘트(쓰러짐)를 감소시키면서 인장, 압축, 우력 등의 방법으로 코어 외부 기둥에 그 응력을 전달하는 벨트 모양의 구조
• 강성 골조 구조 : 전단벽 자체의 철근 배근량부터 늘린 구조
• 무량판 구조 : 플랫슬래브 구조라고 하며, 건물의 외부 보를 제외하고 내부에는 보 없이 바닥판만으로 구성하여 천장의 공간을 확보하고 층고를 낮게 할 수 있는 구조

02 목구조에서 사용되는 철물에 대한 설명으로 틀린 것은?

① 듀벨은 볼트와 같이 사용하여 접합제 상호 간의 변위를 방지하는 강한 이음을 얻는 데 사용한다.

② 꺽쇠는 몸통이 정방형, 원형, 평판형인 것을 각각 각꺽쇠, 원형 꺽쇠, 평꺽쇠라고 한다.

③ 감잡이 쇠는 강봉 토막의 양 끝을 뽀족하게 하고 1자형으로 구부린 것으로 두 부재의 접합에 사용된다.

④ 안장쇠는 안장 모양으로 한 부재에 걸쳐 놓고 다른 부재를 받게 하는 이음, 맞춤의 보강철물이다.

해설 ....

감잡이쇠는 U자 형태로 되어 구부린 부재로, 부재의 교차에 사용된다.

03 프리캐스트 콘크리트(PC)의 공사과정으로 옳은 것은?

① PC설계→조립→운송→접합→배근 및 콘크리트 타설

② PC설계→운송→조립→접합→배근 및 콘크리트 타설

③ PC설계→접합→조립→운송→배근 및 콘크리트 타설

④ PC설계→운송→접합→조립→배근 및 콘크리트 타설

해설 ....

프리캐스트 콘크리트(PC)의 공사과정
PC설계(PC의 구조 계산, 접합부 설계)→제작(몰드, PC부재 제작)→운송(운송계획)→현장반입검사→조립(부재 현장조립)→접합(부재 접합 및 검사)→타설(철근 배근 및 콘크리트 타설)

04 벽돌쌓기 설명으로 옳지 않은 것은?

① 1일 벽돌쌓기의 높이는 1.8m로 제한한다.

② 영국식 쌓기는 가장 튼튼한 쌓기 법이다.

③ 영롱쌓기는 장식을 목적으로 사각형이나 십자 형태로 구멍을 내어 쌓는다.

④ 벽돌쌓기에 사용되는 시멘트 모르타르의 두께는 10mm이다.

해설 ....

• 벽돌이 모르타르 안에 있는 수분을 빨아들여 강도를 저하시키지 못하도록 쌓기 전에 충분한 물 축임을 한다.
• 벽돌조 벽체의 두께는 벽높이의 $\frac{1}{20}$로 한다.(블록구조는 $\frac{1}{16}$)
• 건물 최상층의 내력벽 높이는 4m 이하로 한다.
• 내력벽의 최대 길이는 10m 이하로 한다.
• 내력벽으로 둘러싸인 부분의 최대 바닥면적은 80m² 이하로 한다.
• 하루 쌓는 높이는 1.2m~1.5m(17~20켜) 이내로 한다.
• 막힌 줄눈으로 하며 벽면의 목재 등으로 수장할 때는 나무벽돌을 묻어 쌓는다.
• 칸막이 벽의 두께 9cm 이상(상부 벽체가 있을 때는 19cm 이상)으로 한다.

05 벽돌구조에서 배관 설치를 위한 벽의 홈파기에 대한 설명으로 옳은 것은?

① 홈은 벽두께의 $\frac{1}{6}$을 넘을 수 없다.

② 홈은 벽두께의 $\frac{1}{5}$을 넘을 수 없다.

③ 홈은 벽두께의 $\frac{1}{4}$을 넘을 수 없다.

④ 홈은 벽두께의 $\frac{1}{3}$을 넘을 수 없다.

해설 ....

벽돌구조에서 배관 설치를 위한 벽의 홈파기 하는데, 조적 벽체의 구조적 결함을 방지하고자 벽의 홈은 벽두께의 $\frac{1}{3}$을 넘어서는 안된다.

정답 02. ③ 03. ② 04. ① 05. ④

06 목구조에 사용되는 철물의 용도에 대한 설명으로 바르지 않은 것은 무엇인가?

① 감잡이쇠 : 왕대공과 평보의 연결
② 주걱볼트 : 큰보와 작은보의 맞춤
③ 띠쇠 : 왕대공과 ㅅ자보의 맞춤
④ ㄱ자쇠 : 모서리의 기둥과 층도리의 맞춤

해설

• 감잡이쇠 : 왕대공과 평보의 연결
• 주걱볼트 : 보+처마도리 등과 같이 수지고가 수평이 교차되는 부분에 흔들림의 방지 목적으로 사용
• 띠쇠 : 왕대공과 ㅅ자보의 맞춤
• ㄱ자쇠 : 모서리의 기둥과 층도리의 맞춤

07 실내에서 발생되는 소리를 외부에서 들리지 않도록 사용하는 재료 중 흡음률이 가장 높은 것은 무엇인가?

① 커튼(벨벳)   ② 나무 조각
③ 타일   ④ 점토

해설

흡음 : 소리를 흡수하여 외부로부터 전달되는 음을 최소화하는 것

08 수조면의 단위면적에 입사하는 광속을 뜻하는 용어는 무엇인가?

① 광속발산도   ② 광도
③ 휘도   ④ 조도

해설

• 광속발산도 : 발산하는 광원의 면적밀도
• 광도 : 빛을 발하는 물체의 빛의 세기
• 휘도 : 물체를 바라보았을 때 단위면적에 대한 밝기
• 조도 : 수조면의 단위면적에 입사하는 광속

09 다음의 목구조에서 주요 구조부의 하부 순서로 옳은 것은 무엇인가?

① 기둥→평보→깔도리→처마도리→서까래
② 기둥→깔도리→평보→처마도리→서까래
③ 기둥→처마도리→평보→깔도리→서까래
④ 기둥→깔도리→처마도리→평보→서까래

해설

본문 3파트 공통 부분 목구조의 그림 참고

10 철골구조의 특징으로 잘못된 것은?

① 벽돌구조에 비하여 수평력이 강하다.
② 내화성이 높아 화재의 위험성이 적다.
③ 넓은 공간을 확보하기 위한 장스팬구조가 가능하다.
④ 건식 공법으로 철근콘크리트 구조에 비하여 동절기 공사가 용이하다.

해설

철골구조의 특징
• 벽돌구조에 비하여 수평력이 강하다.
• 열에 약해 화재에 취약하다.
• 넓은 공간을 확보하기 위한 장스팬구조가 가능하다.
• 건식 공법으로 철근콘크리트 구조에 비하여 동절기 공사가 용이하다.

11 구조의 형식은 평면적인 구조와 입체적인 구조로 구분할 수 있다. 다음 중 성격이 다른 구조는 어느 것인가?

① 돔구조   ② 막구조
③ 쉘구조   ④ 벽식 구조

해설

벽식 구조는 벽체로 구성된 구조로 가설창고 같은 형식을 말한다.

12 철근콘크리트 구조에서 나선철근으로 둘러싸인 원형단면 기둥 주근의 최소 개수는?

① 3개 ② 4개
③ 6개 ④ 8개

해설

사각 기둥은 4개 이상, 원형 기둥은 6개 이상으로 한다.

13 이오토막으로 마름질한 벽돌의 크기로 옳은 것은?

① 온장의 $\frac{1}{4}$ ② 온장의 $\frac{1}{3}$
③ 온장의 $\frac{1}{2}$ ④ 온장의 $\frac{3}{4}$

해설

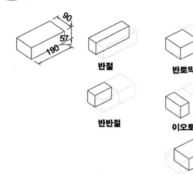

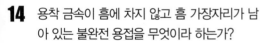

14 용착 금속이 흠에 차지 않고 흠 가장자리가 남아 있는 불완전 용접을 무엇이라 하는가?

① 언더컷 ② 블로 홀
③ 오버랩 ④ 피트

해설

• 블로 홀(blow hole) : 용접의 온도가 너무 강해 용접부에 작은 구멍이 생기는 경우로 용접부를 굉장히 취약하게 만드는 역할을 하는 결함이다.
• 언더컷(undercut) : 모재가 과전류 등에 의해 모재가 녹아내린 경우로, 모재 자체가 가진 강도를 저해하고, 녹은 부분의 일부분 강도가 약해져 장기피로 강도의 증가 시 위험한 상태를 초래하게 된다.

• 오버랩(over lap) : 이음부에 육안으로는 용접이 된 것처럼 보이나 실제 용접하부는 모재의 틈새 사이로 용접액이 없는 상태를 말한다. 용접 결함 중 가장 잘 발생되며, 피로강도 증대 시 바로 용착금속의 탈착이 진행된다.
• 위이핑 홀(피트–pit) : 용접봉이 강한 열로 인해 끓듯이 튕겨 나가 모재에 달라붙어 모재에 작고 오목하게 패게 만드는 현상을 말한다. 모재 뿐 아니라 주변에 설치된 다른 재료에도 파편이 나가 표면을 상하게 만들기도 한다.

15 목구조에서 2층 이상의 기둥 전체를 하나의 단일재로 사용하는 기둥은?

① 통재기둥 ② 평기둥
③ 샛기둥 ④ 배흘림기둥

해설

• 통재기둥 : 2층 이상의 기둥을 하나의 단일재로 만드는 기둥
• 평기둥 : 한 층씩 나누어서 되어 있는 기둥
• 샛기둥 : 평기둥 사이에 세워서 벽체 구성과 가새의 옆 휨을 막는 역할을 하는 부재
• 배흘림기둥 : 서양의 엔타시스 기둥으로 상하부에 비해 중심부에서 위아래로 갈수록 얇아지는 기둥

16 석재를 인력으로 가공할 때 표면이 가장 거친 것에서 고운 순으로 맞게 나열한 것은?

① 혹두기–도드락다듬–정다듬–잔다듬–물갈기
② 정다듬–혹두기–잔다듬–도드락다듬–물갈기
③ 정다듬–혹두기–도드락다듬–잔다듬–물갈기
④ 혹두기–정다듬–도드락다듬–잔다듬–물갈기

해설

혹두기(쇠메나 망치)–정다듬(정)–도드락다듬(도드락망치)–잔다듬(날망치)–물갈기 공구도 함께 외우는 것이 좋다.

17 1889년 프랑스 파리에 만든 에펠탑의 건축구조는 무엇인가?

① 벽돌구조
② 블록구조
③ 철골구조
④ 철근콘크리트 구조

해설

에펠탑은 빔을 이용한 철골로 된 구조이다. 1889년 프랑스 혁명 100주년을 기념하여 만든 구조물로 박람회 위치를 잘 확인하기 위한 용도였다.

18 벽돌벽면의 치장줄눈 중 평줄눈은 무엇인가?

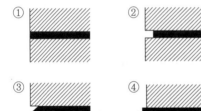

해설

① 민줄눈, ② 평줄눈, ③ 빗줄눈, ④ 내민줄눈

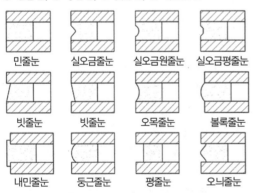

민줄눈   실오금줄눈   실오금원줄눈   실오금평줄눈

빗줄눈   빗줄눈   오목줄눈   볼록줄눈

내민줄눈   둥근줄눈   평줄눈   오늬줄눈

19 목구조에 사용되는 연결 철물에 대한 설명으로 바른 것은?

① 띠쇠는 ㄷ자형으로 된 철판에 못, 볼트 구멍이 뚫린 것이다.
② 감잡이쇠는 평보를 ㅅ자 보에 달아맬 때 연결시키는 보강철물이다.
③ ㄱ자 쇠는 가로재와 세로재가 직교하는 모서리 부분에 직각이 맞도록 보강하는 철물이다.
④ 안장쇠는 큰 보를 따낸 후 작은 보를 걸쳐 받게 하는 철물이다.

해설

건축구조 6번 문제 해설 참고

20 2층 이상의 기둥 전체를 하나의 단일재를 사용하는 기둥으로, 상하를 일체화시켜 수평력에 견디게 하는 기둥은 무엇인가?

① 통재기둥   ② 평기둥
③ 층도리   ④ 샛기둥

해설

• 통재기둥 : 2층 이상의 기둥 전체를 하나의 단일재를 사용하는 기둥으로 상하를 일체화시켜 수평력에 견디게 하는 기둥
• 평기둥 : 주로 한 개 층의 구조적인 힘을 받는 구조재로서 적정 힘을 받기 위해서는 2,000mm 전후로 간격을 배치하는 기둥
• 층도리 : 층을 나누는 수평부재로 보를 받쳐주는 주요 수평부재
• 샛기둥 : 평기둥 사이에 세워서 벽체 구성과 가새의 옆휨을 막는 역할을 하는 기둥
• 가새 : 벽체의 수평력(횡력)을 보강하기 위해서 토대와 기둥 사이에 45~60도로 대는 부재로 벽체의 횡력을 보강하는 부재

21 철근콘크리트 구조의 1방향 슬래브의 최소 두께는 얼마인가?

① 80mm　　　　② 100mm
③ 120mm　　　　④ 150mm

해설

1방향 슬래브는 100mm임을 꼭 기억해야 한다.

22 철골 구조에서 단일재를 사용한 기둥은 무엇인가?

① 형강 기둥　　　② 플레이트 기둥
③ 트러스 기둥　　④ 래티스 기둥

해설

철골구조에서 유일하게 단일 부재로 사용되는 것은 형강 기둥이다.

23 인장재에 대한 저항력이 작은 콘크리트에 미리 긴장재에 의한 압축력을 가하여 만든 구조는 무엇인가?

① PEB구조
② 판조립식 구조
③ 철골철근콘크리트 구조
④ 프리스트레스트 콘크리트 구조

해설

• PEB구조(Pre-Engineered Metal Building) : 건축주의 요구사항을 반영하여 철골 건축물의 설계, 제작, 시공 등 모든 과정을 자동화된 시스템을 이용하는 철골구조
• 판조립식 구조 : 기둥과 보를 먼저 조립하여 뼈대를 만들고 거기에 벽과 바닥판을 조립하여 건축물을 완성하는 구조
• 철골철근콘크리트 구조 : 복합식 구조로 철근콘크리트 구조와 철골의 장점을 섞어 시공하는 구조

24 철골구조에서 주요 구조체의 접합 방법으로 최근 거의 사용되지 않은 것은 무엇인가?

① 고력볼트 접합
② 리벳접합
③ 용접
④ 고력볼트와 맞댄 용접의 병용

해설

• 고력볼트 접합(고장력볼트 접합) : 접합부를 강력하게 죄어 접합면에 생기는 마찰력을 이용해 접합부의 강성을 올린 공법
• 용접 : 용접재를 통해 즉시 시공이 가능하도록 부재를 접합하는 공법
• 고력볼트와 맞댐용접의 병용 : 두 가지의 장점을 섞어 만드는 혼합공법

25 철골구조에 대한 설명으로 틀린 것은?

① 철골구조는 하중을 전달하는 주요 부재인 보나 기둥 등을 강재를 이용하여 만든 구조이다.
② 철골구조를 재료상 라멘구조, 가새골조구조, 튜브구조, 트러스 구조 등으로 분류할 수 있다.
③ 철골구조는 일반적으로 부재를 접합하여 뼈대를 구성하는 가구식 구조이다.
④ 내화피복을 필요로 한다.

해설

철골구조의 특징 중 틀린 보기를 제외하고 암기 필요

26 강재나 목재로 삼각형을 기본으로 짜서 하중을 지지하는 것으로 절점이 핀으로 구성되어 있으며, 부재는 인장과 압축력만 받도록 한 구조는?

① 트러스 구조　　② 내력벽 구조
③ 라멘구조　　　④ 아치구조

- 내력벽 구조 : 아파트와 같이 건물 벽체 전체가 지지하는 구조
- 라멘구조 : 철근콘크리트와 같이 일체형 구조
- 아치구조 : 둥근 형태로 조적을 쌓아 하부로 힘을 전달하게 하는 구조

27 철골구조의 주각부에 사용되는 부재가 아닌 것은?

① 레티스(lattice)
② 베이스 플레이트(base plate)
③ 사이드 앵글(side angle)
④ 윙 플레이트(wing plate)

해설

레티스는 철골보의 부재

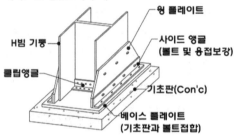

윙 플레이트
사이드 앵글
(볼트 및 용접보강)
H빔 기둥
클립앵글
기초판(Con'c)
베이스 플레이트
(기초판과 볼트접합)

28 철근콘크리트 구조에서 철근과 콘크리트의 부착에 영향을 주는 요인에 관한 설명으로 옳지 않은 것은?

① 철근의 표면상태 – 이형철근의 부착강도는 원형철근보다 크다.
② 콘크리트의 강도 – 부착강도는 콘크리트의 압축강도나 인장강도가 작을수록 커진다.
③ 피복두께 – 부착강도를 제대로 발휘시키기 위해서는 충분한 피복두께가 필요하다.
④ 다짐 – 콘크리트의 다짐이 불충분하면 부착강도가 저하된다.

해설

철근과 콘크리트의 부착에 대한 설명 중 틀린 보기를 제외하고 암기 필요

29 층고를 최소화할 수 있으나 바닥판이 두꺼워서 고정하중이 커지며, 뼈대의 강성을 기대하기가 어려운 구조는?

① 튜브구조
② 전단벽 구조
③ 박판구조
④ 무량판 구조

해설

- 튜브구조 : 외부 벽체에 강한 피막을 두르는 구조로, 횡력에 저항하는 구조
- 전단벽 구조 : 수평하중에 따른 전단력을 벽체가 지지하도록 구성된 구조
- 박판구조 : 절판구조의 다른 이름으로, 요철로 접은 평면의 판은 일반 평면보다 전단력이 강한 부분을 이용한 구조 형식으로 주로 지붕에 사용되는 구조

30 가볍고 가공성이 좋은 장점이 있으나 강도가 작고 내구력이 약해 부패, 화재 위험 등이 높은 구조는?

① 목구조
② 블록구조
③ 철골구조
④ 철골철근콘크리트 구조

해설

목구조의 특징과 각 구조별 특징 암기 필요

31 철근콘크리트 보에서 늑근의 주된 사용 목적은?

① 압축력에 대한 저항
② 인장력에 대한 저항
③ 전단력에 대한 저항
④ 휨에 대한 저항

해설

철근콘크리트 보에서 늑근은 전단력에 대한 저항이 가장 크다. (★암기 필요)

32 벽돌쌓기 방법 중 벽의 모서리나 끝에 반절이나 이오토막을 사용하는 것으로 가장 튼튼한 쌓기 방법은?

① 미국식 쌓기　　② 프랑스식 쌓기
③ 영국식 쌓기　　④ 네덜란드식 쌓기

해설

영식 쌓기	• 길이와 마구리를 번갈아 쌓는다. • 반절, 이오토막 사용. 가장 튼튼하다.
화란식 쌓기 (네덜란드식)	• 칠오토막 사용. 길이, 마구리를 번갈아 쌓는다. • 시공이 쉽고 모서리가 튼튼하다.
불식 쌓기 (프랑스식)	• 한 켜에서 길이, 마구리를 반복한다. • 통줄눈이 생기기 쉬워 구조에 약하고 주로 장식용으로 많이 쓰인다.
미식 쌓기	• 앞면 5켜는 길이쌓기, 6번째 켜는 마구리 • 뒷면 영식 쌓기로 물린다.
특수 쌓기	• 영롱 쌓기(구멍이 생김), 엇모 쌓기 (45° 모남), 옆세워 쌓기(수직으로 세워 쌓음)

33 철골구조에서 사용되는 고력볼트 접합의 특성으로 옳지 않은 것은?

① 접합부의 강성이 크다.
② 피로강도가 크다.
③ 노동력 절약과 공기단축 효과가 있다.
④ 현장 시공설비가 복잡하다.

해설

고력볼트 접합(고장력볼트 접합)
• 일반 볼트접합이 사람이 하는 접합이라면, 고장력 볼트 접합은 기계의 힘으로 강압으로 조입을 시공한 부분을 말한다.
• 접합부를 강력하게 죄어 접합면에 생기는 마찰력을 이용해 접합부의 강성을 올린 공법이다.
• 기계를 사용하기 때문에 시공할 때 소음이 적고, 작업이 쉬우며, 공기가 단축되어 현장작업에서 가장 많이 사용되는 방법이다. 그러나 시공 부분의 강압 조임으로 인한 부재의 피로강도가 상대적으로 높아지며, 시공 시 부재의 파손이 우려되기도 한다.

34 프리스트레스트 콘크리트 구조의 특징으로 옳지 않은 것은?

① 스팬을 길게 할 수 있어서 넓은 공간을 설계할 수 있다.
② 부재 단면의 크기를 작게 할 수 있고 진동이 없다.
③ 공기를 단축하고 시공 과정을 기계화할 수 있다.
④ 고강도 재료를 사용하므로 강도와 내구성이 크다.

해설

장점	단점
• 상용하중에서 인장, 휨, 균열이 없다. • 탄성이 좋고, 중량이 가볍다. • 공기단축에 좋다. • 긴스팬을 얻기 쉽다. • 콘크리트의 양을 줄일 수 있다.	• 공사비가 비싸다. • 고도의 기술력이 필요하다. • 접합부의 문제가 있다. • 열에 취약하다. • 구조계산의 오류 시 곧바로 취성파괴가 일어난다.

35 다음 중 구조양식이 같은 것끼리 짝지어지지 않은 것은?

① 목구조와 철골구조
② 벽돌구조와 블록구조
③ 철근콘크리트조와 돌구조
④ 프리패브와 조립식 철근콘크리트조

해설

건축구조의 시공 방식에 의한 분류를 묻는 질문으로 일체식 구조와 조적식 구조가 짝지어져 있다.

정답 32. ③　33. ④　34. ②　35. ③

36 다음 중 벽돌구조의 장점에 해당하는 것은?

① 내화 – 내구적이다.
② 횡력에 강하다.
③ 고층 건축물에 적합한 구조이다.
④ 실내면적이 타 구조에 비해 매우 크다.

해설

벽돌구조의 장단점
• 내화 – 내구적이다.
• 횡력에 매우 약하다.
• 쌓는 구조로 저층 건축물에 적합한 구조이다.
• 실내면적이 타 구조에 비해 매우 작다.(벽체 두께)

37 블록조에서 창문의 인방보는 벽단부에 최소 얼마 이상 걸쳐야 하는가?

① 5cm   ② 10cm
③ 15cm   ④ 20cm

해설

인방보(창인방, 창문인방) : 문골 너비가 1.8m 이상 되는 문골 상부에는 철근콘크리트 구조의 웃인방을 설치하고, 양쪽 벽에 물리는 길이는 최소 20cm 이상으로 한다.

38 목구조에 사용되는 철물에 대한 설명으로 옳지 않은 것은?

① 듀벨은 볼트와 같이 사용하여 접합재 상호 간의 변위를 방지하는 강한 이음을 얻는 데 사용한다.
② 꺾쇠는 몸통이 정방형, 원형, 평판형인 것을 각각 각꺾쇠, 원형꺾쇠, 평꺾쇠라 한다.
③ 감잡이쇠는 강봉 토막의 양 끝을 뾰족하게 하고 ㄴ자형으로 구부린 것으로 두 부재의 접합에 사용된다.
④ 안장쇠는 안장 모양으로 한 부재에 걸쳐놓고 다른 부재를 받게 하는 이음, 맞춤의 보강철물이다.

해설

감잡이쇠는 띠쇠를 ㄷ자형으로 구부려 왕대공과 평보같이 수직과 수평부재가 만나는 교차점에서 부재의 흔들림을 최소화하기 위해서 사용되는 철물이다.

39 다음 창호 표시기호의 뜻으로 옳은 것은?

① 알루미늄합금창 1번
② 알루미늄합금창 1개
③ 알루미늄 1중창
④ 알루미늄문 1짝

해설

건축제도 41번 문제 해설 참고

40 다음 중 지붕공사에서 금속판을 잇는 방법이 아닌 것은?

① 평판 잇기   ② 기와가락 잇기
③ 마름모 잇기   ④ 쪽매 잇기

해설

쪽매 잇기는 바닥재나 타일, 대리석 등에 이용된다.

41 창의 옆벽에 밀어 넣고 열고 닫을 때 실내의 유효 면적을 감소시키지 않는 창호는?

① 미닫이 창호   ② 회전 창호
③ 여닫이 창호   ④ 붙박이 창호

해설

• 밀고 닫는 의미로 미닫이
• 열고 닫는 의미의 여닫이
• 문이 회전되어 통풍이 함께 하는 것을 회전문
• 고정되어 열리지 않으며 채광의 의미만 있는 붙박이 창

42 다음 중 건축물의 구성 양식에 의한 분류와 가장 거리가 먼 것은?

① 일체식   ② 가구식
③ 절충식   ④ 조적식

해설

• 절충식은 지붕틀 구조를 말하는 것이다.
• 일체식 구조 : 건축물이 하나의 일체형 구조로 된 것
• 가구식 구조 : 가구를 조립하듯이 짜 맞추어 구성된 구조
• 조적식 구조 : 쌓아 올려서 만드는 구조

43 철골구조 트러스 보에 관한 설명으로 옳지 않은 것은?

① 플레이트 보의 웨브재로서 빗재, 수직재를 사용한다.
② 비교적 간 사이가 작은 구조물에 사용된다.
③ 휨 모멘트는 현재가 부담한다.
④ 전단력은 웨브재의 축방향력으로 작용하므로 부재는 모두 인장재 또는 압축재로 설계한다.

해설

트러스 보의 구조적 특징
• 트러스 보는 간 사이가 15m를 넘거나 보의 춤이 1m 이상 되는 보를 판보로 하기에는 비경제적일 때 사용하거나, 상부의 하중이 무거운 경우, 또는 하부에 지탱해주는 구조물이 불안정(예 다리, 교각)할 때 사용한다.
• 한쪽 부재를 수직으로 세우고 고정한 후 다른 부재는 사선(40~60°)으로 눕혀 인장과 압축을 함께 지지하게 만들어야 한다.

44 벽돌벽 쌓기에서 1.5B 쌓기의 두께는? (공간쌓기 아님)

① 90mm   ② 190mm
③ 290mm   ④ 330mm

해설

1.0B=190+모르타르 10+0.5B=90
190+10+90=290mm

45 블록구조에 대한 설명으로 옳지 않은 것은?

① 단열, 방음효과가 크다.
② 타 구조에 비해 공사비가 비교적 저렴한 편이다.
③ 콘크리트 구조에 비해 자중이 가볍다.
④ 균열이 발생하지 않는다.

해설

조적구조는 균열 발생이 매우 쉽다.

46 다음 지붕평면도에서 박공지붕은?

① 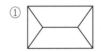   ②

③   ④

해설

skillon lean-to-roof · 박공지붕 · 솟을지붕 · 외쪽지붕 · 모임지붕 · 톱날지붕 · valley Roof(밸리-계곡지붕) · 꺾임지붕 · 사면꺾임지붕 · 나비지붕 · 누각지붕 · Domen(도머)지붕 · 합각지붕 · 육각모임지붕 · 반박공지붕 · 평지붕 · 절판지붕

47 철근콘크리트 구조의 슬래브에서 단변과 장변의 길이 비가 얼마 이하일 때 2방향 슬래브로 정의하는가?

① 1   ② 2
③ 3   ④ 4

해설

철근콘크리트 구조에서 슬래브는 단변과 장변의 비율을 2배 이상으로 했을 때 2방향 슬래브라 한다.

정답 42. ③ 43. ② 44. ③ 45. ④ 46. ② 47. ②

48 철골구조에서 주각부의 구성재가 아닌 것은?

① 베이스 플레이트
② 리브 플레이트
③ 거싯 플레이트
④ 윙 플레이트

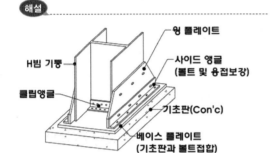

49 2층 마루틀 중 보를 쓰지 않고 장선을 사용하여 마루널을 깐 것은?

① 홀마루틀
② 보마루틀
③ 짠마루틀
④ 납작마루틀

• 홀마루(장선마루)
  – 보를 쓰지 않는 마루로 좁은 복도 등에 설치되는 마루이다.
  – 보통 2,400mm 미만의 작은 공간에 사용되고, 작은 보를 쓰지 않고 층도리에 장선만을 그대로 걸쳐 대기 때문에 구조적으로 매우 약한 마루이다.
• 보마루
  – 층도리와 층도리 사이에 보를 걸어 장선을 위에 걸어 마룻널을 깐 마루이다.
  – 간격이 2,400mm~6,400mm 미만에서 주로 사용되는 마루이며, 보 간격은 1,800mm 미만으로 해야 안정적이다.
• 짠마루 : 큰 보 위에 작은 보를 깔고 장선과 마루널을 깐 마루를 말하며, 간격이 6,400mm 이상으로 넓은 곳에 주로 사용되는 마루이다.
• 납작마루 : 1층 마루

50 철골공사의 가공작업 순서로 옳은 것은?

① 원척도–본뜨기–금긋기–절단–구멍 뚫기–가조립
② 원척도–금긋기–본뜨기–구멍 뚫기–절단–가조립
③ 원척도–절단–금긋기–본뜨기–구멍 뚫기–가조립
④ 원척도–구멍 뚫기–금긋기–절단–본뜨기–가조립

철공가공 작업의 정의로 암기해야 합니다.

51 목구조에서 본 기둥 사이에 벽을 이루는 것으로서, 가새의 옆휨으로 막는 데 유효한 기둥은?

① 평기둥
② 샛기둥
③ 동자기둥
④ 통재기둥

• 샛기둥 : 평기둥 사이에 세워서 벽체 구성과 가새의 옆휨을 막는 역할을 하는 기둥
• 가새 : 벽체의 수평력(횡력)을 보강하기 위해서 토대와 기둥 사이에 45~60도로 대는 부재로 벽체의 횡력을 보강하는 부재

52 장선 슬래브의 장선을 직교시켜 구성한 우물반자 형태로 된 2방향 장선 슬래브 구조는?

① 1방향 슬래브
② 데크 플레이트
③ 플랫 슬래브
④ 워플 슬래브

• 멍에 : 구조적으로 힘을 가장 많이 받는 부재
• 장선 : 멍에가 벌어지지 않도록 교차되게 잡아주는 보조부재, 따라서 장선의 의미 구조는 워플 슬래브 구조이다.
• 데크 플레이트 : 철골부재의 절판형 바닥재
• 플랫 슬래브 : 보가 없이 기둥과 바닥으로 구성된 슬래브

53 기본 벽돌에서 칠오토막의 크기로 옳은 것은?

① 벽돌 한 장 길이의 $\frac{1}{2}$ 토막

② 벽돌 한 장 길이의 직각 $\frac{1}{2}$ 반절

③ 벽돌 한 장 길이의 $\frac{3}{4}$ 토막

④ 벽돌 한 장 길이의 $\frac{1}{4}$ 토막

해설

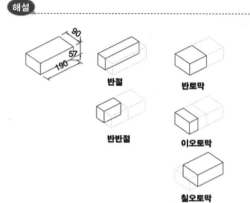

54 플랫 슬래브(flat slab) 구조에 관한 설명 중 틀린 것은?

① 내부에는 보가 없이 바닥판을 기둥이 직접 지지하는 슬래브를 말한다.

② 실내공간의 이용도가 좋다.

③ 층높이를 낮게 할 수 있다.

④ 고정하중이 적고 뼈대강성이 우수하다.

해설

건축구조 29번 문제 해설 참고

55 건축 구조의 분류에서 일체식 구조로만 구성된 것은?

① 돌 구조 – 목 구조

② 철근 콘크리트 구조 – 철골 철근 콘크리트 구조

③ 목 구조 – 철골 구조

④ 철골 구조 – 벽돌 구조

해설

건축구조의 시공 방식에 의한 분류를 묻는 질문이다.

56 고력 볼트 접합이 힘을 전달하는 방식은?

① 인장력   ② 모멘트

③ 전단력   ④ 마찰력

해설

고력볼트 접합은 마찰력을 전달하는 방식의 대표적인 방법이다.

57 벽돌 쌓기 중 벽돌 면에 구멍을 내어 쌓는 방식으로 방막벽이며, 장식적인 효과가 우수한 쌓기 방식은?

① 엇모쌓기   ② 영롱쌓기

③ 영식쌓기   ④ 무늬쌓기

해설

• 엇모쌓기 : 벽돌을 45도 각도로 모서리가 면에 나오도록 쌓는 치장 벽돌

• 영롱쌓기 : 벽돌에 장식적으로 구멍을 만들면서 쌓는 방식

• 무늬쌓기 : 벽돌의 외장재 사용 시 돋보이게 하기 위해 다이아몬드 문양 또는 패턴 등 다양한 방법으로 쌓는 방법

• 창대쌓기 : 창대돌과 같이 창문 하부에 빗물이 흘러내리는 용도로 15도 기울게 쌓는 방법

58 그림과 같은 트러스의 명칭은?

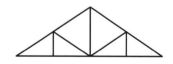

① 워렌(warren) 트러스

② 비렌딜(vierendeel) 트러스

③ 하우(howe) 트러스

④ 핑크(pink) 트러스

하우트러스 : 공장과 같은 넓은 구조의 지붕구조를 만드는 데 유리하다.

59 이형 철근의 마디, 리브와 관련이 있는 힘의 종류는?

① 인장력　　　② 압축력
③ 전단력　　　④ 부착력

이형철근 마디에 리브를 넣는 이유는 콘크리트와의 부착력을 강화하기 위함이다.

60 고력볼트 접합에서 힘을 전달하는 대표적인 접합 방식은?

① 인장접합　　　② 마찰접합
③ 압축접합　　　④ 용접접합

건축구조 56번 문제 해설 참고

61 용착금속이 끝부분에서 모재와 융합하지 않고 덮여진 부분이 있는 용접 결함을 무엇이라 하는가?

① 언더컷(under cut)
② 오버랩(over lap)
③ 크랙(crack)
④ 클리어런스(clearance)

용접의 결함
- 슬래그혼입(slag inclusion) : 용접봉 속에 이물질이나 슬래그가 완전히 표출되지 못하고 용착 금속 속에 섞여 있는 상태로서 용접부를 취약하게 하며, 탈착을 일으키는 주원인이 된다.
- 블로 홀(blow hole) : 용접의 온도가 너무 강해 용접부에 작은 구멍이 생기는 경우로 용접부를 굉장히 취약하게 만드는 역할을 하는 결함이다. 이런 경우 용접부를 완전히 재거한 후 재용접해야 한다.

- 언더컷(undercut) : 모재가 과전류 등에 의해 모재가 녹아내린 경우로, 모재 자체가 가진 강도를 저해하고, 녹은 부분의 일부분 강도가 약해져 장기피로 강도의 증가 시 위험한 상태를 초래하게 된다.
- 용입불량(incomplete fusion) : 모재의 깊이가 깊지 않거나 원하는 용입깊이가 얻어지지 않은 용접 결함을 말한다.
- 오버랩(over lap) : 이음부에 육안으로는 용접이 된 것처럼 보이나, 실제 용접하부는 모재의 틈새 사이로 용접액이 없는 상태를 말한다. 용접 결함 중 가장 잘 발생되며, 피로강도 증대 시 바로 용착금속의 탈착이 진행된다.
- 크랙(cracking) : 용접 후 냉각시키고 보니 실 모양의 균열이 형성되어 있는 상태로 용접 후 외기 또는 기온차로 인한 급랭이 진행되었을 때 주로 발생된다.
- 위이핑 홀(피트-pit) : 용접봉이 강한 열로 인해 끓듯이 튕겨 나가 모재에 달라붙어 모재에 작고 오목하게 패게 만드는 현상을 말한다. 모재 뿐 아니라 주변에 설치된 다른 재료에도 파편이 나가 표면을 상하게 만들기도 한다.
- 비이드(bead-줄용접) : 줄용접 시 곧은 줄 모양이 나와야 하는데, 용접의 강도 및 세기 조절의 미흡으로 인한 용접의 일률적이지 않은 상태의 결함을 말한다. 용착금속이 많은 들어간 부분과 적게 들어간 부분의 강도 차이로 인해 문제가 발생한다.

기타_전산응용_법규 및 설비

01 건축법에 따른 초고층 건물의 기준으로 옳은 것은?

① 층수가 20층 이상이거나 높이가 50m 이상인 건축물
② 층수가 30층 이상이거나 높이가 100m 이상인 건축물
③ 층수가 50층 이상이거나 높이가 200m 이상인 건축물
④ 층수가 100층 이상이거나 높이가 400m 이상인 건축물

해설

초고층 건물의 기준으로 실내건축이라고 해서 건축법을 모르면 안 된다. 기본적인 건축법은 인지해야 한다.

02 온열감각을 기온의 척도인 유효온도로 나타내는 데 필요한 3요소가 아닌 것은?

① 기온　　　　　② 습도
③ 기류　　　　　④ 대류

해설

유효온도의 3요소 : 기온, 습도, 기류

03 정원이 500명이고 실용적 1,000m³인 실내의 환기횟수는 얼마인가?

① 8회　　　　　② 9회
③ 10회　　　　　④ 11회

해설

2006년 개정된 법률로 새집증후군으로 인한 피해가 확산되면서 '건축물의 설비·기준 등에 관한 규칙'에는 새집, 새 건축물의 적정 환기량에 대한 규정이 신설됐다.
100가구 이상 공동주택은 시간당 0.7회(전체 실내 공기량의 70%), 지하역사·지하도상가·할인점·백화점·공항·터미널·의료시설·찜질방·산후조리원 등은 시간당 25~36m³의 공기가 반드시 환기돼야 한다는 기준이 생겼다. 따라서 변경된 T.A.B 기준으로 정원이 500명이고 실용적 1,000m³인 실내의 환기횟수는 9회 이상을 실시해야 한다.

04 실내외의 온도차에 의한 공기의 밀도 차가 원동력이 되는 환기 방법은 무엇인가?

① 풍력환기　　　　② 중력환기
③ 기계환기　　　　④ 인공환기

해설

• 풍력환기 : 바람에 의해 환기되는 자연환기법
• 중력환기 : 실내외의 온도차에 의한 공기의 밀도 차가 원동력이 되는 환기법

• 기계환기 : 기계를 이용해 강제로 급기 또는 배기를 하는 환기법
• 인공환기 : 기계환기법과 동일

05 다음은 건물 벽체의 열 흐름을 나타낸 그림이다. 빈칸 안에 알맞은 용어는?

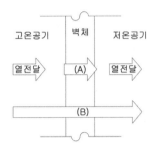

① A : 열복사, B : 열전도
② A : 열흡수, B : 열복사
③ A : 열복사, B : 열대류
④ A : 열전도, B : 열관류

해설

건축 벽체의 열관류 흐름도는 위의 그림과 같이 고온공기와 저온공기가 벽체를 두고 열이 전달되는 것을 열전달, 열이 통해서 지나가는 것을 열관류라 한다.

06 건축물의 에너지절약 설계기준에 따라 권장되는 건축물의 단열계획으로 옳지 않은 것은?

① 건물의 창 및 문은 가능한 작게 설계한다.
② 냉방부하 저감을 위하여 태양열 유입장치를 설치한다.
③ 건물 옥상에는 조경을 하여 최상층 지붕의 열저항을 높인다.
④ 외피의 모서리 부분은 열기가 발생되지 않도록 단열재를 연속적으로 설치한다.

해설

건축물 에너지절약 설계기준의 단열계획 내용 중 옳은 것에 대한 암기 필요

07 자연환기에 관한 설명으로 옳지 않은 것은?

① 풍력환기량은 풍속에 반비례한다.
② 중력환기와 풍력환기로 구분된다.
③ 중력환기량은 개구부 면적에 비례하여 증가한다.
④ 중력환기는 실내외의 온도차에 의한 공기의 밀도 차가 원동력이 된다.

해설

풍력환기량은 중력에 반비례한다.

08 다음 중 인체에서 열의 손실이 이루어지는 요인으로 볼 수 없는 것은?

① 인체 표면의 열복사
② 인체 주변 공기의 대류
③ 호흡, 땀 등의 수분 증발
④ 인체 내 음식물의 산화작용

해설

인체 내 음식물의 산화작용은 열화작용으로 열손실과는 거리가 멀다.

09 공기가 포화상태(습도 100%)가 될 때의 온도를 그 공기의 무엇이라 하는가?

① 절대온도   ② 습구온도
③ 건구온도   ④ 노점온도

해설

• 절대온도 : 물의 끓는점과 어는점을 기준으로 그 사이를 100등분한 것이 섭씨(℃)로 표기되는 온도
• 건구온도 : 대기 중의 상대습도가 100% 이하에서의 온도
• 습구온도 : 수은주의 끝을 물에 적신 솜으로 감싸 측정한 온도

10 다음 설명에 알맞은 환기 방식은?

• 실내의 압력이 외부보다 높아진다.
• 병원의 수술실과 같이 외부의 오염공기 침입을 피하는 실에 이용된다.

① 자연환기방식
② 제1종 환기방식(병용식)
③ 제2종 환기방식(압입식)
④ 제3종 환기방식(흡출식)

해설

구분		급기 방법
자연환기	풍력환기	외부의 바람에 의한 환기
	중력환기	• 실내공기와 외부의 온도차를 이용해서 높은 온도는 위로 향하고 낮은 공기는 아래로 내려가는 원리를 이용한 환기 방법 • 창을 열거나 외부의 온도를 이용하는 부분이므로 자연환기에 속하며, 기계식 환기가 아니다.
기계환기	1종 환기	• 급기와 배기를 모두 기계식으로 제어한다. • 기계적 장비가 들어가고, 공기제어실이나 덕트실로 면적의 소모가 있고, 설치비가 고가이나 사방이 막혀 있는 큰 건물 등에 아주 유리하다. (백화점, 초고층빌딩 등)
	2종 환기	• 급기를 기계식으로 인입시키고, 배기는 중력 방식 등을 통해 자연적으로 배출하는 환기 방식 • 오염공기가 침투되지 않는 장점이 있고, 내부의 물질이 외부로 빨려 나가지 않는 장점이 있다.(반도체 공장, 병원의 무균실 등)
	3종 환기	2종과 반대 개념으로 배기를 기계식으로 배출하고, 급기를 자연식으로 하여 자극적인 냄새 및 가스 등이 있는 곳에 적합하다.(화장실의 팬, 주방의 가스렌지 상부의 후드 등)

11 다음 중 유효온도에서 고려하지 않는 것은?

① 기온　　　　　② 습도

③ 기류　　　　　④ 복사열

- 유효온도는 온도의 3요소인 기온, 습도, 기류를 포함하여 감각온도 또는 실효온도라고 한다.
- 사람이 느끼는 추위와 더위의 감각온도이다.

기초 건축이론

2017. 1. 10. 1판 1쇄 발행
2022. 3. 2. 개정증보 1판 1쇄 발행

저자와의
협의하에
인지생략

지은이 | 이찬서
펴낸이 | 이종춘
펴낸곳 | **BM** ㈜도서출판 **성안당**

주소 | 04032 서울시 마포구 양화로 127 첨단빌딩 3층(출판기획 R&D 센터)
| 10881 경기도 파주시 문발로 112 파주 출판 문화도시(제작 및 물류)

전화 | 02) 3142-0036
| 031) 950-6300
팩스 | 031) 955-0510
등록 | 1973. 2. 1. 제406-2005-000046호
출판사 홈페이지 | www.cyber.co.kr
도서 내용 문의 | anjel52@hanmail.net
ISBN | 978-89-315-5798-5 (13540)
정가 | **26,000원**

이 책을 만든 사람들
기획 | 최옥현
진행 | 최창동
본문 디자인 | 인투
표지 디자인 | 박원석
홍보 | 김계향, 이보람, 유미나, 서세원
국제부 | 이선민, 조혜란, 권수경
마케팅 | 구본철, 차정욱, 나진호, 이동후, 강호묵
마케팅 지원 | 장상범, 박지연
제작 | 김유석